Control & Forecast of Environmental Pollution

环境污染控制与预报

张孟威 编著

中国建筑工业出版社

图书在版编目（CIP）数据

环境污染控制与预报/张孟威编著.—北京：中国建筑工业
出版社，2014.9
ISBN 978-7-112-16989-4

Ⅰ.①环… Ⅱ.①张… Ⅲ.①环境污染-污染控制②环境
监测 Ⅳ.①X506②X83

中国版本图书馆CIP数据核字（2014）第131004号

本书共有三篇，各篇相互依存为一体。第一篇适用于监测数据或实验数据的处理，帮您分析该批数据的规律性；第二篇是本书的重点，着重解决饮用水水源污染及大气雾霾天气的防治，解决环境污染控制与预报问题；第三篇用于环境规划和环境管理，为环境监测方案、环境标准、环境法规及排污收费办法的制定，提供了定量的依据。本书涉及的饮用水水源污染，包括地上水域（河流、湖泊、水库、近海河口）及地下水域污染防治，大气雾霾防治及其他大气有毒有害气体的防治。

本书由浅入深，循序渐进，通俗易懂并配有例题，具有可读性、实用性强的特点，配有计算软件，使得本书可操作性强，提供的理论和方法具有创新性和通用性。本书可作为监测台站和科研院所、环境管理部门的工具书。亦可作为院校师生的教材。还可供其他专业人员，如水文地质、气象及有关工业、农业、卫生部门的监测人员、管理人员、工程师、科研人员使用。

责任编辑：于　莉
责任设计：张　虹
责任校对：李美娜　陈晶晶

环境污染控制与预报

张孟威　编著

＊

中国建筑工业出版社出版、发行（北京西郊百万庄）
各地新华书店、建筑书店经销
北京京点图文设计有限公司制版
北京云浩印刷有限责任公司印刷

＊

开本：787×1092毫米　1/16　印张：19½　字数：475千字
2015年1月第一版　2015年1月第一次印刷
定价：68.00元（含光盘）
ISBN 978-7-112-16989-4
　　　　（25769）

版权所有　翻印必究

前　言

本书遵照定性与定量相结合地解决环境污染问题的原则，并基于物质平衡及守恒原理，提供了解决环境污染问题的基础理论与应用。对于有志于解决我国环境污染问题的人们。您必须从本书开始，进而结合现实的污染问题，在应用本书的理论方法的同时，进一步推演出更新的污染控制与预报方法。最终解决我国的环境污染问题。

本书受到读者的欢迎，主要是内容好。本书首先定性地分析了环境污染问题；进而作了定量分析，从中给出了可行的数学方法及其算例；在此基础上，提供了将全部内容融会贯通的计算机软件。这些软件一方面验证了书中理论的正确性和严密性；同时便于理论联系实际。使得本书成为集可读性、实用性、创新性、通用性及可操作性于一体的好书。

本书共有三篇，各篇相互依存为一体。第一篇适用于监测数据或实验数据的处理与分析，可找到数据的规律性；第二篇是本书的重点，着重解决饮用水水源污染及大气雾霾天气的防治，适用于环境污染控制与预报；第三篇用于环境规划和环境管理，为环境监测方案、环境标准、环境法规及排污收费办法的制定，提供了定量的依据。

启动书中软件，可打印出以下结果，如：

（1）可打印出环境污染状况报告书，例如：

1）可预报大气污染，大气颗粒物，SO_2，CO_2，NO_2，雾霾，粉尘及有害重金属；

可预报雾霾污染的地面污染源种类及其成因比率，便于依次治理，最终根治雾霾污染。

2）可预报水域污染状况：如河流热污染、油污染、溶解氧，BOD 等有害物质，预报湖泊与水库、近海河口污染状况及其治理方案；便于根治饮用水水源污染问题。

3）可预报生物圈元素循环状况：如碳、氮元素在自然界（大气、水域、土壤地层、生物圈）循环状况及其大气温室效应，气温变化的预报。

（2）若进行环境影响评价，可打印出环境影响评价污染指数；

（3）若进行区域环境研究，可打印出区域环境污染物迁移转化结果；

（4）可打印出环境监测或科研实验数据的多种分析报告（便于直接编纂学术论文）；

（5）对于环境规划，可打印环境治理规划报告书；

（6）用于环境数据处理，可打印环境监测数据分析处理结果（便于直接编写监测报告书）；

（7）若作为标准研制，可打印环境标准制定报告书及排污收费办法制定依据报告书；

（8）若作为教材，可打印出学生作业及老师备课题材的计算结果等。

总之，当输入少量监测数据后，软件可立即打印出各种成文所需要的报告书。软件易学易用，方便。这样的好书和软件令人欣喜，可说在现今环境出版物中难能可贵。

作者毕业于清华大学土木与环境工程系，继而毕业于该校数学力学系，毕业后留校从事教学及科研工作，比较熟悉教学与教材编写，作者经历有助于本书成为一本好教材；从清华到中科院从事环境监测、教学及科研工作，深知这类部门需要什么样的工具书和参考资料，经历有助于本书成为这些单位，人人可读、人人可用的案边不离的工具和参考书。

本书的出版得到出版社的大力支持，表示感谢！敬请各位读者帮助、指正。谢谢你们！

张孟威 2014-4-10 于北京
Email: ZMWKDEMENG@YAHOO.COM

目　录

第 1 篇　数据处理与预报

第2篇　环境污染的控制与预报

第 3 篇　环境治理系统分析

第 1 篇　数据处理与预报

通过对环境监测数据的处理与分析，可正确认识这批监测数据并从中找到规律，以便科学地评价环境，为环境污染的控制与预报提供依据。本篇介绍了监测数据处理的数学方法，为了便于应用这些数学方法，提供了相应的计算机软件。

本篇根据环境监测数据的特点，分别提出了不同的数学方法。数据在维数上的特点，包括维数是一维的还是多维的，即，是单变量（只有一种变量，将在第 1、2、3 章中讲述）还是多变量(第 4 章及后续各章讲述)。数据在时空方面的特点，如取样(监测数据)的范围，是土壤中、水域，还是大气中的样品？本书分别提出不同的数学方法。但这些数学方法当有维数差别时，是不能混用的，而在时空不同时，是可以相互借鉴的。如处理单变量的数学方法，是不能解决多变量问题的，但对于本书解决大气问题的因子分析方法（该法是一种由果及因的分析方法），有可能去解决水域或土壤问题。对本书提供的数学方法应作深入了解，可先对本书通读，然后按照监测数据的特点，选用最适用的数学方法。

第1章　数据处理与预报方程

对一组监测数据进行处理和分析，有效的办法是找到数据的函数关系，即找到数据的表达式。找表达式的方法可归纳为三类。

（1）第一类方法。当监测数据为一维时，即监测数据为一维变量 x_1，x_2，$\cdots$，x_n（没有对应的 y 值）。此种情况，若对其进行分析，只能从求特征数开始，然后作直方图。如图 1-1 用监测数据作直方图描绘出函数曲线关系（图中用虚线表示），再对函数曲线进行分析。对此，本章 1.1 节及 1.2 节作了分析。并提供了相应软件。

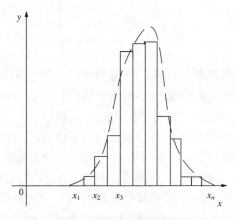

图 1-1　一维监测数据作直方图

（2）第二类方法。监测数据为二维的，即 x 与 y 有对应值，这类问题分为两种情况，分别有两种解法，一类是插值法，如图 1-2 函数曲线通过监测点（插值问题）。在本章 1.3 节将讲解插值法，可直接找到监测数据的函数关系。即 x 与 y 的对应关系，插值公式为 $y = f(x)$。

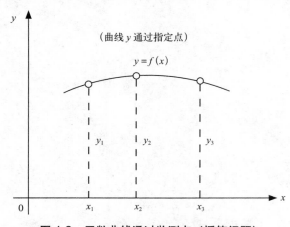

图 1-2　函数曲线通过监测点（插值问题）

（3）第三类方法。监测数据为二维的，x 与 y 有对应值，但只要求监测点接近函数曲线，不要求监测点均在函数曲线上。此种情况需要采用回归法，如图 1-3 所示。将在 1.4 节讲解回归方法。

用此法找到监测数据的函数关系，即回归公式 $y = f(x)$，亦给出相应软件 [RM1A_ 回归预报]。1.5 节综合了前两节的方法，一组监测数据，同时给出用两种方法分析的计算结果，便于两种结果对比、选用。亦提供了插值公式与回归公式计算软件 [RM2_插值及回归预报]。

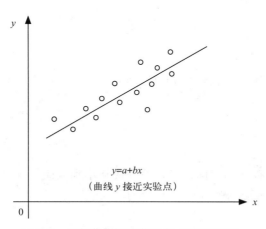

图 1-3 函数曲线接近监测点（回归问题）

1.1 数据的基本特征数

本节计算监测数据的 7 项基本特征数，为 1.2 节引用监测数据作直方图作了准备。假定从总体中抽取一个子样，即一组监测数据 $x_1, x_2, \cdots, x_n$，则可计算得到下列 7 项基本特征数：

（1）子样均值 $\overline{X}$

表示子样的算术平均值，如公式（1-1）所示：

$$\overline{X} = \frac{1}{n} \sum_{i=1}^{n} x_i \tag{1-1}$$

式中 $\sum\limits_{i=1}^{n} x_i$ ——从 x_i 加到 x_n。

（2）极差 R

表示数据中最大值与最小值之差，反映数据绝对的波动值，如公式（1-2）所示：

$$R = \max \{x_1, x_2, \cdots, x_n\} - \min \{x_1, x_2, \cdots, x_n\} \tag{1-2}$$

式中 $\max \{x_1, x_2, \cdots, x_n\}$、$\min \{x_1, x_2, \cdots, x_n\}$ ——分别表示 $x_1, x_2, \cdots, x_n$ 中最大值和最小值。

（3）标准离差 s

简称标准差 s，反映数据绝对的波动值，如公式（1-3）所示：

$$s = \sqrt{\frac{1}{n-1}\sum_{i=1}^{n}(x_i - \overline{X})^2} \tag{1-3}$$

（4）方差 s^2

即上式的平方，如公式（1-4）所示：

$$s^2 = \frac{1}{n-1}\sum_{i=1}^{n}(x_i - \overline{X})^2 \tag{1-4}$$

（5）变异系数 CV

反映数据相对的波动值，如公式（1-5）所示：

$$CV = \frac{s}{\overline{X}} \tag{1-5}$$

（6）监测数据排序

将监测数据整理为有序的数据，包括整理成从小到大或从大到小的有序数据。

（7）监测数据频数及累计频率（见 1.2 节）

1.2　数据子样与总体

基本特征数预报软件 [RM1_ 特征数预报]

计算子样特征数的目的，除了对子样有进一步的认识外，主要是通过它们可以去认识和研究总体。从数理统计的方法讲，当子样的个数足够多时，子样的特征数会近似等于总体的特征数，因此，可以用子样的特征数去分析和估计总体。

例如，将表 1-1 的监测数据（共 100 项）作为一个子样来研究其总体。步骤如下：

（1）第一步——引用子样特征数：

1）子样均值　$\overline{X} = \frac{1}{n}\sum_{i=1}^{n}x_i = 1.4042$

2）极差 $R = \max\{x_1,\ x_2,\ \cdots,\ x_n\} - \min\{x_1,\ x_2,\ \cdots,\ x_n\} = 0.28$
最大值 $\max\{x_1,\ x_2,\ \cdots,\ x_n\} = 1.55$
最小值 $\min\{x_1,\ x_2,\ \cdots,\ x_n\} = 1.27$

监测数据　　　　　　　　　　　　　　　　　　　　　　　　　　表1-1

1.36	1.49	1.43	1.41	1.37	1.40	1.32	1.42	1.47	1.39
1.41	1.36	1.40	1.34	1.42	1.42	1.45	1.35	1.42	1.39
1.44	1.42	1.39	1.42	1.42	1.30	1.34	1.42	1.37	1.36

续表

1.37	1.34	1.37	1.37	1.44	1.45	1.32	1.48	1.40	1.45
1.39	1.46	1.39	1.53	1.36	1.48	1.40	1.39	1.38	1.40
1.36	1.45	1.50	1.43	1.38	1.43	1.41	1.48	1.39	1.45
1.37	1.37	1.39	1.45	1.31	1.41	1.44	1.44	1.42	1.47
1.35	1.36	1.39	1.40	1.38	1.35	1.42	1.43	1.42	1.42
1.42	1.40	1.41	1.37	1.46	1.36	1.37	1.27	1.37	1.38
1.42	1.34	1.43	1.42	1.41	1.41	1.44	1.48	1.55	1.37

3) 标准差 $s = \sqrt{\dfrac{1}{n-1}\sum_{i=1}^{n}(x_i - \overline{X})^2} = 4.776161 \times 10^{-2}$

（2）第二步——将该子样数据重新排列，按从小到大进行分组，选取组距和组数。可参照极差 $R = \max\{x_1, x_2, \cdots, x_n\} - \min\{x_1, x_2, \cdots, x_n\} = 0.28$，按组距 $=0.28$ 为一组，共划分为 10 组。

（3）第三步——数出频数。频数即每组数据的个数，频数与子样总数之比称为相对频数，累计频数是到该组为止的频数和，累计频率是以子样总数除累计频数。计算由软件 RM1 完成，如表 1-2 所示。

监测数据频数及累计频率　　　　　　　表1-2

组号	分组左端点	分组右端点	频数	相对频数	累计频数	累计频率（%）
1	1.265	1.295	1	0.01	1	1
2	1.295	1.325	4	0.04	5	5
3	1.325	1.354	7	0.07	12	12
4	1.354	1.384	22	0.22	34	34
5	1.384	1.414	23	0.23	57	57
6	1.414	1.443	25	0.25	82	82
7	1.443	1.473	10	0.10	92	92
8	1.473	1.502	6	0.06	98	98
9	1.502	1.532	1	0.01	99	99
10	1.532	1.555	1	0.01	100	100

（4）第四步——求出频数分布表 1-2 后，为了更加直观地看出数据波动的规律，在直角坐标系中，将数据及其频数画成直方图。即在横坐标上标出数据分组点，纵坐标对应频数，以组距为底边画出高度为频数的矩形，这种图在统计上叫做频数直方图。为便于对数

据的研究分析，将频数换成相对频数，可画出相对频数分布直方图。如图 1-4 所示。

如果子样足够大，即数据足够多，数据分组分得更细，画出的相对频数分布直方图，纵坐标点就会连续成一条曲线，叫做频数分布曲线，反映出总体的波动规律，即曲线有个最高点，以此点的横坐标为中心，对称地向两边快速单调下降，这样的曲线，在数理统计中称为正态分布曲线。正态分布曲线由公式（1-6）正态概率密度函数给出：

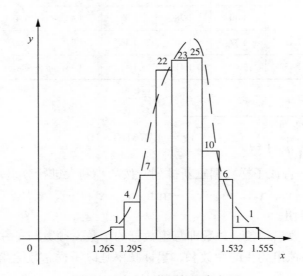

图 1-4　表 1-2 监测数据直方图

$$\varphi(x) = \frac{1}{\sqrt{2\pi}\sigma} e^{-\frac{(x-\mu)^2}{2\sigma^2}} \tag{1-6}$$

式中　e——自然对数的底，约为 2.718；

　　　x——此分布中的随机样本值，数据中的随机值；

　　　μ——正态分布的均值；

　　　σ——正态分布的标准离差。

（5）第五步——从子样认识和研究总体

从以上的分析可知，子样数据是正态分布规律，通常可分别用子样均值 $\overline{X}$ 来估计总体的均值 μ；用子样标准差 s 来估计总体的标准差 σ。就是说，表 1-2 的数据，可以用其子样均值 $\overline{X} = \frac{1}{n}\sum_{i=1}^{n} x_i = 1.4042$ 来估计总体的均值 μ；用子样标准差

$$s = \sqrt{\frac{1}{n-1}\sum_{i=1}^{n}(x_i - \overline{X})^2} = 4.776161 \times 10^{-2}$$ 来估计总体的标准差 σ。从子样的这些数值得

到了继续研究总体的函数曲线解析式（1-6）。另外，当第四步对直方图的分析不满足正态分布规律时，就应考虑是否为其他形式的分布。常见的分布列举如下：

对数正态分布，二项分布，普哇松分布，均匀分布，负指数分布，皮尔逊Ⅲ型分布，

麦克斯韦分布。还有几种重要分布，如瑞利分布，x^2 分布，t 分布（学生分布），F 分布等。其中某些分布在本书的后续章节中会涉及，以上各种分布可查阅相关数理统计书刊。

[例 1-1] 已知一组监测数据共 160 项，如表 1-3 所示。要求计算特征数及其频数、频率。按表 1-3 的监测数据，使用本书提供的计算机软件计算。计算机软件的使用方法如下：

基本特征数预报软件 [RM1_ 特征数预报] 如图 1-5 所示。

监测数据									表1-3
1.36	1.49	1.43	1.41	1.37	1.40	1.32	1.42	1.47	1.39
1.41	1.36	1.40	1.34	1.42	1.42	1.45	1.35	1.42	1.39
1.44	1.42	1.39	1.42	1.42	1.30	1.34	1.42	1.37	1.36
1.37	1.34	1.37	1.37	1.44	1.45	1.32	1.48	1.40	1.45
1.39	1.46	1.39	1.53	1.36	1.48	1.40	1.39	1.38	1.40
1.36	1.45	1.50	1.43	1.38	1.43	1.41	1.48	1.39	1.45
1.37	1.37	1.39	1.45	1.31	1.41	1.44	1.44	1.42	1.47
1.35	1.36	1.39	1.40	1.38	1.35	1.42	1.43	1.42	1.42
1.42	1.40	1.41	1.37	1.46	1.36	1.37	1.27	1.37	1.38
1.42	1.34	1.43	1.42	1.41	1.41	1.44	1.48	1.55	1.37
1.36	1.49	1.43	1.41	1.37	1.40	1.32	1.42	1.47	1.39
1.41	1.36	1.40	1.34	1.42	1.42	1.45	1.35	1.42	1.39
1.44	1.42	1.39	1.42	1.42	1.30	1.34	1.42	1.37	1.36
1.37	1.34	1.37	1.37	1.44	1.45	1.32	1.48	1.40	1.45
1.39	1.46	1.39	1.53	1.36	1.48	1.40	1.39	1.38	1.40
1.36	1.45	1.50	1.43	1.38	1.43	1.41	1.48	1.39	1.45

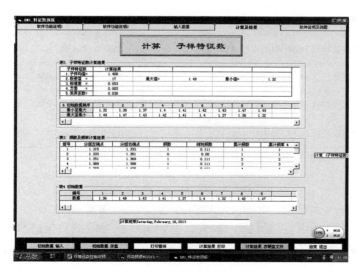

图 1-5 RM1_ 特征数预报软件

软件功能：本软件用于计算以上 6 项特征数；并计算数据分组的频数及频率。

软件需要输入以下 4 项数据（使用方法详见软件使用说明）：

（1）项目名称：中文或英语字符串；

（2）输入数据个数：[例 1-1] 为 $n=160$；

（3）频数分组数 m；

（4）输入数据：按表 1-3 输入，共 160 项。

计算得到 7 项特征数为：

（1）子样均值 $\overline{X} = \dfrac{1}{n}\sum_{i=1}^{n} x_i = 1.404812$

（2）极差 $R = \max\{x_1,\ x_2,\ \cdots,\ x_n\} - \min\{x_1,\ x_2,\ \cdots,\ x_n\} = 0.28$

最大值 $\max\{x_1,\ x_2,\ \cdots,\ x_n\} = 1.55$

最小值 $\min\{x_1,\ x_2,\ \cdots,\ x_n\} = 1.27$

（3）标准差 $s = \sqrt{\dfrac{1}{n-1}\sum_{i=1}^{n}(x_i - \overline{X})^2} = 0.0474901$

（4）方差 $s^2 = \dfrac{1}{n-1}\sum_{i=1}^{n}(x_i - \overline{X})^2 = 2.25531 \times 10^{-3}$

（5）变异系数 $CV = \dfrac{s}{\overline{X}} = 3.380531 \times 10^{-2}$

（6）监测数据排序。将监测数据整理为有序的数据，包括整理成从小到大或从大到小的有序数据。

（7）监测数据频数及累计频率

[软件RM1]所附例题的文件名　　　　　　　　　　　　　　　　　　　表1-4

例题编号	输入数据文件名	计算结果文件名
例题1	特征数计算 例1 RM1 9 10 数据输入	特征数计算 例1 RM1 9 10 计算结果
例题2	特征数计算 例2 RM2 100 10 数据输入	特征数计算 例2 RM2 100 10 计算结果
例题3	特征数计算 例3 RM3 160 10 数据输入	特征数计算 例3 RM3 160 10 计算结果
	特征数计算 例3 RM3 160 20 数据输入	特征数计算 例3 RM3 160 20 计算结果
	特征数计算 例3 RM3 160 30 数据输入	特征数计算 例3 RM3 160 30 计算结果

注：RM1，RM2，RM3是软件代码，后跟9或100或160是数据总数，后跟10或20或30是频数分组数。

1.3　插值预报方程

前两节叙述的是一维监测数据，本节叙述如何对二维监测数据进行整理分析。二维监测数据是指监测数据中有两个相互对应的变量，即 x 及 y，可以测得多个 x 及 y，但再多的监测数据也只能是个子样，怎样从子样认识和研究总体，办法是找到 x 与 y 的对应关系，即找到其对应公式 $y=f(x)$，有了这个对应公式 $y=f(x)$，就可以从 x 或 y，通过对应公式 $y=f(x)$，算得另一方，可作预测、预报等等分析工作。本节提供了得到对应公式 $y=f(x)$ 的插值法及其计算软件 RM2。插值法的几何意义是在 x 及 y 直角坐标系中，公式 $y=f(x)$ 描绘的曲线或折线均通过监测点，即将监测点数值插入到对应公式 $y=f(x)$ 中，故名插值法。而另一种方法的几何意义是监测点只接近曲线，这类问题为本书后续章节叙述的回归分析法。

1.3.1 通过两个监测点的插值公式

已知：两个监测点 (x_0, y_0) 及 (x_1, y_1)。

求：监测点的插值公式 $y=f(x)$。

解算：根据已知条件，可得插值公式：

$$y = y_0\left(\frac{x-x_1}{x_0-x_1}\right) + y_1\left(\frac{x-x_0}{x_1-x_0}\right) \tag{1-7}$$

式中 $\left(\frac{x-x_1}{x_0-x_1}\right)=A_0(x)$ 及 $\left(\frac{x-x_0}{x_1-x_0}\right)=A_1(x)$ 称为基函数，则上式可表示为：

$$y = y_0 A_0(x) + y_1 A_1(x) \tag{1-8}$$

[例 1-2] 已知：河流水质环境评价中，需要计算污染物实测值 C_i 与标准值 L_i 的比值，即 C_i/L_i，当河水中溶解氧为零时，$C_i/L_i=A_{max}$；溶解氧的实测值恰等于标准值，即 $C_i=L_i$ 时，$C_i/L_i=1$。

求解：当溶解氧的实测值在零与标准值之间，即 $0 \leq C_i \leq L_i$ 时，相对污染值的表达式：

$$C_i/L_i = f(C_i)。$$

注：本例题用于求解两点插值公式。

解算：按已知条件，是在直角坐标系中（横坐标 C_i，纵坐标 C_i/L_i），要求两个特定点 $(0, A_{max})$ 及点 $(L_i, 1)$ 必须在所求曲线上。将已知点的数据代入公式 (1-7) 中，得：

$$C_i/L_i = A_{max}\left(\frac{C_i-L_i}{0-L_i}\right) + 1\cdot\left(\frac{C_i-0}{L_i-0}\right)$$

整理后得所求公式：$C_i/L_i = A_{max}(1- C_i/L_i) + C_i/L_i$

以上例题的说明：本例题是求过两点的插值公式，其中点 $(0, A_{max})$ 相当于 (x_0, y_0)，点 $(L_i, 1)$ 相当于 (x_1, y_1)。详见图 1-6 中标注。本例题的全面叙述可详见参考文献 [32]。

1.3.2 通过 3 个监测点的插值公式

已知：3 个监测点 (x_0, y_0)，(x_1, y_1)，(x_2, y_2)。

求：给定 3 个监测点的插值公式 $y=f(x)$。

解算：根据已知条件，可得插值公式：

$$y = y_0 A_0(x) + y_1 A_1(x) + y_2 A_2(x) \qquad (1-9)$$

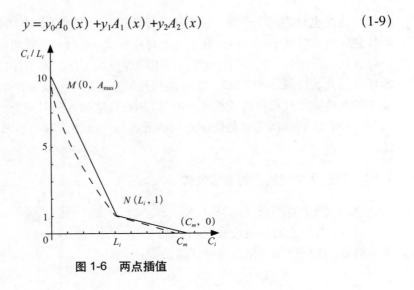

图 1-6　两点插值

式中

$$A_0(x) = \frac{(x - x_1)(x - x_2)}{(x_0 - x_1)(x_0 - x_2)}, \quad A_1(x) = \frac{(x - x_0)(x - x_2)}{(x_1 - x_0)(x_1 - x_2)}, \quad A_2(x) = \frac{(x - x_0)(x - x_1)}{(x_2 - x_0)(x_2 - x_1)}$$

[例 1-3] 本例是 [例 1-2] 的扩展，基本条件相同，只增加了一个点 $(C_m, 0)$，即要求得过 3 个点的插值式，3 个点为点 $(0, A_{max})$，点 $(L_i, 1)$ 及点 $(C_m, 0)$。以下重复写出完整的例题内容。

已知：河流水质环境评价中，需要计算污染物实测值 C_i 与标准值 L_i 的比值，即 C_i / L_i，当河水中溶解氧为零时，$C_i / L_i = A_{max}$；溶解氧的实测值恰等于标准值，即 $C_i = L_i$ 时，$C_i / L_i = 1$；溶解氧的实测值恰等于 C_m，即 $C_i = C_m$ 时，$C_i / L_i = 0$。

求解：当溶解氧的实测值 C_i 在零与 C_m 之间，即 $0 \leqslant C_i \leqslant C_m$ 时，过 3 个特定点 $(0, A_{max})$，点 $(L_i, 1)$ 及点 $(C_m, 0)$ 相对污染值的表达式。

注：本例题用于求解 3 点插值公式。

解算：在直角坐标系中（横坐标 C_i，纵坐标 C_i / L_i），将已知点的数据代入公式 (1-9) 中，得：

$$C_i / L_i = A_{max} \frac{(C_i - L_i)(C_i - C_m)}{(0 - L_i)(0 - C_m)} + 1 \cdot \frac{(C_i - 0)(C_i - C_m)}{(L_i - 0)(L_i - C_m)}$$

整理后得所求公式：$C_i / L_i = A_{max} \dfrac{(C_i - L_i)(C_i - C_m)}{C_m \cdot L_i} + \dfrac{C_i \cdot (C_i - C_m)}{L_i \cdot (L_i - C_m)}$

以上例题的说明：本例题是求过 3 点的插值公式，其中点 $(0, A_{max})$ 相当于 (x_0, y_0)，点 $(L_i, 1)$ 相当于 (x_1, y_1)，点 $(C_m, 0)$ 相当于 (x_2, y_2)。详见图 1-7 中标注。本例题的全面叙述可详见参考文献 [32]。

[例 1-4] 已知 3 个监测点数据 $(4, 6)$，$(6, 7)$ 及 $(10, 9)$。要求按插值公式 (1-9)

计算当 $x=6$ 时的 值。及 $x=8$ 时的 y 值。

注：本例题用于验证插值公式（1-9）的预报功能。

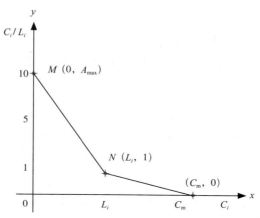

图 1-7　3 点插值

解算：

（1）当 $x=6$ 时　　$A_0(x) = \dfrac{(6-6)(6-10)}{(4-6)(4-10)} = 0$　　　$A_1(x) = \dfrac{(6-4)(6-10)}{(6-4)(6-10)} = 1$

$$A_2(x) = \frac{(6-4)(6-6)}{(10-4)(10-6)} = 0$$

$$y = y_0 A_0(x) + y_1 A_1(x) + y_2 A_2(x) = 0 + 7 \times 1 + 0 = 7$$

（2）当 $x=8$ 时　　　　$A_0(x) = \dfrac{(8-6)(8-10)}{(4-6)(4-10)} = \dfrac{-4}{12} = \dfrac{-1}{3}$

$$A_1(x) = \frac{(8-4)(8-10)}{(6-4)(6-10)} = \frac{-8}{-8} = 1$$

$$A_2(x) = \frac{(8-4)(8-6)}{(10-4)(10-6)} = \frac{8}{24} = \frac{1}{3}$$

$$y = y_0 A_0(x) + y_1 A_1(x) + y_2 A_2(x) = 6 \cdot \frac{-1}{3} + 7 \cdot 1 + 9 \cdot \frac{1}{3} = 8$$

解算：由本书提供的软件解算得到如上结果。

1.3.3　通过 $n+1$ 个监测点的插值公式

已知：$n+1$ 个监测数据 (x_0, y_0)，(x_1, y_1)，$\cdots$，(x_n, y_n)，且

$$x_0 < x_1 < x_2 < x_3 < \cdots < x_n。$$

求：按监测数据建立插值公式 $y = f(x)$。

解算：根据已知条件，可得插值公式：

$$y = y_0 A_0(x) + y_1 A_1(x) + \cdots + y_n A_n(x) + R_n(x) \tag{1-10}$$

上式可表示为：

$$y = \sum_{i=1}^{n} y_i A_i(x) + R_n(x) \tag{1-11}$$

式中 $A_i(x) = \prod\limits_{k=1}^{n} \dfrac{x - x_k}{x_i - x_k}$ ， $i = 1, 2, \cdots, n$ ， $k = 1, 2, \cdots, n$ ，且 $k \neq i$ 。

上式可表示为：

$$y = \frac{(x-x_1)(x-x_2)\cdots(x-x_n)}{(x_0-x_1)(x_0-x_2)\cdots(x_0-x_n)} y_0 + \frac{(x-x_0)(x-x_2)\cdots(x-x_n)}{(x_1-x_0)(x_1-x_2)\cdots(x_1-x_n)} y_1 +$$

$$\cdots + \frac{(x-x_0)(x-x_1)\cdots(x-x_{n-1})}{x_n-x_0)(x_n-x_1)\cdots(x_n-x_{n-1})} y_n + R_n(x) \tag{1-12}$$

式中 $R_n(x)$ 为插值公式的余项，可近似地不计此项。本软件取 $R_n(x) = 0$ 。

将已知监测点值代入公式（1-12），可得 $y = f(x)$ 的插值公式，即公式左端只含有变量 x ，每输入一个 x ，便可得到对应的 y 值。

[例 1-5] 已知多个监测点数据如表 1-5 所示，使用本书提供的软件 RM2 求解 n 个点插值公式。并验证其预报功能。

16个监测点数据				表1-5
x_0 ， $y_0 \rightarrow x_4$ ， y_4	0.1， 0.01	0.2， 0.0153	0.4， 0.0291	0.6， 0.0402	0.8， 0.0487
x_5 ， $y_5 \rightarrow x_9$ ， y_9	1.0， 0.0546	1.2， 0.0587	1.4， 0.0613	1.6， 0.0628	1.8， 0.0635
x_{10} ， $y_{10} \rightarrow x_{14}$ ， y_{14}	2.0， 0.0638	2.5， 0.0628	3.0， 0.0609	5.0， 0.0521	7.0， 0.0445
x_{15} ， y_{15}	10.0， 0.0364				

要求解算：表 1-5 数据计算式（1-11）的系数 $A_i(x)$ ，当给定 $x=1.4$ ， $x=1.5$ 及 $x=1.6$ 时的 y 值。

由本书提供的软件 RM2 解算。

结果： 当给定 $x=1.4$ 时， $y=0.0613$ ；

当给定 $x=1.5$ 时， $y=0.0621573$ ；

当给定 $x=1.6$ 时， $y=0.0628$ 。

1.4 回归预报方程

[RM1A_ 回归预报] 软件

本节主要叙述如何对二维监测数据进行整理分析，即按监测数据找到其对应公式 $y = f(x)$ ，区别于 1.3 节的插值法，本节叙述另一种求对应公式 $y = f(x)$ 的方法，只要求监测数据均最优地接近所求公式描绘的曲线。其几何意义是监测点均接近曲线 $y = f(x)$ （包括一些点在曲线上），本节采用回归分析法。

1.4.1 n 个监测点的回归公式

已知： n 个监测数据 (x_1, y_1) ， (x_2, y_2) ， (x_3, y_3) ， $\cdots$ ， (x_n, y_n) 。

求：按监测数据建立回归公式 $y = f(x)$，要求给定 n 个监测点最佳地接近公式曲线。

解算：根据已知条件，可得回归公式：

$$y = A_0 + A_1 \cdot x + A_2 \cdot x^2 + \cdots + A_K \cdot x^K \tag{1-13}$$

式中　K——监测数据 x 的幂次。$K = 0$，1，2，$\cdots$，此值可影响回归方程的精确度，可任取；

A_i——公式（1-13）中的系数，$i = 1$，2，$\cdots$，K。由公式（1-13）表示：

$$A_i = A_i' \cdot \sqrt{\frac{L_{K+1,K+1}}{L_{ii}}} \qquad i = 1, \ 2, \ \cdots, \ K \ \text{及}$$

$$A_0 = \overline{x}_{K+1} - \sum_{i=1}^{K} b_i \cdot \overline{x}_i \qquad i = 1, \ 2, \ \cdots, \ K \tag{1-14}$$

对于公式（1-13），若取 $X_1 = x$，$X_2 = x^2$，$\cdots$，$X_k = x^K$，则公式（1-13）变为公式（1-15）：

$$y = A_0 + A_1 \cdot X_1 + A_2 \cdot X_2 + \cdots + A_K \cdot X_K \tag{1-15}$$

则监测数据可表达为 $X = x_{i,j}$，　$i = 1$，2，$\cdots$，N，　$j = 1$，2，$\cdots$，$K+1$，其中 K 元为自变量，$K+1$ 元为因变量 y。其平均值为：

$$\overline{x_j} = \frac{1}{N} \cdot \sum_{i=1}^{N} x_{i,j}, \quad j = 1, \ 2, \ \cdots, \ K+1 \tag{1-16}$$

其正则方程系数矩阵的增广矩阵 $L_{i,j}$ 见式（1-17），本软件为简化，取 $K = 7$。

$$L_{i,j} = \sum_{t=1}^{N} x_{i,t} \cdot x_{j,t} - N \cdot \overline{x_i} \cdot \overline{x_j}, \quad i = 1, \ 2, \ \cdots, \ K+1, \quad j = 1, \ 2, \ \cdots, \ K+1 \tag{1-17}$$

将监测数据回归成回归方程式（1-13）需要知道其精确度如何？可否用它足够精确地预测，预报？显示回归方程的精确度，本软件采用 3 项指标（将分别在软件结果中予以显示）：

（1）回归方程的复相关系数 R，其值越接近 1 越好，R 由下述公式（1-18）表示。

（2）回归方程的剩余标准差 S，其值的量纲与方程的因变量 $y = f(x)$ 相同，其值越小越好，S 由下述公式（1-19）表示。

（3）本软件将打印出全部监测数据与回归方程计算的差值。

$$R = \sqrt{\frac{U}{L_{K+1,K+1}}} \tag{1-18}$$

$$S = \sqrt{\frac{Q}{N - K - 1}} \tag{1-19}$$

式中

回归平方和 $U = \sum A_i \cdot L_{i,K+1}$ \qquad (1-20)

剩余平方和 $Q = L_{K+1,K+1} - U$ \qquad (1-21)

1.4.2　n 个监测点的回归公式实例

已知：多个监测点数据如表 1-5 所示。

求：计算回归公式（1-13）的系数 A_i，$i=1$，2，$\cdots$，K；

并给出回归方程的 3 项精确度结果及 X 的测试值。

计算结果（由软件 [RM1A_ 回归预报] 的打印结果给出，详后）：

回归公式（1-15）的系数 A_i，$i=1$，2，$\cdots$，K

$y=A_0+A_1\cdot x+A_2\cdot x^2+\cdots+A_K\cdot x^K$

$y = 0.00143438981667168 + 0.0796371042894217\,x - 0.0214126186038267x^2$

$\quad - 0.0117807299013369\,x^3 + 0.00828696459942231\,x^4 - 0.00191232524232356\,x^5$

$\quad + 0.000192977533871835\,x^6 - 0.00000714540693373379\,x^7$

（1）回归方程的剩余标准差 S 及复相关系数 R：

$$复相关系数\ R=\sqrt{\frac{U}{L_{K+1,K+1}}}=0.999687673；剩余标准差\ S=\sqrt{\frac{Q}{N-K-1}}=0.000594301$$

（2）全部监测数据与回归方程计算的差值。

1.4.3　回归预报方程软件 [RM1A_ 回归预报]

软件功能：本软件用于计算回归公式（见图 1-8）。按公式（1-15）编制的软件 [RM1A_ 回归预报]，当给定一组监测数据，即已知 n 个监测数据 $(x_1，y_1)$，$(x_2，y_2)$，$(x_3，y_3)$，$\cdots$，$(x_n，y_n)$。

求：按监测数据建立回归公式 $y=f(x)$，即求得回归公式：

$$y = A_0 + A_1\cdot x + A_2\cdot x^2 + \cdots + A_K\cdot x^K$$

软件输入：

（1）工程名称或文件名：中文或英语字符串；

（2）输入数据个数：[例题 RM1A] 为 $N=16$；

（3）测试值 X；

（4）数据 x 的幂次 K，在方程（1-13）中是监测数据 x 的幂次；

（5）输入数据：按表 1-5 输入，共 16 项。

软件输出：

（1）与 x 相对应的 y 值回归计算值；

（2）回归公式系数 A_i，共 $K+1$ 项；

（3）回归公式精确度；

（4）回归公式误差。

软件打印结果：可调用文件"RM1A_ 回归预报例题 1 计算结果"。

1.5 插值及回归预报软件 RM2

1.5.1 [RM2_插值及回归预报]功能

本软件用于计算插值公式及回归公式（见图 1-9），其中插值公式是按 1.3 节监测数据的插值公式（1-12）及 1.4 节监测数据的回归公式（1-15）编制。

图 1-8 RM1A_回归预报软件

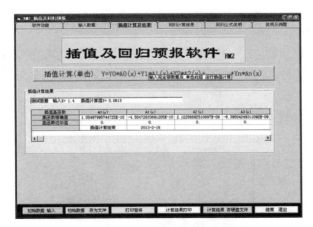

图 1-9 RM2 插值及回归预报软件

1.5.2 软件输入输出及例题计算结果

共三项例题，其文件名分别为：

（1）例题 1：RM2_插值及回归预报 例题 1 计算结果。

（2）例题 2：RM2_插值计算 例题 2 RM22 计算结果。

（3）例题 3：RM2_算新题 数据同例 RM21 计算结果。

第 2 章　线性预报方程

在环境保护监测数据中若只含两个变量，且呈线性关系，即呈正比例关系，如何对其进行分析，是本章要讨论的内容。本章提供的分析方法是建立这两个变量间的线性方程式。即，已知：n 个监测数据 (x_1, y_1)，(x_2, y_2)，(x_3, y_3)，$\cdots$，(x_n, y_n)。

求：按监测数据建立回归公式 $y = f(x)$，即求得回归公式：

$$Y = a + bX \tag{2-1}$$

例如，在分析环境气象学中的风速问题时，如何从距地面高空中的平均风速 (X)，推算出住宅小区街道内的风速(Y)？我们的办法是建立这两者间的线性方程式。即建立公式(2-1)。

又如，在分析环境噪声问题时，亦有两个变量，噪声 Y 与车流量 X，亦可建立如公式(2-1)所示关系。本章将讨论，在提供了两变量间的监测数据后，如何建立公式 (2-1)，如何用该公式进行预报的问题，并提供了相应的计算软件 RM3。

为便于对这两个变量进行线性分析，即对公式 (2-1) 进行对比。在提供的计算软件 RM3 中另增加了一项功能，可打印出如公式 (2-2) 所示形式，对比两式，可选其一进行分析或预报。

$$y = A_0 + A_1 \cdot x + A_2 \cdot x^2 + \cdots, + A_5 \cdot x^5 \tag{2-2}$$

2.1　线性预报方程的建立

给定 n 对监测数据 (x_1, y_1)，(x_2, y_2)，$\cdots$，(x_n, y_n)。要求计算线性方程式 $Y = a + b \cdot X$ 的系数 a 及 b，并计算上式的精确度：复相关系数 R 及剩余标准差 S 等项参数。

2.1.1　计算原理

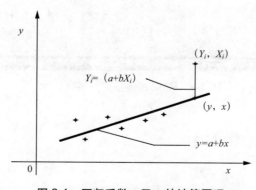

图 2-1　回归系数 a 及 b 的计算原理

回归系数 a 及 b 的计算原理如图 2-1 所示，根据最小二乘法原理，取误差函数为 J：

$$J = \sum_{i=1}^{n} [\, y_i - (a + b \cdot x_i)]^2$$

为使 J 达到极小值，按数学分析极值原理，解下列方程组：

$$\begin{cases} \dfrac{\partial J}{\partial a} = -2 \cdot \sum_{i=1}^{n} (y_i - a - b \cdot x_i) = 0 \\ \dfrac{\partial J}{\partial b} = -2 \cdot \sum_{i=1}^{n} (y_i - a - b \cdot x_i) \cdot x_i = 0 \end{cases} \tag{2-3}$$

公式（2-3）的解即为回归系数 a 及 b。

$$\begin{cases} a = \overline{Y} - b \cdot \overline{X} \\ b = \dfrac{L_{XY}}{L_{XX}} \end{cases} \tag{2-4}$$

其中，均值 $\overline{X} = \dfrac{1}{n} \cdot \sum_{i=1}^{n} x_i$ ，$\overline{Y} = \dfrac{1}{n} \cdot \sum_{i=1}^{n} y_i$ 。

X 的离差平方和 $L_{XX} = \sum_{i=1}^{n} x_i^2 - \dfrac{\left(\sum\limits_{i=1}^{n} x_i \right)^2}{n}$

Y 的离差平方和 $L_{YY} = \sum_{i=1}^{n} y_i^2 - \dfrac{\left(\sum\limits_{i=1}^{n} y_i \right)^2}{n}$

X，Y 的乘积和 $L_{XY} = \sum_{i=1}^{n} x_i \cdot y_i - \left(\sum\limits_{i=1}^{n} x_i \right) \cdot \dfrac{\left(\sum\limits_{i=1}^{n} y_i \right)}{n}$

在此顺便指出，公式（2-1）解算过程的几何意义：误差函数 J 表示监测点 y_i 与回归直线 $y = a + bx$ 上两点间距离的平方和，要令 J 达到极小值，求偏导数并令其为零的过程，即让回归直线摆动，使回归直线更接近各个监测点，得到公式（2-3）的解，即让 J 达到极小值。

2.1.2 计算相关系数 R 及剩余标准差 S

1. 相关系数 R

$$R = \dfrac{L_{XY}}{\sqrt{L_{XX} \cdot L_{YY}}} \tag{2-5}$$

相关系数 R 表示用已求得的回归方程式(2-1)来描述 Y 与 X 间线性相关性的密切程度。相关系数的取值范围为 $0 \leqslant R \leqslant 1$。

而 R 值所表示的密切程度必须达到某个精度要求，才可以断定 Y 与 X 间已具有线性关系。这需要对 R 作显著性检验。检验的方法如下：

$$R \geqslant R_{N-2}^a \tag{2-6}$$

式中 R_{N-2}^{a} 由相关系数检验表查得（见附录Ⅱ）。其中，上角标 α 称置信度，即从表中查到的相关系数可信的程度为 $1-\alpha$。下角标为监测数据组数 N 减 2。当计算回归方程式(2-1)时，得到的 R 满足 $0 \leqslant R \leqslant 1$ 时，则认为 Y 与 X 在 α 水平上，线性相关性是显著的，否则认为是不显著的。当不显著时，需要拟合成非线性式（如本章 2.2 节所述。亦可用本节的软件计算，可得非线性式的计算结果，如可得 7 次幂函数回归方程式，详见软件 RM3 使用说明）。

注：本书给出了计算 R_{N-2}^{a} 的计算式（2-7）如下（按附录Ⅱ，当取 $\alpha=0.01$ 时的回归公式）：

$$R_{N-2}^{a} = 1.064519 - 0.04560087\,(N-2) + 0.00126513\,(N-2)^{2} - 0.00001771871\,(N-2)^{3}$$
$$+\ 0.0000001144505\,(N-2)^{4} - 0.0000000002616866\,(N-2)^{5} \qquad (2\text{-}7)$$

按公式（2-7），计算表 2-1 风速监测数据，得计算结果 $R_{N-2}^{a}=0.561$，与查附录Ⅱ相符。

2. 剩余标准差 S

$$S = \sqrt{\frac{1}{N-2} \cdot \sum_{i=1}^{n}\left[y_i - Y_i\right]^2} \qquad \text{（此式亦适用于曲线）} \qquad (2\text{-}8)$$

或

$$S = \sqrt{\frac{(1-R^2) \cdot L_{YY}}{N-2}} \qquad \text{（此式仅适用于直线）} \qquad (2\text{-}9)$$

剩余标准差 S 表示用回归方程计算 Y 值的精确度，S 值的单位（量纲）与 Y 值相同。当给出回归方程 $Y = a + b \cdot X$ 的同时，应提供相关系数 R 及剩余标准差 S 的结果。

3. 监测数据的进一步处理

与上述的回归方程 $Y = a + b \cdot X$ 剩余标准差 S 相关的三项参数 S_a，S_b，S_Y，可进一步地说明所求回归方程的精确度。以下说明它们的含义及其计算方法。

（1）计算回归系数 b 的标准差 S_b，

$$S_b = \frac{S}{\sqrt{\sum_{i=1}^{n}\left(X_i - \overline{X}\right)^2}} = \frac{S}{\sqrt{L_{XX}}} \qquad (2\text{-}10)$$

式中，S 为剩余标准差，其他符号意义同前。S_b 的大小，可以说明监测数据的代表性如何。S_b 越小代表性越强，S_b 越大代表性越差。所谓代表性，是指在取样时，环境条件及监测方法不变的情况下，在监测过程中只包括随机因素的正常情况下，这批数据所反映的监测对象的客观规律。由上式可知，当监测区间较大（越大）时可使 S_b 值变小。否则，当监测区间较小时（即自变量 x_1 与 x_n 较近时）回归方程中的系数 b 的值就不会精确。

（2）计算回归系数 a 的标准差 S_a

$$S_a = S \cdot \sqrt{\frac{1}{n} + \frac{\overline{X}^2}{L_{XX}}} \qquad (2\text{-}11)$$

式中，S 为剩余标准差，其他符号意义同前。S_a 表示回归方程 $Y = a + b \cdot X$ 的系数 a 的波动情况。求得的 S_a 值越小，说明 a 值越精确。由上式可知，S_a 值与 S、L_{XX} 有关，还

与数据组数 n 有关。即监测区间越宽，数据组数 n 越大，所求的回归方程系数 a 值越精确。

（3）计算回归方程 Y 的标准差 S_Y

$$S_Y = S \cdot \sqrt{1 + \frac{1}{n} + \frac{(X_i - \overline{X})^2}{L_{XX}}} \tag{2-12}$$

式中，S 为剩余标准差，其他符号意义同前。S_Y 表示根据回归方程 $Y = a + b \cdot X$ 来预报 Y 值的精确度。S_Y 值越小，精度越好。可知，当 n 相当大，且 X 值离 $\overline{X}$ 越近时，可使 S_Y 值变小，则预报精度更好。此时 S_Y 值可近似地以 S 值表示。

提示：（1）一般在给出回归方程 $Y = a + b \cdot X$ 的计算结果时，只需标出相关系数 R 及剩余标准差 S 的计算结果。

（2）处理监测数据的目的是从中找到规律，为使得找到的规律更真实，且精度高，首先应提高监测数据的精度。这包括选用合理的监测方法及高灵敏度的仪器，以及减少观测误差和增加观测次数等；其次是尽量扩大监测区间（扩大监测点的最高及最低范围）。监测区间越大，使得回归方程的应用范围越大。一般只允许回归方程在监测数据区间内使用，不能任意向外推延。

2.1.3 回归方程式 $Y = a + b \cdot X$ 的预报和控制问题

当任意给定 X_0，用回归方程式计算 Y_0，得 $Y_0 = a + b \cdot X_0$ 称为用回归方程作预报。反之，当指定 Y_0 值，来计算 X_0，得 $X_0 = \frac{1}{b}(Y_0 - a)$ 称为用回归方程作控制。这是回归方程的两个基本功能。本节讲述与这两个基本功能相关的一些问题。

1. 用剩余标准差 S 分析回归方程预报时的精度问题

当任意给定 X_0，相应的 Y 值由于随机因素，有可能出现不同的值，但它的平均值是由回归方程得到的，即 $Y_0 = a + b \cdot X_0$。而 Y 的其他取值是以 Y_0 为中心对称分布（服从正态分布），越靠近 Y_0 出现的机率越大，离 Y_0 较远的地方出现的机率就越小，且与剩余标准差 S 有下列关系：

落在 $Y_0 \pm 0.5S$ 的区间内约占 38%，落在 $Y_0 \pm S$ 的区间内约占 68%，

落在 $Y_0 \pm 2S$ 的区间内约占 95%，落在 $Y_0 \pm 3S$ 的区间内约占 99.7%。

[例 2-1] 本例题数据取自 [例 2-2]，已知计算得回归方程式 $Y = 59.45 + 0.018X$，得到的剩余标准差 $S=1.693$，当给定车流量 $X = 269$ 辆 /h，试预报环境噪声值 Y 及其精确度。

解算：将 $X=269$ 辆 /h 代入 $Y = 59.45 + 0.018X$ 得

$$Y = 59.45 + 0.018 \times 269 = 64.29 \text{dB}$$

由剩余标准差 $S = 1.693$，知预报的环境噪

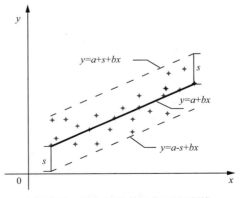

图 2-2　剩余标准差 S 与回归直线

声值 Y 的精确度为：

约占 38% Y_0 值是在 64.29 ± 0.847 范围内，约占 68% Y_0 值是在 64.29 ± 1.693 范围内，约占 95% Y_0 值是在 64.29 ± 3.386 范围内，约占 99.7% Y_0 值是在 64.29 ± 5.079 范围内。

2. 用回归方程进行控制的问题

控制的问题在环境污染控制中，有着重要意义。如前所述，当指定 Y_0 值，来计算 X_0，可得 $X_0 = \frac{1}{b}(Y_0 - a)$。如，在环境噪声问题中，按需要，往往是要求环境噪声不应超过某个值，来控制车流量。按 [例 2-1] 已求得回归方程 $Y = 59.45 + 0.018X$，剩余标准差 $S = 1.693$，当要求控制环境噪声在 65dB 时，且不超过 ± 3dB 时，问每小时的车流量应控制在多少辆？

由已求得回归方程 $Y = 59.45 + 0.018X$ 可知 $X_0 = \frac{1}{0.018}(65 - 59.45) = 308$，即每小时控制在 308 辆，实际发生的环境噪声，将有 95% 的可能性为 (65 ± 3) dB（3dB $\approx 2 \cdot S = 2 \times 1.693 = 3.386$）。这样的推算是否准确，还要取决于所求回归方程是否足够精确。为了使回归方程足够精确，应当对有关参数进行分析，这些参数包括 R、S、S_Y、S_a、S_b，以便进一步分析监测区域是否足够大，以及监测数据取样个数 n 是否足够多。

2.2　线性预报方程实例

2.2.1　环境气象实例

1. 已知条件

[例 2-2] 在城镇气象数据中，常可从本地区气象台得知日平均风速（如，距地面 10m 高空处），而城镇街道距地面 2m 高空处的风速，常可由从气象台得知的日平均风速推算出。推算的方法是建立这两者间的回归方程式。已知一组同步（同一天）监测数据如表 2-1 所示。

风速监测数据（单位：m/s）　　　　　　　　　　　　　　　　表2-1

编号	1	2	3	4	5	6	7	8	9	10
平均X	4.3	2.7	3.3	4.7	4.3	5.7	6.0	6.0	5.3	6.0
街道Y	3.0	3.5	3.5	4.0	4.5	2.5	4.0	4.0	4.5	4.5
编号	11	12	13	14	15	16	17	18	19	20
平均X	5.0	3.7	2.7	1.0	1.0	2.7	1.0	0.7	0.7	0.7
街道Y	3.5	2.2	1.8	1.2	1.0	2.0	1.2	1.0	1.0	0.4

2. 计算及结果

可将表 2-1 数据代入公式（2-4）～公式（2-8）进行计算；或用本书提供的软件计算。用本书提供的软件计算步骤如下：

（1）调出软件 RM3；输入数据表 2-1；N=20；

（2）分别单击"双变量线性分析"及"5 次幂函数回归计算"；

（3）得计算结果如下（见图 2-3）：

$$Y = 0.604896 + 0.610401X$$

$$R = 0.875496, \quad S = 0.691175$$

注：本例题计算结果可详见软件 RM3 例题 3 计算结果打印文件．

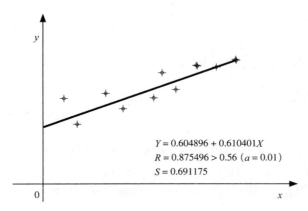

$$Y = 0.604896 + 0.610401X$$
$$R = 0.875496 > 0.56 \ (a = 0.01)$$
$$S = 0.691175$$

图 2-3 环境气象例题 [2-2]

2.2.2 环境噪声实例

1. 已知条件

[例 2-3] 实测某城市街道机动车流量与噪声数据如表 2-2 所示。该数据为全天每小时的平均值，试求车流量与噪声之间的回归方程式及其相关参数。

车流量与噪声监测数据 　　　　　　　　　　　　　　表2-2

取样时间 监测项目	时间	（第×小时）										
	1	2	3	4	5	6	7	8	9	10	11	12
流量X（辆/h）	77.8	58.4	31.4	37.1	52.6	269.0	650.4	924.7	831.8	831.9	724.2	607.1
等效声Y （dB）	61.0	59.9	55.8	58.3	60.2	66.7	71.5	73.0	73.6	74.0	72.5	72.0

取样时间 监测项目	时间	（第×小时）										
	13	14	15	16	17	18	19	20	21	22	23	24
流量X（辆/h）	507.2	530.1	696.6	714.8	707.2	762.1	533.9	592.1	367.2	323.6	186.7	105.6
等效声Y （dB）	68.0	71.8	71.6	71.8	73.6	72.6	71.2	71.8	69.7	65.4	64.0	62.1

2. 计算及结果

可将表 2-2 数据代入公式（2-4）～公式（2-8）进行计算；或用本书提供的软件计算。

用本书提供的软件计算步骤如下：

（1）调出软件 RM3；输入数据表 2-1；$N = 24$；

（2）分别单击"双变量线性分析"及"5次幂函数回归计算"；

（3）得计算结果：　$Y = 59.59 + 0.018X$　$R = 0.9494$，$S = 1.8219$ 计算结果如图 2-4 所示。
注：本例题计算结果可详见软件 RM3 例题 2 计算结果打印文件。

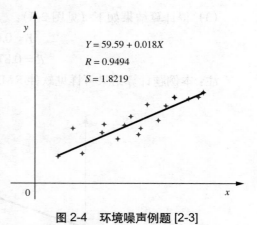

图 2-4　环境噪声例题 [2-3]

2.3　线性预报方程软件 RM3

2.3.1　软件编制原理及功能

1. 软件编制原理

本章提供的分析方法是建立这两个变量间的线性方程式。即：
已知：N 个监测数据 (x_1, y_1)，(x_2, y_2)，(x_3, y_3)，…，(x_n, y_n)（$n = 1$，…，N）。
求：按监测数据建立回归公式 $y = f(x)$，即求得回归公式：$Y = a + bX$。

2. 软件功能

（1）计算线性方程式 $Y = a + bX$ 的方程系数 a 及 b，以及相关系数 R，并对相关系数作显著性检验（满足公式（2-6），即满足 $R \geqslant R_{N-2}^a$，其中 R_{N-2}^a 为显著性检验限值，本软件取 $a = 0.01$，自动检验，并显示检验结果。当显示检验结果不满足要求时，仍给出回归方程，但不应再选用此回归方程）。

（2）计算回归方程的剩余标准差 S 以及回归方程 Y 的标准差 S_Y、回归系数 a 的标准差 S_a、回归系数 b 的标准差 S_b。

（3）计算回归方程预报精确度的数值结果，按表格形式打印出，其中包括：
1）输入的原始数据 (x_1, y_1)，(x_2, y_2)，…，(x_n, y_n)（$n = 1$，…，N）；
2）回归方程计算值 $Y_n =$（$n = 1$，…，N）；$y_n =$（$n = 1$，…，N）；
3）两项数值差 $(Y_n - y_n)$（$n = 1$，…，N）。

（4）本软件计算结果同时给出 5 次幂函数回归方程式：

$$y = A_0 + A_1 \cdot x + A_2 \cdot x^2 + A_3 \cdot x^3 + A_4 \cdot x^4 + A_5 \cdot x^5$$

此项方程式为 5 次幂函数非线性方程式，是此软件的附加功能。其作用是便于与线性方程式作对比，便于选用。

2.3.2　软件运行步骤

（1）调出软件 RM3。

（2）输入数据
共 4 项（name；N；K；(X_i, Y_i)），有 3 种输入方式：
1）运行例题 1，不需输入数据；
2）调用已有存盘数据文件；
3）输入新数据，输入新数据方法详见软件说明。

将已输入的数据存成文件。

（3）计算

单击"双变量线性计算"，然后再单击"5次幂函数回归计算"。

（4）将计算结果保存

分为存硬盘文件或打印到纸上．

单击"计算结果 存硬盘文件"，若打印，则单击"计算结果打印"。

（5）若打印任一界面，单击"打印窗体"。

（6）退出

单击"结束 退出"。

2.3.3 软件例题

共3项例题，已录成数据文件，与软件同时提供。其文件名为：

（1）例题1：RM3_ 双变量线性回归 例题1；

（2）例题2：RM3_ 例题2 从平均风速测算街道风速；

（3）例题3：RM3_ 例题3 从车流量计算噪声。

2.3.4 软件界面

线性预报方程软件 RM3 的界面如图 2-5 ～图 2-8 所示。

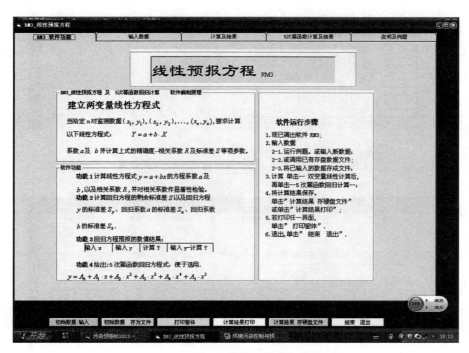

图 2-5　RM3_ 线性预报方程软件

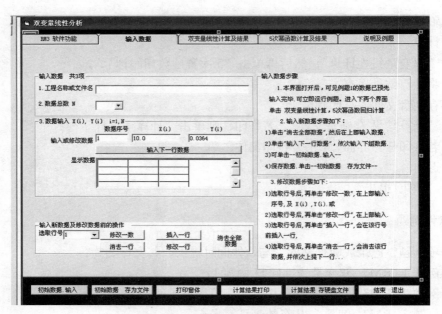

图 2-6 软件第 2 界面 输入数据

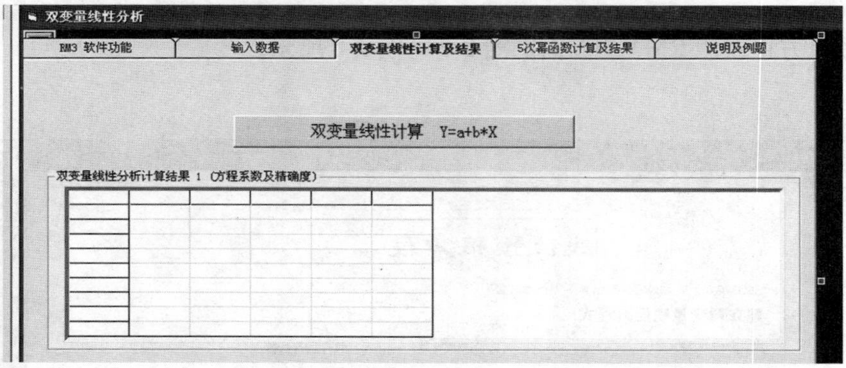

图 2-7 软件第 3 界面 双变量线性计算及结果

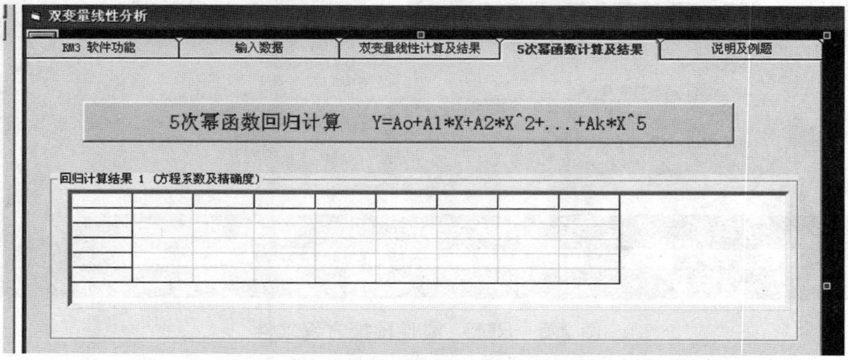

图 2-8 软件第 4 界面 5 次幂函数计算及结果

第3章 非线性预报方程

大量的环境监测数据表明，两变量间不成正比例相关，即不具有线性相关性。应当按照它们之间具有的曲线关系分析监测数据。即将监测数据拟合成非线性方程式。即，

已知 N 个监测数据 $(x_1,\ y_1)$，$(x_2,\ y_2)$，$(x_3,\ y_3)$，…，$(x_n,\ y_n)$ $(n = 1,\ \cdots,\ N)$。求按监测数据建立回归公式 $y = f(x)$ 为非线性方程式。

例如，在河流污染研究中，流速 U 与流量 Q 间呈现出非线性关系，其关系式为：

$$U = 0.068Q^{0.39} \tag{3-1}$$

又如，某河道总汞含量 y 与距离 x 间的关系式为：

$$y = 1.7\mathrm{e}^{\left(-\frac{0.15}{x}\right)} \tag{3-2}$$

再如，某地土壤中铝溶出量 y 与时间 t 间的关系式为：

$$y = 0.05\mathrm{e}^{-(0.24t+0.88t^2)} \tag{3-3}$$

如何建立如上所述的非线性方程式？本章各节将进行讲述。

鉴于选择适合的非线性方程式难度较大；计算方程式参数亦很繁琐，因此研制了软件RM4，有助于建立非线性方程。

3.1 非线性方程的建立

3.1.1 非线性方程的建立方法

建立非线性方程式便于对环境的控制与预报分析，建立非线性方程式能有效地反映出数据的特征。建立非线性方程式的步骤如下：

（1）对于所研究的环境问题，根据专业知识、实践经验或数据描绘的曲线图形（常见图形），初步选用某种曲线方程式；

（2）由监测数据计算初选的曲线方程式的系数、相关系数及剩余标准差、绝对误差及相对误差等；

（3）对曲线方程式进行分析，若不满意，则重复前两步，另选曲线方程式；

（4）几种曲线方程式作比较，选取最优者。

上述第一步，选用某种曲线方程式是比较困难的，为便于非线性方程式的建立，本书特研制了相应计算机软件RM4，该软件可同时提供5种方程式，便于对比和选定最优者。

3.1.2 非线性方程的建立方法例题

已知：一组实验数据，河水流量 Q_i 及河流横截面 A_i $(i = 1,\ 2,\ \cdots,\ n)$；

求：流速 $U = Q / A$ 与流量 Q_i 间的关系式 $U = f(Q)$。

解算步骤如下：

（1）初步选用某种曲线方程式，如选 $U = \alpha \cdot Q^{\beta}$。

（2）计算曲线方程式

1）曲线方程线性化

取对数：$\ln U = \ln(\alpha \cdot Q^{\beta})$

得 $\ln U = \ln \alpha + \beta \cdot \ln Q$

令　　　　$Y = \ln U = \ln(Q / A) = \ln Q - \ln A$；

$X = \ln Q$ 及 $a = \ln \alpha$ 以及 $b = \beta$，将各项代入上式得：

$$Y = a + bX$$

将监测数据 Q_i，A_i（$i = 1, 2, \cdots, n$）代入上式，得 Y_i，X_i（$i = 1, 2, \cdots, n$）。从而计算得上式参数 a 及 b。可得初选的曲线方程式的系数：

$$\alpha = \mathrm{e}^{a} \text{ 及 } \beta = b$$

2）计算相关系数及剩余标准差

取　$\overline{U} = \dfrac{1}{n} \cdot \sum_{i=1}^{n} U_i$　　　其中，$U_i = \dfrac{Q_i}{A_i}$（$i = 1, 2, \cdots, n$）

$$U_i^* = \alpha \cdot Q_i^{\beta}$$

得曲线方程式相关系数　$R_{曲} = \sqrt{1 - \dfrac{\sum\limits_{i=1}^{n}(U_i - U_i^*)^2}{\sum\limits_{i=1}^{n}(U_i - \overline{U})^2}}$

曲线方程式剩余标准差　$S_{曲} = \sqrt{\dfrac{\sum\limits_{i=1}^{n}(U_i - U_i^*)^2}{n - 2}}$

3）计算绝对误差及相对误差

实测值为 U_i 及 Q_i，计算值为 U_i^*。

绝对误差 = 实测值 - 计算值 $= U_i - U_i^*$；相对误差 $= \dfrac{|U_i - U_i^*|}{U_i}$。

（3）对曲线方程式进行分析，若不满意，则重复前两步，另选曲线方程式。

（4）几种曲线方程式作比较，选取最优者。

本例题详见相应计算机软件 RM4 例题 2。

3.1.3　非线性方程式常用图形

（1）幂函数 $y = a \cdot x^{b}$

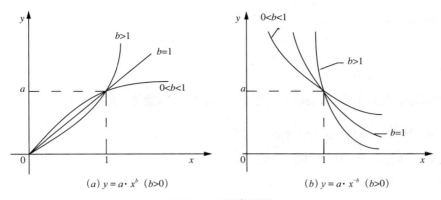

(a) $y = a \cdot x^b$ $(b>0)$　　　　(b) $y = a \cdot x^{-b}$ $(b>0)$

图 3-1　幂函数图形

（2）指数函数 $y = a \cdot e^{bx}$

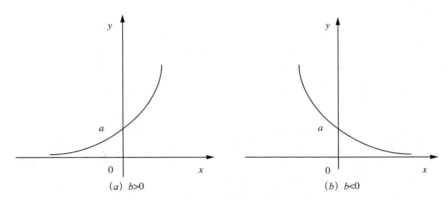

(a) $b>0$　　　　(b) $b<0$

图 3-2　指数函数图形

（3）指数函数 $y = a \cdot e^{\frac{b}{x}}$

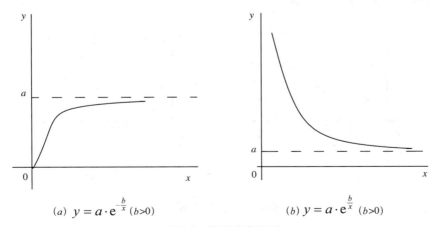

(a) $y = a \cdot e^{-\frac{b}{x}}$ $(b>0)$　　　　(b) $y = a \cdot e^{\frac{b}{x}}$ $(b>0)$

图 3-3　指数函数图形

（4）指数函数

$$y = \frac{1}{\sigma \cdot \sqrt{2\pi}} \cdot e^{\left(-\frac{\left(x-\bar{u}\right)^2}{2\sigma^2}\right)}$$

此函数为正态分布函数，式中 $\bar{u}$ 为数学期望值（取变量 x 的平均值），σ 为均方根差。

当取 $\bar{u} = 0$ 时，则有　$y = \frac{1}{\sigma \cdot \sqrt{2\pi}} \cdot e^{-\frac{x^2}{2\sigma^2}}$。

正态分布函数的几何图形的四个特征：

1）有一个高峰；

2）有一个对称轴；

3）当 $x \to \infty$ 或 $x \to -\infty$ 时，$y \to 0$；

4）对称轴两边曲线上各有一个拐点（在此点 y 对 x 的二阶导数为零）。

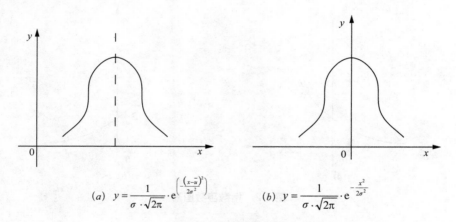

(a)　$y = \frac{1}{\sigma \cdot \sqrt{2\pi}} \cdot e^{\left(-\frac{\left(x-\bar{u}\right)^2}{2\sigma^2}\right)}$　　　(b)　$y = \frac{1}{\sigma \cdot \sqrt{2\pi}} \cdot e^{-\frac{x^2}{2\sigma^2}}$

图 3-4　指数函数图形

（5）对数函数 $y = a + b \cdot \log x$

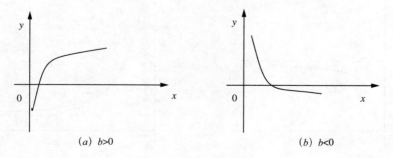

(a)　$b>0$　　　　　　　　　(b)　$b<0$

图 3-5　对数函数图形

（6）二次函数 $y = a + a_1 \cdot x + a_2 \cdot x^2$

3.1.4 非线性方程式线性化方法

对于各种形式的非线性方程式进行线性化，便于建立方程式。其方法是变量置换法，包括进行等效的数学运算，如取对数或取倒数等。根据方程式的函数类型（对于选定的方程式 $y = f(x)$，可分别运用以下线性化方法）。当线性化后，可求得线性化的方程参数，反推得原方程参数。最终得到非线性方程式。

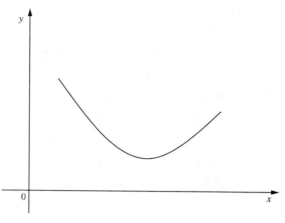

图 3-6 二次函数图形

（1）对 y 取自然对数，x 用真值

当给定 $y = a \cdot e^{bx}$ 取 $\ln y = Y$ 及 $x = X$，得 $Y = \ln a + bX$

当给定 $y = e^{a+bx}$ 两端取自然对数，且取 $\ln y = Y$ 及 $x = X$，得 $Y = a + bX$

（2）对 x 取自然对数，y 用真值

当给定 $y = a + b\ln x$ 取 $y = Y$ 及 $\ln x = X$，得 $Y = a + bX$

（3）对 x 及 y 均取自然对数

当给定 $y = e^{a+b\ln x}$ 两端取自然对数，得 $\ln y = a + b\ln x$

取 $\ln y = Y$ 及 $\ln x = X$，得 $Y = a + bX$

（4）对 y 取倒数，x 用真值

当给定 $y = \dfrac{1}{a + bx}$ 取 $\dfrac{1}{y} = Y$ 及 $x = X$，得 $Y = a + bX$

（5）对 x 取倒数，y 用真值

当给定 $y = a + \dfrac{b}{x}$ 取 $y = Y$ 及 $\dfrac{1}{x} = X$，得 $Y = a + bX$

（6）对 x 及 y 均取倒数

当给定 $y = \dfrac{1}{a + \dfrac{b}{x}}$ 取 $\dfrac{1}{y} = Y$ 及 $\dfrac{1}{x} = X$，得 $Y = a + bX$

（7）对 x 取倒数，y 取自然对数

当给定 $y = e^{\left(a + \frac{b}{x}\right)}$ 取 $\ln y = Y$ 及 $\dfrac{1}{x} = X$，得 $Y = a + bX$

（8）对 y 取倒数，x 取自然对数

当给定 $y = \dfrac{1}{a + b\ln x}$ 取 $\dfrac{1}{y} = Y$ 及 $\ln x = X$，得 $Y = a + bX$

（9）变量置换法

当给定 $y = a + bx^2$ 取 $y = Y$ 及 $x^2 = X$，得 $Y = a + bX$

一般来讲，当 $F(y) = a + bf(x)$ 取 $F(y) = Y$ 及 $f(x) = X$，得 $Y = a + bX$

（10）多元变量置换

1）当给定 $y = a_0 + a_1 x + a_2 x^2$

取 $y = Y$ 及 $x = x_1$，$x^2 = x_2$，得 $Y = a_0 + a_1 x_1 + a_2 x_2$

2）当给定 $y = a_0 + a_1 x_1 + a_2 x_2 + a_3 x_1^2 + a_4 x_1 x_2$

取 $y = Y$ 及 $x_1 = X_1$，$x_2 = X_2$，$x_1^2 = X_3$，$x_1 x_2 = X_4$，

得 $Y = a_0 + a_1 X_1 + a_2 X_2 + a_3 X_3 + a_4 X_4$

此方程为本书下一章（第 4 章）将讲解的多元线性回归，根据提供的软件 RM5，可算得 a_0，$\cdots$，a_4。

3）当给定 $y = a_0 + a_1 \cos x + a_2 \sin x + a_3 \cos 2x + a_4 \sin 2x$

取 $y = Y$ 及 $\cos x = X_1$，$\sin x = X_2$，$\cos 2x = X_3$，$\sin 2x = X_4$，

得 $Y = a_0 + a_1 X_1 + a_2 X_2 + a_3 X_3 + a_4 X_4$

此方程如前所述为多元线性方程，可用软件 RM5 算得 a_0，$\cdots$，a_4。

4）一般来讲，当给定

$$y = a_0 + a_1 f_1(x_1, x_2, \cdots, x_n) + a_2 f_2(x_1, x_2, \cdots, x_n) + \cdots + a_m f_m(x_1, x_2, \cdots, x_n)$$

且其中所有的 $f_1(x_1, x_2, \cdots, x_n)$ 都是自变量 x 的已知函数，而不包括任何未知参数，若取 $y = Y$ 及 $X_1 = f_1(x_1, x_2, \cdots, x_n)$，$X_2 = f_2(x_1, x_2, \cdots, x_n)$，$\cdots$，$X_m = f_m(x_1, x_2, \cdots, x_n)$

则可得 $Y = a_0 + a_1 X_1 + a_2 X_2 + \cdots + a_m X_m$

此方程为多元线性方程，解法详见第 4 章，可用软件 RM5 算得 a_0，$\cdots$，a_m。

5）更一般的情况，当给定

$$F(y) = g_0(a_0) + g_1(a_1) f_1(x_1, x_2, \cdots, x_n) + g_2(a_2) f_2(x_1, x_2, \cdots, x_n)$$
$$+ g_m(a_m) f_m(x_1, x_2, \cdots, x_n)$$

经过变量置换后，可得 $Y = a_0 + a_1 X_1 + a_2 X_2 + \cdots + a_m X_m$，解法如前所述。

应当指出，所有的变量置换函数都应当是可逆的，以便由逆变换求得相应参数。

（11）多元变量置换及取自然对数等的综合运用

1）当给定 $y = a \cdot e^{-(bx + cx^2)}$

取 $\ln y = Y$ 及 $\ln a = a_0$，$-b = a_1$，$-c = a_2$，$x = X_1$，$x^2 = X_2$，

得 $Y = a_0 + a_1 X_1 + a_2 X_2$

此方程为多元线性方程。

2）当给定 $y = a \cdot x_1^b x_2^c$

两端取自然对数，$\ln y = \ln a + b \ln x_1 + c \ln x_2$ 取相应的变量置换

得 $Y = a_0 + a_1 X_1 + a_2 X_2$

此方程为多元线性方程。

3.2 非线性预报方程实例

本节提供 3 项实例，每项实例均给出实测数据及计算结果。计算结果均由软件完成，

每项实例均配有相应软件，3 项软件均进入非线性方程总软件 RM4 中。

3.2.1 实例 1——环境水力学参数

已知：某河流水文资料如表 3-1 所示。 求：建立该资料的非线性方程式。

计算结果（由软件 RM4 给出非线性方程式的建立及其线性化运算，详见 3.1 节例题）：

回归方程：$U = 0.068Q^{0.39}$

$$相关系数 R = 0.94 \qquad 剩余标准差 S = 0.0051$$

绝对误差 = 实测值 - 计算值 = $U_i - U_i^*$ 　相对误差 = $\dfrac{\left| U_i - U_i^* \right|}{U_i}$ 详见软件例题 2。

某河流水文资料								表3-1
项目　　　　　　组别	1	2	3	4	5	6	7	8
流量Q （m³/s）	510	620	710	742	790	860	920	1250
截面积A （m²）	638	729	789	806	832	878	920	1106
流速$U = Q / A$ （m/s）	0.799	0.85	0.90	0.92	0.95	0.98	1.0	1.13

3.2.2 实例 2——河道中生物降解污染物

已知：某河流中有机废水形成的生物降解污染物含量如表 3-2 所示。

求：建立污染物随时间降解规律的非线性方程式。

解算：由前述常用函数图形与实测数据对照取其关系式为：

$$y = ae^{-bt} \qquad 其中 e \approx 2.71828$$

原式线性化：取自然对数 $\ln y = \ln a - bt$

$$取 \ln y = Y, \; \ln a = A, \; -b = B, \; t = X$$

$$得 Y = A + BX$$

由监测数据知 $\bar{y} = \dfrac{1}{n} \sum\limits_{i=1}^{n} y_i$ 取 $y^* = ae^{-bt}$ 得

曲线方程式相关系数 $R_{曲} = \sqrt{1 - \dfrac{\sum\limits_{i=1}^{n}\left(y_i - y_i^*\right)^2}{\sum\limits_{i=1}^{n}\left(y_i - \bar{y}\right)^2}}$

曲线方程式剩余标准差 $S_曲 = \sqrt{\dfrac{\sum\limits_{i=1}^{n}\left(y_i - y_i^*\right)^2}{n-2}}$

计算结果（由软件 RM4 例题 3 给出）：回归方程：$y = 0.207\mathrm{e}^{-2.923t}$

相关系数 $R = 0.89$　　　剩余标准差 $S = 0.0225$

绝对误差 ＝ 实测值 － 计算值 ＝ $y_i - y_i^*$　　　相对误差 ＝ $\dfrac{\left|y_i - y_i^*\right|}{y_i}$ 详见软件例题 3。

某河流生物降解污染物含量　　　　　　表3-2

名称＼编号	1	2	3	4	5	6	7	8
时间 t（a）	0.28	0.56	0.75	0.85	1.10	1.20	1.40	1.50
污染物量（mg/L）	0.140	0.033	0.013	0.025	0.030	0.003	0.003	0.003

3.2.3　实例 3——土壤中铝溶出量

已知：研究某地酸雨影响，需探讨该地区土壤中铝溶出量与时间的相关性。铝溶出量如表 3-3 所示。

求：建立铝溶出量与时间相关性的非线性方程式。

解算：经比较选用的关系式为：

$$y = A\mathrm{e}^{-(Bt + Ct^2)}　　　其中 \mathrm{e} \approx 2.71828$$

原式线性化：取自然对数 $\ln y = \ln - (Bt + Ct^2)$

取 $\ln y = Y$，$\ln A = a_0$，$-B = a_1$，$-C = a_2$，$t = X_1$，$t^2 = X_2$

得 $Y = a_0 + a_1 X_1 + a_2 X_2$

由最小二乘法原理，可得实测数据与回归方程间的误差函数 J

$$J = \sum_{i=1}^{n}\left[Y_i - \left(a_0 + a_1 X_1 + a_2 X_2\right)\right]^2$$

为了使误差函数 J 达到极小值，由数学分析原理知，需求 J 的偏导数，并令其为零：

$$\frac{\partial J}{\partial a_0} = -2\sum_{i=1}^{n}\left(Y_i - a_0 - a_1 X_{1i} - a_2 X_{2i}\right) = 0$$

$$\frac{\partial J}{\partial a_1} = -2\sum_{i=1}^{n}\left(Y_i - a_0 - a_1 X_{1i} - a_2 X_{2i}\right)\cdot X_{1i} = 0$$

$$\frac{\partial J}{\partial a_2} = -2\sum_{i=1}^{n}(Y_i - a_0 - a_1 X_{1i} - a_2 X_{2i}) \cdot X_{2i} = 0$$

将监测数据代入上式，可解得 a_0、a_1、a_2，再进行逆变换，可得 A、B、C。

由监测数据知 $\bar{y} = \dfrac{1}{n}\sum_{i=1}^{n} y_i$ 取 $y^* = Ae^{-(Bt+Ct^2)}$ 得

曲线方程式相关系数 $R_{曲} = \sqrt{1 - \dfrac{\sum\limits_{i=1}^{n}(y_i - y_i^*)^2}{\sum\limits_{i=1}^{n}(y_i - \bar{y})^2}}$

曲线方程式剩余标准差 $S_{曲} = \sqrt{\dfrac{\sum\limits_{i=1}^{n}(y_i - y_i^*)^2}{n-2}}$

计算结果（由软件 RM4 例题 3 给出）：

回归方程：$y = 0.052e^{-(0.24t + 0.88t^2)}$

相关系数 $R = 0.65$　剩余标准差 $S = 0.032$

绝对误差 $=$ 实测值 $-$ 计算值 $= y_i - y_i^*$　相对误差 $= \dfrac{|y_i - y_i^*|}{y_i}$ 详见软件例题 3。

某地土壤中铝溶出量监测值　　　　　　　　　　　　表3-3

名称	1	2	3	4	5	6	7	8	9	10	11
时间t（a）	0.28	0.56	0.75	0.85	1.1	1.2	1.4	1.5	1.6	1.8	2.0
铝溶出（mg/L）	0.140	0.038	0.013	0.025	0.030	0.003	0.003	0.003	0.003	0.0005	0.003

3.3　非线性预报方程软件 RM4

3.3.1　软件编制原理及功能

1. 软件编制原理

当输入 N 个监测数据 (x_1, y_1)，(x_2, y_2)，(x_3, y_3)，…，(x_n, y_n) $(n = 1, …, N)$，可同时计算得到下列 5 种回归方程式（可选取其中最优方程）：

（1）直线方程式　　　　$Y = a + bX$

（2）非线性关系式　　　$U = \alpha \cdot Q^{\beta}$ 即 $Y = aX^b$

（3）非线性关系式　　　$Y = ae^{-bX}$

（4）非线性关系式　　　$Y = A\mathrm{e}^{-(BX + CX^2)}$

（5）5 次幂函数回归方程式 $y = A_0 + A_1 x + A_2 x^2 + A_3 x^3 + A_4 x^4 + A_5 x^5$

2. 软件功能

5 种方程均具有下列 3 个功能：

（1）计算方程式的方程系数 a 及 b，以及相关系数 R 和剩余标准差 S。

（2）计算回归方程预报精确度的数值结果，按表格形式打印出，其中包括：

1）输入的原始数据 (x_1, y_1)，(x_2, y_2)，…，(x_n, y_n) $(n = 1, …, N)$；

2）回归方程计算值 Y_n $(n = 1, …, N)$；y_n $(n = 1, …, N)$；

3）两项数值差 $(Y_n - y_n)$ $(n = 1, …, N)$。

（3）按上述第一个功能，给出各方程式的汇总结果，便于对比选取最优方程。

3.3.2　软件运行步骤

（1）调出软件 RM4。

（2）输入数据

输入一组数据，有 3 种输入方式：

1）运行例题 1，不需输入数据；

2）调用已有存盘数据文件；

3）输入新数据，输入新数据方法详见软件说明。

输入完数据后，将已输入的数据存成文件，单击"输入数据 存盘"。

（3）计算

连续 5 次单击"计算"，可完成全部计算。

（4）将计算结果保存

分为存硬盘文件或打印到纸上。

单击"计算结果 存盘文件"或单击"计算结果打印"，应预先开启打印机。

（5）若打印任一界面，单击"打印窗体"。

（6）退出

单击"结束 退出"。

3.3.3　软件例题

共 4 项例题，已录成数据文件，与软件同时提供。其文件名为：

（1）例题 1：RM4_ 双变量非线性分析 例题 1；

（2）例题 2：RM4　例题 2　环境水力学参数；

（3）例题 3：RM4　例题 3　河道中生物降解污染物；

（4）例题 4：RM4　例题 4　土壤中铝溶出量。

3.3.4　软件界面

非线性预报方程软件 RM4 界面如图 3-7 和图 3-8 所示。

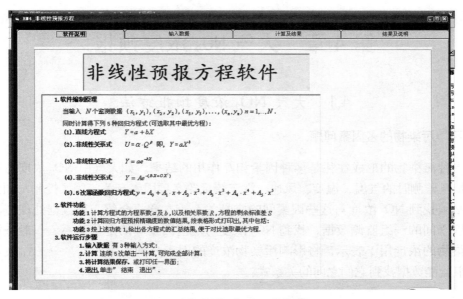

图 3-7 非线性预报方程软件 RM4

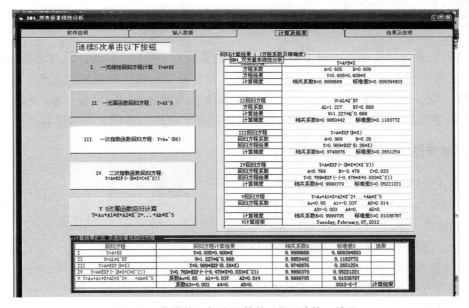

图 3-8 非线性预报方程软件 RM4 计算及结果

第4章　大气 NO_2 浓度预报

4.1　大气 NO_2 浓度预报方法

4.1.1　环境污染物的多因素问题

某一种污染物的形成往往是多种因素相互作用的结果。如大气中 NO_2 浓度与污染源的排放量及监测时的气温、湿度、风速、汽车流量等多项因素有关。为了控制与预报 NO_2 浓度，必须找到 NO_2 浓度与这些因素间的定量关系。本章将介绍一种数据处理方法，根据这些因素间的一组监测数据，找到 NO_2 浓度与这些因素间的定量关系。一般来讲，把某一污染物的浓度用 Y 表示，将影响污染物浓度的因素分别用 X_1，X_2，$\cdots$，X_K 表示，则可用一组监测数据找到它们之间的关系式：

$$Y = f(X_1,\ X_2,\ \cdots,\ X_K)$$

而最简单的关系式为线性关系式，即：

$$Y = b_0 + b_1 X_1 + b_2 X_2 + \cdots + b_K X_K \tag{4-1}$$

本章讲解如何用监测数据确定式（4-1）中的系数 b_0，b_1，$\cdots$，b_K，以及求该式的复相关系数 R；并作线性相关性检验。若检验合格，则可采用该式进行预测预报等工作。若检验不合格，应另行选取非线性关系式，或其他算法。为更全面地研究多因素的相关性，本章 4.3 节将讲解其相关性。综合解决以上两方面问题，将提供多因素问题计算软件 RM5。

4.1.2　环境污染物多因素问题的计算方法

1. 多元线性回归式（4-1）的求解

（1）对式（4-1）的求解，包括以下各项内容：

1）确定式（4-1）中的系数 b_0，b_1，$\cdots$，b_K；

2）计算复相关系数 R 及剩余标准差 S；

3）作线性相关性检验。将计算得到的线性相关性显著检验值 F 与查表得到的 F 值比对；

4）回归方程计算值与监测数据实测值比对，计算绝对误差及相对误差。

（2）求解步骤及公式

按最小二乘法，将监测数据与回归式拟合，计算公式如下：

1）列出原始监测数据

有 N 组 X_1，X_2，$\cdots$，X_K，X_{K+1}，即每组皆为 $K+1$ 将因素，其中前 K 个为自变量，相当于式（4-1）中的 X。第 $K+1$ 为因变量，相当于式（4-1）中的 Y。若用矩阵形式标记这批数据为：

$$X = X_{i,j} \quad i = 1,\ 2,\ \cdots,\ N; \quad j = 1,\ 2,\ \cdots,\ K+1 \tag{4-2}$$

2）计算各变量的平均值

$$\overline{x_j} = \frac{1}{N}\sum_{i=1}^{N} x_{i,j} \quad j = 1,\ 2,\ \cdots,\ K+1 \tag{4-3}$$

3）计算正则方程系数矩阵的增广阵 $L_{i,j}$

$$L_{i,j} = \sum_{t=1}^{N} x_{i,t} \cdot x_{j,t} - N \cdot \overline{x_i} \cdot \overline{x_j} \quad i = 1,\ 2,\ \cdots,\ N;\quad j = 1,\ 2,\ \cdots,\ K+1 \tag{4-4}$$

4）计算简单相关系数 $r_{i,j}$

$$r_{i,j} = \frac{L_{i,j}}{\sqrt{L_{i,i} \cdot L_{j,j}}} \quad i,j = 1,\ 2,\ \cdots,\ K+1 \tag{4-5}$$

5）解算下列线性方程组

$$\sum r_{i,j} \cdot b_i' = r_{i,K+1} \quad i = 1,\ 2,\ \cdots,\ K \tag{4-6}$$

6）计算回归系数 b_i（式（4-1）中的系数）

$$b_i = b_i' \cdot \sqrt{\frac{L_{K+1,K+1}}{L_{i,i}}} \quad i = 1,\ 2,\ \cdots,\ K \tag{4-7}$$

$$b_0 = \overline{x_{K+1}} - \sum_{i=1}^{K} b_i \cdot \overline{x_i} \tag{4-8}$$

7）计算复相关系数 R、剩余标准差 S 及显著性检验值 F

$$U = \sum_{i=1}^{K} b_i \cdot L_{i,K+1} \tag{4-9}$$

$$Q = L_{K+1,K+1} - U \tag{4-10}$$

$$R = \sqrt{\frac{U}{L_{K+1,K+1}}} \tag{4-11}$$

$$S = \sqrt{\frac{Q}{N-K-1}} \tag{4-12}$$

$$F = \frac{U}{K \cdot S^2} \ （此式称 F 计算值） \tag{4-13}$$

2. 对回归方程作显著性检验

当已计算得到式（4-1）～式（4-13）的各项结果后，需要对回归方程作显著性检验，即 Y 与 X 是否满足式（4-1）的线性关系。即它们是否呈 F 分布关系，将 F 分布关系制成 F 分布表（附录 II），根据监测数据，可在表中查到相对应的 F 值，记作 $F_{f1,f2}^{\alpha}$，与式（4-13）

计算得到的 F 值进行比对，即可得到显著性检验的结论。

当计算值 $F \geqslant F_{f1, f2}^{a}$（查表值）时，认为回归方程式（4-1）中 Y 与 X 的线性相关性是显著的，回归方程式（4-1）是成立的，再对回归方程的计算值与实测值形成的绝对误差作分析。回归方程可应用于控制与预报等领域。而且此时，相应的复相关系数应更接近 1，且剩余标准差更小。

当计算值 $F < F_{f1, f2}^{a}$（查表值）时，认为回归方程式（4-1）中 Y 与 X 的线性相关性是不显著的，回归方程式（4-1）是不成立的，再对回归方程的计算值与实测值形成的绝对误差作分析，可知亦是不满意的。回归方程不宜应用于控制与预报等领域。而且此时，相应的复相关系数应更远离 1，且剩余标准差更大。

$F_{f1, f2}^{a}$ 中，上角标 α 表示显著性水平，可取 $\alpha = 0.10$，或 $\alpha = 0.05$，或 $\alpha = 0.01$ 三个水平之一，如取 $\alpha = 0.01$，说明查表值有 99% 的准确度。

4.2　大气 NO_2 浓度预报实例

4.2.1　大气中 NO_2 浓度预报实例

已知：某城市街道路口大气监测数据如表 4-1 所示。

求：计算 NO_2 浓度预报的回归方程式：

$$Y(NO_2) = b_0 + b_1 x_1 + b_2 x_2 + b_3 x_3 + b_4 x_4$$

并计算方程式的相关系数、剩余标准差及回归方程显著性检验值。最后计算出实测值与计算值间的绝对误差和相对误差。

4.2.2　计算及结果

1. 计算

按前述式（4-1）～式（4-13）完成。

本书由软件 RM5 完成。将数据按表 4-1 输入至 RM5（因该软件作为例题，已预先输入完成，不需要再输入数据，亦可再输入一次），单击"多因素回归计算"，并单击"相关性分析"可完成计算。

2. 计算结果

（1）回归方程：$Y(NO_2) = -0.14629523808219 + 0.000112223769796591 x_1$
$+ 0.00527130720343532 x_2 - 0.000139940811199847 x_3$
$- 0.0363354779840889 x_4$

（2）回归精度：相关系数 $R = 0.940590979$；标准差 $S = 0.022515174$。

（3）线性相关性显著检验

查表值 $F = 5.48$，$a = 0.01$，计算值 $F = 23.02$，

查表值 $F <$ 计算值 F，满足要求，Y 与 X 线性关系显著。

（4）回归数据（略，详见软件打印结果）

某城市街道路口大气监测数据　　　　　　　　　　　表4-1

监测 组别	汽车数量 x_1	气温 x_2	大气湿度 x_3	风速 x_4	NO_2浓度 x_5（Y）
1	1300	20.0	80	0.45	0.066
2	1444	23.0	57	0.50	0.076
3	786	26.5	64	1.50	0.001
4	1652	23.0	84	0.40	0.170
5	1756	29.5	72	0.90	0.156
6	1754	20.0	76	0.80	0.120
7	1200	22.5	69	1.80	0.040
8	1500	21.8	77	0.60	0.120
9	1200	27.0	58	1.70	0.100
10	1476	27.0	65	0.65	0.129
11	1820	22.0	83	0.40	0.135
12	1436	28.0	68	2.00	0.099
13	948	22.5	69	2.00	0.005
14	1445	21.5	79	2.40	0.011
15	1084	28.5	59	3.00	0.003
16	1844	26.0	73	1.00	0.140
17	1116	35.0	92	2.80	0.039

4.3　大气 NO_2 浓度预报相关分析

4.3.1　多因素相关分析问题

对于多因素的环境问题，当需要研究某一因素变化对另一因素的影响时，有时采用计算该两元素间相关系数的办法。如第 i 个元素对第 j 个元素的相关系数用 $r_{i,j}$ 表示，假定对 n 组样品中的每组皆测定了 m 个元素，监测数据及相关系数分别表示为：

$$监测数据：\begin{bmatrix} x_{11} & x_{12} & \cdots & x_{1m} \\ x_{21} & x_{22} & \cdots & x_{2m} \\ \vdots & \vdots & \cdots & \vdots \\ x_{n1} & x_{n2} & \cdots & x_{nm} \end{bmatrix} = (x_{ij}) = X \quad i = 1, 2, \cdots, n; \quad j = 1, 2, \cdots, m \quad (4-14)$$

$$相关系数\ r_{i,j} = \frac{\sum_{K=1}^{n}(x_{iK} - \overline{x_i}) \cdot (x_{jK} - \overline{x_j})}{\sqrt{\sum_{K=1}^{n}(x_{iK} - \overline{x_i})^2 \cdot \sum_{K=1}^{n}(x_{jK} - \overline{x_j})^2}} \quad (4-15)$$

上式可用来研究其中的两个元素间的相关性，称为简单相关系数。以此可以进一步研究各元素间的亲疏程度，对元素进行分类，如作聚类分析、因子分析、谱分析等等，可以为某些环境污染的控制提供依据。但对另一些环境问题是不够的，因为简单相关系数不是互相独立的，即某两个元素的相关性会受到其他元素的干扰，若需要排除其他元素对某两个元素间的影响，求得任意两个元素间独立的相关系数，只需计算个某两个元素间的线性回归方程式。回归方程式的系数，就是排除其他元素（变量）的影响后，两个元素间的相互影响。如式（4-1）中的系数 b_1 表示了 X_1 每变化 1 个单位时，Y 的改变量。若要说明其他几个元素（变量）间的影响（相关性），则应分别求得其之间的回归方程式。

4.3.2 多因素相关分析计算方法

基本方法是求每个元素与其余元素间的回归方程。即有 M 个元素，就要求 M 个回归方程。每个方程的求法与 4.1 节相同，即按式（4-1）～式（4-13）计算。

如假定对 n 组样品中的每组皆测定了 5 个元素，监测数据及相关分析的回归方程式分别表示为：

$$监测数据：\begin{bmatrix} x_{11} & x_{12} & x_{13} & x_{14} & x_{15} \\ x_{21} & x_{22} & x_{23} & x_{24} & x_{25} \\ \vdots & \vdots & \vdots & \vdots & \vdots \\ x_{n1} & x_{n2} & x_{n3} & x_{n4} & x_{n5} \end{bmatrix} = (x_{ij}) = X \quad i = 1, 2, \cdots, n; \quad j = 1, 2, \cdots, 5$$

相关分析的回归方程式为：

$$\left. \begin{aligned} y(x_5) &= b_{50} + b_{51}x_1 + b_{52}x_2 + b_{53}x_3 + b_{54}x_4 \\ y(x_4) &= b_{40} + b_{41}x_1 + b_{42}x_2 + b_{43}x_3 + b_{45}x_5 \\ y(x_3) &= b_{30} + b_{31}x_1 + b_{32}x_2 + b_{34}x_4 + b_{35}x_5 \\ y(x_2) &= b_{20} + b_{21}x_1 + b_{23}x_3 + b_{24}x_4 + b_{25}x_5 \\ y(x_1) &= b_{10} + b_{12}x_2 + b_{13}x_3 + b_{14}x_4 + b_{15}x_5 \end{aligned} \right\} \tag{4-16}$$

4.3.3 多因素相关分析例题

已知：某城市街道路口大气监测数据如表 4-1 所示。该数据显示有 17 组，每组 5 个因素。

求：计算该监测数据的相关分析的回归方程式。

解算：按式（4-1）～式（4-13）计算多元回归方程，如 4.2 节实例。然后，将 x_4 数据与 x_5 数据互换，即将 x_4 数据作为 x_5 数据；同时将 x_5 数据作为 x_4 数据，按此顺序，组成一组新的数据，以此组新数据，仍按式（4-1）～式（4-13）计算多元回归方程，作为第二个回归方程。依此类推，可得全部计算式。本例题计算是由软件 RM5 完成。

计算结果：

相关分析的回归方程式为：

$$\left. \begin{aligned} y(x_5) &= b_{50} + b_{51}x_1 + b_{52}x_2 + b_{53}x_3 + b_{54}x_4 \\ y(x_4) &= b_{40} + b_{41}x_1 + b_{42}x_2 + b_{43}x_3 + b_{45}x_5 \\ y(x_3) &= b_{30} + b_{31}x_1 + b_{32}x_2 + b_{34}x_4 + b_{35}x_5 \\ y(x_2) &= b_{20} + b_{21}x_1 + b_{23}x_3 + b_{24}x_4 + b_{25}x_5 \\ y(x_1) &= b_{10} + b_{12}x_2 + b_{13}x_3 + b_{14}x_4 + b_{15}x_5 \end{aligned} \right\}$$

相关分析的回归方程式计算结果（摘自软件 RM5 例题 1）：

$$\left. \begin{aligned} y(x_5) &= -0.1463 + 0.0001 x_1 + 0.0053 x_2 - 0.00014 x_3 - 0.03634 x_4 \\ y(x_4) &= -1.912 + 0.0011 x_1 + 0.1189 x_2 + 0.001097 x_3 - 15.36838 x_5 \\ y(x_3) &= 47.1868 + 0.0167 x_1 + 0.1347 x_2 + 0.5801 x_4 - 31.2927 x_5 \\ y(x_2) &= 23.3051 - 0.0089 x_1 + 0.00988 x_3 + 4.6101 x_4 + 86.4347 x_5 \\ y(x_1) &= 1166.7651 - 27.7846 x_2 + 3.8123 x_3 + 128.7566 x_4 + 5732.2510 x_5 \end{aligned} \right\}$$

4.4　大气 NO_2 浓度预报软件 RM5

4.4.1　软件编制原理及功能

1. 软件编制原理

已知：N 组监测数据，每组均有 $K+1$ 个元素，x_1，x_2，$\cdots$，x_k，x_{k+1}。

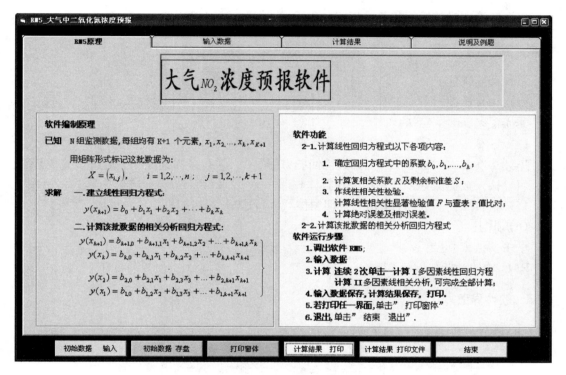

图 4-1　RM5 软件功能

用矩阵形式标记这批数据为：

$$X = (x_{i,j}) \qquad i=1,\ 2,\ \cdots,\ n; \qquad j=1,\ 2,\ \cdots,\ k+1$$

求解（1）建立多元线性回归方程式：

$$y(x_{k+1}) = b_0 + b_1 x_1 + b_2 x_2 + \cdots + b_k x_k$$

（2）计算该批数据的相关分析回归方程式：

$$\left.\begin{array}{l}
y(x_{k+1}) = b_{k+1,0} + b_{k+1,1} x_1 + b_{k+1,2} x_2 + \cdots + b_{k+1,k} x_k \\
y(x_k) = b_{k,0} + b_{k,1} x_1 + b_{k,2} x_2 + \cdots + b_{k,k+1} x_{k+1} \\
\qquad\qquad\qquad\vdots \\
y(x_2) = b_{2,0} + b_{2,1} x_1 + b_{2,3} x_3 + \cdots + b_{2,k+1} x_{k+1} \\
y(x_1) = b_{1,0} + b_{1,2} x_2 + b_{1,3} x_3 + \cdots + b_{1,k+1} x_{k+1}
\end{array}\right]$$

2. 软件功能

(1) 计算多元线性回归方程式以下各项内容:

1) 确定回归方程式中的系数 b_0, b_1, …, b_k;

2) 计算复相关系数 R 及剩余标准差 S;

3) 作线性相关性检验。计算线性相关性显著检验值 F, 并与查表值 F 比对。软件自动将 F 分布表输入 (仅限 $\alpha=0.01$);

4) 计算绝对误差及相对误差。

(2) 计算该批数据的相关分析回归方程式。

4.4.2　软件运行步骤

(1) 调出软件 RM5。

(2) 输入数据

共 4 项 (name; N; K; (X_i, Y_i))。

(3) 计算

连续 2 次单击"计算 I 多因素线性回归方程"、"计算 II 多因素线相关分析", 完成计算。

(4) 输入数据保存, 计算结果保存, 打印。

(5) 若打印任一界面, 单击"打印窗体", 应预先开启打印机。

(6) 退出

单击"结束　退出"。

RM5 软件功能如图 4-1 所示。

4.4.3　软件界面

RM5 软件界面如图 4-2 和图 4-3 所示。

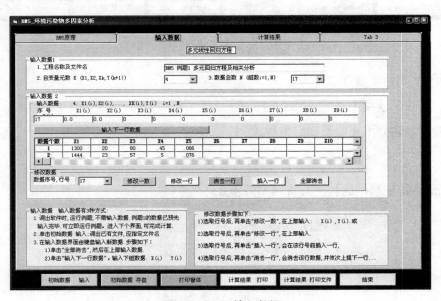

图 4-2　RM5 输入数据

图 4-3　RM5 计算结果

第 5 章　大气 NO_2 浓度最优预报

5.1　最优问题及计算方法

5.1.1　控制与预报的最优方程

对于一组多因素的监测数据，$X=(x_{i,j})$，i=1，2，…，n；j=1，2，…，$k+1$ 可建立多元回归方程式：

$$y(x_{k+1}) = b_0 + b_1x_1 + b_2x_2 + \cdots + b_kx_k \tag{5-1}$$

在实际应用中可发现，上述方程中的系数 b_i，某些系数较小，即该项变量 x_i 对 y 的影响较小、较次要。可否在方程中去掉该项呢？使得建立的回归方程为最优的。即挑选那些对 y 线性关系显著的自变量；而舍去那些对 y 线性关系不显著的自变量，这样做，建立的回归方程称为是最优方程。因为这可减少监测工作量，亦可确保回归方程的精确度。新建立的回归方程如下式：

仍用原有的监测数据，$X=(x_{i,j})$，i=1，2，…，n；j=1，2，…，$k+1$

最优回归方程：

$$y(x_{k+1}) = a_0 + \cdots + a_{m-1}x_{m-1} + a_mx_m \qquad m<k \tag{5-2}$$

提示：所建立的方程式是线性的，即因变量与自变量间均呈线性关系，当计算过程中，作线性显著性检验时，不满足线性显著性要求时，需另行建立非线性方程式。

5.1.2　多因素最优方程求法

求解多因素最优方程采用逐步回归法。该法的基本思路是，对于全部自变量，按其对因变量 y 的显著程度的大小，由大到小依次引入回归方程，对已被引入的变量，在新引入变量后，有可能变得对 y 不显著而从方程中剔除，逐步进行这样的回归计算，最后可得到最优回归方程。

逐步回归的计算公式及步骤：

1.输入数据

（1）监测数据，$X=(x_{i,j})$，i=1，2，…，n；j=1，2，…，$k+1$；

（2）给定 F_{in} 及 F_{out} 值

其中，F_{in} 表示将自变量引入回归方程的检验值；F_{out} 表示将自变量从回归方程剔除的检验值；F_{in} 及 F_{out} 值反映了对某个要处理问题的要求。其中包括预先估计可能进入回归方程的变量个数 m，及给定显著性水平 α（置信度）。然后查 F 分布表（附录 II）确定 F_{in} 及 F_{out} 值，再根据对监测数据的计算，可得到某个变量的 F 值，与 F_{in} 及 F_{out} 值比较，可知该变量能否进入回归方程或被剔除回归方程。

F_{in} 及 F_{out} 值的确定步骤及查 F 分布表：

1）根据所处理问题的精度要求，给定显著性水平 α（置信度）。显著性水平是指可信的程度，一般取 α=0.01，α=0.05 或 α=0.1，如取 α=0.05，即表明准确度达 95%；

2）预先估计可能进入回归方程的变量个数 m（$1<m<k$）；

3）查 F 分布表用的参数 f_1 及 f_2，取 $f_1=1$ 及 $f_2=N-m-1$，其中 N 为监测数据的组数；

4）查 F 分布表（附录 II），得 $F_a(f_1,f_2)$，由此可确定 F_{in} 及 F_{out} 值，取：

$$F_{in}=F_a \text{ 及 } F_{out}=F_a \tag{5-3}$$

2. 解算回归方程

（1）计算多元回归方程的基本参数

变量平均值　　$\overline{x_j}=\dfrac{1}{N}\sum_{i=1}^{N}x_{i,j}$, $i=1$, $\cdots$, N, $j=1$, $\cdots$, $K+1$ $\tag{5-4}$

正规方程系数　　$l_{i,j}=\sum_{t=1}^{N}x_{t,i}\cdot x_{t,j}-N\cdot\overline{x_i}\cdot\overline{x_j}$, i, $j=1$, $\cdots$, $K+1$ $\tag{5-5}$

简单相关系数　　$r_{i,j}=\dfrac{l_{i,j}}{\sqrt{l_{i,i}\cdot l_{j,j}}}$, i, $j=1$, $\cdots$, $K+1$ $\tag{5-6}$

（2）计算逐步回归方程

取 $l=1$, $\varphi^{(l)}=N-1$, $R_{i,j}^{(l)}=r_{i,j}$ $\tag{5-7}$

式中　l——逐步回归步数标记，每一步增加 1，l 最大为 K；

　　　$\varphi^{(l)}$——相应于该步的自由度数；

　　　$R_{i,j}^{(l)}$——给简单相关系数加标号。

1）计算偏回归平方和

为变量赋值：

$P_{max}=0$, $D_{max}=0$, $P_{min}=-\infty$, $D_{min}=0$, $D=0$, $T_0=0.0001$, $b_i^{(l)}=0$, $i=0$, 1, 2, $\cdots$, K $\tag{5-8}$

式中　P_{max}——偏回归平方和最大者及其标记 D_{max}；

　　　P_{min}——偏回归平方和最小者及其标记 D_{min}；

　　　D——进入变量的编号（如 1，2，$\cdots$，K）；

　　　T_0——在相关系数变换时，控制主元不能为过小的量值；

　　　$b_i^{(l)}$——多元方程回归系数。

偏回归平方和计算：如果 $r_{i,j}^{(l)}<T_0$ $\tag{5-9}$

则不进入以下偏回归平方和的计算（选主元素）。

偏回归平方和　$P_i^{(l)}=\dfrac{r_{i,K+1}^{(l)}\cdot r_{K+1,i}^{(l)}}{r_{i,i}^{(l)}}$, $i=1$, 2, $\cdots$, K $\tag{5-10}$

如果 $P_i^{(l)}\geqslant P_{max}$，则 $P_{max}=P_i^{(l)}$ 及相应的 D_{max}；

如果 $P_i^{(l)}\geqslant P_{min}$，则 $P_{min}=P_i^{(l)}$ 及相应的 D_{min}。

当 $P_i^{(l+1)}\neq 0$ 且 $P_i^{(l+1)}<0$ 时，则回归方程系数为：

$$\left.\begin{aligned}b_i^{(l)}&=r_{i,K+1}^{(l)}\cdot\sqrt{\frac{l_{K+1,K+1}}{l_{i,i}}}, \quad i=1, 2, \cdots, K\\ b_0^{(l)}&=\overline{x_{K+1}}-\sum_{i=1}^{K}b_i^{(l)}\cdot\overline{x_i}\end{aligned}\right\} \tag{5-11}$$

2）计算显著性检验值 F

$$F = \frac{P_{\min} \cdot \varphi^{(l)}}{r_{K+1,K+1} - P_{\max}} \tag{5-12}$$

赋值 $D = D_{\min}$ 及 $\varphi^{(l)} = \varphi^{(l)} + 1$，

如果 $P_{\min} = -\infty$ 或如果 $F < F_{\text{out}}$ 则：

$$F = \frac{P_{\max} \cdot \left(\varphi^{(l)} - 1\right)}{r_{K+1,K+1} - P_{\max}}$$

如果 $F < F_{\text{in}}$ 则结束计算，否则继续计算。

赋值 $D = D_{\max}$ 及 $\varphi^{(l)} = \varphi^{(l)} - 1$

至此已求得最终 D 值（进入变量编号，如 $D=1$ 表示 x_1 进入或 $D=2$ 表示 x_2 进入等）。

3）对简单相关系数 $r_{i,j}$ 进行变换

$r_{i,j}^{(l)}$ 需作如下 4 步变换，变换后，记作 $r_{i,j}^{(l+1)}$：

当 $i \neq D$，$j \neq D$ 时，$r_{i,j}^{(l+1)} = r_{i,j}^{(l)} - \dfrac{r_{i,D}^{(l)} \cdot r_{D,j}^{(l)}}{r_{D,D}^{(l)}}$

当 $i \neq D$，$j = D$ 时，$r_{i,D}^{(l+1)} = -\dfrac{r_{i,D}^{(l)}}{r_{D,D}^{(l)}}$

当 $i = D$，$j \neq D$ 时，$r_{D,j}^{(l+1)} = \dfrac{r_{D,j}^{(l)}}{r_{D,D}^{(l)}}$

当 $i = D$，$j = D$ 时，$r_{D,D}^{(l+1)} = \dfrac{1}{r_{D,D}^{(l)}}$

4）回归方程精确度

相关系数　$R1^{(l)} = \sqrt{1 - r_{K+1,K+1}^{(l)}}$ \hfill (5-13)

剩余标准差　$S1^{(l)} = \sqrt{l_{K+1,K+1}} \cdot \sqrt{\dfrac{r_{K+1,K+1}^{(l)}}{\varphi^{(l)}}}$ \hfill (5-14)

至此，完成了逐步回归的第一步，可将计算结果打印：

D 值，第一步回归方程 $y(x_{k+1}) = a_0 + a_D \cdot x_D$，相关系数 $R1^{(l)}$，剩余标准差 $S1^{(l)}$，赋值 $l = l+1$。然后依次重复以上 1）、2）、3）、4）四步，直到 $F < F_{\text{in}}$ 时结束计算。

5）打印最终结果数据

①最优回归方程：$y(x_{k+1}) = a_0 + \cdots + a_{m-1}x_{m-1} + a_m x_m \quad m < k$；

②最优回归方程的相关系数 $R1^{(l)}$；

③最优回归方程的剩余标准差 $S1^{(l)}$；

④最优回归方程的绝对误差及相对误差。

5.2　大气 NO₂ 浓度最优预报实例

5.2.1　实例 1——大气中 NO₂ 浓度预报

已知：数据为某城市街道路口大气监测数据，如表 4-1 所示。其中，$N=17$，$K=4$，置信度 $\alpha=0.05$。

求：1）多元回归方程：$Y(NO_2) = b_0 + b_1 \cdot x_1 + b_2 \cdot x_2 + b_3 \cdot x_3 + b_4 \cdot x_4$

并计算方程式的相关系数、剩余标准差及回归方程显著性检验值。最后计算绝对误差和相对误差。

2）逐步回归最优方程：$y(x_{k+1}) = a_0 + \cdots + a_{m-1}x_{m-1} + a_m x_m \quad m < k$。

解算：计算多元回归方程，按前述式（4-1）～式（4-6）计算；

　　　　计算最优方程，输入数据共 5 项：

（1）文件名：大气中 NO₂ 浓度预报；

（2）数据组数 $N=17$；

（3）变量个数 $K=4$；

（4）输入表 4-1 数据；

（5）F 分布表查表数据：估计进入方程的变量数 $m=2$，得 $f_2 = N-m-1=14$；$f_1=1$（均取 1）按该例题精度要求取置信度 $\alpha = 0.05$。查 F 分布表（附录 II）得 $F_a(f_1, f_2) = 4.6$，由此得 $F_{in} = F_a = 4.6$ 及 $F_{out} = F_a = 4.6$。按上述式（5-4）～式（5-14）计算；

本题由软件 RM6 完成。将数据按表 4-1 输入至 RM6 可完成计算。

计算结果　1. 多元回归方程

$$Y(NO_2) = -0.146295 + 0.000112x_1 + 0.005271x_2 - 0.00014x_3 - 0.036335x_4$$

相关系数 $R = 0.940590979$　　　剩余标准差 $S = 0.022515174$

线性相关性显著性检验：查表值 $F=5.48$，置信度 $\alpha = 0.01$，计算值 $F=23.02$，查表值 $F <$ 计算值 F，满足要求，y 与 x 线性关系显著。

回归数据相对误差及绝对误差（略，详见软件打印结果）。

2. 多元逐步回归最优方程

（1）简单相关系数 $r_{i,j}$

计算得到的简单相关系数见表 5-1。

简单相关系数　　　　　　　　　　　　　　　　　　　　　　　表 5-1

	1	2	3	4	5
1	1.00	−0.25	0.33	−0.61	0.85
2	−0.25	1.00	−0.04	0.52	−0.07
3	0.33	−0.04	1.00	−0.11	0.22
4	−0.61	0.52	−0.11	1.00	−0.73
5	0.85	−0.07	0.22	−0.73	1.00

（2）最优方程选取过程

x_1 进入 $y(NO_2) = -0.134216 + 0.000155x_1$，$R = 0.8452898$，$S = 0.0316898$；

x_4 进入 $y(NO_2) = -0.051368 + 0.000118x_1 - 0.022372x_4$，

$$R = 0.8874369, \quad S = 0.0282972;$$

x_2 进入 $y(NO_2) = -0.153571 + 0.00011x_1 + 0.005276x_2 - 0.036577x_4$，

$$R = 0.9403214, \quad S = 0.0216794。$$

结束时，检验值 $F = 0.053$，查表限值 $F_{in} = 4.491$，检验值 $F <$ 限值 F_{in}，满足逐步回归结束条件。

（3）最优方程

$$y(NO_2) = -0.153571 + 0.00011x_1 + 0.005276x_2 - 0.036577x_4$$

相关系数 $R = 0.9403214$；剩余标准差 $S = 0.0216794$

（4）最优方程数据比对

相对误差及绝对误差（略，详见软件打印结果）。

5.2.2　实例 2——大气中 NO_2 浓度预报

本例与实例 1 的数据及要求相同，只是更改了线性相关性的置信度，取置信度 $\alpha = 0.01$。计算结果变化却很大，最优方程只有 x_1 一项。计算结果如下式：

最优方程：$y(NO_2) = -0.134216319337943 + 0.000155367090136991x_1$

相关系数 $R = 0.8452898$；剩余标准差 $S = 0.0316898$

结束时，检验值 $F = 4.812$；查表限值 $F_{in} = 8.775$，

检验值 $F <$ 限值 F_{in}，满足逐步回归结束条件。

其他计算结果数据（略，详见软件 RM6 例题 2）。

5.3　大气 NO_2 浓度最优预报软件 RM6

5.3.1　软件编制原理及功能

1. 软件编制原理

已知：N 组监测数据，$X = (x_{i,j})$，$i = 1$，2，$\cdots$，n；$j = 1$，2，$\cdots$，$k+1$。

建立：（1）多元线性回归方程式：

$$y(x_{k+1}) = b_0 + b_1x_1 + b_2x_2 + \cdots + b_kx_k$$

（2）相关分析回归方程式：

$$\left.\begin{array}{l} y(x_{k+1}) = b_{k+1,0} + b_{k+1,1}x_1 + b_{k+1,2}x_2 + \cdots + b_{k+1,k}x_k \\ y(x_k) = b_{k,0} + b_{k,1}x_1 + b_{k,2}x_2 + \cdots + b_{k,k+1}x_{k+1} \\ \vdots \\ y(x_2) = b_{2,0} + b_{2,1}x_1 + b_{2,3}x_3 + \cdots + b_{2,k+1}x_{k+1} \\ y(x_1) = b_{1,0} + b_{1,2}x_2 + b_{1,3}x_3 + \cdots + b_{1,k+1}x_{k+1} \end{array}\right\}$$

（3）逐步回归最优方程式：

$$y(x_{k+1}) = a_0 + \cdots + a_{m-1}x_{m-1} + a_mx_m \quad m < k$$

2. 软件功能

（1）计算多元线性回归方程式

1）确定回归方程式系数 b_0，b_1，$\cdots$，b_k；

2）计算相关系数 R 及剩余标准差 S；

3）作线性相关性检验。计算值 F 与查表值 F 比对。软件已将 F 分布表输入（内定 $\alpha = 0.01$）；

4）计算绝对误差及相对误差。

（2）计算相关分析回归方程式。

（3）计算逐步回归最优方程式

1）确定回归方程式系数 a_0，…，a_{m-1}，a_m；

2）计算相关系数 R 及剩余标准差 S；

3）作线性相关性检验。计算值 F 与查表值 F_{in} 比对。软件已将 F 分布表输入（α 值分 3 种，$\alpha=0.1$，$\alpha=0.05$，$\alpha=0.01$）；

4）计算绝对误差及相对误差。

5.3.2 软件运行步骤

（1）调出软件 RM6。

（2）输入数据

共 5 项（name；N；K；(X_i, Y_i)；α），有 3 种输入方式：

1）运行例题 1，不需输入数据；

2）调用已有存盘数据文件（如例题 2）；

3）输入新数据，输入新数据方法详见软件说明。

将已输入的数据存成文件，单击"输入数据 存盘"。

（3）计算

连续 3 次单击：计算 I 多元线性回归方程；

计算 II 相关分析回归方程；

计算 III 逐步回归最优方程。

（4）输入数据保存，计算结果保存，打印。

单击"计算结果 存盘文件"，可将计算结果存为文件；

或单击"计算结果打印"，可将计算结果打印到纸上。

（5）若打印任一界面单击"打印窗体"，应预先开启打印机。

（6）退出

单击"结束 退出"。

5.3.3 软件界面

RM6 软件界面如图 5-1～图 5-3 所示。

图 5-1 RM6 软件功能

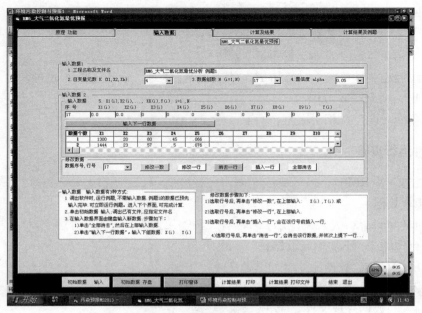

图 5-2　RM6 输入数据

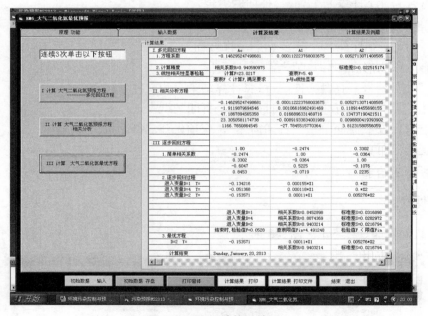

图 5-3　RM6 计算及结果

5.3.4　软件例题计算

RM6 软件共 2 项例题：

RM6 例题 1　多元逐步回归方程及 RM6 例题 2　NO_2 元逐步回归方程。

第 6 章　雾霾污染源识别

6.1　雾霾污染源识别问题及解法

6.1.1　雾霾污染源识别问题

控制和治理雾霾污染，需要了解污染源的状况。直接监测污染源是必要的，但雾霾污染源众多且类型各异，直接监测污染源是困难的，如在一些大城市中，很难得到同步的雾霾污染源数据，更难得到大气中二次污染源数据。于是人们转而监测污染源的排放物，再由排放物数据推算污染源的类型及其成因率。从原理上讲，由污染物推算污染源是合理的，污染源与污染物之间是因果关系，由污染物推算污染源，则是由果及因的探索过程。

问题是雾霾污染物与地面污染源之间不是一一对应的关系，即并非某一种污染物对应某一种污染源。它们是错综复杂地存在着，如某个污染源排放多种污染物，而其他污染源亦排放同种污染物，在这样的情况下，不可能采用直接推算法。近年来，人们试图同时测定大气污染物与地面污染源，然后基于化学平衡原理，采用回归法估算地面污染源，但至今未能得到满意的结果。为解决这种错综复杂对应关系问题，本章将介绍一种有效的方法——雾霾污染源追踪分析法。该法是一种由果及因的推算法，如将大气排放物作为结果；将地面污染源作为形成污染的起因，由监测的排放物数据，去推算污染源，正是该法要解决的问题。该法的基本原理是，将污染源作为待求的因子，建立污染源因子与污染物元素数据间的数学模型，再由该数学模型推导出两者间应满足的关系式，解算关系式后，得到的解为一组关系式矩阵，称为因子负载矩阵，对此矩阵进行定性与定量地识别分析，便可得到最终结果，即某区域的污染源类型及其成因率。

因子分析法始于 20 世纪中叶，较完整的理论见于 1967 年哈曼（H.H.Harman）所著《因子分析》一书。因子分析法是多元分析法的重要分支。而传统的多元分析法只能解决多变量之间的相关分析，因子分析法是在多变量相关分析的基础上，进一步导算出变量的成因。这种方法反映了客观需要，能帮助人们追踪到污染的起因，可以有效地治理雾霾污染的问题。因子分析法应用的数学公式多，计算繁琐，只有在 20 世纪 70 年代初，计算机高速发展后，才被应用于许多领域。在我国，1983 年开发引进该法，在解决北京地区大气污染源识别等问题中，作了许多探讨。本章将分别介绍因子分析法的数学模型、解算步骤、应用实例及计算机软件。

顺便指出，为了保障有效地完成因子分析的探索过程，需要做到，监测数据完整、准确，推算方法正确，才能准确地得到最终结果。所谓监测数据要完整、准确，是指：第一，监测数据是配套的，同步的，同一时间的，同一范围的。而不是东拼西凑毫不相干的一堆数据。总之，提供的污染物监测数据是与某类污染源相对应的一组数据；第二，监测数据中的参数（变量）应足够多，必须覆盖污染源的全部排放物。应使用现代的监测手段与分析仪器（如当时使用的中子活化仪等），确保提供的监测数据的精确度。上述所指推算方法正确，是指对监测数据的处理必须使用严密的、相应的数学方法，如本章所述的方法。

6.1.2　雾霾污染源识别因子分析解法

解法包括：建立污染源与污染物数据间的数学模型；数学模型的推导；数学模型的初始因子解；数学模型的最终因子解；用定量与定性相结合方法，对最终因子解的分析解释。

1. 数学模型

假定污染物数据 Z 与待求的污染源因子 F 可用如下线性方程式表示：

$$Z_j = a_{j,1}F_1 + a_{j,2}F_2 + \cdots + a_{j,m}F_m + c_j U_j \quad j=1,\ 2,\ \cdots,\ p \tag{6-1}$$

式中　Z_j——标准化的实测污染物元素浓度值，p 种污染物，m 组样品；

$\quad\quad F_m$——m 个公因子，且与全部变量 Z_j 都相关；

$\quad\quad U_j$——第 j 个单因子，且与相应的一个变量 Z_j 相关；

$\quad\quad a_{j,m}$——因子负载，即公因子 F_m 在变量 Z_j 上的负载；

$\quad\quad c_j$——因子系数，它是使每个变量的方差达到 1 的补充值。

式（6-1）的矩阵形式：

$$Z = AF + CU \tag{6-2}$$

以上两式即为污染源因子的数学模型。该数学模型等号左边是已知量，等号右边是未知量，不便于求解，为求解，需要推导该式，将它推导成用已知量来表达未知量。

2. 数学模型的推导

基于变量间的相关矩阵为：

$$R = \frac{1}{n}Z \cdot Z^{\mathrm{T}} \tag{6-3}$$

推导模型，用 Z 表示 F，即得到 $F = f(Z)$。式（6-3）中，Z^{T} 为变量 Z 的转置矩阵，由式（6-2）得：

$$\frac{1}{n}Z \cdot Z^{\mathrm{T}} = \frac{1}{n}\left(AFF^{\mathrm{T}}A^{\mathrm{T}} + CUF^{\mathrm{T}}A^{\mathrm{T}} + AFU^{\mathrm{T}}C^{\mathrm{T}} + CUU^{\mathrm{T}}C^{\mathrm{T}}\right) \tag{6-4}$$

假定式（6-2）中各因子间相互独立，且因原始数据已经过标准化，使得变量具有以下性质：

$$UF^{\mathrm{T}}=0,\ \ FU^{\mathrm{T}}=0\ 及\ \frac{1}{n}FF^{\mathrm{T}} = \frac{1}{n}UU^{\mathrm{T}} = I$$

式中 0 表示零矩阵；I 表示单位矩阵。则式（6-3）可变为：

$$R = AA^{\mathrm{T}} + CC^{\mathrm{T}} \tag{6-5}$$

若取 $R^* = AA^{\mathrm{T}}$，可得：

$$R = R^* + CC^{\mathrm{T}} \tag{6-6}$$

式中 R^* 称为约相关矩阵，通常假定它是半正定实对称矩阵。R^* 与 R 的区别仅在于对角线元素的不同，R 的对角线元素为 1，而 R^* 的对角线元素是诸变量公因子方差。为简便，计算仍用 R 代替 R^*。比较式（6-5）两端，可得变量间的相关系数为：

$$r_{ij} = a_{i1}a_{j1} + a_{i2}a_{j2} + \cdots + a_{im}a_{jm} \quad (i \neq j) \tag{6-7}$$

$$r_{ii} = \sigma_{zi}^2 = a_{i1}^2 + a_{i2}^2 + \cdots + a_{im}^2 + c_i^2 \quad (i=j) \tag{6-8}$$

式中 r_{ij} 表示变量 Z_i 与 Z_j 间的相关系数，当 $i=j$ 时，$r_{ij}=1$ 且等于变量 Z_i 的方差 σ_{zi}^2。

式（6-8）右端表示诸公因子 $f_k(k=1，\cdots，m)$ 与单因子 u_i 对同一变量 z_i 的方差所作的总贡献，它由两部分组成，其一称为公因子方差 h_i^2，即：

$$a_{i1}^2 + a_{i2}^2 + \cdots + a_{im}^2 = h_i^2 = \sum_{k=1}^{m} a_{ik}^2 \quad (i=1，\cdots，p) \tag{6-9}$$

另一部分 c_i^2 称为单因子方差。由于因子载荷 a_{ik}^2 表示 f_k 对 Z_i 的方差贡献，于是 f_k 对所有变量 $Z_1，\cdots，Z_p$ 的方差总贡献为：

$$S_k = \sum_{i=1}^{p} a_{ik}^2 \quad (k=1，\cdots，m) \tag{6-10}$$

它是衡量公因子相对重要性的指标，并按来 S_k 排列因子重要性的顺序。

主因子解就是根据变量的相关关系从 R 中提取第一个因子 f_1，使它对于所有变量的方差总贡献 S_1 为最大，从而决定出因子 f_1 的系数 a_{i1}，然后消除这个因子的影响，得出剩余相关矩阵 $R^{(1)}$；再从 $R^{(1)}$ 中提取因子 f_2，使它与 f_1 独立，并使其对剩余的公因子方差的总贡献 S_2 为最大，来决定 f_2 的系数 a_{i2}，依此解法，直至所有变量的公因子方差分解完为止。

由因子模型可知，因子载荷 a_{ik} 是第 i 个变量 Z_i 与第 k 个因子 f_k 的相关系数，它反映了变量与公因子间的相关关系。因此，要确定各公因子只需确定各公因子的载荷。各因子载荷组成的矩阵称为因子负载矩阵，但由式（6-6）得到的因子负载矩阵，解答并非唯一，而且不便对该解作污染源类型的解释，必须对初始因子解作进一步的解算，得到最终因子解，方可作污染源类型的解释。

3. 初始因子解

按上述原则求 a_{j1} 时，须使得 $S_1 = \sum_{j=1}^{p} a_{j1}$ 在式（6-11）所示条件之下，得到最大值。

$$r_{ij} = \sum_{k=1}^{m} a_{ik} \cdot a_{jk} \quad (i,j=1，2，\cdots，p) \tag{6-11}$$

式中 r_{ij} 是变量 Z_i 的公因子方差 h_i^2。由于 S_1 是变量 a_{i1} 的函数，用求条件极值的方法，令：

$$2T = S_i - \sum_{i,j=1}^{p} \mu_{ij} \cdot r_{ij} = S_1 - \sum_{i,j=1}^{p} \mu_{ij} \cdot \sum_{k=1}^{m} a_{ik} \cdot a_{jk} \tag{6-12}$$

式中 $\mu_{ij}(=\mu_{ji})$ 为拉格朗日乘数；T 为新函数，若使 T 达到极大值，只要求出 T 对每个变量 a_{ik} 的偏导数，并令其等于零，即：

$$\frac{\partial T}{\partial a_{ik}} = \delta_{1k} \cdot a_{i1} - \sum_{j=1}^{p} \mu_{ij} \cdot a_{jk} = 0 \tag{6-13}$$

式中 δ_{1k} 为克罗内克符号，其取值为：当 $k=1$ 时，$\delta_{1k}=1$；当 $k \neq 1$ 时，$\delta_{1k}=0$。

为了解算式（6-13），需做些变换，以 a_{i1} 乘该式，并对 i 求和，可得：

$$\delta_{1k} \cdot \sum_{i=1}^{p} a_{i1}^2 - \sum_{i,j=1}^{p} \mu_{ij} \cdot a_{i1} \cdot a_{jk} = 0 \tag{6-14}$$

由式（6-13）知，当 $k=1$ 时，交换下标 i、j 则有 $a_{j1} = \sum_{j=1}^{p} \mu_{ji} a_{i1}$，且令 $\sum_{i=1}^{p} a_{i1}^2 = \lambda_1$，则式（6-14）变为：

$$\delta_{1k} \cdot \lambda_1 - \sum_{i=1}^{p} a_{j1} \cdot a_{jk} = 0 \qquad (6\text{-}15)$$

式（6-15）乘以 a_{ik}，且对 k 求和，则得 $a_{i1} \cdot \lambda_1 - \sum_{j=1}^{p} a_{j1} \left(\sum_{k=1}^{m} a_{ik} \cdot a_{jk} \right) = 0$

令 $\left(\sum_{k=1}^{m} a_{ik} \cdot a_{jk} \right)$ 为 r_{ij}，得：

$$\sum_{j=1}^{p} r_{ij} \cdot a_{j1} - \lambda_1 \cdot a_{i1} = 0 \qquad (i=1, \cdots, p) \qquad (6\text{-}16)$$

记 λ_1 为 λ，并对 j 展开，得：

$$\left. \begin{aligned} \left(h_1^2 - \lambda \right) a_{11} + r_{12} \cdot a_{21} + \cdots + r_{1p} a_{p1} &= 0 \\ r_{21} a_{11} + \left(h_2^2 - \lambda \right) a_{21} + \cdots + r_{2p} a_{p1} &= 0 \\ \vdots \\ r_{p1} a_{11} + r_{p2} a_{21} + \cdots + \left(h_p^2 - \lambda \right) a_{p1} &= 0 \end{aligned} \right\} \qquad (6\text{-}17)$$

写成矩阵形式为：$(R - \lambda I) a_1 = 0$

式中 I 为单位矩阵，该式有非零解的充要条件是：

$$|R - \lambda I| = 0 \qquad (6\text{-}18)$$

式（6-18）即为 R 的特征方程，其中 λ 为 R 的特征值。由于 R 是实对称矩阵，且 $|R| \geqslant 0$。从而所有特征值均为非负实数，当求得 R 的最大特征值 λ_1 代入式（6-17）可求得相应的单位特征向量：$a_1 = \begin{bmatrix} a_{11} \\ \vdots \\ a_{p1} \end{bmatrix}$

根据特征向量 a_1 的分量 a_{i1} 去寻求第一个因子载荷 $a_{i1}(i=1, \cdots, p)$。由线性代数可知，用正交变换可把实对称矩阵 R 对角化，可以找到矩阵 G，使得：

$$G^{\mathrm{T}} R G = E = \begin{bmatrix} \lambda_1 & & 0 \\ & \ddots & \\ 0 & & \lambda_p \end{bmatrix} \qquad (6\text{-}19)$$

式中对角化矩阵 E 和对角线元素就是 R 的特征值，且从左上角到右下角按由大到小的顺序排列，此处 G 是由 R 的特征向量构成的正交矩阵。

由式（6-19）可得 $R = GEG^{\mathrm{T}}$，因 $R = AA^{\mathrm{T}}$，则 $AA^{\mathrm{T}} = GEG^{\mathrm{T}} = G\sqrt{E}\sqrt{E}G^{\mathrm{T}}$ 得

$$A = G\sqrt{E} \qquad (6\text{-}20)$$

因此，第一个因子 f_1 的因子载荷为：

$$a_{i1} = a_{i1}\sqrt{\lambda_1} \qquad (i=1, \cdots, p) \qquad (6\text{-}21)$$

求出第一个因子 f_1 的因子载荷 a_{i1} 后，求解第二个因子 f_2 的因子载荷 a_{i2}，需要继续在剩余相关矩阵中提取因子 f_2，使它与 f_1 独立，并使 $S_2 = \sum\limits_{i=1}^{p} a_{i2}^2$ 为最大。但实际计算只须求出 R 的次大特征值 λ_2 及相应的特征向量即可。R 的全部非零特征值及相应的特征向量，便对应于 m 个公因子载荷。解算式（6-18），求特征值及相应的特征向量，采用雅可比（Jacobi）法（详见后附注）。

在实际问题中，因为公因子数目 m 即为污染源个数，因此确定 m 的数量，一是按所论问题的性质，由实际经验而定；二是根据计算结果中前 m 个公因子方差贡献之和在总的公因子方差中所占的比重（或称成因率），来确定公因子数 m。即公因子数 m 是按计算结果选定的。在计算初始，设定 M 个公因子，而后再选定 m 个公因子，$m \leqslant M$。应使得前 m 个公因子方差贡献之和 $\sum\limits_{k=1}^{m} \lambda_k$ 在总的 M 个公因子方差贡献之和 $\sum\limits_{k=1}^{M} \lambda_k$ 中所占比重，已经足够高（详见例题）。

4. 最终因子解

以上计算初始因子解时，主因子解满足 $R=AA^T$，若只按此继续推算，不能得到唯一的最终因子解，如果对主因子解 A 施行正交变换 T 之后，所得到的因子矩阵 B，仍满足 $BB^T = R$，则所得到的因子矩阵 A 不是唯一解，不能得到唯一的最终结果。上述正交变换如下：当 T 为任一正交变换矩阵时，令 $B=AT$，则有：

$$BB^T = (AT)(AT)^T = ATT^TA^T = AA^T = R$$

另一方面，初始因子矩阵并非简单结构，不能更好地模拟自然模型，不便于对环境污染源的识别与解释。为求解最终因子，应解决这两种问题。

因子矩阵简单结构这个概念，最早是由瑟斯顿（Thurstone）于 1947 年提出的。瑟斯顿由因子系列得到一个单因子解，而使得变量在因子轴上的投影达到极大或极小。简单结构准则是哈曼（Harman）于 1967 年提出的，该准则是：

（1）因子矩阵的每一行至少有一个元素为元素为零；

（2）若有 m 个公因子，则因子矩阵的每一列至少要有 m 个元素为零；

（3）对于因子矩阵的每两列必须要有数个变量，其因子负载在其中一列中为零，而在另一列中不为零；

（4）当因子数为 4 或 4 以上时，对于因子矩阵的每两列，必须要有大部分变量的因子负荷在两列中均为零；

（5）对于因子矩阵的每两列，应该只有少数变量，其因子负荷在两列中均不为零。

用实测数据是不可能得到完全的简单结构。但是利用因子矩阵的旋转，才能有效地解决以上问题。旋转 A 得到一个近于简单结构的矩阵 B。

因子矩阵旋转的方法已有数种，本书拟介绍"方差极大旋转法"，或称方差极大正交旋转法。该法是将每个因子轴旋转到某个适当的位置，使得各变量在同一个因子上的载荷的平方和，向最大与最小两极最大限度地分化开来，也就是要使得每一个因子中的最大因子载荷集中在最少数的变量上。而在其余变量上则出现零或接近于零的因子载荷，这样就使因子矩阵中每列达到最简。以下简述该法的基本原理：

设初始因子矩阵 A 经旋转后变为因子载荷矩阵 B，对某一因子 f_k 其载荷平方的方差由式（6-22）表示：

$$S_k^2 = \frac{1}{p} \sum_{i=1}^{p} \left(b_{ik}^2 \right)^2 - \frac{1}{p^2} \left(\sum_{i=1}^{p} b_{ik}^2 \right)^2 \quad (k=1, \cdots, m) \tag{6-22}$$

其中 b_{ik} 是经过正交旋转变换后所得的因子载荷矩阵 B 的第 i 行第 k 列元素。由于经过正交旋转，变量的公因子方差不会发生改变。因此，当方差达到极大时，其因子载荷 b_{ik} 就向 0 与 1 两极分化，这样就使得不同的变量对同一因子的载荷有尽可能大的差异。

将式（6-22）对所有 k 求和，并使 S^2 最大：

$$S^2 = \sum_{k=1}^{m} S_k^2 = \frac{1}{p} \sum_{k=1}^{m} \sum_{i=1}^{p} b_{ik}^4 - \frac{1}{p^2} \sum_{k=1}^{m} \left(\sum_{i=1}^{p} b_{ik}^2 \right)^2 \tag{6-23}$$

式（6-23）称为"原始方差极大准则"。为了消除各变量间的差异所形成的不平衡，对 b_{ik}^2 正规格化，并使 V 达到极大：

$$V = p \sum_{k=1}^{m} \sum_{i=1}^{p} \left(\frac{b_{ik}}{h_i} \right)^4 - \sum_{k=1}^{m} \left(\sum_{i=1}^{p} \frac{b_{ik}^2}{h_i^2} \right)^2 \tag{6-24}$$

式（6-24）称为"正规方差极大准则"。由该式出发，用雅可比（Jacobi）法对变量 Z_i 在以任意两个因子 f_s 和 f_t 为轴的坐标平面内，可以确定相应的正交旋转变换 T_{st}：

$$T_{st} = \begin{bmatrix} \cos\theta & -\sin\theta \\ \sin\theta & \cos\theta \end{bmatrix} \tag{6-25}$$

使得经旋后的因子载荷矩阵 B 与初始因子矩阵 A 第 i 行第 s、t 列元素间有如下关系：

$$\left. \begin{aligned} b_{is} &= a_{is} \cos\theta + a_{it} \sin\theta \\ b_{it} &= -a_{is} \sin\theta + a_{it} \cos\theta \end{aligned} \right\} \tag{6-26}$$

式中 θ 为第 s、t 两个因子轴在 0-s-t 平面上的旋转角。确定 θ 是使式（6-24）中 $k=s$ 及 $k=t$ 相对应的两项之和 V_{st} 为最大：

$$V_{st} = p \sum_{i=1}^{p} \left(\frac{b_{is}}{h_i} \right)^4 - \sum \left(\frac{b_{is}^2}{h_i^2} \right)^2 + p \sum_{i=1}^{p} \left(\frac{b_{it}}{h_i} \right)^4 - \sum \left(\frac{b_{it}^2}{h_i^2} \right)^2 \tag{6-27}$$

将式（6-25）代入式（6-27）后，求极值 $V_\theta'=0$，得：

$$\tan 4\theta = \frac{D - \dfrac{2AB}{p}}{C - \dfrac{A^2 - B^2}{p}} \tag{6-28}$$

式中 $A = \sum\limits_{i=1}^{p} u_i$，$B = \sum\limits_{i=1}^{p} w_i$，$C = \sum\limits_{i=1}^{p} \left(u_i^2 - w_i^2 \right)$，$D = 2 \sum\limits_{i=1}^{p} u_i w_i$。

其中 $u_i = \left(\dfrac{a_{is}}{h_i} \right)^2 - \left(\dfrac{a_{it}}{h_i} \right)^2$ 及 $w_i = 2 \left(\dfrac{a_{is}}{h_i} \right) \left(\dfrac{a_{it}}{h_i} \right)$。

a 为初始因子矩阵的元素；h 为公因子方差。

θ 取值在 $[-0.25\pi,\ 0.25\pi]$ 之间。将 θ 值代入式（6-25），可确定正交旋转变换 T_{st}，对于所有不同的因子组合，可类似以上计算得到 T_{12}，T_{13}，$\cdots$，T_{st}，$\cdots$，$T_{(m-1)m}$，共计 $\dfrac{m(m-2)}{2}$ 个。将这些变换施行于初始因子矩阵 A，则可求得旋转因子矩阵 B_1 为：

$$B_1 = AT_1 = AT_{12}T_{13}\cdots T_{(m-1)m} \tag{6-29}$$

该过程称为一个循环，每一次循环后 V 值将增大，反复进行 r 次，直到 V 值增加的量小于预期的精度为止，得 $T = T_1T_2\cdots T_r$，得最终因子载荷矩阵 B 为：

$$B = AT \tag{6-30}$$

V 为因子负载平方的方差，故可表示为 σ^2，控制 V 值增加量小于预期的精度，是用预先给定的 ε 值，如取 $\varepsilon = 10^{-5}$，由下式表示：

$$\left| \sigma_{i+1}^2 - \sigma_i^2 \right| \leqslant \varepsilon \tag{6-31}$$

若式（6-31）得到满足，即得到 B，再对 B 作正规化还原，可得最终因子负载矩阵 $k=[k_{jp}]$ 其中：

$$k_{jp} = b_{jp} \cdot h_j \quad (j = 1,\ \cdots,\ n;\ p = 1,\ \cdots,\ m) \tag{6-32}$$

因子分析法的具体计算可参照 5.2 节实例计算。

5. 附注

雅可比（Jacobi）法求 n 阶对称矩阵的特征值及特征向量计算步骤：

（1）设 n 阶对称矩阵 A_0，为便于计算，将 A_0 赋值给 A_m，取 n 阶单位矩阵 I_n，将 I_n 赋值给 S_m，取充分小的误差值 ε。

（2）从 A_m 中找出绝对值最大的非对角元素 $a_{k,l}^m$。

1）若 $a_{k,l}^m = 0$ 或 $|a_{k,l}^m| \leqslant \varepsilon$，则得到最终解答：

A_0 的特征值 $\lambda_i = a_{ii}^{(m)}$（$i = 1,\ \cdots,\ n$）相应的一组特征向量为 S_m。

2）若 $|a_{k,l}^m| > \varepsilon$，则用式（6-33）求 θ_m：

$$\tan 2\theta_m = \frac{2a_{kl}^{(m)}}{a_{kk}^{(m)} - a_{ll}^{(m)}} \tag{6-33}$$

（3）由 A_m 按式（6-33）求 A_{m+1}，A_{m+1} 各元素为：第 k，l 列和第 k，l 行的元素均改变，而其他元素不改变。

$$\left. \begin{array}{l} a_{kk}^{(m+1)} = a_{kk}^{(m)}\cos^2\theta_m + a_{ll}^{(m)}\sin^2\theta_m + 2a_{kl}^{(m)}\sin\theta_m\cos\theta_m \\ a_{ll}^{(m+1)} = a_{kk}^{(m)}\sin^2\theta_m + a_{ll}^{(m)}\cos^2\theta_m - 2a_{kl}^{(m)}\sin\theta_m\cos\theta_m \\ \left. \begin{array}{l} a_{ik}^{(m+1)} = a_{ki}^{(m+1)} = a_{ki}^{(m)}\cos\theta_m + a_{li}^{(m)}\sin\theta_m \\ a_{il}^{(m+1)} = a_{li}^{(m+1)} = -a_{ki}^{(m)}\sin\theta_m + a_{li}^{(m)}\cos\theta_m \end{array} \right\} i \neq k, i \neq l \\ a_{kl}^{(m+1)} = a_{lk}^{(m+1)} = 0 \\ a_{ij}^{(m+1)} = a_{ij}^{(m)}, i \neq k, i \neq l, j \neq k, j \neq l \end{array} \right\} \tag{6-34}$$

（4）由 S_m 求 S_{m+1}，计算式如下：

$$\left.\begin{array}{l} S_{ij}^{(m+1)} = S_{ij}^{(m)}, (i \neq k_m, j \neq l_m) \\ S_{ik_m}^{(m+1)} = S_{ik_m}^{(m)} \cos\theta_m + S_{il_m}^{(m)} \sin\theta_m, (i,j=1,2,\cdots,n) \\ S_{il_m}^{(m+1)} = -S_{ik_m}^{(m)} \sin\theta_m + S_{il_m}^{(m)} \cos\theta_m \end{array}\right\} \tag{6-35}$$

（5）重复第（2）步，从 A_m 中选出绝对值最大的非对角元素 $a_{k_m l_m}^{(m)}$，并作检验，当 $a_{k_m l_m}^{(m)}$ 满足式（6-36）要求时，则得到 A 的特征值 $\lambda_i = a_{ii}^{(m)}$ 及相应的一组特征向 S_m。否则，仍重复第（3）步、第（4）步后转到第（2）步。

$$\left| a_{k_m l_m}^{(m)} \right| \leqslant \varepsilon \tag{6-36}$$

6.2　雾霾与地面污染源识别实例

6.2.1　实例 1——北京某地区雾霾颗粒物污染源的识别

已知：监测数据为 1979 年 10 月至 1980 年 9 月在北京某地区大气采样，每月采样 5 次，对样品采用中子活化仪测定大气飘尘中的 26 个元素浓度值，测定数据列于表 6-1。

求：对样品进行因子分析。识别出该地区大气颗粒物地面主要污染源类型及其对大气污染的贡献率。

注：此例题是作者的科研成果，曾在国际学术会议上作过报告（1987，美国）。

1. 监测数据标准化

北京某地区 1979 年 10 月至 1980 年 9 月飘尘中元素浓度　（单位：ng/m³）　表 6-1

1	2	3	4	5	6	7	8	9	10	11	12	13
铯 Cs	铽 Tb	钪 Sc	铷 Rb	铁 Fe	钴 Co	钠 Na	铕 Eu	钾 K	镧 La	锑 Sb	硒 Se	钽 Ta
0.8	0.14	1.4	10	3.2	2.3	7.6	0.2	19	3.3	3.5	0.7	0.23
1.6	0.3	2.8	18	6.2	6.2	20	0.4	32	6.9	59	4.7	0.25
1.1	0.3	2.1	14	4.6	3.9	12	0.25	25	4.9	27.1	2.4	0.24
0.3	0.2	0.5	2.3	1.2	1.0	3.2	0.2	7.1	1.4	0.5	0.7	0.01
2.5	0.5	5.2	31	9.3	11	25	0.6	49	17	21	3.5	0.65
1.4	0.4	2.9	17	5.6	5.8	15	0.36	30	7.2	9.5	3.9	0.09
1.1	0.2	3.8	15	5.3	6.0	10	0.2	22	11	2.0	4.3	0.01
4.9	0.8	13	50	22	30	32	1.2	87	37	39	44	0.65
2.6	0.6	6.5	29	10.5	12.3	20	0.66	51	18.3	14.6	14.2	0.09
0.8	0.1	2.5	16	3.2	4.5	9.7	0.5	16	8.7	1.0	2.8	0.24
1.9	0.4	5.3	21	7.5	10	14	0.6	34	21	3.2	10	0.47
1.2	0.2	3.8	18	5.5	7.6	12.3	0.57	25	11.3	2.1	5.9	0.35
0.6	0.1	2.2	6.7	3.2	3.9	5.7	0.25	18	7.7	0.8	1.3	0.24
2.1	0.4	4.2	20	8.9	7.7	13	0.4	39	17	7.1	11	0.47
1.1	0.2	3.2	12	5.3	5.8	10	0.32	27	11.9	3.2	7.5	0.35
0.5	0.2	1.0	5.5	2.4	1.6	6.1	0.14	12	3.1	0.4	0.8	0.13

1	2	3	4	5	6	7	8	9	10	11	12	13
铯 Cs	铽 Tb	钪 Sc	铷 Rb	铁 Fe	钴 Co	钠 Na	铕 Eu	钾 K	镧 La	锑 Sb	硒 Se	钽 Ta
1.6	0.4	4.3	15	6.8	10	15	0.38	40	15	12	12	0.25
0.9	0.3	2.3	10	4.3	4.5	9.8	0.26	23	8.1	4.1	5.4	0.19
0.5	0.07	1.1	8.0	2.1	2.0	5.8	0.14	14	3.6	1.5	1.7	0.13
1.0	0.25	2.6	17	5.4	4.8	13	0.38	25	9.1	17	7.4	0.25
0.7	0.2	1.7	12	3.6	3.1	9.0	0.26	19	5.6	5.6	3.8	0.19
0.7	0.1	1.3	5.3	3.2	2.0	6.9	0.13	18	3.8	0.5	0.7	0.1
1.6	0.3	3.3	20	7.1	5.8	18	0.27	42	10	5.4	4.6	0.26
1.1	0.2	2.4	11	5.6	3.8	12.8	0.19	30	7.0	2.5	2.9	0.19
0.4	0.16	1.2	3.4	2.8	2.4	6.6	0.16	13	4.5	5.3	4.0	0.07
1.8	0.25	3.5	18	7.7	7.7	18	0.4	39	10	23	6.5	0.12
1.1	0.2	2.0	11.5	4.4	4.1	10.9	0.23	23	6.2	12.3	5.0	0.09
0.5	0.3	1.4	5.4	2.8	2.1	8.2	0.15	15	3.7	3.3	3.3	0.19
1.2	0.5	2.0	14	7.7	4.0	15	0.23	22	5.7	33	7.8	0.24
0.9	0.4	1.7	9.0	4.4	3.4	10.2	0.19	18	4.7	16.5	5.9	0.22
0.5	0.1	1.5	5.4	2.5	3.0	7.9	0.13	17	4.5	5.1	2.5	0.10
1.2	0.2	3.2	24	7.3	5.9	16	0.27	34	9.6	57	7.1	0.16
0.8	0.2	2.1	12.3	4.4	3.9	11	0.22	23	6.2	24.6	3.8	0.14
0.6	0.14	1.0	6.8	2.7	2.2	6.8	0.19	15	3.4	2.1	1.4	0.23
1.7	0.3	3.4	21	8.9	6.7	19	0.45	41	9.9	15	5.2	0.25
1.4	0.3	2.4	13.2	6.5	4.7	12.4	0.29	31	7.6	9.0	4.1	0.24

14	15	16	17	18	19	20	21	22	23	24	25	26
钐 Sm	铈 Ce	镱 Yb	镥 Lu	钡 Ba	铀 U	钍 Th	铬 Cr	铪 Hf	钨 W	钕 Nd	砷 As	溴 Br
0.7	7.7	0.2	0.04	75	0.4	1.4	8.2	0.4	2.4	8.0	3.3	2.1
1.2	15	0.32	0.07	160	0.7	3.0	55	1.1	5.9	11	11	5.6
0.9	11.2	0.25	0.05	130	0.5	2.2	22	0.7	3.6	10	6.9	4.3
0.3	2.9	0.2	0.02	46	0.1	0.6	6.3	0.2	1.1	3.2	1.7	0.4
2.7	32	1.1	0.19	400	2.1	6.2	41	1.9	9.2	26	25	15
1.2	15.6	0.44	0.09	195	0.9	3.2	24	1.1	4.0	11	11.6	7.1
1.8	21	0.5	0.11	200	1.5	4.6	17	1.6	3.5	14	13	11
5.4	70	2.3	0.44	610	9.9	16	95	4.7	18	31	93	96
2.9	36.9	1.1	0.19	370	3.2	8.4	34	2.6	8.0	21	33.1	49.3
1.4	16	0.5	0.1	140	1.0	3.5	9.3	1.4	1.7	18	8.6	2.7
3.1	39	1.0	0.2	310	2.9	8.3	26	3.1	9.1	19	22	11
2.1	25.2	0.7	0.15	220	1.8	5.3	16.7	2.1	4.1	19	14.5	7.4
1.3	15	0.5	0.1	120	0.9	2.9	11	1.2	1.6	6.8	7.4	16
2.5	34	1.2	0.21	160	2.7	6.2	19	2.5	12	15	29	24
1.8	23.4	0.8	0.16	190	1.9	4.4	15.2	1.9	5.1	11	17.1	21.4

续表

14	15	16	17	18	19	20	21	22	23	24	25	26
钐 Sm	铈 Ce	镱 Yb	镥 Lu	钡 Ba	铀 U	钍 Th	铬 Cr	铪 Hf	钨 W	钕 Nd	砷 As	溴 Br
0.5	7	0.2	0.03	80	0.5	1.2	7.9	0.4	1.9	17	5.2	3.0
2.3	29	0.8	0.17	160	2.1	5.5	25	2.2	26	24	22	17
1.2	16.4	0.5	0.11	120	1.1	2.9	15.0	1.2	6.9	21	10.8	8.5
0.5	7.8	0.06	0.04	100	0.17	1.3	7.7	0.4	1.5	18	4.5	3.6
1.3	16	0.13	0.14	260	0.81	3.4	16	1.3	3.3	25	20	5.5
0.8	10.5	0.1	0.09	160	0.49	2.0	10.3	0.9	2.4	21	10.4	4.6
0.6	8.6	0.06	0.04	110	0.5	1.3	6.6	0.5	1.7	18	3.4	2.4
1.5	22	0.62	0.15	180	1.3	3.9	21	1.2	5.3	26	22	11
1.1	15.1	0.33	0.08	140	0.8	2.5	13.7	0.9	3.2	22	9.9	5.4
0.7	6.9	0.4	0.04	12	0.6	1.4	5.0	0.5	1.0	7.0	7.2	2.7
1.7	21	1.0	0.12	290	1.3	4.1	27	1.2	11	18	17	15
1.0	11.6	0.66	0.07	131	0.9	2.4	14.6	0.8	4.7	12	12.2	7.7
0.5	7.0	0.31	0.05	100	0.4	1.4	13	0.5	2.2	6.7	8.2	8.0
0.8	11	0.56	0.08	430	0.9	2.3	20	0.7	7.0	39	23	19
0.6	8.8	0.46	0.06	186	0.7	1.8	17.0	0.6	4.0	23	15.1	1.3
0.8	8.2	0.46	0.05	93	0.2	1.6	6.6	0.5	2.1	6.0	9.2	2.0
1.5	18	0.98	0.89	150	1.0	3.8	24	1.2	5.0	14	27	11
1.0	11.5	0.7	0.07	97	0.6	2.3	14.8	0.7	3.4	10	17.4	4.9
0.5	7.0	0.45	0.03	130	0.6	1.2	9.8	0.2	1.6	9.8	4.5	2.0
1.5	20	1.3	0.10	270	1.0	3.5	46	1.3	4.1	23	15	13
1.1	13.6	0.84	0.07	204	0.8	2.6	27.6	0.9	3.0	18	10.9	5.4

按表 6-1 给出的 p 种元素 n 组样品，表示为 x_{ij}（$i=1$，$\cdots$，p，$j=1$，$\cdots$，n；$p=26$，$n=36$），代入下式：

$$Z_{ij} = \frac{x_{ij} - \overline{x_i}}{\sigma_i} \tag{6-37}$$

其中　平均值 $\overline{x_i} = \dfrac{1}{n}\displaystyle\sum_{k=1}^{n} x_{ik}$　　标准差 $\sigma_i = \sqrt{\dfrac{1}{n-1}\displaystyle\sum_{k=1}^{n}\left(x_{ik} - \overline{x_i}\right)^2}$

式中　Z_{ij}——第 i 个变量的第 j 个样品标准化数值；

　　　x_{ij}——样品实测值；

　　　$\overline{x_i}$——第 i 个变量的平均值；

　　　σ_i——第 i 个变量的标准差，计算结果见表 6-2。

2. 变量间的相关系数

由标准化数据 Z 求相关系数矩阵 $R=(R_{ij})$。

$$r_{ij} = \frac{1}{n-1}\sum_{k=1}^{n} Z_{ik} Z_{jk} \qquad (i,j=1,\cdots,p) \tag{6-38}$$

相关系数矩阵 $R=(R_{ij})$ 计算结果见表 6-3。

3. 计算特征方程的特征值

$$|R-\lambda I|=0 \tag{6-39}$$

用雅可比法计算式（6-39）的全部特征值：$\lambda_1 \geqslant \lambda_2 \geqslant \cdots \geqslant \lambda_p \geqslant 0$。并根据累积比 $\sum_{k=1}^{m}\frac{\lambda_k}{p}$ 的大小确定因子的数目 m。

全部特征值的总和 $\lambda_1+\lambda_2+\lambda_3+\cdots+\lambda_{26}=26$，本例题取前 4 个特征值 $\lambda_1+\lambda_2+\lambda_3+\lambda_4=20.2+1.48+1.11+0.705=23.5$，占全部特征值的 90.4%，故选定因子数目 $m=4$。即选定 4 个类型的污染源。另外，可以证明全部因子数恰好等于相关系数矩阵 R 的秩。

大气颗粒物元素平均值与标准差　　　　　　　　　　　　　　　　表 6-2

编号	元素	名称	平均值（ng/m³）	标准差	编号	元素	名称	平均值（ng/m³）	标准差
1	Cs	铯	1.24	0.85	14	Sm	钐	1.41	0.99
2	Tb	铽	0.28	0.15	15	Ce	铈	17.83	12.74
3	Sc	钪	2.91	2.19	16	Yb	镱	0.61	0.44
4	Rb	铷	14.66	9.11	17	Lu	镥	0.13	0.15
5	Fe	铁	5.67×10^{-3}	3.62	18	Ba	钡	186.92	119.08
6	Co	钴	5.71	4.98	19	U	铀	1.31	1.66
7	Na	钠	12.44×10^{-2}	5.90	20	Th	钍	3.57	2.86
8	Eu	铕	0.34	0.21	21	Cr	铬	20.79	17.06
9	K	钾	27.64×10^{-2}	14.79	22	Hf	铪	1.24	0.92
10	La	镧	9.06	6.70	23	W	钨	5.29	5.05
11	Sb	锑	12.47	14.90	24	Nd	钕	16.74	7.78
12	Se	硒	5.91	7.29	25	As	砷	15.89	15.37
13	Ta	钽	0.22	0.15	26	Br	溴	11.85	17.06

4. 初始因子矩阵

计算前 m 个特征值所对应的单位特征向量，以此对应的特征向量为列构成矩阵 G，再取特征值的开方值，便可得初始因子矩阵 A：

$$A = G\sqrt{E} \tag{6-40}$$

式中 E 为特征值，计算初始因子矩阵前，应先将特征值及其对应的特征向量按由大至小的顺序排列。初始因子矩阵的计算结果如表 6-4 所示。表 6-4 中公因子方差的计算式为：

$$h_i^2 = \sum_{K=1}^{m} a_{iK}^2 \qquad (i=1,\cdots,p) \tag{6-41}$$

5. 最终因子负载矩阵

将得到的初始因子矩阵 A 施行方差极大旋转，得到旋转后的因子矩阵 B，对 B 作正规化还原，得最终因子负载矩阵 K。

　　具体计算过程：由式（6-28）得 θ 取值在 $[-0.25\pi, 0.25\pi]$ 之间，代入式（6-25），按式（6-29）对初始因子矩阵 A 变换，将旋转后的新因子负载 b_{jk} 代入式（6-27），由式（6-31）检验，若不满足，则应返回到式（6-28）～式（6-31），如此循环，直至式（6-31）得到满足，再按式（6-32）计算，从而得到最终因子负载矩阵 K。计算结果详见表 6-5。

大气颗粒物数据相关系数矩阵　（相关系数矩阵为对称矩阵，$r_{ij} = r_{ji}$）　　　　表 6-3

元素	号	1	2	3	4	5	6	7	8	9	10	11	12	13
铯 Cs	1	1.00												
铽 Tb	2	0.85	1.00											
钪 Sc	3	0.96	0.79	1.00										
铷 Rb	4	0.95	0.77	0.93	1.00									
铁 Fe	5	0.98	0.84	0.95	0.94	1.00								
钴 Co	6	0.96	0.79	0.99	0.91	0.95	1.00							
钠 Na	7	0.92	0.80	0.84	0.93	0.91	0.84	1.00						
铕 Eu	8	0.89	0.71	0.95	0.91	0.86	0.93	0.79	1.00					
钾 K	9	0.97	0.80	0.93	0.94	0.96	0.93	0.94	0.83	1.00				
镧 La	10	0.93	0.75	0.98	0.89	0.91	0.96	0.78	0.92	0.90	1.00			
锑 Sb	11	0.44	0.42	0.35	0.53	0.50	0.39	0.63	0.30	0.46	0.27	1.00		
硒 Se	12	0.87	0.77	0.92	0.80	0.90	0.94	0.71	0.82	0.83	0.88	0.38	1.00	
钽 Ta	13	0.68	0.56	0.65	0.67	0.65	0.66	0.61	0.64	0.64	0.72	0.22	0.55	1.00
钐 Sm	14	0.92	0.73	0.98	0.90	0.90	0.96	0.79	0.94	0.89	0.99	0.27	0.86	0.71
铈 Ce	15	0.93	0.75	0.98	0.90	0.91	0.96	0.79	0.92	0.91	1.00	0.27	0.87	0.71
镱 Yb	16	0.88	0.70	0.87	0.83	0.89	0.87	0.78	0.80	0.87	0.87	0.37	0.80	0.63
镥 Lu	17	0.46	0.31	0.51	0.60	0.53	0.49	0.48	0.42	0.52	0.51	0.57	0.48	0.31
钡 Ba	18	0.86	0.82	0.82	0.85	0.88	0.82	0.84	0.82	0.80	0.79	0.41	0.75	0.62
铀 U	19	0.91	0.75	0.96	0.84	0.91	0.97	0.72	0.89	0.86	0.94	0.27	0.96	0.65
钍 Th	20	0.93	0.76	0.99	0.90	0.91	0.97	0.78	0.95	0.89	0.99	0.29	0.90	0.67
铬 Cr	21	0.90	0.77	0.85	0.87	0.90	0.88	0.91	0.82	0.89	0.78	0.63	0.80	0.60
铪 Hf	22	0.87	0.71	0.94	0.85	0.85	0.91	0.71	0.92	0.83	0.98	0.22	0.84	0.69
钨 W	23	0.69	0.66	0.68	0.59	0.67	0.71	0.63	0.57	0.71	0.72	0.31	0.67	0.49
钕 Nd	24	0.53	0.59	0.47	0.55	0.58	0.47	0.59	0.44	0.52	0.47	0.23	0.46	0.44
砷 As	25	0.91	0.80	0.94	0.88	0.95	0.95	0.80	0.83	0.89	0.90	0.46	0.97	0.62
溴 Br	26	0.88	0.77	0.92	0.80	0.90	0.92	0.71	0.81	0.85	0.87	0.32	0.94	0.51
元素	号	14	15	16	17	18	19	20	21	22	23	24	25	26
钐 Sm	14	1.00												
铈 Ce	15	0.99	1.00											
镱 Yb	16	0.87	0.87	1.00										
镥 Lu	17	0.51	0.50	0.55	1.00									
钡 Ba	18	0.78	0.79	0.74	0.36	1.00								
铀 U	19	0.93	0.94	0.84	0.45	0.76	1.00							
钍 Th	20	0.99	0.99	0.86	0.51	0.80	0.96	1.00						
铬 Cr	21	0.77	0.78	0.78	0.41	0.78	0.80	0.79	1.00					

续表

元素	号	14	15	16	17	18	19	20	21	22	23	24	25	26
铪 Hf	22	0.98	0.98	0.82	0.49	0.74	0.91	0.98	0.71	1.00				
钨 W	23	0.71	0.72	0.64	0.35	0.54	0.65	0.69	0.57	0.70	1.00			
钕 Nd	24	0.44	0.47	0.38	0.21	0.73	0.43	0.45	0.43	0.43	0.47	1.00		
砷 As	25	0.88	0.89	0.85	0.58	0.81	0.95	0.91	0.82	0.84	0.65	0.52	1.00	
溴 Br	26	0.85	0.87	0.81	0.44	0.77	0.94	0.89	0.78	0.82	0.60	0.42	0.93	1.00

初始因子负载矩阵   表 6-4

序号	元素	因 子 负 载				公因子方差
		a_1	a_2	a_3	a_4	
1	铯 Cs	0.978	0.037	0.054	−0.073	0.967
2	铽 Tb	0.838	0.130	0.283	−0.160	0.826
3	钪 Sc	0.985	−0.111	−0.064	−0.049	0.989
4	铷 Rb	0.949	0.159	−0.022	0.075	0.933
5	铁 Fe	0.978	0.114	0.039	−0.074	0.976
6	钴 Co	0.983	−0.081	−0.053	−0.089	0.984
7	钠 Na	0.886	0.346	0.128	0.006	0.922
8	铕 Eu	0.923	−0.152	−0.018	−0.032	0.876
9	钾 K	0.955	0.102	0.012	−0.016	0.922
10	镧 La	0.966	−0.207	−0.061	0.100	0.990
11	锑 Sb	0.439	0.821	−0.217	−0.056	0.918
12	硒 Se	0.919	−0.077	−0.081	−0.195	0.896
13	钽 Ta	0.701	−0.107	0.171	0.417	0.707
14	钐 Sm	0.960	−0.211	−0.084	0.104	0.983
15	铈 Ce	0.967	−0.206	−0.050	0.097	0.989
16	镱 Yb	0.894	−0.020	−0.140	0.030	0.821
17	镥 Lu	0.539	0.358	−0.559	0.394	0.886
18	钡 Ba	0.866	0.132	0.335	−0.020	0.881
19	铀 U	0.945	−0.213	−0.081	−0.122	0.961
20	钍 Th	0.970	−0.195	−0.078	0.026	0.986
21	铬 Cr	0.882	0.261	0.012	−0.213	0.892
22	铪 Hf	0.924	−0.277	−0.078	0.143	0.957
23	钨 W	0.722	−0.032	0.089	0.163	0.556
24	钕 Nd	0.549	0.220	0.651	0.248	0.836
25	砷 As	0.952	0.033	−0.073	−0.087	0.921
26	溴 Br	0.907	−0.111	−0.073	−0.269	0.912

6. 大气颗粒物污染源识别

根据以上的计算结果，再借助于大气污染研究的定性资料，便可以识别出该地区大气颗粒物污染源的 4 种类型及其对大气污染的成因率。

由表 6-5 可知，按表中 a_1，a_2，a_3，a_4 划分为四个因子，每个因子表示一类污染源，而在这一类污染源因子负载中，只有几个元素的相关系数最大，其余则较小。对那些有较大系数的元素，我们可以根据以下两项原则，判断它们归属哪一类，再根据每类因子的方差值，计算出它的成因（贡献）率。以下提出判断污染源类型的两项参照办法：

（1）定量判据

按富集因子的数值来判断该元素属于天然污染源还是人为污染源。富集因子的计算式：

$$EF_{地壳} = (X/Sc)_{大气} / (X/Sc)_{地壳} \tag{6-42}$$

最终因子负载矩阵　　　　　　　　　表 6-5

序号	元素	因 子 负 载				公因子方差
		a_1	a_2	a_3	a_4	
1	铯 Cs	0.825	0.337	0.404	0.097	0.967
2	铽 Tb	0.649	0.344	0.522	−0.111	0.826
3	钪 Sc	0.907	0.230	0.291	0.170	0.989
4	铷 Rb	0.723	0.417	0.410	0.261	0.933
5	铁 Fe	0.795	0.408	0.406	0.108	0.976
6	钴 Co	0.902	0.264	0.290	0.131	0.984
7	钠 Na	0.583	0.545	0.519	0.126	0.922
8	铕 Eu	0.859	0.159	0.302	0.148	0.876
9	钾 K	0.770	0.383	0.395	0.165	0.922
10	镧 La	0.891	0.100	0.323	0.286	0.990
11	锑 Sb	0.084	0.928	0.132	0.180	0.918
12	硒 Se	0.880	0.281	0.202	0.043	0.896
13	钽 Ta	0.497	−0.027	0.549	0.397	0.707
14	钐 Sm	0.890	0.099	0.302	0.300	0.983
15	铈 Ce	0.890	0.100	0.332	0.279	0.989
16	镱 Yb	0.785	0.281	0.240	0.262	0.821
17	镥 Lu	0.303	0.514	−0.031	0.727	0.886
18	钡 Ba	0.625	0.307	0.629	−0.012	0.881
19	铀 U	0.939	0.150	0.214	0.104	0.961
20	钍 Th	0.912	0.135	0.285	0.233	0.986
21	铬 Cr	0.695	0.552	0.324	−0.009	0.892
22	铪 Hf	0.876	0.019	0.295	0.320	0.957

续表

序号	元素	因子负载				公因子方差
		a_1	a_2	a_3	a_4	
23	钨 W	0.566	0.129	0.408	0.229	0.556
24	钕 Nd	0.190	0.144	0.882	0.005	0.836
25	砷 As	0.831	0.359	0.284	0.142	0.921
26	溴 Br	0.901	0.264	0.171	−0.027	0.912
	方差	20.182	1.487	1.111	0.705	23.485
	成因率（%）	77.623	5.720	4.272	2.711	
	累计成因率（%）	77.623	83.343	87.615	90.327	

式中 $EF_{地壳}$——大气颗粒物中某元素富集因子数值；

$(X/Sc)_{大气}$——大气颗粒物中某元素 X 的浓度与元素钪 Sc 浓度比值；

$(X/Sc)_{地壳}$——地壳中相应元素 X 的浓度与元素钪 Sc 浓度比值；钪 Sc 称为参比元素。

当富集因子 $EF_{地壳} \leqslant 1$ 或接近 1 时，认为该元素是来自天然污染源；当富集因子 $EF_{地壳}$ 远大于 1 时，认为该元素是来自人为污染源。

该地区大气颗粒物化学元素富集因子数值 $EF_{地壳}$ 见表 6-6。

大气颗粒物化学元素富集因子 $EF_{地壳}$ 表 6-6

编号	元素	$EF_{地壳}$平均值	地壳元素 (mg/L)	编号	元素	$EF_{地壳}$平均值	地壳元素 (mg/L)
1	铯 Cs	2.23	2.7	14	钐 Sm	1.00	6.6
2	铽 Tb	1.60	1.4	15	铈 Ce	1.10	75.0
3	钪 Sc	1.00	14.0	16	镱 Yb	0.90	3.4
4	铷 Rb	0.62	120.0	17	镥 Lu	0.86	0.6
5	铁 Fe	0.80	35400.0	18	钡 Ba	1.60	590.0
6	钴 Co	2.20	12.0	19	铀 U	1.60	3.5
7	钠 Na	0.27	24500.0	20	钍 Th	1.50	11.0
8	铕 Eu	1.10	1.4	21	铬 Cr	1.50	70.7
9	钾 K	0.50	28200.0	22	铪 Hf	2.00	3.0
10	镧 La	0.94	44.0	23	钨 W	18.00	1.3
11	锑 Sb	334.90	0.2	24	钕 Nd	3.10	30.0
12	硒 Se	312.60	0.09	25	砷 As	44.30	1.7
13	钽 Ta	0.39	3.4	26	溴 Br	18.40	2.9

（2）定性判据

根据国内外对大气颗粒物样品的研究结论，来识别污染源。一些研究者分别指出了各类污染源排放的元素名称。以下简要介绍他们的主要结论：

日本真室哲雄等人 1978 年的报告表明，来源于工业的元素包括：

Cl, W Ag, Mn, Cd, Cr, Sb, Zn, Fe, Nf, Ni, As；

来源于土壤的元素包括：Eu, Na, Yb, K, Ba, Rb, La, Ce, Lu, Si, Sm, Ti, Th, Al 等。

卡瓦泽科（Kowalczyck）对华盛顿的空气调查显示，各个污染源排放的元素如下：煤燃烧（I, As, Se），油燃烧（V, Ni），垃圾焚烧（Zn, Cd, Sb），土壤（K, Mg, Mn），煤、土壤共有（Al, Ca, Sc, Ti, Cr, Fe, La, Ce, Th），汽车（Pb, Br, Ba），海盐粒子（Na），煤、油、土壤共有（Co），海盐、汽车、尘土共有（Cl），煤、油、垃圾共有（Cu）。

用以上两项判据，由表 6-5 所列的 4 个因子，便可以得出该地区中，颗粒物来源的结论：因子 a_1 负载较高的有 As（0.831）、Br（0.901）、U（0.939）、Sc（0.907），这些元素不仅富集因子 $EF_{地壳}$ 值高（说明是人为污染源），而且经测定这 4 种元素都是燃煤排放的。在本列中负载值较高的还有 Se（0.880），这个元素经卡瓦泽科（Kowalczyck）对华盛顿的空气调查也是燃烧煤时排放的。另外，在本列中被证明是煤及土壤共有的元素 Sc、Fe，以及煤、油、土壤共有的元素 Co 的负载值均较高。而在这列负载值中，典型的地壳元素 K、Na、Fe、Lu、Rb 的负载值都比较低。综上所述，可以认为因子 a_1 主要是燃煤因子，且对该区域大气颗粒物的成因率高达 77.7%，这个结论与该地区的实际情况是相符的。该地区的污染源绝大多数是燃煤。

因子 a_2 只与元素 Sb 极为相关。卡瓦泽科（Kowalczyck）等人的研究表明，在国外垃圾焚烧将排放 Sb。由于该区是科研建筑密集区，科学实验中废弃物等的燃烧可考虑类似国外垃圾焚烧。因此，可以认为因子 a_2 是垃圾焚烧因子。其对该区域大气颗粒物的成因率为 5.7%。

因子 a_3 只与元素 Nb、Ba、Ta 显著相关。Nd 的富集因子高，可以肯定这是人为污染源因子。再根据华盛顿的空气调查资料，可知汽车排放元素 Ba。综上所述，可认为因子 a_3 是汽车排放因子。其对该区域大气颗粒物的成因率为 4.3%。

因子 a_4 只与元素 Lu 极为相关。Lu 是典型的地壳土壤物质，且元素 Lu 对于其他因子的相关性都很差，因此可认为因子 a_4 是地壳扬尘因子。其对该区域大气颗粒物的成因率只有 2.7%。

经过大量的计算对比，认为选取 4 个因子来描述该区域大气颗粒物污染源是恰当的。以上这 4 个因子的方差占总方差的 90.4%，即这 4 种污染源占全部污染源的 90.4%。除此之外，其他污染源的贡献率很低，约占 9.6%，暂被忽略。

在此指出，本例引用的数据尚存在两方面的不足：

1）大气样品的分析不够全面。如，未测定元素 I 及 S（煤燃烧排放），Ni 及 V（燃油），Zn 及 Cd（垃圾焚烧），Pb（汽车排放）等。因此不利于因子判别；

2）监测点及数据组数应有所增加。即监测数据的组数最好是 5 倍于元素数。临测点适当增加，才更具有代表性。

7. 计算大气颗粒物元素样品因子得分

计算公式：任一因子 F_p（$p = 1, \cdots, m$）对 n 个变量 Z_j（$j = 1, \cdots, n$）的线性回归方程为：

$$\hat{F}_p = \beta_{p1}Z_1 + \beta_{p2}Z_2 + \cdots + \beta_{pn}Z_n \tag{6-43}$$

式中 $\hat{F}_p$ 为因子得分，由于 Z 为标准化的原始监测数据，只需求得 β 值。按简算法计算 β 值的矩阵形式公式如下：

$$\hat{F} = (I + J)^{-1} B^{\mathrm{T}} (a_1^2)^{-1} Z \tag{6-44}$$

其中 $a_j^2 = 1 - h_j^2$，式中 h_j^2 为公因子方差，见式（6-41），$(a^2)^{-1}$ 为其逆矩阵；

$a^2 = \mathrm{diag}(a_j^2)$ 即为对角阵；

$J = B^{\mathrm{T}} (a^2)^{-1} B$ 式中 B 为最终因子负载矩阵 K，B^{T} 为矩阵 K 的转置阵；

I 为单位阵，$(I + J)^{-1}$ 为逆矩阵。按以上简算式计算因子得分 $\hat{F}_p$，计算结果列于表 6-7。

8. 按表 6-7（作为起始数据）对样品进行群分析

对样品进行群分析。然后，将所得结果，即群分析树形图，结合前六步因子分析，对所论问题——大气颗粒物污染源识别作综合判断与解释。做法见参考文献 [10]。因子得分的群分析详见第 7 章第 7.2 节。本实例计算采用本书计算软件 RM7。

大气颗粒物样品在主因子上的得分 表 6-7

样品号	F_1	F_2	F_3	F_4
1	-0.42761	-0.17392	-0.69466	-0.51841
2	-0.52325	2.31706	-0.12605	-0.18479
3	-0.47440	0.80865	-0.32132	-0.41194
4	-0.35710	-0.36284	-1.59414	-0.93335
5	0.05089	0.26582	2.45350	0.96772
6	-0.02734	0.33601	-0.02641	-0.66671
7	0.54575	-0.82956	-0.53107	0.23416
8	4.80163	1.81322	0.00330	-0.99854
9	1.58475	0.12350	0.40734	-0.32146
10	-0.11771	-1.02454	-0.07420	0.69563
11	1.03800	-1.88932	0.89664	2.17889
12	0.38657	-1.07701	0.22570	0.92112
13	0.18857	-0.92876	-1.18611	0.33161
14	0.75116	-0.88056	0.38262	1.41023
15	0.48354	-0.93964	-0.52293	0.77089
16	-0.55574	-0.54191	-0.36681	-0.68112
17	0.58062	-0.60246	0.49814	0.77627
18	-0.17571	-0.61934	0.12349	0.06858
19	-0.59563	-0.54904	-0.33864	-0.42095
20	-0.49209	-0.02679	0.84138	0.36380

续表

得分 样品号	F_1	F_2	F_3	F_4
21	−0.57182	−0.35469	0.22408	−0.17579
22	−0.54118	−0.53359	−0.18243	−0.58020
23	−0.27354	−0.02097	1.24400	0.15663
24	−0.41396	−0.33125	0.59904	−0.23305
25	−0.17575	−0.30871	−1.42567	−0.46004
26	0.01348	0.76050	0.52190	−0.23613
27	−0.17424	0.19517	−0.56067	−0.45524
28	−0.29636	−0.13319	−0.93750	−0.84788
29	−1.09112	1.14505	2.17495	−1.24666
30	−0.66826	0.34641	0.44052	−0.88390
31	−0.24041	−0.26009	−1.18631	−0.29200
32	−0.85777	2.97965	−1.36065	3.49449
33	−0.30211	0.60881	−0.81144	−0.04971
34	−0.46770	−0.29331	−0.62529	−0.71431
35	−0.26277	0.75727	1.27690	−0.44657
36	−0.34139	0.22440	0.55880	−0.61130

6.2.2　实例 2——美国波士顿地区雾霾颗粒物污染源识别

1. 样品的采集与分析

1974 年在波士顿地区监测的大气颗粒物样品共 90 个，采用仪器中子活化分析技术，每个样品分析出 18 种元素。用因子分析法及聚类分析法处理数据。

2. 计算结果及讨论

计算结果详见表 6-8 及表 6-9。计算结果表明可以根据该系统总方差的 77.5% 所概括的 6 个公因子来解释这批数据。表 6-9 中这 6 个因子可以被解释成 6 类污染源：

波士顿地区样品浓度平均值及标准差　　　　　　　　　　　　　　　表 6-8

编号	元素	单位	平均值	标准差
1	Na	$\mu g/m^3$	0.51	0.77
2	Cl	$\mu g/m^3$	1.50	1.10
3	Br	$\mu g/m^3$	190	120
4	Al	$\mu g/m^3$	1.27	1.03
5	Sc	$\mu g/m^3$	0.26	0.24
6	V	$\mu g/m^3$	0.725	0.50
7	Cr	$\mu g/m^3$	3.40	5.50
8	Mn	$\mu g/m^3$	27	19

续表

编号	元素	单位	平均值	标准差
9	Fe	$\mu g/m^3$	1.09	1.00
10	Co	$\mu g/m^3$	1.00	0.70
11	Zn	$\mu g/m^3$	190	220
12	Se	$\mu g/m^3$	1.23	1.23
13	Sb	$\mu g/m^3$	9.10	11
14	La	$\mu g/m^3$	1.45	1.26
15	Cc	$\mu g/m^3$	2.20	1.80
16	Sm	$\mu g/m^3$	0.20	0.17
17	Eu	pg/m^3	35	30
18	Th	pg/m^3	200	190

波士顿大气颗粒物污染源因子负载　　　　表6-9

编号	元素	因子负载						公因子方差
		F_1	F_2	F_3	F_4	F_5	F_6	
1	Na	0.169	0.816	0.084	0.074	0.063	−0.016	0.711
2	Cl	−0.007	0.835	−0.040	0.077	−0.027	0.020	0.707
3	Br	0.132	0.121	0.130	0.592	0.163	0.037	0.427
4	Al	0.890	0.105	0.235	0.104	0.236	0.190	0.960
5	Sc	0.900	0.093	0.125	0.090	0.252	0.258	0.972
6	V	0.307	0.043	0.722	0.254	0.064	0.203	0.728
7	Cr	0.764	−0.117	0.444	−0.113	0.086	−0.079	0.821
8	Mn	0.607	0.126	0.161	0.168	0.558	−0.013	0.750
9	Fe	0.902	0.078	0.246	0.013	0.224	0.171	0.959
10	Co	0.657	0.068	0.587	0.212	0.228	0.101	0.888
11	Zn	0.382	0.011	0.313	0.062	0.236	0.614	0.680
12	Se	0.173	−0.009	0.057	0.122	0.683	0.161	0.541
13	Sb	0.450	−0.051	0.016	0.169	0.191	0.334	0.381
14	La	0.803	0.061	0.203	0.510	−0.017	0.097	0.959
15	Cc	0.704	0.094	0.156	0.467	0.106	0.196	0.797
16	Sm	0.846	0.104	0.194	0.424	0.010	0.150	0.966
17	Eu	0.827	0.206	0.139	0.135	0.153	0.258	0.870
18	Th	0.824	0.057	0.159	0.227	0.272	0.092	0.842
贡献率（%）		54	11	11	9	9	6	—
方差		7.554	1.512	1.495	1.305	1.243	0.851	13.960

第一个因子 F_1 描述了进入该区的地面灰尘。这个因子极其相关于 Al、Fe、Sc、Th 及稀土族元素。其方差约占整个系统公因子方差的一半，因此预测到大气颗粒物最大的贡献者将是地壳风化作用。这个因子可能也包括了煤燃烧因素，但因未监测颗粒物中的 S 及 As，因此很难判断。

第二个因子 F_2 极其相关于 Na 和 Cl 元素。是由海盐气溶胶贡献的。由于波士顿地处沿海地区，这样的污染源是可以想象的。第二个因子的贡献率为 11%。

第三个因子 F_3 是燃料油燃烧所为。表中列出 V 的相关系数较大，且与佐勒（Zoller）等人在 1973 年分析正在燃烧的渣油样品含钒较高完全相符。该排放源对大气颗粒物的贡献率为 11%。

第四个因子 F_4 与 Br 极为相关，认为是汽车排放因子。贡献率为 9%。

第五个因子 F_5 与 Mn 和 Se 极为相关，但由于测定颗粒物元素太少，这个因子所示的污染源类型还不能明确地识别。

第六个因子 F_6 与 Zn 和 Sb 显著相关，这个因子可以同垃圾烧弃联系在一起。格林伯格（Greenberg）等人 1974 年的研究表明，工厂废弃物焚烧排放的悬浮颗粒物中富集了 Zn 和 Sb 及其他元素。在其他地区的大气研究中，1971 年丹斯（Dams）等人发现 Zn 和 Sb 有很显著的相关性等等，都证实了因子 F_6 与工厂废弃物、垃圾燃烧有关。

6.2.3　实例 3——（RM7 软件 例题 1）

输入数据：（1）变量个数 $N = 7$；（2）数据组数 $P = 25$；（3）公因子数 $M = 2$；（4）输入监测数据 $X1\,(i)$，$X2\,(i)$，$\cdots$，$XN\,(i)$，$i = 1$，$\cdots$，P，如表 6-10 所示。

RM7 软件　例题 1　污染源识别因子分析　调试数据　　　　　　　　　　表 6-10

编号	X1	X2	X3	X4	X5	X6	X7
1	3.76	0.66	0.54	5.275	9.768	13.741	4.782
2	8.59	4.99	1.34	10.022	7.500	10.162	2.130
3	6.22	6.14	4.52	9.842	2.175	2.732	1.089
4	7.57	7.28	7.07	12.662	1.791	2.101	0.822
5	9.03	7.08	2.59	11.762	4.539	6.217	1.276
6	5.51	3.98	1.30	6.924	5.326	7.304	2.403
7	3.27	0.62	0.44	3.357	7.629	8.838	8.389
8	8.74	7.00	3.31	11.675	3.529	4.757	1.119
9	9.64	9.49	1.03	13.567	13.133	18.519	2.354
10	9.73	1.33	1.00	9.871	9.871	11.064	3.704
11	8.59	2.98	1.17	9.170	7.851	9.909	2.616
12	7.12	5.49	3.68	9.716	2.642	3.430	1.189
13	4.69	3.01	2.17	5.983	2.760	3.554	2.013
14	5.51	1.34	1.27	5.808	4.566	5.382	3.427
15	1.66	1.61	1.57	2.799	1.783	2.087	3.716

续表

编号	X1	X2	X3	X4	X5	X6	X7
16	5.90	5.76	1.55	8.388	5.395	7.497	1.973
17	9.84	9.27	1.51	13.604	9.017	12.668	1.745
18	8.39	4.92	2.54	10.053	3.956	5.237	1.432
19	4.94	4.38	1.03	6.678	6.494	9.059	2.807
20	7.23	2.30	1.77	7.790	4.393	5.374	2.274
21	9.46	7.31	1.04	11.999	11.579	16.182	2.415
22	9.55	5.35	4.25	11.742	2.766	3.509	1.054
23	4.94	4.52	4.50	8.067	1.793	2.103	1.292
24	8.21	3.08	2.42	9.097	3.753	4.657	1.719
25	9.41	6.44	5.11	12.495	2.446	3.103	0.914

计算结果：详见表6-11～表6-14。

平均值及标准差　　　　　　　　　表6-11

变量	X1	X2	X3	X4	X5	X6	X7
平均值	7.10	4.77	2.35	9.13	5.46	7.17	2.35
标准差	2.32	2.42	1.67	3.02	3.27	4.56	1.61

变量间相关系数　　　　　　　　　表6-12

变量	X1	X2	X3	X4	X5	X6	X7
X1	1.000	0.580	0.201	0.911	0.283	0.287	-0.533
X2	0.580	1.000	0.364	0.834	0.166	0.261	-0.609
X3	0.201	0.364	1.000	0.439	-0.704	-0.681	-0.649
X4	0.911	0.834	0.439	1.000	0.163	0.202	-0.676
X5	0.283	0.166	-0.704	0.163	1.000	0.990	0.427
X6	0.287	0.261	-0.681	0.202	0.990	1.000	0.357
X7	-0.533	-0.609	-0.649	-0.676	0.427	0.357	1.000

初始因子负载　　　　　　　　　表6-13

因子 变量	因子 a1	因子 a2	公因子方差
X1	0.747	0.491	0.798
X2	0.795	0.373	0.771

续表

因子 变量	因子 a1	因子 a2	公因子方差
X3	0.710	−0.596	0.860
X4	0.910	0.389	0.979
X5	−0.235	0.963	0.983
X6	−0.178	0.971	0.976
X7	−0.886	0.218	0.833
方差	3.395	2.805	6.20
贡献率（%）	0.485	0.401	
累计贡献率（%）	0.485	0.886	0.86
占选取因子的百分比（%）	0.548	0.452	

最终因子负载　　　　　　　　　　　　　　　　表 6-14

因子 变量	因子 a1	因子 a2	公因子方差
X1	0.879	0.161	0.798
X2	0.877	0.033	0.771
X3	0.422	−0.826	0.860
X4	0.990	0.004	0.979
X5	0.159	0.979	0.983
X6	0.214	0.964	0.976
X7	−0.731	0.546	0.833
方差	3.395	2.805	6.2
贡献率（%）	0.485	0.401	
累计贡献率（%）	0.485	0.886	0.86
占选取因子的百分比（%）	0.548	0.452	

因子得分　　　　　　　　　　　　　　　　　　表 6-15

样品组号	因子 a1 得分 F1	因子 a2 得分 F2
1	−1.19197	1.55557
2	0.30491	0.60037
3	0.25189	−1.07644
4	1.14436	−1.40190

样品组号	因子 $a1$ 得分 $F1$	因子 $a2$ 得分 $F2$
5	0.83546	-0.37160
6	-0.67797	0.10979
7	-2.03429	0.95606
8	0.81061	-0.69480
9	1.49018	2.14260
10	0.14736	1.15246
11	0.00374	0.69418
12	0.20588	-0.89738
13	-0.98513	-0.65002
14	-1.11353	-0.10584
15	-2.06198	-0.75641
16	-0.21051	0.06123
17	1.44261	0.91613
18	0.29460	-0.48182
19	-0.74674	0.48434
20	-0.45422	-0.25758
21	0.98122	1.74345
22	0.82618	-0.96571
23	-0.30640	-1.12194
24	-0.03130	-0.51436
25	1.07503	-1.12037

6.3 雾霾污染源识别预报软件 RM7

6.3.1 软件编制原理及功能

1. 软件编制原理

已知有 p 种元素的 n 组监测数据 x_{ij}（i=1，$\cdots$，p，j=1，$\cdots$ n），其标准化数据为

$$Z_{ij} = \frac{x_{ij} - \overline{x_i}}{\sigma_i}$$

（1）建立数学模型：Z 与 F 可建立以下数学模型方程：

$$Z_j = a_{j,1}F_1 + a_{j,2}F_2 + \cdots + a_{j,m}F_m + c_jU_j \qquad j\cdots1,2\cdots，\ p$$

Z 为已知的标准化数据；F 为待求的污染源因子。

（2）数学模型的推导

基于变量间的相关矩阵为 $R = \dfrac{1}{n} Z \cdot Z^{\mathrm{T}}$，推导模型用 Z 表示 F，即得到：

$$F = f(Z)$$

（3）得初始因子解：初始因子矩阵 $A = G\sqrt{E}$。

（4）得最终因子解。

（5）大气颗粒物污染源识别。

（6）计算大气颗粒物元素样品因子得分。

2. 软件功能

（1）计算监测数据的平均值与标准差；

（2）计算相关系数；

（3）计算初始因子解；

（4）计算最终因子解；

（5）计算因子得分；

（6）打印出输入的监测数据；

6.3.2　软件运行步骤

（1）调出软件 RM7。

（2）输入数据

共 5 项（name；N；P；M；(x_{ij})）：

1）name 为文件名，可输入中文或英文或数字；

2）N 为变量 X 的数量；

3）P 为监测数据组数；

4）M 为拟选取的公因子数；

5）监测数据 x_{ij}（$i = 1, \cdots, p, j = 1, \cdots, n$）。

数据有 3 种输入方式：

1）运行例题 1，不需输入数据；

2）调用已有存盘数据文件（如例题 2）；

3）输入新数据，输入新数据方法详见软件说明。

将已输入的数据存成文件，单击"输入数据　存盘"。

（3）计算

只单击："计算　污染源识别因子分析"。

（4）输入数据保存，计算结果保存，打印。

单击"计算结果 存盘文件"，可将计算结果存为文件；

或单击"计算结果打印"，可将计算结果打印到纸上。

（5）若打印任一界面，单击"打印窗体"，应预先开启打印机。

（6）退出

单击"结束　退出"。

6.3.3 软件界面

污染源识别预报软件 RM7 界面如图 6-1 和图 6-2 所示。

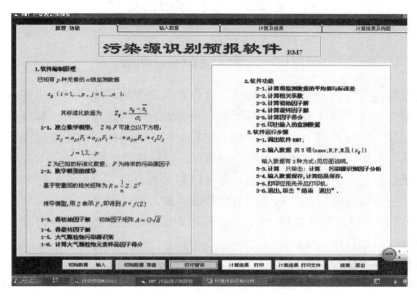

图 6-1 RM7 软件功能

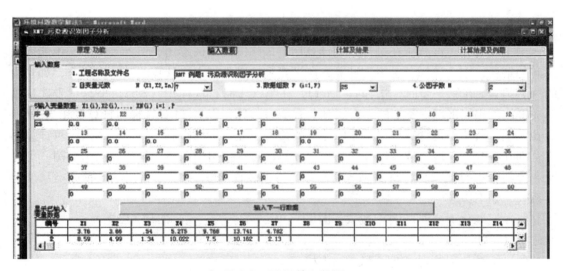

图 6-2 RM7 输入数据

6.3.4 软件例题计算

RM7 软件共 2 项例题，已录成数据文件，与软件同时提供。其文件名为：

（1）例题 1 RM7 例题 1 污染源识别因子分析；

（2）例题 2 RM7 实例 1 北京某地区污染源识别因子分析。

第 7 章　群分析预报

7.1　监测数据群分析法

通过对数据进行分类，从中找到规律，以便对所研究的环境问题作出解释。本章介绍数据分类的群分析法，该法可排除主观因素，科学地对数据进行分类。群分析法是在数据变量间或样品间相关性基础上，再归并成不同的类别，进而用分类树图形描述，最后根据定性研究结果，对所论环境问题作出确切的解释、评价环境。

对数据进行分类，可以对样品分类，亦可以对元素分类，分别进行群分析。对于不同的环境问题，可按研究阶段来分别选用群分析法。如，有些问题需要在群分析后，再作其他定量分析，才便于进行定性解释；而另一些问题，则是在定量分析后，再作群分析。例如，在进行因子分析后，再作群分析。

群分析的基本方法与步骤是：

（1）原始数据的标准化或正规化，详见式（7-1）和式（7-2）及正规化式（7-3）和式（7-4）；

（2）由标准化或正规化的数据计算分类尺度详见式（7-5）～式（7-10）；

（3）按分类尺度画出树形图，如图 7-1 所示，可分别按一次形成分类法或逐步形成分类法绘图；

（4）根据分类尺度水平确定群类，结合定性资料进行解释，得出必要的结论。

由上述可知，群分析在进行系列计算后，最终需绘出树形图，但如果树形图不能得到满意的解释，则会选择另一系列计算，所谓系列计算是指上述计算的某一种组合，如其中的一种组合：在第一步时，选择式（7-1），在第二步时，选择式（7-5），至第三步选用简单成群法画出树形图。类似的组合系列共有 24 种，即可以有 24 种选择。计算量相当浩大，而且繁琐，若不采用计算机，是难以完成的。鉴于此，本书研制了软件。该软件可计算得出全部 6 种分类尺度。读者避开了繁琐的计算，可直接引用简单成群法画出树形图。可对比选择其中 1 种或 2 种，得到满意的解释。本书软件 RM8 计算了常用的 6 种分类尺度组合系列，如下：

（1）标准化对变量相关系数 R，由标准化式（7-1）及式（7-5）计算。

（2）标准化对样品相似系数 S，由标准化式（7-2）及式（7-6）计算。

（3）正规化对样品欧氏距离 D，由正规化式（7-4）及式（7-7）计算。

（4）正规化对样品的欧氏距离相容系数 $Dr_{i,\,j}$，由正规化式（7-4）及式（7-8）计算。

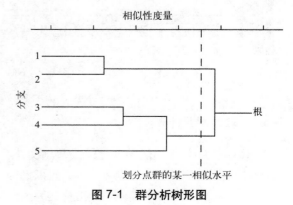

图 7-1　群分析树形图

（5）正规化对样品斜交空间距离 $D1$，由正规化式（7-4）及式（7-9）计算。

（6）正规化对样品斜交空间距离相容系数 $D1r_{i,j}$，由正规化式（7-4）及式（7-10）计算。

7.1.1 原始数据的标准化及正规化

一批监测数据 $x_{i,j}$，$i=1，\cdots，n；j=1，2，\cdots，K$，其表示有 n 个样品，K 个变量（元素）。由于各变量所取的度量单位（量纲）不同，或其他原因，使得数据间相差较大，如果不对初始数据进行变换处理，势必会突出监测数据中数值较大的变量的作用，而削弱数值较小的另一些变量的作用，克服这种弊病的办法是对初始数据正规化或标准化，得到的数据与监测时所取的度量单位无关。

1. 数据标准化

（1）对变量分类标准化

对于任何一组监测数据 $x_{i,j}$，经过下列变换可得到标准化数据 $Z_{i,j}$，标准化数据可将每个变量数据的均值化为零，方差化为 1。

$$Z_{i,j} = \frac{x_{i,j} - \overline{x}_j}{\sigma_j} \quad (i=1，\cdots，n；j=1，2，\cdots，K) \tag{7-1}$$

其中，$\overline{x}_j = \frac{1}{n}\sum_{i=1}^{n} x_{i,j}$ 为均值；$\sigma_j = \sqrt{\frac{1}{n-1}\sum_{i=1}^{n}(x_{i,j} - \overline{x}_j)}$ 为方差。

（2）对样品分类标准化

对于任何一组监测数据 $x_{i,j}$，经过下列变换可得到标准化数据 $Z_{i,j}$，标准化数据可将每个样品数据的均值化为零，方差化为 1。

$$Z_{i,j} = \frac{x_{i,j} - \overline{x}_i}{\sigma_i} \quad (i=1，\cdots，n；j=1，2，\cdots，K) \tag{7-2}$$

其中，$\overline{x}_i = \frac{1}{K}\sum_{j=1}^{K} x_{i,j}$ 为均值；$\sigma_i = \sqrt{\frac{1}{K-1}\sum_{j=1}^{K}(x_{i,j} - \overline{x}_i)^2}$ 为方差。

2. 数据的正规化

（1）用于对变量分类正规化

对于任何一组监测数据 $x_{i,j}$，经过下列变换可得到正规化数据 $Z_{i,j}$，正规化数据可将每个变量数据的最小值化为零，最大值化为 1，其余均在 0 ～ 1 之间。

$$Z_{i,j} = \frac{x_{i,j} - m_j}{d_j} \quad (i=1，\cdots，n；j=1，2，\cdots，K) \tag{7-3}$$

其中，$d_j = x_{j(\max)} - x_{j(\min)}$ 称变量 j 的极差；

$m_j = x_{j(\min)}$ 为变量 j 的最小值；$x_{j(\max)}$ 为变量 j 的最大值。

（2）用于对样品分类正规化

对于任何一组监测数据 $x_{i,j}$，经过下列变换可得到正规化数据 $Z_{i,j}$，正规化数据可将每个样品数据的最小值化为零，最大值化为 1，其余均在 0 ～ 1 之间。

$$Z_{i,j} = \frac{x_{i,j} - m_i}{d_i} \quad (i=1，\cdots，n；j=1，2，\cdots，K) \tag{7-4}$$

其中，$d_i = x_{i(\max)} - x_{i(\min)}$ 称样品 i 的极差；

$m_i = x_{i(\min)}$ 为样品 i 的最小值；$x_{i(\max)}$ 为样品 i 的最大值。

7.1.2　计算分类尺度

对于数据 $Z_{i,j}$ 计算分类尺度有四种方法。这些方法可单个选用，亦可同时使用其中的两种方法，如用其中的欧氏距离与相关系数（或相似系数）法，最后对两种方法所绘两张树形图作综合分析。以下各式都假定已经标准化或正规化，且由 $Z_{i,j}(i=1, \cdots, n; j=1, 2, \cdots, K)$ 求各种分类尺度，均可分为对样品（Q 型）或是对元素（变量 R 型）的问题。

1. 相关系数 R

标准化对变量相关系数 R 一般用于变量（R 型）的分类，由标准化数据 Z 求相关系数矩阵 $R = (r_{ij})$ 公式如下：

$$r_{ij} = \frac{1}{n-1}\sum_{k=1}^{n} Z_{ik} Z_{jk} \quad (i, j = 1, 2, \cdots, K) \tag{7-5}$$

相关系数矩阵 $R = (r_{ij})$，$-1 \leqslant R_{ij} \leqslant 1$，且 R_{ij} 愈接近 1 时，则此两个变量愈亲近；R_{ij} 愈接近 -1 时，则此两个变量关系愈疏远。

2. 相似系数 S

标准化对样品相似系数 S 常用于样品间（Q 型）的分类。相似系数的意义是，把每个样品看作 K 维空间中的一个向量，n 个样品相当于 K 维空间中的 n 个向量。第 i 个样品与第 j 个样品之间的相似系数是用两个向量之间的夹角余弦来定义。由标准化数据 Z 求相似系数矩阵公式如下：

$$S_{i,j} = \frac{\sum\limits_{t=1}^{K} Z_{it} \cdot Z_{jt}}{\sqrt{\sum\limits_{t=1}^{K} Z_{it}^2 \cdot \sum\limits_{t=1}^{K} Z_{jt}^2}} \quad (i, j = 1, 2, \cdots, n) \tag{7-6}$$

有 $-1 \leqslant S_{ij} \leqslant 1$，且 S_{ij} 的值愈大，愈接近 1，两个样品关系愈亲近。

3. 欧氏距离 D

正规化对样品欧氏距离 D 一般用作样品间的分类。欧氏距离 D 的含意为，对每个样品，把它的 K 个元素（变量）的值看作 K 维空间中的一个点，则 n 个样品就是 K 维空间中的 n 个点。则第 i 个样品与第 j 个样品之间的距离为 $D_{i,j}$。由正规化数据 Z 求距离系数矩阵公式如下：

$$D_{i,j} = \sqrt{\frac{1}{K}\sum_{t=1}^{K}(Z_{it} - Z_{jt})^2} \quad (i, j = 1, 2, \cdots, n) \tag{7-7}$$

显然有 $0 \leqslant D_{ij} \leqslant 1$，欧氏距离 D 愈小，表示两个样品关系愈亲密，反之则愈疏远。

正规化对样品的欧氏距离相容系数 $Dr_{i,j}$ 亦可按下式作为计算距离关系的补充定义的相容关系：

$$Dr_{i,j} = 1 - \sqrt{\frac{1}{K}\sum_{t=1}^{K}(Z_{it} - Z_{jt})^2} \quad (i, j = 1, 2, \cdots, n) \tag{7-8}$$

式中 Z_{it}——第 i 个样品的第 t 个因子（变量）的值；

Z_{jt}——第 j 个样品的第 t 个因子（变量）的值；

K——因子（变量）的个数。

相容系数 $Dr_{i,j}$ 愈大，表示 i、j 两个样品污染状况愈相似，反之差异愈大。当 $Dr_{i,j}=1$ 时，说明 i、j 两个样品取样点的污染状况相同，属于同一类。将计算得到的相容系数 $Dr_{i,j}$ 作为矩阵元素，则可得到相容系数矩阵 $(Dr_{i,j})$。

4. 斜交空间距离 $D1$

对样品 i，j 之间的距离，用更广义的正规化对样品斜交空间距离 $D1$ 作为分类尺度。由正规化数据 Z 求距离系数矩阵公式如下：

$$D1_{i,j} = \sqrt{\frac{1}{K^2}\sum_{t=1}^{K}\sum_{p=1}^{K}(Z_{ti}-Z_{tj})\cdot(Z_{pi}-Z_{pj})\cdot R_{tp}} \quad (i,j=1,2,\cdots,n) \quad (7\text{-}9)$$

其中 R_{tp} 为变量 t，p 间的相关系数，K 为变量数。显然有 $0 \leqslant D1_{i,j} \leqslant 1$，距离 $D1$ 愈小，表示两个样品关系愈亲密，反之则疏远。例题按式（7-6a）计算，结果见表7-10。

正规化对样品斜交空间距离相容系数 $D1r_{i,j}$ 亦可按下式作为计算斜交空间距离关系的补充定义的相容关系：

$$D1r_{i,j} = 1 - \sqrt{\frac{1}{K^2}\sum_{t=1}^{K}\sum_{p=1}^{K}(Z_{ti}-Z_{tj})\cdot(Z_{pi}-Z_{pj})\cdot R_{tp}} \quad (i,j=1,2,\cdots,n) \quad (7\text{-}10)$$

式中符号含义同前。

相容系数 $D1r_{i,j}$ 愈大，表示 i、j 两个样品污染状况愈相似，反之差异愈大。当 $D1r_{i,j}=1$ 时，说明 i、j 两个样品取样点的污染状况相同，属于同一类。将计算得到的相容系数 $D1r_{i,j}$ 作为矩阵元素，则可得到相容系数矩阵 $(D1r_{i,j})$。

[例7-1] 按式（7-1）～式（7-10）进行数据计算，便于理解及应用。

已知：数据如表7-1所示。

求：按式（7-1）～式（7-10）计算；并给出数据排序（便于绘制分类图）。本例题由本书软件 RM8 完成计算。运行软件"RM8 例题1 环境监测数据群分析"。

输入数据 表 7-1

编号	$X1$ S	$X2$ Pb	$X3$ Zn	$X4$ Ca	$X5$ Mn	$X6$ Fe	$X7$ Ti	$X8$ K	$X9$ Si	$X10$ Cu	$X11$ Na
1	5.9	0.32	0.25	6.0	0.17	7.0	0.43	5.0	33.2	0.04	0.67
2	8.5	0.43	0.43	10.2	0.27	8.5	0.75	7.0	51.2	0.10	1.02
3	6.0	0.46	0.33	52.2	0.63	25.7	1.95	16.5	130.3	0.13	6.80
4	6.1	0.45	0.33	7.4	0.31	8.4	0.70	7.1	51.3	0.08	2.40
5	5.1	0.37	0.22	2.5	0.09	2.5	0.28	2.3	13.0	0.04	0.36

计算结果：

（1）数据的标准化和正规化

标准化数据 （对变量） 表 7-2

编号	$X1$	$X2$	$X3$	$X4$	$X5$	$X6$	$X7$	$X8$	$X9$	$X10$	$X11$
	S	Pb	Zn	Ca	Mn	Fe	Ti	K	Si	Cu	Na
1	0.328	1.447	0.756	0.469	0.600	0.385	0.594	0.482	0.507	-0.975	-0.594
2	1.701	0.404	1.439	-0.265	-0.116	-0.216	-0.109	-0.108	-0.103	0.564	-0.462
3	-0.250	0.909	0.220	1.773	1.626	1.720	1.710	1.666	1.673	1.334	1.710
4	-0.172	0.741	0.220	-0.401	0.077	-0.227	-0.185	-0.090	-0.101	0.051	0.056
5	-0.952	-0.606	-1.122	-0.638	-0.987	-0.892	-0.822	-0.986	-0.961	-0.975	-0.710

标准化数据 （对样品） 表 7-3

编号	$X1$	$X2$	$X3$	$X4$	$X5$	$X6$	$X7$	$X8$	$X9$	$X10$	$X11$
	S	Pb	Zn	Ca	Mn	Fe	Ti	K	Si	Cu	Na
1	0.056	-0.522	-0.530	0.066	-0.538	0.170	-0.511	-0.037	2.884	-0.551	-0.486
2	0.031	-0.512	-0.512	0.146	-0.522	0.031	-0.490	-0.070	2.903	-0.534	-0.472
3	-0.405	-0.546	-0.549	0.771	-0.541	0.096	-0.508	-0.138	2.758	-0.554	-0.384
4	-0.107	-0.488	-0.496	-0.019	-0.497	0.048	-0.471	-0.040	2.940	-0.513	-0.356
5	0.693	-0.536	-0.575	0.017	-0.609	0.017	-0.559	-0.034	2.746	-0.622	-0.539

按行平均值 $XV(i)$ 与标准化数据相关的数值

	5.362	8.036	21.909	7.688	2.433						

按行标准差 $SD(i)$

	9.652	14.868	39.297	14.836	3.848						

全数据极差 =130.26

数据最大值 =130.3　　3 行，9 列　　　　数据最小值 =0.0　　1 行,10 列

正规化数据 （对变量） 表 7-4

编号	$X1$	$X2$	$X3$	$X4$	$X5$	$X6$	$X7$	$X8$	$X9$	$X10$	$X11$
	S	Pb	Zn	Ca	Mn	Fe	Ti	K	Si	Cu	Na
1	0.235	0.000	0.143	0.070	0.148	0.194	0.090	0.190	0.172	0.000	0.048
2	1.000	0.786	1.010	0.155	0.333	0.259	0.281	0.331	0.326	0.667	0.102
3	0.265	1.000	0.524	1.000	1.000	1.000	1.000	1.000	1.000	1.000	1.000
4	0.294	0.929	0.524	0.099	0.407	0.254	0.251	0.338	0.327	0.444	0.317

续表

编号	X1	X2	X3	X4	X5	X6	X7	X8	X9	X10	X11
	S	Pb	Zn	Ca	Mn	Fe	Ti	K	Si	Cu	Na
5	0.000	0.357	0.000	0.000	0.000	0.000	0.000	0.000	0.000	0.000	0.000
原数据按列最大　与正规化数据相关的数值											
	8.5	2行	0.46	3行	0.43	2行	52.2	3行	0.63	3行	25.7
	3行	1.95	3行	16.5	3行	130.3	3行	0.13	3行	6.80	3行
按列最小											
	5.1	5行	0.32	1行	0.22	5行	2.5	5行	0.09	5行	2.5
	5行	0.28	5行	2.3	5行	13.0	5行	0.04	1行	0.36	5行
按列极差											
	3.40	0.14	0.21	49.70	0.54	23.20	1.67	14.20	117.30	0.09	6.44

正规化数据　（对样品）　　表 7-5

编号	X1	X2	X3	X4	X5	X6	X7	X8	X9	X10	X11
	S	Pb	Zn	Ca	Mn	Fe	Ti	K	Si	Cu	Na
1	0.177	0.008	0.006	0.180	0.004	0.210	0.012	0.150	1.00	0.00	0.019
2	0.164	0.006	0.006	0.198	0.003	0.164	0.013	0.135	1.00	0.00	0.018
3	0.045	0.003	0.002	0.400	0.004	0.196	0.014	0.126	1.00	0.00	0.051
4	0.118	0.007	0.005	0.143	0.004	0.162	0.012	0.137	1.00	0.00	0.045
5	0.390	0.025	0.014	0.190	0.004	0.190	0.019	0.174	1.00	0.00	0.025
原数据按行最大											
	33.2	9列	51.2	9列	130.3	9列	51.3	9列	13.0	9列	
按行最小											
	0.04	10列	0.10	10列	0.13	10列	0.08	10列	0.04	10列	
按行极差											
	33.16	51.10	130.17	51.22	12.96						

（2）数据分类尺度

标准化变量间相关系数　　表 7-6

变量	X1	X2	X3	X4	X5	X6	X7	X8	X9	X10	X11
X1	1.000	0.346	0.918	−0.016	0.130	0.054	0.099	0.128	0.126	0.466	−0.088
X2	0.346	1.000	0.680	0.568	0.739	0.601	0.683	0.675	0.680	0.870	0.675
X3	0.918	0.680	1.000	0.248	0.442	0.327	0.387	0.415	0.415	0.737	0.242
X4	−0.016	0.568	0.248	1.000	0.949	0.987	0.984	0.968	0.971	0.818	0.966

续表

变量	$X1$	$X2$	$X3$	$X4$	$X5$	$X6$	$X7$	$X8$	$X9$	$X10$	$X11$
$X5$	0.130	0.739	0.442	0.949	1.000	0.979	0.987	0.995	0.995	0.914	0.974
$X6$	0.054	0.601	0.327	0.987	0.979	1.000	0.992	0.994	0.994	0.851	0.973
$X7$	0.099	0.683	0.387	0.984	0.987	0.992	1.000	0.994	0.996	0.898	0.976
$X8$	0.128	0.675	0.415	0.968	0.995	0.994	0.994	1.000	1.000	0.897	0.970
$X9$	0.126	0.680	0.415	0.971	0.995	0.994	0.996	1.000	1.000	0.900	0.972
$X10$	0.466	0.870	0.737	0.818	0.914	0.851	0.898	0.897	0.900	1.000	0.824
$X11$	−0.088	0.675	0.242	0.966	0.974	0.973	0.976	0.970	−0.088	0.675	0.242

（元素排序，小于零的元素，从大至小）

1—— −0.016　1 行 4 列，	2—— −0.088　1 行 11 列，

（元素排序，大于零的元素，从小至大）

1—— 0.054　1 行 6 列，　　2—— 0.099　1 行 7 列，　　3—— 0.126　1 行 9 列，…

47——0.994　6 行 8 列，　　48—— 0.994　6 行 9 列，　　49—— 0.994　7 行 8 列，

50 − 0.995　5 行 8 列，　　51 − 0.995　5 行 9 列，　　52 − 0.996　7 行 9 列，53 −1.000　8 行 9 列

标准化对样品相似系数 表 7-7

编号	1	2	3	4	5
1	1.000	−0.359	−0.779	−0.368	0.868
2	−0.359	1.000	−0.117	0.224	−0.411
3	−0.779	−0.117	1.000	−0.150	−0.849
4	−0.368	0.224	−0.150	1.000	0.035
5	0.868	−0.411	−0.849	0.035	1.000

（元素排序，小于零的元素）　　1—— −0.117　2 行 3 列，　　2—— −0.150　3 行 4 列

3—— −0.359　1 行 2 列，　　4—— −0.368　1 行 4 列，　　5—— −0.411　2 行 5 列

6—— −0.779　1 行 3 列，　　7—— −0.849　3 行 5 列

（元素排序，大于零的元素）

1—— 0.035　4 行 5 列，　　2—— 0.224　2 行 4 列，　　3—— 0.868　1 行 5 列

正规化对样品欧氏距离 D 系数 表 7-8

编号	1	2	3	4	5
1	0.000	0.478	0.824	0.360	0.177
2	0.478	0.000	0.664	0.278	0.534
3	0.824	0.664	0.000	0.599	0.892
4	0.360	0.278	0.599	0.000	0.370
5	0.177	0.534	0.892	0.370	0.000

编号	1	2	3	4	5
元素排序（最小至最大）					

1——0.177	1行5列,	2——0.278	2行4列,	3——0.360	1行4列,
4——0.370	4行5列,	5——0.478	1行2列,	6——0.534	2行5列,
7——0.599	3行4列,	8——0.664	2行3列,	9——0.824	1行3列,
10——0.892	3行5列,				

正规化对样品的欧氏距离相容系数 Dr　　　　表 7-9

编号	1	2	3	4	5
1	1.000	0.984	0.922	0.973	0.934
2	0.984	1.000	0.928	0.977	0.930
3	0.922	0.928	1.000	0.919	0.877
4	0.973	0.977	0.919	1.000	0.915
5	0.934	0.930	0.877	0.915	1.000

元素排序（最小至最大）

1——0.877	3行5列	2——0.915	4行5列	3——0.919	3行4列
4——0.922	1行3列	5——0.928	2行3列	6——0.930	2行5列
7——0.934	1行5列	8——0.973	1行4列	9——0.977	2行4列
10——0.984	1行2列				

正规化对样品斜交空间距离 $D1$ 系数　　　　表 7-10

编号	1	2	3	4	5
1	0.000	0.103	0.031	0.062	0.042
2	0.103	0.000	0.073	0.149	0.109
3	0.031	0.073	0.000	0.085	0.051
4	0.062	0.149	0.085	0.000	0.041
5	0.042	0.109	0.051	0.041	0.000

元素排序（最小至最大）

1——0.031	1行3列,	2——0.041	4行5列,	3——0.042	1行5列,
4——0.051	3行5列,	5——0.062	1行4列,	6——0.073	2行3列,
7——0.085	3行4列,	8——0.103	1行2列,	9——0.109	2行5列,
10——0.149	2行4列,				

正规化对样品斜交空间距离相容系数 $D1r$

表 7-11

编号	1	2	3	4	5
1	1.000	0.939	0.937	0.970	0.936
2	0.939	1.000	0.999	0.922	0.998
3	0.937	0.999	1.000	0.921	0.999
4	0.970	0.922	0.921	1.000	0.920
5	0.936	0.998	0.999	0.920	1.000

元素排序（最小至最大）

1——0.920	4 行 5 列，	2——0.921	3 行 4 列，	3——0.922	2 行 4 列，
4——0.936	1 行 5 列，	5——0.937	1 行 3 列，	6——0.939	1 行 2 列，
7——0.970	1 行 4 列，	8——0.998	2 行 5 列，	9——0.999	2 行 3 列，
10——0.999	3 行 5 列，				

7.1.3　分类树形图的绘制

根据分类尺度绘制分类树形图，可采用以下两种方法。

1. 一次形成分类法（简单成群法）

首先选出相关系数最大的元素对（或距离矩阵中最小的元素对），然后选出次大元素对（或距离矩阵中次小的元素对，下同），依此类推，选出元素对后，将各元素对按下列准则连接成群。

（1）若两个元素在已成群中没有出现过，则形成一个独立的新群；

（2）若两个元素中有一个在已经分好的群中出现过，则另一个加入该群；

（3）若两个元素都在已分好的群中，则把两群连在一起；

（4）若两个元素都在同一群中，则这对元素就不再作处理。

这样反复进行，直到所有元素都分群完毕为止，形成一个树形图。

简单成群法计算量较少，便于掌握，常被采用。

2. 逐步形成分类法

如果分类是对变量进行的，先对原始数据标准化，再对标准化数据计算相关系数 R_{ij}(i, j=1, 2, …, K)。或分类是对样品进行的，先对原始数据标准化，再对标准化数据计算相似系数 S_{ij}(i, j=1, 2, …, n)。

如果分类是对样品进行的，当采用分类尺度作为距离，则先对原始数据正规化，再对正规化数据计算距离 D_{ij}(i, j=1, 2, …, n)。

从距离矩阵中找出最小的元素 D_{tp}，说明第 t 个样品与第 p 个样品距离最近（关系最亲密），应当首先归入一组，然后，继续按以下各项进行计算：

（1）把第 t 个样品与第 p 个样品相应的各个变量(元素)取平均数,用它代替第 t 个样品,并取消第 p 个样品,形成新的样品数据,它比归并前的样品数目减少一个（当为组合变量时，应取加权平均值）。在形成新的样品数据之前，应对第 t 个样品作正规化处理。

（2）根据新的样品数据，重新计算距离矩阵。

（3）再从新的距离矩阵中，找出一个最小的 D_{tp}'，说明第 t' 个样品与第 p' 个样品距离最近（关系最亲密），应当首先归入一组，然后，重复进行（1）、（2）、（3）步工作。

以上各步重复进行 $n-1$ 次，则全部样品最后归并为一组。最后，按归组的先后顺序及相应的距离大小作出分类树形图。

3. 分类树形图绘制

已知：监测数据如表 7-12 所示，用同一组数据分别计算例 7-2 及例 7-3。

求：分别采用以上两种方法绘制树形图。

对原始数据进行标准化，由式（7-1）计算得标准化数据，如表 7-13 所示。

原始数据 表 7-12

元素 样品号	Sc (%)	Na (%)	Cl (%)	Al (%)	Th (%)	Fe (%)
1	66.68	2.23	5.41	6.47	1.020	1.21
2	45.60	2.84	15.27	11.60	0.030	4.05
3	36.88	2.09	17.81	14.25	0.059	3.74
4	40.66	9.14	16.00	15.80	0.050	4.11
5	15.07	25.90	23.35	2.00	0.030	0.29
6	27.27	25.11	20.19	6.33	0.014	0.17
7	4.09	32.34	17.87	2.90	0.000	0.05
8	25.44	21.47	22.63	4.50	0.005	0.40
9	27.87	17.17	26.01	4.00	0.014	0.41
10	22.79	22.60	20.88	0.60	0.012	0.47
11	16.08	22.31	20.43	7.50	0.001	0.47

标准化数据矩阵 $Z1$ 表 7-13

编号	$X1$	$X2$	$X3$	$X4$	$X5$	$X6$
1	2.154	−1.339	−2.439	−0.087	3.009	−0.112
2	0.921	−1.282	−0.631	0.939	−0.273	1.581
3	0.411	−1.352	−0.166	1.469	−0.177	1.396
4	0.632	−0.697	−0.497	1.779	−0.206	1.617
5	−0.865	0.858	0.850	−0.981	−0.273	−0.660
6	−0.151	0.785	0.271	−0.115	−0.326	−0.731
7	−1.507	1.456	−0.155	−0.801	−0.372	−0.803
8	−0.258	0.447	0.718	−0.481	−0.356	−0.594
9	−0.116	0.048	1.337	−0.581	−0.326	−0.588
10	−0.413	0.552	0.397	−1.261	−0.332	−0.553
11	−0.806	0.525	0.315	0.119	−0.369	−0.553

计算得标准化对变量相关系数矩阵，如表 7-14 所示。

标准化对变量相关系数矩阵 *R*1　　　　　　表 7-14

变量	*X*1	*X*2	*X*3	*X*4	*X*5	*X*6
*X*1	1.000	−0.889	−0.752	0.509	0.744	0.560
*X*2	−0.889	1.000	0.613	−0.729	−0.488	−0.809
*X*3	−0.752	0.613	1.000	−0.383	−0.823	−0.400
*X*4	0.509	−0.729	−0.383	1.000	0.019	0.905
*X*5	0.744	−0.488	−0.823	0.019	1.000	0.016
*X*6	0.560	−0.809	−0.400	0.905	0.016	1.000

最大元素 =0.905，位于矩阵第 4 行、第 6 列。

以下分别按两种方法计算并绘制树形图：

[例 7-2] 由表 7-14 相关系数矩阵，按简单成群法画图步骤如下：

（1）相关矩阵元素数据排序

将相关矩阵元素按从大到小排序，并标出各元素所属行与列，如表 7-15 所示。

简单成群法相关矩阵 *S* 元素排序　　　　　表 7-15

其中，方括号表示排序号，后跟元素值，圆括号中为元素在矩阵中行及列，即为元素对编号			
[1] 0.905 （4，6），	[2] 0.744 （1，5），	[3] 0.613 （2，3），	[4] 0.560 （1，6），
[5] 0.509 （1，4），	[6] 0.019 （4，5），	[7] 0.016 （5，6），	[8] −0.383 （3，4），
[9] −0.400 （3，6），	[10] −0.488 （2，5），	[11] −0.729 （2，4），	[12] −0.752 （1，3），
[13] −0.809 （2，6），	[14] −0.823 （3，5），	[15] −0.889 （1，2）	

（2）独立新群，选取元素对

按成群准则（1），取编号为 [1]，[2]，[3] 三个元素对，可形成独立新群。即元素 4 与 6、元素 1 与 5 及元素 2 与 3 可分别连线。

（3）加入该群

按成群准则（2），编号为 [4]，[5]，[6]，[7] 四个元素对，均有一个元素在已经分好的群中出现过，则另一个加入该群。即将元素 1 与 5 和元素 4 与 6，再连线。

（4）按成群准则（3），编号为 [8]，[9]，[10]，[11]，[12]，[13]，[14]，[15] 八个元素对，均为两个元素在已经分好的两群中，则把两群连线。

至此恰好连接完成全部元素对。绘制完成树形图（见图 7-2）。

[例 7-3] 按逐步形成分类法画出分类树形图（见图 7-3）。步骤如下：

由表 7-13 标准化数据矩阵作为 *Z*1，由表 7-14 相关系数矩阵作为 *R*1。

（1）首先由 R1 中找到最大元素 $R_{4,6}^{(1)} = 0.905$，这表明第 4 个因素 Al 与第 6 个因素 Fe

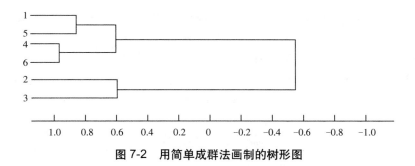

图 7-2 用简单成群法画制的树形图

之间关系最密切，应将因素 Al 与因素 Fe 归并于一类（用于绘图）。据此，将矩阵 $Z1$ 的第 4 列与第 6 列数据合并取平均值，再将该列标准化，用它来代替矩阵 $Z1$ 的第 4 列元素，并取消 $Z1$ 的第 6 列，得出 $Z2$，并按 $Z2$ 计算相关系数 $R2$，计算结果如表 7-16 及表 7-17 所示。

标准化数据矩阵 $Z2$　　　　　　　　　　　　　　　　　　　　表 7-16

编号	$X1$	$X2$	$X3$	$X4$	$X5$	$X6$
1	2.154	−1.339	−2.439	−0.102	3.009	0.0
2	0.921	−1.282	−0.631	1.291	−0.273	0.0
3	0.411	−1.352	−0.166	1.468	−0.177	0.0
4	0.632	−0.697	−0.497	1.739	−0.206	0.0
5	−0.865	0.858	0.850	−0.840	−0.273	0.0
6	−0.151	0.785	0.271	−0.434	−0.326	0.0
7	−1.507	1.456	−0.155	−0.822	−0.372	0.0
8	−0.258	0.447	0.718	−0.551	−0.356	0.0
9	−0.116	0.048	1.337	−0.599	−0.326	0.0
10	−0.413	0.552	0.397	−0.929	−0.332	0.0
11	−0.806	0.525	0.315	−0.222	−0.369	0.0

标准化对变量相关系数矩阵 $R2$　　　　　　　　　　　　　　　表 7-17

变量	$X1$	$X2$	$X3$	$X4$	$X5$	$X6$
$X1$	1.000	−0.889	−0.752	0.548	0.744	0.0
$X2$	−0.889	1.000	0.613	−0.788	−0.488	0.0
$X3$	−0.752	0.613	1.000	−0.401	−0.823	0.0
$X4$	0.548	−0.788	−0.401	1.000	0.018	0.0
$X5$	0.744	−0.488	−0.823	0.018	1.000	0.0
$X6$	0.000	0.000	0.000	0.000	0.000	0.0

最大元素 =0.744，位于矩阵第 1 行、第 5 列。

（2）其次从 $R2$ 中找出最大元素 $R_{1,5}^{(2)} = 0.744$，这表明第 1 个因素 Sc 与第 5 个因素 Th 关系最密切，于是将第 1 个因素 Sc 与第 5 个因素 Th 归并为一类。

然后将标准化的数据矩阵 $Z2$ 中的第 1 列与第 5 列加和平均，并再次将该列标准化，用它来代替矩阵 $Z2$ 中的第 1 列，并去掉 $Z2$ 中的第 5 列，得到新的标准化数据矩阵 $Z3$，并由 $Z3$ 计算相关系数 $R3$，如表 7-18 及表 7-19 所示。

标准化数据矩阵 $Z3$　　　　　　　　　　　　表 7-18

编号	$X1$	$X2$	$X3$	$X4$	$X5$	$X6$
1	2.765	−1.339	−2.439	−0.102	0.0	0.0
2	0.347	−1.282	−0.631	1.291	0.0	0.0
3	0.125	−1.352	−0.166	1.468	0.0	0.0
4	0.228	−0.697	−0.497	1.739	0.0	0.0
5	−0.609	0.858	0.850	−0.840	0.0	0.0
6	−0.255	0.785	0.271	−0.434	0.0	0.0
7	−1.006	1.456	−0.155	−0.822	0.0	0.0
8	−0.329	0.447	0.718	−0.551	0.0	0.0
9	−0.237	0.048	1.337	−0.599	0.0	0.0
10	−0.399	0.552	0.397	−0.929	0.0	0.0
11	−0.629	0.525	0.315	−0.222	0.0	0.0

标准化对变量相关系数矩阵 $R3$　　　　　　　　　　表 7-19

变量	$X1$	$X2$	$X3$	$X4$	$X5$	$X6$
$X1$	1.000	−0.737	−0.844	0.303	0.0	0.0
$X2$	−0.737	1.000	0.613	−0.788	0.0	0.0
$X3$	−0.844	0.613	1.000	−0.401	0.0	0.0
$X4$	0.303	−0.788	−0.401	1.000	0.0	0.0
$X5$	0.000	0.000	0.000	0.000	0.0	0.0
$X6$	0.000	0.000	0.000	0.000	0.0	0.0

最大元素 =0.613，位于矩阵第 2 行、第 3 列。

（3）再从 $R3$ 中找出最大元素 $R_{2,3}^{(3)} = 0.613$，这表明第 2 个因素 Na 与第 3 个因素 Cl 关系最密切，于是将第 2 个因素 Na 与第 3 个因素 Cl 归并为一类。

然后将标准化的数据矩阵 $Z3$ 中的第 2 列与第 3 列加和平均，并将该列标准化，用它来代替矩阵 $Z3$ 中的第 2 列，并去掉 $Z3$ 中的第 3 列，得到新的标准化数据矩阵 $Z4$，并由 $Z4$ 计算相关系数 $R4$，如表 7-20 及表 7-21 所示。

标准化数据矩阵 $Z4$ 表 7-20

编号	$X1$	$X2$	$X3$	$X4$	$X5$	$X6$
1	2.765	−2.103	0.0	−0.102	0.0	0.0
2	0.347	−1.065	0.0	1.291	0.0	0.0
3	0.125	−0.845	0.0	1.468	0.0	0.0
4	0.228	−0.665	0.0	1.739	0.0	0.0
5	−0.609	0.951	0.0	−0.840	0.0	0.0
6	−0.255	0.588	0.0	−0.434	0.0	0.0
7	−1.006	0.724	0.0	−0.822	0.0	0.0
8	−0.329	0.648	0.0	−0.551	0.0	0.0
9	−0.237	0.771	0.0	−0.599	0.0	0.0
10	−0.399	0.528	0.0	−0.929	0.0	0.0
11	−0.629	0.467	0.0	−0.222	0.0	0.0

标准化对变量相关系数矩阵 $R4$ 表 7-21

变量	$X1$	$X2$	$X3$	$X4$	$X5$	$X6$
$X1$	1.000	−0.880	0.0	0.303	0.0	0.0
$X2$	−0.88	1.000	0.0	−0.662	0.0	0.0
$X3$	0.000	0.000	0.0	0.000	0.0	0.0
$X4$	0.303	−0.662	0.0	1.000	0.0	0.0
$X5$	0.000	0.000	0.0	0.000	0.0	0.0
$X6$	0.000	0.000	0.0	0.000	0.0	0.0

最大元素 =0.303，位于矩阵第1行、第4列。

(4) 从 $R4$ 中找出最大元素 $R_{1,4}^{(4)} = 0.303$，这表明第 1 个组合因素（Sc，Th）与第 4 个组合因素（Al，Fe）关系最密切，于是将第 1 个组合因素（Sc，Th）与第 4 个组合因素（Al，Fe）归并为一类，得出新的组合因素（Sc，Th，Al，Fe）。

然后将标准化的数据矩阵 $Z4$ 中的第 1 列与第 4 列加和平均，因两列均为组合因素，应取其加权平均值，其中，第 1 个组合因素（Sc，Th）与第 4 个组合因素（Al，Fe）均由两个因素组合而成，故其加权值均为 2。用加权平均值来代替矩阵 $Z4$ 中的第 1 列，并将该列标准化，同时去掉 $Z4$ 中的第 4 列，得到新的标准化数据矩阵 $Z5$，并由 $Z5$ 计算相关系数 $R5$，如表 7-22 及表 7-23 所示。

标准化数据矩阵 Z5　　　　　　　　表 7-22

编号	$X1$	$X2$	$X3$	$X4$	$X5$	$X6$
1	1.650	−2.103	0.0	0.0	0.0	0.0
2	1.015	−1.065	0.0	0.0	0.0	0.0
3	0.987	−0.845	0.0	0.0	0.0	0.0
4	1.219	−0.665	0.0	0.0	0.0	0.0
5	−0.898	0.951	0.0	0.0	0.0	0.0
6	−0.427	0.588	0.0	0.0	0.0	0.0
7	−1.132	0.724	0.0	0.0	0.0	0.0
8	−0.545	0.648	0.0	0.0	0.0	0.0
9	−0.518	0.771	0.0	0.0	0.0	0.0
10	−0.823	0.528	0.0	0.0	0.0	0.0
11	−0.527	0.467	0.0	0.0	0.0	0.0

标准化对变量相关系数矩阵 R5　　　　　　　　表 7-23

变量	$X1$	$X2$	$X3$	$X4$	$X5$	$X6$
$X1$	1.000	−0.955	0.0	0.0	0.0	0.0
$X2$	−0.955	1.000	0.0	0.0	0.0	0.0
$X3$	0.000	0.000	0.0	0.0	0.0	0.0
$X4$	0.000	0.000	0.0	0.0	0.0	0.0
$X5$	0.000	0.000	0.0	0.0	0.0	0.0
$X6$	0.000	0.000	0.0	0.0	0.0	0.0

　　（5）最后把因素（Sc，Th，Al，Fe）与（Na，Cl）归并，按归类先后顺序形成一个分类树形图。

　　如图 7-3 所示。

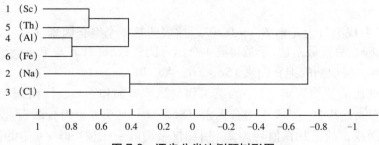

图 7-3　逐步分类法例题树形图

　　（6）对分类树形图作相应的解释，需要结合所论问题的定性研究，得出全面科学的结论（略）。

7.2 群分析预报实例

7.2.1 天津地区土壤环境中若干元素的群分析

1. 天津地区土壤元素数据计算

对天津地区的 260 个样品，每个样品分析了 15 种元素，进行了相关系数 R 计算。计算结果如表 7-24 所示。

潮土中 15 个元素相关系数矩阵　　　　　　　　表 7-24

	1	2	3	4	5	6	7	8	9	10	11	12	13	14	15
	Zn	Sr	Zr	Fe	Ti	Pb	Cd	Co	Ni	Cr	Li	As	Hg	Mn	Cu
Zn	1.000	−0.658	−0.569	−0.802	0.711	0.662	0.049	0.691	0.787	0.688	0.788	0.505	0.065	0.475	0.703
Sr		1.000	0.554	−0.680	−0.734	−0.555	0.094	−0.577	−0.692	−0.590	−0.708	−0.359	0.030	−0.290	−0.459
Zr			1.000	−0.601	−0.518	−0.428	−0.014	−0.591	−0.613	−0.461	−0.633	0.311	0.026	−0.350	−0.462
Fe				1.000	−0.872	0.721	−0.072	0.869	0.863	0.718	0.771	0.583	0.004	0.411	0.625
Ti					1.000	0.611	−0.129	0.798	0.793	0.679	0.713	0.459	0.060	0.365	0.529
Pb						1.000	−0.082	0.526	0.686	0.501	0.620	0.497	0.108	0.327	0.513
Cd							1.000	0.001	−0.071	−0.074	−0.016	−0.005	−0.004	0.057	0.051
Co								1.000	0.812	0.681	0.685	0.456	0.029	0.402	0.544
Ni									1.000	0.784	0.774	0.518	0.005	0.476	0.702
Cr										1.000	0.769	0.315	0.026	0.311	0.588
Li											1.000	0.381	−0.012	0.491	0.622
As												1.000	0.066	0.277	0.470
Hg													1.000	−0.115	0.051
Mn														1.000	0.513
Cu															1.000

注：数据对称，只显示上三角阵。

2. 天津地区土壤元素群分析

由表 7-24 相关系数矩阵元素，按简单成群法画出群分析图（见图 7-4）。

由图 7-4 可见潮土中 15 个元素，按亲疏关系达到显著水准以上的共有两组，第一组为 Sr 和 Zr，第二组为 Fe、Ti、Co、Ni、Zn、Li、Cr、Pb、Cu、As、Mn。第一组的 Sr、Zr 与第二组的 11 个元素的相关系数全部呈极显著负相关，即两组元素之间存在着相互排斥的关系。如果说，另外两个元素 Hg、Cd 在很低的相关水平上可分别归入前

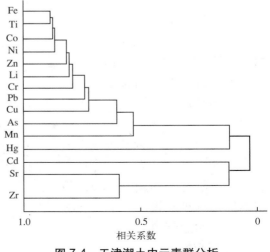

图 7-4　天津潮土中元素群分析

两组，则还不如将 Hg、Cd 归结成第三组更为适宜。从相关的程度来看，这两元素与其他两组 13 个元素中的任何一个基本上不存在相关关系。

经过群分析将潮土中 15 个元素划分为三组后，按这三组元素的物理意义及其粒级相关性（亦存在三种关系），恰好将 15 个元素划分为三组，与群分析得到的划分为三组完全吻合，即第一组 Sr 和 Zr 与土壤中小于 0.01mm 的物理性黏粒含量呈极显著负相关；第二组 Fe、Ti、Co、Ni、Zn、Li、Cr、Pb、Cu、As、Mn 与土壤中小于 0.01mm 的物理性黏粒含量呈极显著正相关；第三组两个元素 Hg、Cd 则与土壤质地无关。因此，在母质相同的地区或近代冲积物和沉淀物为母质的地区，研究土壤背景值时，必须充分注意土壤质地类型对土壤中某些元素背景值的影响，并且应求出不同质地类型土壤的背景值。

7.2.2　环境污染源因子的群分析

1. 数据计算

设定，对于一组监测数据，$x_{i,j}$，$i = 1$，$\cdots$，n（有 $n=28$ 个样品），$j = 1$，$\cdots$，p（每个样品有 p 种污染物元素）。首先对该组数据进行污染源因子分析（按第 6 章因子分析解法），计算得 4 个主因子得分，计算结果如表 7-25 所示。

2. 群分析

要求按表 7-25 数据进行群分析，画出树形图。对该组数据样品进行群分析。

（1）群分析计算及绘画

按 7.1 节群分析解法，首先对表 7-25 数据进行计算，由式（7-1b）计算标准化矩阵，由式（7-4）计算对样品的相似系数，根据简单成群法绘制群分析图，如图 7-5 所示。

（2）群分析

由图 7-5 可知，如果分类标准取为 0.25，则样品可分为六类：

第一类共 21 个样品，占样品的绝大多数；第二类只含第 19 号样品；

第三、四、五、六类包含第 5、7、23、28、6、8 号样品。

按所研究的问题，可分别取用不同的标准，再对样品进行分类，结合实际环境状态，对分类作出相应评价。

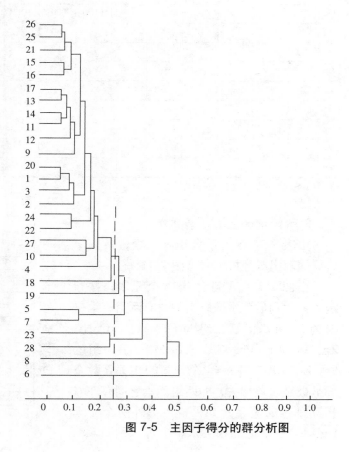

图 7-5　主因子得分的群分析图

某地监测样品因子分析在主因子上的得分

表 7-25

样品	F_1	F_2	F_3	F_4
1	−0.068	0.004	−0.674	−0.533
2	0.245	−0.756	−0.406	0.416
3	−0.412	−0.423	−0.469	0.660
4	−0.131	0.738	−0.996	−0.650
5	−0.612	1.698	−2.554	−0.299
6	2.927	−2.659	−1.218	0.180
7	−0.138	1.409	−2.262	0.882
8	3.073	0.782	−0.107	−2.014
9	−0.962	−0.666	−0.110	−0.661
10	0.175	1.018	0.598	−0.565
11	−0.526	−0.768	0.148	0.156
12	−0.781	−0.339	0.491	−0.351
13	−0.790	−0.994	0.635	−0.275
14	−0.529	−0.785	0.350	−0.279
15	−0.589	−0.182	−0.062	−0.248
16	−0.635	0.029	−0.044	0.400
17	−0.750	−0.874	0.629	0.110
18	0.297	0.093	2.011	−0.971
19	−0.408	−1.895	−0.428	1.563
20	0.201	−0.020	−0.526	0.635
21	−0.626	0.357	−0.036	−0.250
22	−0.645	−0.244	0.799	−1.636
23	1.128	1.515	1.491	1.004

样品	F_1	F_2	F_3	F_4
24	−0.474	0.413	0.501	−1.234
25	−0.396	0.355	0.250	−0.305
26	−0.278	0.554	0.034	−0.416
27	0.916	0.310	0.307	0.122
28	0.788	1.330	1.647	3.554

7.3　群分析预报软件 RM8

7.3.1　软件编制原理及功能

监测数据 $x_{i,j}$，$i=1$，$\cdots$，n；$j=1,2,\cdots,K$，n 个样品，K 个变量（元素）。

本软件对监测数据依次按以下公式给予计算：

（1）原始数据的标准化或正规化

标准化式（7-1）和式（7-2）及正规化式（7-3）和式（7-4）。

（2）由标准化或正规化的数据计算分类尺度

标准化对变量相关系数式（7-5），标准化对样品相似系数式（7-6）；

正规化对样品欧式距离 D 式（7-7），正规化的对样品的欧式距离相容系数 Dr 式（7-8）；

正规化对样品斜交空间距离 $D1$ 式（7-9），正规化对样品斜交空间距离相容系数 $D1r$ 式（7-10）。

由于以上分类尺度均给出数据排序，可直接引用任一式的计算结果，分别按一次形成分类法（简单成群法）或逐步形成分类法绘图。

7.3.2　软件运行步骤

（1）调出软件 RM8。

（2）输入数据

共 4 项（name；N；K；(x_{ij})）。

（3）计算

只单击"计算　监测数据群分析"。

（4）输入数据保存，计算结果保存，打印。单击"计算结果　存盘文件"。

（5）若打印任一界面，单击"打印窗体"。

（6）退出

单击"结束　退出"。

7.3.3　软件界面

群分析预报软件 RM8 界面如图 7-6 所示。

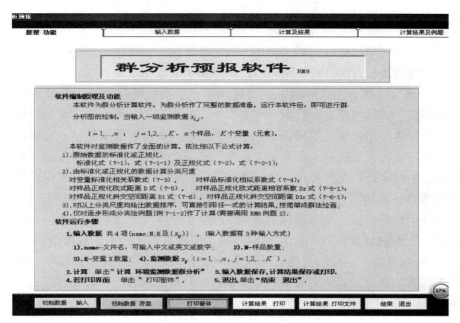

图 7-6　群分析预报软件 RM8

7.3.4　软件例题

共 3 项例题：（1）RM8　例题 1　环境监测数据群分析；

（2）RM8　例题 2　逐步形成分类法群分析；

（3）RM8　例题 3　环境监测数据群分析（模糊聚类例题 1）。

第8章 模糊聚类预报

模糊数学已在环境科学中得到了应用，如在环境评价、环境污染物分类、环境区域规划等方面，用模糊数学方法进行数据处理，均得到了很好的结果。

模糊数学是用数学方法来解决一些模糊问题。所谓模糊问题是指界线不清或隶属关系不明确的问题。而环境质量评价中"污染程度"的界线就是模糊的，人为的用特定的分级标准去评价环境污染程度是不确切的。如评价水质污染时，通常是按照污染物质的单项污染值及综合污染值，来区分水质是属于轻度污染或严重污染，按这样仅用一个污染指数值截然判定污染程度，不能客观地反映污染状况。按模糊数学的观点，采用隶属度来刻画污染程度就客观些，如评价河流污染时，用内梅罗公式计算总污染指数 PI，把 $PI \leqslant 1$ 作为一级轻污染河水的指标。如果实际情况是 $PI=1.02$ 则算作二级污染河水，这完全是人为的硬性规定。改用隶属度，则可认为 $PI=1.0$ 时，河水隶属于一级的程度达到 100%；而当 $PI=1.02$ 时，河水隶属于一级的程度只达到 98%，相应地认为该河水隶属于二级的程度为 2%。采用隶属度的概念来表达客观事物是模糊数学的基点。由此可以去研究众多模糊现象。以下只介绍环境评价的模糊聚类分析法。

8.1 模糊聚类预报方法

用模糊聚类法对环境污染进行评价，同采用污染指数法相比较，其相同点是，均需要选取采样点，并监测若干个污染物得到一组监测数据，然后分别计算出单项污染值（单项污染物实测值与标准值的比值）。不同点在于，污染指数评价法是计算综合的总污染指数，并依此评价污染状况。模糊聚类评价则是根据各单项污染值，客观地将样品或元素进行分类，然后进行评价。环境评价是模糊数学在环境中的应用之一，如本章开头所述，本章介绍的方法可用于其他监测数据的分类处理。以数据的分类处理为目的，本章与第 7 章聚类分析基本上是相同的；计算公式方面，归一化和标定计算与聚类分析完全相同，只是模糊等价计算公式是本章独有的，本章可说是第 7 章的延续。

模糊聚类分析的基本方法与步骤：

（1）样品与聚类因子的确定（监测数据的前处理）；

（2）对数据作归一化处理，标准化式（8-3）和式（8-4）及正规化式（8-5）和式（8-6）；

（3）标定。由标准化或正规化的数据计算分类尺度，由式（8-7）～式（8-10）计算；

（4）模糊等价关系；

（5）分类——建立模糊动态聚类图，可参阅例题，如图 8-1 所示；

（6）进行环境评价。根据所论环境问题，结合定性资料得出必要的结论。

由上可知，模糊聚类分析在进行系列计算后，最终需绘出树形图，但如果树形图不能得到满意的解释，则需选择另一系列计算，如第 7 章所述，在所论实际问题中，只有其中的某一种组合系列计算，可以得到满意的结论。由于计算较为繁琐，不可能分别按所有系列进行计算，类似的组合系列超过 16 种。即可以有多于 16 种选择。计算量相当浩大，而且繁琐，若不采用计算机，是难以完成的。鉴于此，本书研制了软件。该软件可计算得出全部 4 种标定。软件让读者避开了繁琐的计算，可直接画出树形图。可对比选择其中 1 种或 2 种，得到满意的解释。本书软件 RM9 计算了常用的 4 种标定组合系列，如下：

(1) 标准化对变量相关系数 R 及其模糊聚类分析

由标准化式（8-3）及式（8-7）计算。

(2) 标准化对样品相似系数 S 及其模糊聚类分析

由标准化式（8-4）及式（8-8）计算。

(3) 正规化对样品的欧氏距离相容系数 $Dr_{i,j}$ 及其模糊聚类分析

由正规化式（8-6）及式（8-9）计算。

(4) 正规化对样品斜交空间距离相容系数 $Dr_{i,j}$ 及其模糊聚类分析

由正规化式（8-6）及式（8-10）计算。

8.1.1 样品与聚类因子的确定

1. 监测数据

在待评价的区域内选定采样点，每个采样点监测同样的污染物；采样要同步进行，包括采样时间、采样频率等因素。将监测到的污染物样品做化学分析，得到相应的监测值，作为监测数据。

2. 聚类因子的确定

当进行环境评价时，监测值与标准值的比值称为单项污染值 x_{ij}，即，

$$x_{ij} = \frac{C_{ij}}{L_j} \quad (i = 1, \cdots, n \ ; j = 1, \cdots, k) \tag{8-1}$$

式中　C_{ij}——监测值（实测值）；

　　　L_j——标准值（由相应环境规范得到）。其中，n 为样品数；k 为污染物种类数。

x_{ij} 为 $n \times k$ 数据阵（作为模糊计算的初始数据）：

$$\begin{matrix} x_{11}, & x_{12} & x_{13}, \cdots, x_{1k} \\ x_{21} & x_{22} & x_{23}, \cdots, x_{2k} \\ \vdots & \vdots & \vdots \quad\ \vdots \\ x_{n1} & x_{n2} & x_{n3}, \cdots, x_{nk} \end{matrix} \tag{8-2}$$

8.1.2 对数据作归一化处理

一批监测数据，$x_{i,j}$，$i = 1, \cdots, n$;$j = 1, \cdots, K$，其表示有 n 个样品，K 个变量（元素）。由于各变量所取的度量单位（量纲）不同及监测值大小的差异，使得数据间相差较大，如果不对初始数据进行变换处理，势必会突出监测数据中数值较大的变量的作用，而削弱数值较小的另一些变量的作用。克服这种弊病的办法是对初始数据作归一化处理，即对数据标准化或正规化，归一化处理的数据与监测时所取的度量单位无关。

1. 数据标准化

（1）对变量分类标准化

对于任何一组监测数据 $x_{i,j}$，经过下列变换可得到标准化数据 $Z_{i,j}$，标准化数据可将每个变量数据的均值化为零，方差化为 1。

$$Z_{i,j} = \frac{x_{i,j} - \overline{x_j}}{\sigma_j} \quad (i = 1, \cdots, n \,; j = 1, 2, \cdots, K) \tag{8-3}$$

其中，$\overline{x_j} = \frac{1}{n} \sum_{i=1}^{n} x_{i,j}$ 为均值；$\sigma_j = \sqrt{\frac{1}{n-1} \sum_{i=1}^{n} (x_{i,j} - \overline{x_j})^2}$ 为方差。

（2）对样品分类标准化

对于任何一组监测数据 $x_{i,j}$，经过下列变换可得到标准化数据 $Z_{i,j}$，标准化数据可将每个样品数据的均值化为零，方差化为 1。

$$Z_{i,j} = \frac{x_{i,j} - \overline{x_i}}{\sigma_i} \quad (i = 1, \cdots, n \,; j = 1, 2, \cdots, K) \tag{8-4}$$

其中，$\overline{x_i} = \frac{1}{K} \sum_{j=1}^{K} x_{i,j}$ 为均值；$\sigma_i = \sqrt{\frac{1}{K-1} \sum_{j=1}^{K} (x_{i,j} - \overline{x_i})^2}$ 为方差。

2. 数据的正规化

（1）用于对变量分类正规化

对于任何一组监测数据 $x_{i,j}$，经过下列变换可得到正规化数据 $Z_{i,j}$，正规化数据可将每个变量数据的最小值化为零，最大值化为 1，其余均在 $0 \sim 1$ 之间。

$$Z_{i,j} = \frac{x_{i,j} - m_j}{d_j} \quad (i = 1, \cdots, n \,; j = 1, 2, \cdots, K) \tag{8-5}$$

其中，$d_j = x_{j(\max)} - x_{j(\min)}$ 称变量 j 的极差；

$m_j = x_{j(\min)}$ 为变量 j 的最小值；$x_{j(\max)}$ 为变量 j 的最大值。

（2）用于对样品分类正规化

对于任何一组监测数据 $x_{i,j}$，经过下列变换可得到正规化数据 $Z_{i,j}$，正规化数据可将每个样品数据的最小值化为零，最大值化为 1，其余均在 $0 \sim 1$ 之间。

$$Z_{i,j} = \frac{x_{i,j} - m_i}{d_i} \quad (i = 1, \cdots, n \,; j = 1, 2, \cdots, K) \tag{8-6}$$

其中，$d_i = x_{i(\max)} - x_{i(\min)}$，称样品 i 的极差；

$m_i = x_{i(\max)}$ 为样品 i 的最小值；$x_{i(\max)}$ 为样品 i 的最大值。

8.1.3　标　定

根据规一化数据计算出模糊相容系数矩阵称为标定。标定的作用在于找到变量间或样品间的相容性或差异性，继而进行模糊计算，以便分类。

模糊聚类的标定方法相当于第 7 章的分类尺度，计算标定有四种方法，可根据所论环境问题选用其中一种。由归一化数据 $Z_{i,j}$，（$i = 1, \cdots, n \,; j = 1, 2, \cdots, K$）求标定矩阵。

1. 相关系数 R

标准化对变量相关系数 R 一般用于变量（R 型）的分类，由标准化数据 Z 求相关系数矩阵 $R = (r_{ij})$ 公式如下：

$$r_{ij} = \frac{1}{n-1} \sum_{k=1}^{n} Z_{ik} Z_{jk} \quad (i, j = 1, 2, \cdots, n) \tag{8-7}$$

相关系数矩阵 $R = (r_{ij})$，$-1 \leqslant R_{ij} \leqslant 1$，且 R_{ij} 愈接近 1 时，则此两个变量愈亲近，R_{ij} 愈接近 -1 时，则此两个变量关系愈疏远

2. 相似系数 S

标准化对样品相似系数 S 常用于样品间（Q 型）的分类。相似系数的意义是，把每个样品看作 K 维空间中的一个向量，n 个样品相当于 K 维空间中的 n 个向量。第 i 个样品与第 j 个样品之间的相似系数是用两个向量之间的夹角余弦来定义。由标准化数据 Z 求相似系数矩阵公式如下：

$$S_{i,j} = \frac{\sum_{t=1}^{K} Z_{it} \cdot Z_{jt}}{\sqrt{\sum_{t=1}^{K} Z_{it}^2 \cdot \sum_{t=1}^{K} Z_{jt}^2}} \quad (i, j = 1, 2, \cdots, n) \tag{8-8}$$

有 $-1 \leqslant S_{ij} \leqslant 1$，且 S_{ij} 的值愈大，愈接近 1，两个样品关系愈亲近。

3. 欧氏距离相容系数 $Dr_{i,j}$

可按下式作为计算距离关系的补充定义的相容关系：

$$Dr_{i,j} = 1 - \sqrt{\frac{1}{K} \sum_{t=1}^{K} (Z_{it} - Z_{jt})^2} \quad (i, j = 1, 2, \cdots, n) \tag{8-9}$$

式中　Z_{it}——第 i 个样品的第 t 个因子（变量）的值；

　　　Z_{jt}——第 j 个样品的第 t 个因子（变量）的值；

　　　K——因子（变量）的个数。

相容系数 $Dr_{i,j}$ 愈大，表示 i、j 两个样品污染状况愈相似，反之差异愈大。当 $Dr_{i,j}=1$ 时，说明 i、j 两个样品取样点的污染状况相同，属于同一类。将计算得到的相容系数 $Dr_{i,j}$ 作为矩阵元素，则可得到相容系数矩阵 $(Dr_{i,j})$。

4. 斜交空间距离相容系数 $D1r_{i,j}$

可按下式作为计算斜交空间距离关系的补充定义的相容关系：

$$D1r_{i,j} = 1 - \sqrt{\frac{1}{K^2} \sum_{t=1}^{K} \sum_{p=1}^{K} (Z_{ti} - Z_{tj}) \cdot (Z_{pi} - Z_{pj}) \cdot R_{tp}} \quad (i, j = 1, 2, \cdots, n) \tag{8-10}$$

式中符号含义同前。

相容系数 $D1r_{i,j}$ 愈大，表示 i、j 两个样品污染状况愈相似，反之差异愈大。当 $D1r_{i,j}=1$ 时，说明 i、j 两个样品取样点的污染状况相同，属于同一类。将计算得到的相容系数 $D1r_{i,j}$ 作为矩阵元素，则可得到相容系数矩阵 $(D1r_{i,j})$。

8.1.4　模糊等价关系矩阵

以上计算得到模糊相容系数矩阵 R，记作 $\underline{R}$，一般是满足反身性和对称性，不满足传递性，不是模糊等价关系，直接由 $\underline{R}$ 不能有效地进行分类，需要按传递性要求，对 $\underline{R}$ 作复合运算，得到模糊等价关系矩阵，然后再进行模糊关系的分类。

以下对上述提到的模糊数学术语作些通俗的解释。

设 $\underline{R}$ 是一个模糊相容系数矩阵，其具有反身性是指 $r_{ii} = 1$（$i = 1, \cdots, n$）；其具有对称性是指 $r_{ij} = r_{ji}$；其具有传递性是指，对 $\underline{R}$ 进行复合运算，有 $R \circ R = R^2$。

模糊矩阵的复合运算是指 $R \circ R = R^2 = (r_{ij}^2)$，则：

$$r_{ij}^2 = \bigvee_{t=1}^{n} [r_{it} \wedge r_{tj}] \quad (i, j = 1, 2, \cdots, n) \tag{8-11}$$

式中　$\vee$——并运算，如 $a \vee b = \max (a, b)$ 即 a, b 两数中取大者；

　　　$\wedge$——交运算，如 $a \wedge b = \min (a, b)$ 即 a, b 两数中取小者。

矩阵的复合运算非常类似于普通的矩阵乘法，即运算过程与普通矩阵乘法的次序相同，区别在于将矩阵乘法的加运算改为 $\vee$ 运算，将乘运算改为 $\wedge$ 运算。如：

$$\text{矩阵 } A = \begin{pmatrix} a_{11} & a_{12} \\ a_{21} & a_{22} \end{pmatrix} \qquad \text{矩阵 } B = \begin{pmatrix} b_{11} & b_{12} \\ b_{21} & b_{22} \end{pmatrix}$$

$$\text{则 } A \cdot B = \begin{pmatrix} a_{11} & a_{12} \\ a_{21} & a_{22} \end{pmatrix} \cdot \begin{pmatrix} b_{11} & b_{12} \\ b_{21} & b_{22} \end{pmatrix} = \begin{pmatrix} a_{11} \cdot b_{11} + a_{12} \cdot b_{21} & a_{11} \cdot b_{12} + a_{12} \cdot b_{22} \\ a_{21} \cdot b_{11} + a_{22} \cdot b_{21} & a_{21} \cdot b_{12} + a_{22} \cdot b_{22} \end{pmatrix} \tag{8-12}$$

而模糊矩阵的复合运算为 $A \circ B =$

$$\begin{pmatrix} a_{11} & a_{12} \\ a_{21} & a_{22} \end{pmatrix} \circ \begin{pmatrix} b_{11} & b_{12} \\ b_{21} & b_{22} \end{pmatrix} = \begin{pmatrix} (a_{11} \wedge b_{11}) \vee (a_{12} \wedge b_{21}) & (a_{11} \wedge b_{12}) \vee (a_{12} \wedge b_{22}) \\ (a_{21} \wedge b_{11}) \vee (a_{22} \wedge b_{21}) & (a_{21} \wedge b_{12}) \vee (a_{22} \wedge b_{22}) \end{pmatrix} \tag{8-13}$$

当取 R^2，R^4，R^8，$\cdots$，R^k，$R^{2k} \cdots$　若在某一步有：

$$R^k = R^{2k} = R^* \tag{8-14}$$

则 R^* 便是一个模糊等价关系矩阵。

[例 8-1] 已知：模糊相容系数矩阵 R。

　　　　　求：经过复合运算后的模糊等价关系矩阵 R^*。

$$\text{解算：} R \circ R = R^2 = \begin{pmatrix} 1 & 0.2 & 0.4 \\ 0.2 & 1 & 0.3 \\ 0.4 & 0.3 & 1 \end{pmatrix} \circ \begin{pmatrix} 1 & 0.2 & 0.4 \\ 0.2 & 1 & 0.3 \\ 0.4 & 0.3 & 1 \end{pmatrix} = \begin{pmatrix} 1 & 0.3 & 0.4 \\ 0.3 & 1 & 0.3 \\ 0.4 & 0.3 & 1 \end{pmatrix}$$

$$R^2 \circ R^2 = R^4 = \begin{pmatrix} 1 & 0.3 & 0.4 \\ 0.3 & 1 & 0.3 \\ 0.4 & 0.3 & 1 \end{pmatrix} = R^2 = R^*$$

8.1.5　分类——建立模糊动态聚类图

对于已建立的模糊等价关系矩阵 R^*，可继而绘制模糊动态聚类图。选取不同的 λ 置信度进行分类，然后再结合定性资料，对所论环境问题进行评价，如绘制污染分区规划图等。

[例 8-2] 已知模糊等价关系矩阵 R^* 如下，试绘制模糊动态聚类图。

$$R^* = \begin{pmatrix} 1 & 0.48 & 0.62 & 0.41 & 0.47 \\ 0.48 & 1 & 0.48 & 0.41 & 0.47 \\ 0.62 & 0.48 & 1 & 0.41 & 0.47 \\ 0.41 & 0.41 & 0.41 & 1 & 0.41 \\ 0.47 & 0.47 & 0.47 & 0.41 & 1 \end{pmatrix} \begin{matrix} 1 \\ 2 \\ 3 \\ 4 \\ 5 \end{matrix}$$

当取 $\lambda = 0.41$ 时，将 R^* 中大于 0.41 的数改为 1，其他数改为 0，得：

$$R^*_{0.41} = \begin{pmatrix} 1 & 1 & 1 & 0 & 1 \\ 1 & 1 & 1 & 0 & 1 \\ 1 & 1 & 1 & 0 & 1 \\ 0 & 0 & 0 & 1 & 0 \\ 1 & 1 & 1 & 0 & 1 \end{pmatrix}$$

在 $R^*_{0.41}$ 中第 1、2、3、5 行一样，故分为一类，而第 4 行为另一类，则全数据分为两类。

当取 $\lambda = 0.47$ 时，即 R^* 中大于 0.47 的数改为 1，其他数改为 0，得：

$$R^*_{0.47} = \begin{pmatrix} 1 & 1 & 1 & 0 & 0 \\ 1 & 1 & 1 & 0 & 0 \\ 1 & 1 & 1 & 0 & 0 \\ 0 & 0 & 0 & 1 & 0 \\ 0 & 0 & 0 & 0 & 1 \end{pmatrix}$$

在 $R^*_{0.47}$ 中第 1、2、3 行一样，故分为一类，而第 4、5 行各为一类，则全数据分为三类。如图 8-1 所示。

8.1.6 进行环境评价

根据所论环境问题，予以评价，结合定性资料得出必要的结论。近年来，我国环境工作者运用模糊聚类分析法做了许多工作。如环保学者庄世坚在环境丛刊上介绍了用模糊聚类法区划厦门市某湖底泥污染，中科院南海所对南海水域的环境区划等等。

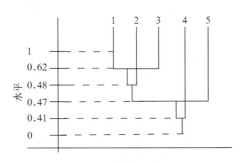

图 8-1　模糊聚类动态图

8.2　模糊聚类预报举例

参照我国环境学者作过的工作，对模糊聚类环境评价的步骤举出一例，说明其步骤。

1. 监测污染物

合理选定污染物参数名称及数量，确定监测频率，选定监测点并绘制监测点位置图。进行污染物监测。

2. 合理选择聚类因子

对于已监测得的污染物数据，需进一步地合理选择聚类因子。一般可选用相对污染值作为聚类因子。现举另一个做法，如对某地湖泊选择每一样品的七个污染因子的相对背景值的超标倍数，作为聚类因子，数据见表 8-1。

某地湖泊相对背景值的超标倍数　　　　　　　　　　　　　表 8-1

样品 \ 因子	Zn 1	Cd 2	Pb 3	Cu 4	Hg 5	Cr 6	油 7
1	1.0	1.0	1.0	1.5	1.0	1.0	33.1
2	1.0	2.0	1.1	4.1	2.9	1.9	4.1
3	2.0	3.4	2.2	27.6	31.4	313.5	107.5
4	1.4	6.3	1.6	15.5	13.1	136.9	23.1
5	1.8	1.3	1.9	1.6	1.0	1.2	1.3
6	1.0	2.6	1.0	1.7	1.0	2.3	1.0
7	1.4	2.4	1.4	2.2	10.5	4.6	4.4
8	1.0	1.0	1.0	1.5	1.0	2.2	1.8
9	2.1	4.6	1.9	2.9	3.4	1.0	1.0
10	1.2	1.8	1.3	3.5	1.1	93.7	8.8
11	1.8	3.1	4.3	5.5	1.4	2.8	5.1

表 8-1 数据按式（8-4）作归一化处理，结果如表 8-2 所示。

作归一化处理结果　　　　　　　　　　　　　表 8-2

样品 \ 因子	Zn 1	Cd 2	Pb 3	Cu 4	Hg 5	Cr 6	油 7
1	−0.385	−0.385	−0.385	−0.343	−0.385	−0.385	2.268
2	−1.113	−0.342	−1.036	1.279	0.353	−0.419	1.279
3	−0.595	−0.582	−0.593	−0.37	−0.336	2.144	0.333
4	−0.554	−0.453	−0.549	−0.263	−0.313	2.238	−0.107
5	1.079	−0.432	1.381	0.475	−1.338	−0.734	−0.432
6	−0.741	1.565	−0.741	0.268	−0.741	1.132	−0.741

样品\因子	Zn 1	Cd 2	Pb 3	Cu 4	Hg 5	Cr 6	油 7
7	−0.76	−0.449	−0.76	−0.511	2.072	0.236	0.173
8	−0.73	−0.73	−0.73	0.292	−0.73	1.722	0.905
9	−0.239	1.664	−0.392	0.37	0.751	−1.077	−1.077
10	−0.428	−0.41	−0.425	−0.361	−0.431	2.261	−0.207
11	−1.026	−0.207	0.549	1.305	−1.278	−0.396	1.053

3. 计算相容关系

按式（8-8）对表 8-2 数据进行标定，计算得相似系数矩阵，如表 8-3 所示。

相似系数 S 矩阵元素　　　　　　　　　　表 8-3

样品	1	2	3	4	5	6	7	8	9	10	11
1	1.00	0.57	0.14	−0.05	−0.19	−0.33	0.07	0.40	−0.47	−0.09	0.47
2	0.57	1.00	0.07	−0.03	−0.43	−0.05	0.33	0.39	−0.01	−0.13	0.56
3	0.14	0.07	1.00	0.98	−0.44	0.38	0.20	0.90	−0.61	0.97	−0.02
4	−0.05	−0.03	0.98	1.00	−0.41	0.48	0.17	0.84	−0.51	0.99	−0.10
5	−0.19	−0.43	−0.44	−0.41	1.00	−0.32	−0.82	−0.34	−0.18	−0.34	0.32
6	−0.33	−0.05	0.38	0.48	−0.32	1.00	−0.19	0.31	0.37	0.49	0.02
7	0.07	0.33	0.20	0.17	−0.82	−0.19	1.00	0.06	0.11	0.10	−0.46
8	0.40	0.39	0.90	0.84	−0.34	0.31	0.06	1.00	−0.67	0.81	0.35
9	−0.47	−0.01	−0.61	−0.51	−0.18	0.37	0.11	−0.67	1.00	−0.51	−0.25
10	−0.09	−0.13	0.97	0.99	−0.34	0.49	0.10	0.81	−0.51	1.00	−0.12
11	0.47	0.56	−0.02	−0.10	0.32	0.02	−0.46	0.35	−0.25	−0.12	1.00

4. 计算模糊等价关系矩阵

经计算得，模糊聚类复合矩阵如表 8-4 所示，模糊聚类等价关系矩阵如表 8-5 所示。

模糊聚类复合 S^2 矩阵元素　　　　　表 8-4

1	1.00	0.57	0.40	0.40	0.32	0.40	0.33	0.40	0.37	0.40	0.56
2	0.57	1.00	0.39	0.39	0.32	0.39	0.33	0.39	0.37	0.39	0.56
3	0.40	0.39	1.00	0.98	0.32	0.49	0.33	0.90	0.37	0.98	0.39
4	0.40	0.39	0.98	1.00	0.32	0.49	0.33	0.90	0.37	0.99	0.39
5	0.32	0.32	0.32	0.32	1.00	0.32	0.32	0.32	0.32	0.32	0.32
6	0.40	0.39	0.49	0.49	0.32	1.00	0.33	0.49	0.37	0.49	0.39
7	0.33	0.33	0.33	0.33	0.32	0.33	1.00	0.33	0.33	0.33	0.33
8	0.40	0.39	0.90	0.90	0.32	0.49	0.33	1.00	0.37	0.90	0.39
9	0.37	0.37	0.37	0.37	0.32	0.37	0.33	0.37	1.00	0.37	0.37
10	0.40	0.39	0.98	0.99	0.32	0.49	0.33	0.90	0.37	1.00	0.39
11	0.56	0.56	0.39	0.39	0.32	0.39	0.33	0.39	0.37	0.39	1.00

模糊聚类等价关系 S^* 矩阵元素　　　　　表 8-5

1	1.00	0.57	0.40	0.40	0.32	0.40	0.33	0.40	0.37	0.40	0.56
2	0.57	1.00	0.39	0.39	0.32	0.39	0.33	0.39	0.37	0.39	0.56
3	0.40	0.39	1.00	0.98	0.32	0.49	0.33	0.90	0.37	0.98	0.39
4	0.40	0.39	0.98	1.00	0.32	0.49	0.33	0.90	0.37	0.99	0.39
5	0.32	0.32	0.32	0.32	1.00	0.32	0.32	0.32	0.32	0.32	0.32
6	0.40	0.39	0.49	0.49	0.32	1.00	0.33	0.49	0.37	0.49	0.39
7	0.33	0.33	0.33	0.33	0.32	0.33	1.00	0.33	0.33	0.33	0.33
8	0.40	0.39	0.90	0.90	0.32	0.49	0.33	1.00	0.37	0.90	0.39
9	0.37	0.37	0.37	0.37	0.32	0.37	0.33	0.37	1.00	0.37	0.37
10	0.40	0.39	0.98	0.99	0.32	0.49	0.33	0.90	0.37	1.00	0.39
11	0.56	0.56	0.39	0.39	0.32	0.39	0.33	0.39	0.37	0.39	1.00

5. 分类

按模糊聚类法分类，参照前述例题做法，需计算模糊等价关系矩阵 R^* 的 λ 水平矩阵元素，本例题是由本书软件 RM9 完成。

$$
R^*_{0.318}=
\begin{pmatrix}
11110111111 \\
11110111111 \\
11110111111 \\
11110111111 \\
00001000000 \\
11110111111 \\
11110111111 \\
11110111111 \\
11110111111 \\
11110111111 \\
11110111111
\end{pmatrix}
\begin{matrix}
1 \\
2 \\
3 \\
4 \\
5 \\
6 \\
7 \\
8 \\
9 \\
10 \\
11
\end{matrix}
\qquad
R^*_{0.331}=
\begin{pmatrix}
11110101111 \\
11110101111 \\
11110101111 \\
11110101111 \\
00001000000 \\
11110101111 \\
00000010000 \\
11110101111 \\
11110101111 \\
11110101111 \\
11110101111
\end{pmatrix}
\begin{matrix}
1 \\
2 \\
3 \\
4 \\
5 \\
6 \\
7 \\
8 \\
9 \\
10 \\
11
\end{matrix}
$$

元素按从小到大到排序为：0.3178，0.3314，0.3655，0.3949，0.4020，0.4876，0.5625，0.5741，0.9037，0.9805，0.9944。按元素排序依次建立动态聚类图矩阵。

（1）分类水平 1

当取 $\lambda = 0.318$ 时，将 R^* 中大于 0.318 的数据改写为 1，其他数据改写为 0，得聚类矩阵，在 $R^*_{0.318}$ 中第 1、2、3、4、6、7、8、9、10、11 行一样，故分为一类，而第 5 行为另一类，仅分为 2 类。

（2）分类水平 2

当取 $\lambda = 0.331$ 时，将 R^* 中大于 0.331 的数据改写为 1，其他数据改写为 0，得聚类矩阵，在 $R^*_{0.331}$ 中第 1、2、3、4、6、8、9、10、11 行一样，故分为一类，而第 5 行及第 7 行各为一类，仅分为 3 类。

$$
R^*_{0.366}=
\begin{pmatrix}
11110101011 \\
11110101011 \\
11110101011 \\
11110101011 \\
00001000000 \\
11110101011 \\
00000010000 \\
11110101011 \\
00000000100 \\
11110101011 \\
11110101011
\end{pmatrix}
\begin{matrix}
1 \\
2 \\
3 \\
4 \\
5 \\
6 \\
7 \\
8 \\
9 \\
10 \\
11
\end{matrix}
\qquad
R^*_{0.395}=
\begin{pmatrix}
11110101011 \\
11000000001 \\
10110101010 \\
10110101010 \\
00001000000 \\
10110101010 \\
00000010000 \\
10110101010 \\
00000000100 \\
10110101010 \\
11000000001
\end{pmatrix}
\begin{matrix}
1 \\
2 \\
3 \\
4 \\
5 \\
6 \\
7 \\
8 \\
9 \\
10 \\
11
\end{matrix}
$$

（3）分类水平 3

当取 $\lambda = 0.366$ 时，将 R^* 中大于 0.366 的数据改写为 1，其他数据改写为 0，得聚类矩阵，在 $R^*_{0.336}$ 中第 1、2、3、4、6、8、10、11 行一样，故分为一类，而第 5、7、9 行各为一类，共分为 4 类。

$$
R^*_{0.402} = \begin{pmatrix}
11000000001 \\
11000000001 \\
00110101010 \\
00110101010 \\
00001000000 \\
00110101010 \\
00000010000 \\
00110101010 \\
00000000100 \\
00110101010 \\
11000000001
\end{pmatrix}
\begin{matrix}
1 \\ 2 \\ 3 \\ 4 \\ 5 \\ 6 \\ 7 \\ 8 \\ 9 \\ 10 \\ 11
\end{matrix}
\qquad
R^*_{0.488} = \begin{pmatrix}
11000000001 \\
11000000001 \\
00110001010 \\
00110001010 \\
00001000000 \\
00000100000 \\
00000010000 \\
00110001010 \\
00000000100 \\
00110001010 \\
11000000001
\end{pmatrix}
\begin{matrix}
1 \\ 2 \\ 3 \\ 4 \\ 5 \\ 6 \\ 7 \\ 8 \\ 9 \\ 10 \\ 11
\end{matrix}
$$

（4）分类水平 4

当取 $\lambda = 0.395$ 时，将 R^* 中大于 0.395 的数据改写为 1，其他数据改写为 0，得聚类矩阵，在 $R^*_{0.395}$ 中第 3、4、6、8、10 行一样，故分为一类，而第 2、11 行为一类，第 1、5、7、9 行各为一类，共分为 6 类。

$$
R^*_{0.562} = \begin{pmatrix}
11000000000 \\
11000000000 \\
00110001010 \\
00110001010 \\
00001000000 \\
00000100000 \\
00000010000 \\
00110001010 \\
00000000100 \\
00110001010 \\
00000000001
\end{pmatrix}
\begin{matrix}
1 \\ 2 \\ 3 \\ 4 \\ 5 \\ 6 \\ 7 \\ 8 \\ 9 \\ 10 \\ 11
\end{matrix}
\qquad
R^*_{0.574} = \begin{pmatrix}
10000000000 \\
01000000000 \\
00110001010 \\
00110001010 \\
00001000000 \\
00000100000 \\
00000010000 \\
00110001010 \\
00000000100 \\
00110001010 \\
00000000001
\end{pmatrix}
\begin{matrix}
1 \\ 2 \\ 3 \\ 4 \\ 5 \\ 6 \\ 7 \\ 8 \\ 9 \\ 10 \\ 11
\end{matrix}
$$

（5）分类水平 5

当取 $\lambda = 0.402$ 时，将 R^* 中大于 0.402 的数据改写为 1，其他数据改写为 0，得聚类矩阵，在 $R^*_{0.402}$ 中第 3、4、6、8、10 行一样，故分为一类，而第 1、2、11 行为一类，第 5、7、9 行各为一类，共分为 5 类。

$$R_{0.904}^{*}=\begin{pmatrix} 1&0&0&0&0&0&0&0&0&0&0 \\ 0&1&0&0&0&0&0&0&0&0&0 \\ 0&0&1&1&0&0&0&0&0&1&0 \\ 0&0&1&1&0&0&0&0&0&1&0 \\ 0&0&0&0&1&0&0&0&0&0&0 \\ 0&0&0&0&0&1&0&0&0&0&0 \\ 0&0&0&0&0&0&1&0&0&0&0 \\ 0&0&0&0&0&0&0&1&0&0&0 \\ 0&0&0&0&0&0&0&0&1&0&0 \\ 0&0&0&0&0&0&0&0&0&1&0 \\ 0&0&0&0&0&0&0&0&0&0&1 \end{pmatrix}\begin{matrix}1\\2\\3\\4\\5\\6\\7\\8\\9\\10\\11\end{matrix} \qquad R_{0.98}^{*}=\begin{pmatrix} 1&0&0&0&0&0&0&0&0&0&0 \\ 0&1&0&0&0&0&0&0&0&0&0 \\ 0&0&1&0&0&0&0&0&0&0&0 \\ 0&0&0&1&0&0&0&0&0&1&0 \\ 0&0&0&0&1&0&0&0&0&0&0 \\ 0&0&0&0&0&1&0&0&0&0&0 \\ 0&0&0&0&0&0&1&0&0&0&0 \\ 0&0&0&0&0&0&0&1&0&0&0 \\ 0&0&0&0&0&0&0&0&1&0&0 \\ 0&0&0&1&0&0&0&0&0&1&0 \\ 0&0&0&0&0&0&0&0&0&0&1 \end{pmatrix}\begin{matrix}1\\2\\3\\4\\5\\6\\7\\8\\9\\10\\11\end{matrix}$$

（6）分类水平 6

当取 $\lambda = 0.488$ 时，将 R^{*} 中大于 0.488 的数据改写为 1，其他数据改写为 0，得聚类矩阵，在 $R_{0.488}^{*}$ 中第 3、4、8、10 行一样，故分为一类，而第 1、2、11 行为一类，第 5、6、7、9 行各为一类，共分为 6 类。

（7）分类水平 7

当取 $\lambda = 0.562$ 时，将 R^{*} 中大于 0.562 的数据改写为 1，其他数据改写为 0，得聚类矩阵，在 $R_{0.562}^{*}$ 中第 3、4、8、10 行一样，故分为一类，而第 1、2 行为一类，第 5、6、7、9、11 行各为一类，共分为 7 类。

（8）分类水平 8

当取 $\lambda = 0.574$ 时，将 R^{*} 中大于 0.574 的数据改写为 1，其他数据改写为 0，得聚类矩阵，在 $R_{0.574}^{*}$ 中第 3、4、8、10 行一样，故分为一类，而第 1、2、5、6、7、9、11 行各为一类，共分为 8 类。

（9）分类水平 9

当取 $\lambda = 0.904$ 时，将 R^{*} 中大于 0.904 的数据改写为 1，其他数据改写为 0，得聚类矩阵，在 $R_{0.904}^{*}$ 中第 3、4 行一样，故分为一类，而第 1、2、5、6、7、8、9、10、11 行各为一类，共分为 10 类。

$$R_{0.994}^{*}=\begin{pmatrix} 1&0&0&0&0&0&0&0&0&0&0 \\ 0&1&0&0&0&0&0&0&0&0&0 \\ 0&0&1&0&0&0&0&0&0&0&0 \\ 0&0&0&1&0&0&0&0&0&0&0 \\ 0&0&0&0&1&0&0&0&0&0&0 \\ 0&0&0&0&0&1&0&0&0&0&0 \\ 0&0&0&0&0&0&1&0&0&0&0 \\ 0&0&0&0&0&0&0&1&0&0&0 \\ 0&0&0&0&0&0&0&0&1&0&0 \\ 0&0&0&0&0&0&0&0&0&1&0 \\ 0&0&0&0&0&0&0&0&0&0&1 \end{pmatrix}\begin{matrix}1\\2\\3\\4\\5\\6\\7\\8\\9\\10\\11\end{matrix}$$

（10）分类水平 10

当取 $\lambda = 0.98$ 时，将 R^* 中大于 0.98 的数据改写为 1，其他数据改写为 0，得聚类矩阵，在 $R^*_{0.98}$ 中第 1、2、3、4、5、6、7、8、9、10、11 行各为一类，共分为 11 类。

（11）分类水平 11

当取 $\lambda = 0.994$ 时，将 R^* 中大于 0.994 的数据改写为 1，其他数据改写为 0，得聚类矩阵，在 $R^*_{0.994}$ 中第 1、2、3、4、5、6、7、8、9、10、11 行各为一类，共分为 11 类。

8.3　模糊聚类预报软件 RM9

8.3.1　软件编制原理及功能

将一组监测数据 $x_{i,j}$（$i = 1，\cdots，n$；$j = 1，2，\cdots，K$），选用模糊聚类法，得行分类，绘制分类图，以便进行环境评价。本软件完成了绘图前的全部计算工作。运行本软件可完成以下各项计算：

（1）原始数据的归一化。根据用户手册标准化式（8-3）和式（8-4）及正规化式（8-5）和式（8-6）；

（2）由归一化计算标定。标准化对变量相关系数式（8-7），标准化对样品相似系数式（8-8）；正规化对样品欧式距离相容系数 Dr 式（8-9）；正规化对样品斜交空间距离相容系数 $D1r$ 式（8-10）；

（3）由标定相容系数矩阵计算模糊等价关系矩阵，由式（8-11）及式（8-14）完成。

（4）由模糊等价关系矩阵标记出模糊动态图矩阵，详见例题。

8.3.2　软件运行步骤

（1）调出软件 RM9。

（2）输入数据

在输入数据界面，由键盘输入数据，共 4 项（name；N；K；(x_{ij})）。

1）name 为文件名，可输入中文或英文或数字；

2）N 为样品数量；

3）K 为变量 X 数量；

4）监测数据 x_{ij}（$i = 1，\cdots，n$；$j = 1，2，\cdots，K$）。

数据有 3 种输入方式，参照第 7 章。

（3）计算

在计算及结果界面，单击"计算　模糊聚类分析"，可完成全部计算。

（4）计算结果保存

单击"计算结果　存成文件"，文件可在 word 中调出。

（5）计算结果打印

单击"计算结果　打印"，或打印任一界面，单击"打印窗体"，应预先开启打印机。

（6）退出

单击"结束　退出"。

8.3.3 软件界面

模糊聚类分析预报软件 RM9 界面如图 8-2 所示。

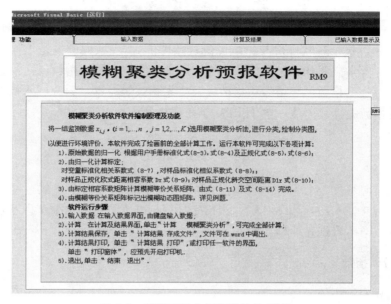

图 8-2 模糊聚类分析预报软件 RM9

8.3.4 软件例题计算

RM9 软件共 2 项例题，已录成数据文件，与软件同时提供。其文件名为：

（1）RM9_ 例题 1 环境监测数据模糊聚类分析；

（2）RM9_ 例题 2 环境监测数据模糊聚类分析。

第9章 环境质量评价

环境质量评价包括现状评价及影响评价（预评价）。现状评价应是定性与定量相结合评价，而定量评价常需要计算污染指数。环境质量评价综合污染指数包括：大气质量指数、水质污染指数、土壤指数、环境噪声指数以及生态指数等。本章只介绍水质污染指数的计算。该项污染指数的计算方法，曾于 1980 年在桂林漓江水质评价中，得到满意的结果。

9.1 水质评价

对于一组监测数据，有 m 个样品（监测点），每个样品有 K 个参数。可表示为：$C_{i,j}$，$(i = 1, \cdots, m; j = 1, \cdots, K)$，当给定环境标准 L_j、水质水温 T 以及样品的加权系数 η_i。可计算污染指数，其计算式如下。

9.1.1 计算污染指数

1. 求单项相对污染值 CL_{ij}

对于选定监测的 K 个污染物参数，需要研究其是否超过国家规范规定的标准（超标），即是否形成环境污染。需要将实测值与标准值进行比对，每个参数的比对值称为单项污染值。每个参数的比对方法略有不同，其中，溶解氧及 pH 值两项与其他项（一般项），区分为三种不同的相对污染值计算式。

（1）计算一般项相对污染值

$$CL_{ij} = \frac{C_{i,j}}{L_j} \qquad (i = 1, \cdots, m; j = 3, \cdots, K) \tag{9-1}$$

式中　CL_{ij}——一般项相对污染值；

　　　$C_{i,j}$——监测数据，实测值；

　　　L_j——第 j 种污染物标准值。

（2）计算溶解氧单项相对污染值

$$CL_{ij} = \begin{cases} 10 \cdot \left(1.0 - \dfrac{C_{i,j}}{L_j}\right) + \dfrac{C_{i,j}}{L_j}, & C_{i,j} < L_j \\[3mm] \dfrac{C_{im} - C_{i,j}}{C_{im} - L_j}, & C_{i,j} \geqslant L_j \end{cases} \qquad (i = 1, \cdots, m; j = 1) \tag{9-2}$$

式中　C_{im}——相应水温的饱和溶解氧值。

$$C_{im} = \frac{468}{31.6 + T} \tag{9-3}$$

式中　T——水质水温，℃。

（3）计算 pH 值单项相对污染值

$$CL_{ij} = \begin{cases} \dfrac{C_{i,j} - \overline{L_j}}{L_{\max} - L_j} & , \quad C_{i,j} \geqslant L_j \\[3mm] \dfrac{\overline{L_j} - C_{i,j}}{L_{\max} - \overline{L_j}} & , \quad C_{i,j} < L_j \end{cases} \qquad (i = 1, \cdots, m \,; j = 2) \qquad (9-4)$$

式中　　$L_{\max}$——pH 值标准值上限；取 pH 值下限为 $L_{\min}$；

　　　　L_j——pH 值标准值的上限与下限的平均值。

按以上各式计算得单项污染指数 CL_{ij}，由此可计算各项参数均值，如下式：

$$CLV_j = \frac{1}{m} \sum_{i=1}^{m} CL_{ij} \qquad j = 1, \cdots, K \qquad (9-5)$$

各项参数单项污染指数的均值 CLV_j，可以说明水质中该项参数是否已构成污染环境。

2. 计算监测点污染指数

各监测点的污染指数计算公式如下：

$$PI_i = \sqrt{\frac{(CC_{i,\max})^2 + (CC_{i,\text{ave}})^2}{2}} \qquad (9-6)$$

式中　　$CC_{i,\max}$——第 i 监测点的最大单项污染值；由式（9-1），式（9-2）和式（9-4）选取；

　　　　$CC_{i,\text{ave}}$——第 i 监测点各单项污染值的平均值。

说明：要求数据表 9-1 及表（9-2）水质参数顺序应按式（9-1），式（9-2）和式（9-4）限定，即溶解氧列第一项；pH 值列第二项，其他次序可改变，项目数可加减，但项目顺序应相对应，计算才正确，软件 RM10 亦按以上要求编制。

3. 计算整条河流的总污染指数

对于整条河流的污染指数 PI，称为总污染指数。它是在同一时间所测数据，计算得各监测点污染指数加权和。按下式计算：

$$PI = \sum_{i=1}^{m} \eta_i \cdot PI_i \qquad (9-7)$$

式中　　η_i——各监测点的权重系数，在漓江是按各监测点占据江段长度的比例确定；

　　　　m——监测点数。

PI 值是时间的函数，即每次监测可得到一个值 PI，即可表达为 $PI(t)$，$t = 1, \cdots, n$。除用 PI 值来评价水质外，应考虑用 PI 的标准差（均方差）来共同评价水质。监测点污染指数的均方差 PI_σ 用下式表示：

$$PI_{(\sigma^2)} = \sum_{i=1}^{m} (PI_i - PI)^2 \cdot \eta_i \qquad (9-8)$$

均方差 PI_σ 为：

$$PI_\sigma = \sqrt{PI_{(\sigma^2)}} \qquad (9-9)$$

9.1.2　环境质量评价准则

评价水质环境质量,首先应指出单项污染指数中超标污染物序列(从超标最大者开始);其次指出这些超标污染物在各次检测(样品)中的均值;然后指出各监测点的污染指数;最后就整条河流污染指数予以评价,再结合整条河流流域的环境状况,即定性研究,作出全面地环境评价。

1. 用单项污染指数评价水质环境质量

单项污染指数计算结果将说明各项污染物的状况,对了解水质质量,全面且直观,其中:

(1) 溶解氧与 pH 值有别于其他项,可同时对照实测值与标准值;

(2) 一般项污染物,当指数为零或极小(小于零)时,说明未污染;

(3) 一般项污染物,当指数大于 1 时,即已超标,单项污染指数,表明了超标倍数;

(4) 各项参数单项污染指数的均值 CLV_j,可以说明水质中该项参数是否已构成污染环境。

2. 用各监测点的污染指数评价水质环境质量

(1) 当 $PI_i > 0.5$ 时,说明该监测点污染物中有超标项,应对照该站点单项污染指数,明确超标项;

(2) 当 $PI_i > 1.0$ 时,说明该监测点污染物中有严重超标项,应对照单项污染指数,明确超标项。

3. 用整条河流总污染指数 PI 评价水质环境质量

(1) 当 $PI < 0.7$ 时,表明没有超标的污染项;

(2) 当 $0.7 \leq PI \leq 1.0$ 时,表明可能有超标的污染项;

(3) 当 $PI > 1.0$ 时,表明一定有超标的污染项。且 PI 值越大,说明污染越严重。

对于水质评价,只有当总污染指数 PI 与均方差 PI_σ 皆很小时,才能认为水质未受污染或污染较轻。当以上两个量有一个变动较大时,说明水质状况变动较大。水质总污染指数 PI 与均方差 PI_σ 皆是时间的函数,即每次监测都可得到两个变化的数值。重复监测并按此计算,可得历年多次数值。由此,可比对水质变化趋势,有助于评价水质。

9.2　水质评价实例

1980 年对广西桂林漓江水质作了监测,为便于介绍,仅选取部分监测数据列于表 9-1。

在该表中同时列出了 1980 年国家规范标准值,以及各监测点(样品)的加权系数。为了计算污染指数,亦需要当时的水温及水质 pH 值上限值,见表 9-2。

根据表 9-1 数据,采用本书软件 RM10 计算结果如下:

1. 监测数据

漓江水质监测数据及标准值　　　　　　　　　　　表 9-1

编号	参数	监测点 1	监测点 2	监测点 3	监测点 4	监测点 5	标准值
1	溶解氧(mg/L)	9.6	9.2	9.1	8.6	8.8	5.0
2	pH 值	7.6	7.5	7.5	7.5	7.6	7.5(平均值)

续表

编号	参数	监测点1	监测点2	监测点3	监测点4	监测点5	标准值
3	酚（mg/L）	0.0	0.0	0.0	0.0	0.0	0.01
4	砷（mg/L）	0.0	0.0	0.0	0.0	0.0	0.04
5	汞（mg/L）	0.0	0.0	0.0	0.0	0.0	0.001
6	镉（mg/L）	0.0	0.0	0.0	0.0	0.0	0.01
7	锌（mg/L）	0.0	0.0	0.0	0.0	0.0	1.0
8	氰（mg/L）	0.0	0.0	0.0	0.0	0.0	0.05
9	铅（mg/L）	0.0	0.0	0.0	0.0	0.0	0.1
10	六价铬（mg/L）	0.0	0.0	0.0	0.0	0.0	0.05
11	铜（mg/L）	0.0	0.0	0.0	0.0	0.0	0.1
12	氟化物（mg/L）	0.07	0.09	0.09	0.08	0.7	1.0
13	硫化物（mg/L）	0.0	0.0	0.0	0.0	0.0	1.0
14	铁（mg/L）	0.026	0.034	0.067	0.056	0.280	0.3
15	锰（mg/L）	0.034	0.045	0.028	0.037	0.450	0.1
16	耗氧量（mg/L）	0.0	0.0	0.0	0.0	0.0	10.0
17	17大肠杆菌(千个/L)	0.477	8.565	0.856	13.050	38.000	10
18	悬浮物（mg/L）	0.0	0.0	0.0	0.0	0.0	25.0
19	浑浊度（度）	5.0	60.0	10.0	12.5	17.5	20.0
	加权系数	0.2	0.2	0.2	0.2	0.2	—

输入数据 表9-2

变量个数 K	19
数据组数 M	5
河流水温 T	28
pH值上限 LX	8.5
输入初始数据	$C_{i,j}$ $i=1,\cdots,m, j=1,\cdots,K$

2. 计算

计算选用本书软件：RM10_河流水质评价软件 例题1。该软件输入数据顺序的要求为：将每个监测点（样品）数据，依次按行输入，每行最后加一项，输入该监测点的加权系数。输入完实测数据后，再加一行输入标准值。详见表9-3。

数据输入顺序		表 9-3
行标号 $i=1,\cdots,m$	输入实测值 $j=1,\cdots,K$	第 $K+1$ 项
监测点（样品）1	污染物（参数）$1,\cdots,19$ 项	加权系数 1
监测点（样品）2	污染物（参数）$1,\cdots,19$ 项	加权系数 2
监测点（样品）3	污染物（参数）$1,\cdots,19$ 项	加权系数 3
监测点（样品）4	污染物（参数）$1,\cdots,19$ 项	加权系数 4
监测点（样品）5	污染物（参数）$1,\cdots,19$ 项	加权系数 5
第 $m+1$ 项	标准值 $1,\cdots,19$ 项	—

3. 计算结果

结算结果见表 9-4 ～ 表 9-7。

单项污染指数																		表 9-4
1	2	3	4	5	6	7	8	9	10	11	12	13	14	15	16	17	18	19
0.613	0.1	0.0	0.0	0.0	0.0	0.0	0.0	0.0	0.0	0.0	0.07	0.0	0.087	0.34	0.0	0.048	0.0	0.250
0.472	0.0	0.0	0.0	0.0	0.0	0.0	0.0	0.0	0.0	0.0	0.09	0.0	0.113	0.45	0.0	0.857	0.0	3.000
0.437	0.0	0.0	0.0	0.0	0.0	0.0	0.0	0.0	0.0	0.0	0.09	0.0	0.223	0.28	0.0	0.086	0.0	0.500
0.262	0.0	0.0	0.0	0.0	0.0	0.0	0.0	0.0	0.0	0.0	0.08	0.0	0.187	0.37	0.0	1.305	0.0	0.625
0.332	0.1	0.0	0.0	0.0	0.0	0.0	0.0	0.0	0.0	0.0	0.70	0.0	0.933	4.50	0.0	3.800	0.0	0.875

单项污染指数各参数均值																		表 9-5
1	2	3	4	5	6	7	8	9	10	11	12	13	14	15	16	17	18	19
−0.423	0.04	0.0	0.0	0.0	0.0	0.0	0.0	0.0	0.0	0.0	0.206	0.0	0.309	1.188	0.0	1.219	0.0	1.05

各监测点的污染指数				表 9-6
监测点 1	监测点 2	监测点 3	监测点 4	监测点 5
0.24064	2.12664	0.35463	0.92675	3.20623

整条河流总污染指数	表 9-7
PI	PI_σ
1.37098	1.13553

4. 环境质量评价

略，详见参考文献 [1]。

9.3 河流水质评价软件 RM10

9.3.1 软件编制原理及功能

对于一组监测数据，有 m 个样品（监测点），每个样品有 K 个参数。可表示为：$C_{i,j}$，$(i=1,\cdots,m;j=1,\cdots,K)$，当给定环境标准 L_j、水质水温 T 以及样品的加权系数 η_i。可计算污染指数，其计算式如下。

（1）求单项相对污染值 CL_{ij}

分别按一般项、溶解氧及 pH 值，由式（9-1）～式（9-4）计算。

单项污染指数各项参数均值 CLV_j（$j=1,\cdots,K$）由式（9-5）计算。

（2）计算监测点污染指数

各监测点的污染指数 PI_i 由式（9-6）计算。

（3）计算整条河流的总污染指数

对于整条河流的总污染指数 PI 由式（9-7）计算。

9.3.2 软件运行步骤

（1）输入数据

在输入数据界面，由键盘输入数据。共 6 项（name；m；K；T；LX；$(C_{i,j})$）：

1）name 为文件名，可输入中文或英文或数字；

2）m 为样品数量；

3）K 为变量数量；

4）T 为水质水温（℃）；

5）LX 为 pH 值标准值上限；

6）监测数据 $C_{i,j}$（$i=1,\cdots,n;j=1,2,\cdots,K$）。

数据有 3 种输入方式：

1）运行例题 1，不需输入数据；

2）调用已有存盘数据文件（如例题 2）；

3）输入新数据，方法详见软件。将已输入的数据存成文件，单击"输入数据 存盘"。

（2）计算

在计算及结果界面，单击"计算 河流水质评价"，可完成全部计算。

（3）计算结果保存

单击"计算结果 存成文件"，文件可在 word 中调出。

（4）计算结果打印

单击"计算结果 打印"或打印任一界面，单击"打印窗体"，应预先开启打印机。

（5）退出

单击"结束 退出"。

9.3.3 软件界面

河流水质评价软件 RM10 界面如图 9-1 所示。

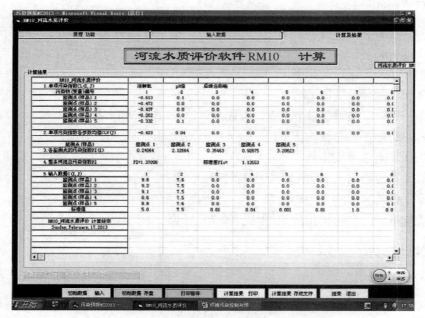

图 9-1 河流水质评价软件 RM10

9.3.4 软件例题计算

RM10 软件共 1 项例题，已录成数据文件，与软件同时提供。

其文件名为：RM10_ 河流水质评价 例题 1。

第 2 篇　环境污染的控制与预报

第10章 环境污染的控制与预报概要

10.1 环境污染的控制与预报目的和任务

环境工作者的任务在于改善环境质量，挖掘环境资源（自然界本身保护环境的能力），保持人类生态环境平衡。为此就必须有效地控制和预报环境污染，其中包括研究并控制污染源；研究和控制污染物的迁移扩散规律；研究和制定环境预报方法，并能准确地预报环境污染。环境污染预报包括近期和远期污染状况，预报近处和远处的污染程度，以及预报在怎样的生产事故或气象、水文等条件下将出现污染事件。以下列举某些控制与预报的实际问题。

10.1.1 环境污染控制与预报问题举例

（1）怎样使某个工厂排放的污染物达到国家规定的三废排放标准？

（2）怎样使某条河流的不同河段达到相应的河道环境标准？怎样使某区域达到环境标准（如达到环境噪声标准，达到大气质量标准等）？

（3）建造烟囱时，烟囱高度除应满足建筑要求外，还应同时满足环境要求，即烟囱高度是与污染物排放扩散（稀释的时间和距离），达到大气质量标准相关的。

（4）为了使一条河流变成厌氧状态，必须在什么地段建造污水处理厂？它们必须是多大规模？污水处理厂的效率应是多少？

（5）为了防止河流热污染，河流沿岸的发电站及其他热污染源应当怎样控制？

（6）沿海地区处于河口两岸的制造业污染物排放量是多少？其中允许排入河口的数量是多少，才可使河口不遭污染？

（7）为了防止某湖泊或水库不遭受污染（富营养化或厌氧等），应怎样控制含氮或含磷物质及有机污染物的排入？

（8）发布环境预报的计算公式及理论依据。制定排放标准与环境标准，排污收费与罚款的依据，环境法律的某些理论依据。

（9）为了保护环境，维持人类生态平衡，工农业生产发展速度与规模如何？环境治理投资在国民经济中的比例如何？环境影响评价书的编制依据。

（10）兴修水利、建造核电站等对环境影响程度有多大？

以上列举的各项工作，正是环境污染控制与预报的基本问题，亦是本书要探讨的问题。本篇将介绍有关的基本理论与方法。

10.1.2 环境污染控制与预报的基本方法

概括地讲，本书提供的全部数学方法（从第1篇～第3篇）均适用于环境污染的控制与预报。但在实际应用中，多以本篇介绍的内容为其基本方法。即将环境问题予以数学模拟，建立相应的数学模式，来研究污染物的迁移、转化规律，从而控制与预报环境污染。其基本方法与步骤为：

1. 建立环境模型

所谓环境模型就是将实际环境问题理想化、模型化。环境模型的建立，要突显主要的环境问题，忽略次要因素，定性与定量（选定变量）地描述各组分变化及其相互影响。一个模型只需要含有本质的因素，它是实际问题的近似。

例如，建立污染物在大气中迁移扩散的模型，可以建立箱型模型。即将所研究的大气迁移扩散区域看作是一个箱形体，进一步可以假定污染物在空间三个方向是均匀混合状态，或是在某个方向有变化。污染物迁移扩散时，其浓度分布一般是随着时间和空间变化。有时可以假定风速是常量，有时可以假定只有点源或面污染源等。有时只考虑污染物的物理扩散，而忽略掉化学的、光化学的反应。

建立模型时应考虑到监测能力、试验条件及计算手段等，力求模型是简便可行的。

2. 确立数学模式

按照环境模型选定的变量，确立数学模式。可建立一组代数方程或微分方程。这组方程必须满足以下三方面条件：

（1）满足物质平衡原理；

（2）满足物质守恒原理；

（3）满足污染物变化的物理学、化学、数学及生物学等的规则。

在污染物迁移扩散方程中，一般选定污染物浓度为基本量，它是空间及时间的函数。方程中可能会有待定参数，方程中还应包括污染源及其排放量、排放率（表示为源或漏项）；同时应确定方程解算的初始条件和边界条件。

对建立的数学模式，有时须进一步化简，使它便于解算。

以上讲的是数学模式建立的一般方法，它适用于新建立的数学模式。对于一些建设项目作影响评价等用途，可以选用现有数学模式。如早期建立的河流有机物的溶解氧模式：斯垂特 - 菲利普斯模式（Streeter-Phelps，1925）。大气污染物扩散方程：高斯方程或箱型方程等（详见后续相关章节）。

3. 模式识别

模式识别是考察已建立的数学模式的一般性质：模式的平衡性、稳定性及敏感性。模式识别用来鉴定模式的性能，若不能得到满意的结果，应返回到第一步，重新建立环境模型。

4. 模式参数估计

用实测数据来确定模式方程中的参数，称为参数估计。参数估计常遇到三方面的问题：实测数据是否适用于参数估计；参数估计的数学方法选择；参数确定后，模式的重现性是否满意，如不满意，就要回到第一步，重新建立环境模型。

一般进行参数估计，要根据数学模式的要求，提出监测方案，进行环境监测以及搜集有关的水文、气象资料。参数估计多用回归法确定参数。

5. 模式方程的验证

选用另外一组监测数据（这组数据必须独立于用来参数估计的数据）来验证模式方程。只有当模式方程的计算值与实测值很接近时，才被认为完成了数学模式的建立。如果有两个模式重现数据一样好，应取含参数少的模式。

6. 应用模式方程去解决实际问题

将模式方程用于实际问题的计算。在实际应用中，会发现模式方程中的一些问题，应反复调整模式方程。

10.2　控制与预报基本方程及其解法

10.2.1　控制与预报基本方程

由物质平衡与守衡原理，可得某种污染物浓度沿空间三维的迁移扩散方程：

$$\frac{\partial C}{\partial t} = \sum_{i=1}^{3} \frac{\partial}{\partial x_i}\left(K_i \frac{\partial C}{\partial x_i} - u_i \cdot C \right) \pm \sum_{p=1}^{N} S_p \tag{10-1}$$

式中　C——即 $C(x, y, z, t)$，某种污染物浓度值；

　　　x_i——三个方向的坐标；

　　　t——时间；

　　　u_i——三个方向的流速或风速；

　　　K_i——扩散系数；

　　　S_p——污染物来源与消减率。

方程（10-1）的解，即为 $C(x, y, z)$，将作为某种污染物的控制与预报的基本方程。方程（10-1）为二阶三维变系数的偏微分方程，在多组分 C_j 的情况下，方程（10-1）将变为偏微分方程组。在方程（10-1）中，S_p 项如果有变化，会使方程更加复杂。要想得到方程（10-1）的解析解是困难的。实际应用中，根据具体情况予以简化，然后再求解。

方程（10-1）的推导见第 10.2.2 章 11.2 节。

10.2.2　基本方程的简化

如上所述，为便于求解方程（10-1），需要予以简化。可视具体问题，分别选用以下三种方法予以简化。

1. 降维模式

当解算精度要求不是过分严格时，可简化为一维或二维。如当河流三个方向尺寸相差较大，河流长向较长，而深度与宽度相比较短时，即便较大的河流也可简化为一维模式：

$$\frac{\partial C}{\partial t} + u \frac{\partial C}{\partial x} = \frac{\partial}{\partial x}\left(K \frac{\partial C}{\partial x} \right) \pm \sum_{p=1}^{N} S_p \tag{10-2}$$

2. 稳态模式

当流速为定常状态及排放源接近连续的稳定排放时，可以考虑采用稳态模式，而得到平移—弥散方程。

当取 $\dfrac{\partial C}{\partial t} = 0$ 时，则有：

$$K \frac{\mathrm{d}^2 C}{\mathrm{d}x^2} - u \frac{\mathrm{d}C}{\mathrm{d}x} \pm \sum_{p=1}^{N} S_p = 0 \tag{10-3}$$

如在大气污染迁移方程中，对于连续排放的点源，当 $\frac{\partial C}{\partial t} = 0$ 取，并取 $\left| u \frac{\partial C}{\partial x} \right| \gg$ $\left| \frac{\partial}{\partial x} \left(K_x \frac{\partial C}{\partial x} \right) \right|$ 时，则方程变为：

$$u \frac{\partial C}{\partial x} = \frac{\partial}{\partial Y} \left(K_Y \frac{\partial C}{\partial Y} \right) + \frac{\partial}{\partial Z} \left(K_Z \frac{\partial C}{\partial Z} \right) \tag{10-4}$$

3. 平移模式

当河流速度较大时，可忽略掉弥散项，而得平移方程：

$$u \frac{\mathrm{d}C}{\mathrm{d}x} = \pm \sum_{p=1}^{N} S_p \tag{10-5}$$

10.2.3　模式方程的举例

[例 10-1] 漓江及图们江选用的有机物模式方程如下：

$$\left. \begin{array}{l} u \dfrac{\mathrm{d}L}{\mathrm{d}x} = -(K_1 + K_3)L \\[2mm] u \dfrac{\mathrm{d}C}{\mathrm{d}x} = -K_1 L + K_2(C_s - C) + S_k \end{array} \right\} \tag{10-6}$$

式中　L——河水中 BOD 的浓度，mg/L；

　　　K_2——复氧系数；

　　　K_1——河水中 BOD 浓度衰变速率，d/L；

　　　u——河水流速，m/s；

　　　K_3——河水中 BOD 浓度沉降冲刷与再悬浮速率，d/L；

　　　x——距离；

　　　C——河水中溶解氧的浓度，mg/L；

　　　C_s——河水中饱和溶解氧的浓度，mg/L；

　　　S_k——光合作用生物呼吸耗氧系数，在图们江 S_k 用 k_4 表示。

式（10-6）为常微分方程组，其积分解即作为控制与预报方程：

$$\left. \begin{array}{l} L(x) = L_0 \cdot e^{-(K_1+K_3)\frac{x}{u}} \\[3mm] C(x) = C_s + \dfrac{K_1 L_0}{K_1 + K_3 - K_2} \left(e^{-(K_1+K_3)\frac{x}{u}} - e^{-K_2\frac{x}{u}} \right) + \dfrac{S_k}{K_2} \left(1 - e^{-K_2\frac{x}{u}} \right) - (C_s - C_0) \cdot e^{-K_3\frac{x}{u}} \end{array} \right\} \tag{10-7}$$

[例 10-2] 在松花江哈尔滨至通河江段，有机废水模型选用了托马斯（Thomas）模式（修正的 S—P 模式）：

$$u \frac{\mathrm{d}L}{\mathrm{d}x} = -\left(K_1 + K_3\right)L \left.\vphantom{\frac{\mathrm{d}L}{\mathrm{d}x}}\right\} \tag{10-8}$$

$$u \frac{\mathrm{d}C}{\mathrm{d}x} = -K_1 L + K_2\left(C_s - C\right)$$

式中符号含义同前。模式方程的解为：

$$L(x) = L_0 \cdot \mathrm{e}^{-(K_1 + K_3)\frac{x}{u}}$$

$$C(x) = C_s - (C_s - C_0)\,\mathrm{e}^{-\frac{K_2}{u}x} + \frac{K_1 L_0}{K_2 - (K_1 + K_3)}\left(\mathrm{e}^{-K_2\frac{x}{u}} - \mathrm{e}^{-(K_1 + K_3)\frac{x}{u}}\right) \tag{10-9}$$

式中　　L_0，C_0——分别为初始 BOD 与初始溶解氧浓度；

其他符号含义同前。

[例 10-3] 湘江选用的重金属模式方程如下：

$$u \frac{\mathrm{d}L}{\mathrm{d}x} = -\left(K_d + K_a + K_s + K_r\right)L \tag{10-10}$$

方程解为：

$$L_i = L_0 \cdot \mathrm{e}^{-(K_d + K_a + K_s + K_r)\frac{x}{u}} \tag{10-11}$$

式中　　K_d，K_a，K_s，K_r——分别为稀释、衰减、沉降和冲刷速率常数；

L_i——在时间 t 后到达 i 断面污染物（重金属）浓度。

[例 10-4] 美国圣约翰（Saint John）河流采用了如下模式方程：

$$\frac{\mathrm{d}L}{\mathrm{d}t} = -(K_1 + K_3)L \left.\vphantom{\frac{\mathrm{d}L}{\mathrm{d}t}}\right\} \tag{10-12}$$

$$\frac{\mathrm{d}D}{\mathrm{d}t} = K_1 L - K_2 D - A$$

在德国内卡（Neckar）河流域采用的模式如下：

$$\frac{\mathrm{d}D}{\mathrm{d}t} = K_1 L - K_2 D \tag{10-13}$$

式中　　$K_1 = f(\eta, H, T)$；$K_2 = f(V, H, T)$；

D——溶解氧亏；

L——可降解的有机负载或 BOD；

η——废水排入前的治理率；

H——河流深度；

T——水温；

V——流速。

[例 10-5] 天津市汉沽选用的大气中汞含量的数学模式如下：

$$u\frac{\partial C}{\partial x} = K_y \frac{\partial^2 C}{\partial y^2} + K_z \frac{\partial^2 C}{\partial z^2} \tag{10-14}$$

模式方程的解（用于控制与预报）为：

$$C(x,y,z) = \frac{Q}{2\pi u \sigma_y \sigma_z} \exp\left[-\frac{1}{2}\left(\frac{y^2}{\sigma_y^2} + \frac{z^2}{\sigma_z^2}\right)\right] \tag{10-15}$$

式中 $C(x,y,z)$ —— 汞在大气中的浓度，ng/m³；

u ——风速，m/s；

x, y, z ——分别为距离坐标，m；

t ——时间，s；

$K_y = \dfrac{\sigma_y^2}{2t}$ —— y 方向扩散系数；

$K_z = -\dfrac{\sigma_z^2}{2t}$ —— z 方向扩散系数；

σ_y，σ_z ——大气中汞扩散烟羽的坐标差，m；

Q ——排放源强度，t/a。

第 11 章   污染物迁移扩散预报方程

为了定量地研究污染物在环境中的迁移扩散规律,就要建立起污染物的时(间)空(间)状态方程。在第 10 章中已经给出了污染物迁移扩散的基本方程式(10-1)。该式的推导建立过程及其解算方法,是本章的内容。

11.1   水的迁移预报方程

首先研究河流中的一片水迁移过程中,在时间间隔 Δt 内,这片水的质量的变化,如图 11-1 所示。影响质量变化的因素主要有三个方面:河水流量的改变;源与漏;降雨与蒸发量。这些因素与水的物质改变量间应满足下式:

用文字表示为:一片水质量的变化 = 平移量 + 表面交换量 + 侧面的进出量用数学符号表示为:

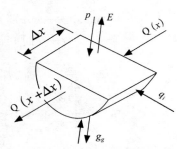

图 11-1   河流中一片水的迁移

$$\frac{1}{\rho}\Delta m_w = [Q(x)\Delta t - Q(x+\Delta x)\Delta t] + [b\Delta x(p-E)\Delta t] + [(-q_s + q_i)\Delta x\Delta t] \tag{11-1}$$

式中 Q——流量,m^3/s;

ρ——密度,g/m^3;

A——河流横截面面积,m^2;

Δm_w——增加的水质量,有 $\Delta m_w/\rho = \Delta[A\Delta x]$;

b——河面宽,m;

q_i——从侧面进入的流量分布,$m^3/(s\cdot m)$;

p——雨量,$m^3/(s\cdot m^2)$;

E——蒸发量,$m^3/(s\cdot m^2)$;

q_s——渗流量分布(如果是负值则表示地下水流入河中),$m^3/(s\cdot m)$;

$f = A/b$——平均深度,m;

$V = Q/A$——平均流速,m/s。

用 $\Delta t\Delta x$ 除上式,且取极限,$\Delta t \to 0$,$\Delta x \to 0$,则可得:

$$\frac{\partial A}{\partial t} = -\frac{\partial Q}{\partial x} + b(p-E) + (q_i - q_s) \tag{11-2}$$

通常 p、E 及 q_s 可忽略,则得:

$$\frac{\partial A}{\partial t} + \frac{\partial Q}{\partial x} = q_i \tag{11-3}$$

11.2 污染物的迁移预报方程

在一条河流中，如果河水中含有某种污染物质，那么，在一片河水迁移过程中，河水中的污染物质亦随之迁移，污染物质不仅有物理变化，还会有化学的、生物的变化，其变化速率往往与该片水的瞬时状态有关，如与温度、溶解氧浓度、BOD 和其他物质的浓度有关，而且河流中紊流还在不断地与相邻的水片混合。以下根据物质平衡原理建立污染物质的迁移方程。

11.2.1 污染物的一维迁移方程

首先假定河水只是平移（推流），即所有水片以同一速度 V 运动。C 为污染物浓度，m_p 是薄片中污染物的质量。则有：

水片中污染物的增加量 =

流量改变的增加量 + 侧面的来源与消减量 + 表面的来源与消减量 + 容积（支流）的来源与消减量用数学符号表示上式为：

$$\Delta m_p = [C(x)Q(x) - C(x+\Delta x)Q(x+\Delta x)]\Delta t + [S_l \Delta x \Delta t] + [S_s b \Delta x \Delta t] + [S_v A \Delta x \Delta t] \quad (11\text{-}4)$$

式中 $S_l S_s S_v$——分别为侧面、表面及支流变化率。且来源项为正，消减项为负。

用 $\Delta x \Delta t$ 除上式，且取极限 $\Delta x \to 0$，$\Delta t \to 0$，得：

$$\frac{\partial(AC)}{\partial t} = \frac{\partial(QC)}{\partial x} + S_l + bS_s + AS_v \quad (11\text{-}5)$$

式（11-5）是假设河流只有推流而得出，但这是粗略的近似，为修正近似，必须增加分子扩散（molecular diffusion）、紊流扩散（turbulent diffusion）和弥散（dispersion）过程对河水的混合作用。

1. 增加分子扩散项

描述分子扩散作用由费克（Fick）第一定律给出：扩散物质流与浓度梯度以及面积的改变量成正比，即：

$$\frac{\partial}{\partial x}\left(\varepsilon_m A \frac{\partial C}{\partial x}\right) = \frac{1}{A}\left[-\varepsilon_m A(x)\frac{\partial C}{\partial x}\bigg|_x + \varepsilon_m A(x+\Delta x)\frac{\partial C}{\partial x}\bigg|_{x+\Delta x}\right]$$

加上此项，方程（11-5）变为：

$$\frac{\partial(AC)}{\partial x} + \frac{\partial(QC)}{\partial x} = \frac{\partial}{\partial x}\left(\varepsilon_m A \frac{\partial C}{\partial x}\right) + S \quad (11\text{-}6)$$

式中 S——来源与消减；

ε_m——分子扩散系数，其数值介于 $10^{-5} \sim 10^{-4} \text{cm}^2/\text{s}$ 之间。

2. 增加紊流扩散项

由于紊流的作用，使得浓度 C 与流速 V 成为围绕一个平均值迅速变化的随机变量。此时两个变量可表示为：

$$\left.\begin{array}{l} C = \overline{C} + C' \\ V = \overline{V} + V' \end{array}\right\} \quad (11\text{-}7)$$

式中　$\overline{C}$，$\overline{V}$ —— 分别为浓度平均值和流速平均值；

$\ \ \ \ \ \ C'$，V' —— 平均值为零的急速改变量（$\overline{C'}=\overline{V'}=0$）。

将式（11-7）代入式（11-6），并由 $Q=V \cdot A$ 得：

$$\frac{\partial(A\overline{C})}{\partial t}+\frac{\partial(Q\overline{C})}{\partial x}+\left[\frac{\partial(AC')}{\partial x}+\frac{\partial(AV'\overline{C})}{\partial x}\right]+\frac{\partial(AV'C')}{\partial x}+\left[\frac{\partial(A\overline{V}C')}{\partial x}\right]$$

$$\text{(11-8)}$$

$$=\frac{\partial}{\partial x}\left(\varepsilon_\mathrm{m} A\frac{\partial \overline{C}}{\partial x}\right)+\left[\frac{\partial}{\partial x}\left(\varepsilon_\mathrm{m} A\frac{\partial C'}{\partial x}\right)\right]+S$$

对于式（11-8）取时间的平均值，此时，式中方括号项，由于 $\overline{}'=\overline{V'}=0$ 而变为零。

而 $\frac{\partial}{\partial x}(A\overline{V'C'})$ 项表示紊流扩散，一般假定以分子扩散的方法亦能近似地模拟它，即

$\overline{V'C'}=-\varepsilon_\mathrm{T}\frac{\partial \overline{C}}{\partial x}$，为了清楚起见，将式中平均值符号"–"去掉，得

$$\frac{\partial(AC)}{\partial t}+\frac{\partial(QC)}{\partial x}=\frac{\partial}{\partial x}\left[(\varepsilon_\mathrm{m}+\varepsilon_\mathrm{T})A\frac{\partial C}{\partial x}\right]+S \qquad \text{(11-9)}$$

式中　ε_T —— 紊流扩散系数，$\mathrm{cm^2/s}$。

3. 增加弥散项

式（11-9）只表示了在同一横断面内流速与浓度是不变的，但在实际河流中却不然，因此需要将 C 与 V 分解为：

$$\left.\begin{array}{l}C=\overline{C}^{\mathrm{cs}}+C^*\\V=\overline{V}^{\mathrm{cs}}+V^*\end{array}\right\} \qquad \text{(11-10)}$$

式中　$\overline{V}^{\mathrm{cs}}$，$\overline{C}^{\mathrm{cs}}$ —— 断面平均值；

$\ \ \ \ \ \ V^*$，C^* —— 离开平均值的偏差。

将式（11-10）代入式（11-9），并将流经某个横断面的河水取平均值，得到：

$$\frac{\partial(A\overline{C})}{\partial t}+\frac{\partial(Q\overline{C})}{\partial x}+\overline{\left[\frac{\partial(AC^*)}{\partial x}+\frac{\partial(QC^*)}{\partial x}+\frac{\partial(AV^*\overline{C})}{\partial x}\right]}+\overline{\frac{\partial(AV^*C^*)}{\partial x}}$$

$$\text{(11-11)}$$

$$=\frac{\partial}{\partial x}\left((\varepsilon_m+\varepsilon_T)A\frac{\partial \overline{C}}{\partial x}\right)+\overline{\left[\frac{\partial}{\partial x}\left((\varepsilon_m+\varepsilon_T)A\frac{\partial C^*}{\partial x}\right)\right]}+S$$

式中方括号中各项平均值为零。在对一个横向与垂直方向的速度没有假定为零的三维方程严格求导时，只有当 C^* 足够小时，方括号中各项才能被忽略。对于 $\overline{\frac{\partial(AV^*C^*)}{\partial x}}$ 项，需要考察在 $x=0$ 处，流速不是常数的剖面，弥散作用对示踪剂速度分布的影响，如图 11-2 所示。

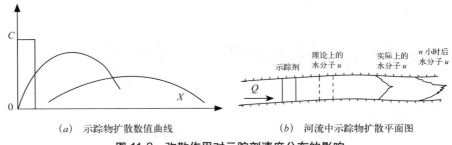

(a)　示踪物扩散数值曲线　　　　　　(b)　河流中示踪物扩散平面图

图 11-2　弥散作用对示踪剂速度分布的影响

类似于扩散作用，可写出 $\overline{V^* C^*} = -K\dfrac{\partial \overline{C}}{\partial x}$，当去掉平均符号"$-$"后，可得：

$$\frac{\partial(AC)}{\partial t} + \frac{\partial(QC)}{\partial x} = \frac{\partial}{\partial x}\left((\varepsilon_m + \varepsilon_T + K)A\frac{\partial C}{\partial x}\right) + S \tag{11-12}$$

通常 ε_m 和 ε_T 可以被忽略，ε_m 为 $10^{-5} \sim 10^{-4}\mathrm{cm^2/s}$，$\varepsilon_T$ 为 $10^{-2} \sim 1\mathrm{cm^2/s}$，而在河流里 K 值可达 $10 \sim 10^4\mathrm{cm^2/s}$。

由连续性方程（11-12）可知，当用 A 除此式后可进一步化简为：

$$\frac{\partial C}{\partial t} + V\frac{\partial C}{\partial x} = \frac{1}{A}\frac{\partial}{\partial x}\left(KA\frac{\partial C}{\partial x}\right) + \frac{S}{A} - q_i C \tag{11-13}$$

式中　$\dfrac{S}{A} = \dfrac{S_i}{A} + \dfrac{S_s}{f} + S_v$；

　　　C——河流整个断面的平均浓度。

式（11-13）就是河流中污染物质的一维非稳态迁移方程。

11.2.2　迁移方程最普遍的形式——三维方程

三维方程如下：

$$\frac{\partial C}{\partial t} + \sum_{i=1}^{3} V_i\frac{\partial C}{\partial x_i} = \sum_{i=1}^{3} \frac{\partial}{\partial x_i}\left(\varepsilon_{T,i}\frac{\partial C}{\partial x_i}\right) \pm S \tag{11-14}$$

式中　C、V_i 和 $\varepsilon_{T,i}$ 均是三个坐标 x_1，x_2，x_3 的函数。式中未出现 K 值，因为它描写由平均三维方程引起的影响。与 $\varepsilon_{T,i}$ 相比 ε_m 被忽略。

以上基于河流污染，推导出了污染物质的迁移方程。对于不同的环境需对式（11-14）作相应简化，然后选用不同的数学方法求解方程。得到的解作为环境控制与预报的模式方程。应当指出，基于物质平衡原理，只能对式（11-14）作简化，不能对其解作简化。

本书后续各章节将介绍对基本方程的解算方法，包括解析解法、有限差分解法及有限元解法。

第 12 章 污染物迁移预报方程的解算

污染物迁移的基本方程如下：

$$\frac{\partial C}{\partial t} + \sum_{i=1}^{3} V_i \frac{\partial C}{\partial x_i} = \sum_{i=1}^{3} \frac{\partial}{\partial x_i} \left(\varepsilon_{T,i} \frac{\partial C}{\partial x_i} \right) \pm S$$

以上方程是各种物质在各种环境中（包括大气、水域、土壤等）均满足的时空平衡方程。该方程的解 $C(x_1, x_2, x_3, t)$ 用于控制和预报环境污染的模式方程。

出于不同的控制与预报目的，在各种环境条件下，会建立较上式简化的形式，然后选用适宜的数学方法解算它。本章将介绍三种解算方法，解析解法，有限差分解法，及有限元解法。采用这些解法，可得到上式的解。

12.1 基本方程的解析解法

12.1.1 稳态解

当环境污染物浓度 C 不随时间变化时，得到的解称为稳态解。

对于具有一级 BOD 反应的均匀延伸河流（即该河流的断面面积、流速及弥散系数均为常数），可建立起 BOD 的迁移方程：

$$\frac{\partial C}{\partial t} + u \frac{\partial C}{\partial x} = K \frac{\partial^2 C}{\partial x^2} - K_1 C \tag{12-1}$$

式中　u——平均流速（常数）；

　　　K_1——反应速率。

由稳态条件，即 $\dfrac{\partial C}{\partial t} = 0$，得常微分方程：

$$\frac{d^2 C}{dx^2} - \frac{u}{K} \frac{dC}{dx} - \frac{K_1 C}{K} = 0 \tag{12-2}$$

设解为 $C = e^{\lambda x}$，则上式的特征多项式为 $\lambda^2 - \dfrac{u}{K} \lambda - \dfrac{K_1}{K} = 0$，其解 $\lambda_{1,2} = \dfrac{\dfrac{u}{K} \pm \sqrt{\dfrac{u^2}{K^2} + 4\dfrac{K_1}{K}}}{2}$

此式只有负解有意义。用初始条件 $C(0) = C_0$，并重新整理后，可得：

$$C = C_0 \exp \left(\frac{u}{2K} \left(1 - \sqrt{1+\alpha} \right) x \right) \tag{12-3}$$

式中　$\alpha = \dfrac{4K_1 K}{u^2}$。

虽然可以借助于一个 δ 函数，把点源形式作为分布的侧面污染源引入，但在实际计算中把点源算作边界条件。到下一个新的点源（另作为新的边界条件，得到新的解）之前，这个解都是有效的。

如果在处 $x = 0$，流入物的浓度是 C_{in}，其流量是 Q_{in}，而一个点源的流量是 Q_{ps} 其浓度是 C_{ps}，则式（12-3）的初始条件 C_0 为：

$$C_0 = \frac{C_{ps} \cdot Q_{ps} + C_{in} \cdot Q_{in}}{Q_{ps} + Q_{in}} \tag{12-4}$$

我们将看到，通常 α 在河流里是比较小的，因此在稳态解里弥散可以被忽略。

在物质不衰变的情况下（$K_1 = 0$），诸如氯化物，其浓度用 S 代替方程（12-2）中的变量 C，则该式变为：

$$\begin{cases} K\dfrac{\mathrm{d}^2 S}{\mathrm{d}x^2} - u\dfrac{\mathrm{d}S}{\mathrm{d}x} = 0 \\ \text{边界条件} S(0) = S_0 \text{及} S(\infty) = 0 \end{cases} \tag{12-5}$$

式（12-5）的解为：

$$\begin{cases} S = S_0 \exp\left(\dfrac{ux}{K}\right) & \text{当} x \leqslant 0 \text{时} \\ S = S_0 & \text{当} x > 0 \text{时} \end{cases}$$

用该方程来估算河口中盐度纵剖面弥散系数 K 值。

12.1.2 特征线法解河流水质方程

对于式（12-1），如果弥散可以忽略，则可化为：

$$\frac{\partial C}{\partial t} + u\frac{\partial C}{\partial x} = S \tag{12-6}$$

上式可改写成以下两个常微分方程：

$$\begin{cases} \dfrac{\mathrm{d}(x(t))}{\mathrm{d}t} = u(x, t) \\ \dfrac{\mathrm{d}(C(x(t), t))}{\mathrm{d}t} = S(C(x(t), t), x(t), t) \end{cases} \tag{12-7}$$

式中 $x(t)$ 叫做式（12-6）的特征线。由于不包括弥散项，则上式中的第二个方程就描述了一小片水里发生的情况，而从第一个方程就可知这个水片在任何时候的位置。一旦知道起始浓度，就可算出其他时间与位置的浓度。几个常微分方程可以沿某个特征线积分。用重复积分算出区域的全部解。很容易地编写这个方法的程序。

[例 12-1] 在一个均匀河段中，BOD 的迁移方程为：

$$\begin{cases} \dfrac{\mathrm{d}x}{\mathrm{d}t} = u \\ \dfrac{\mathrm{d}C}{\mathrm{d}t} = -K_1 C \end{cases}$$

则该方程的特征线是直线 $x=ut$，其解为：

$$C(t) = C_0 \cdot \exp(-K_1 t)$$

该解 $C(t)$ 可以用特征线被变换成空间分布：

$$C(x(t)) = C_0 \cdot \exp(-K_1 \frac{x}{u})$$

如果整年在相应条件下跟踪若干水片，这个方法的实用性就更加显然了。

12.1.3　拉普拉斯（Laplace）变换法解迁移方程

1. 式（12-1）拉普拉斯解

当式（12-1）具有简单边界条件和线性来源项，以及瞬时的污染源投放，即 $C(x, 0) = 0$ 时；$C(0, t) = C_0 \cdot \delta(t)$ 及 $C(\infty, t) = 0$，该条件可用图 12-1 瞬时污染源投放。

具备以上条件的迁移方程（12-1），可借助于拉普拉斯变换得到解析解。变量 t 的拉普拉斯变换：

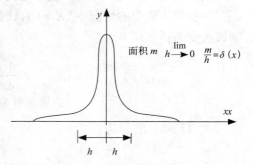

图 12-1　瞬时污染源投放

$$L[C(x,t)] = \int_0^{\infty} \exp(-st)C(x,t)\mathrm{d}t \underline{\text{记作}} C^L(x,s) \tag{12-8}$$

因变换是线性的，故可对式（12-1）逐项作拉普拉斯变换：

$$-C(x,0) + SC^L(x,s) + u\frac{\partial C^L(x,s)}{\partial x} = K\frac{\partial^2 C^L(x,s)}{\partial x^2} - K_1 C^L(x,s)$$

上式对 x 求导，由拉普拉斯变换定理 2，则式（12-1）由偏微分方程转变为含有拉普拉斯变量 S 关于 x 的常微分方程：

$$SC^L + u\frac{\mathrm{d}C^L}{\mathrm{d}x} = K\frac{\mathrm{d}^2 C^L}{\mathrm{d}x^2} - K_1 C^L \tag{12-9}$$

式中 C^L 即为 C(x, s) 将上式重新排列得：

$$K\frac{\mathrm{d}^2 C^L}{\mathrm{d}x^2} - u\frac{\mathrm{d}C^L}{\mathrm{d}x} - (S+K_1)C^L = 0$$

上式的特征多项式为：$K\lambda^2 - u\lambda - (S+K_1) = 0$ 得：

$$\lambda_{1,2} = \frac{u}{2K}\left(1 \pm \sqrt{1 + 4\alpha + \frac{4K}{u^2} + S}\right), \quad \text{式中} \quad \alpha = \frac{K_1 K}{u^2}$$

可得式（12-9）的通解为：$C^L = Ae^{\lambda_1 \cdot} + Be^{\lambda_2 \cdot}$

经变换的边界条件：$C^L(0,S) = C_0$；$C^L(\infty,S) = 0$。由此边界条件得 $A=0$；$B=C_0$，然后得解为：

$$C^L(x,s) = C_0 \cdot \exp\left[\frac{u}{2K}\left(1 - \sqrt{1 + 4\alpha + \frac{4K}{u^2}S}\right)x\right] \tag{12-10}$$

再由公式 $L^{-1}\left(\exp(-Y\sqrt{S+Z})\right) = \frac{Y \cdot \exp(-zt)}{2\sqrt{\pi} \cdot t^{3/2}}\exp\left(\frac{-Y^2}{4t}\right)$

（式中 $Y = \frac{1}{\sqrt{K}}$；$Z = \frac{u^2}{4K} + K_1$）进行反拉普拉斯变换，得到式（12-1）的解析解：

$$C(x,t) = \frac{uC_0}{\sqrt{4K\pi \cdot t}} \cdot \exp(-K_1 t) \cdot \exp\left(-\frac{(x-ut)^2}{4Kt}\right) \tag{12-11}$$

式（12-11）是跟踪试验的基础。为了计算任意起始条件 $C(x,0)$ 时，污染物的扩散，可以在一个卷积积分里使用该式。国外曾用该式计算一个有毒污染物在事故排放期间的浓度纵剖面，用于决定必须封闭入口下游处多长距离的水域。在研究大气中烟羽扩散时，亦会出现类似的公式。

2. 用拉普拉斯解来确定浓度纵剖面

对于式（12-11），当取 $C_0 = \frac{m}{Q}$，$Q = A \cdot u$ 时，得：

$$C(x,t) = \frac{m}{A}\frac{1}{\sqrt{4K\pi \cdot t}} \cdot \exp(-K_1 t) \cdot \exp\left(-\frac{(x-ut)^2}{4Kt}\right)$$

当取 $K_1 = 0$ 时，得：$C(x,t) = \frac{m}{A}\frac{1}{\sqrt{4K\pi \cdot t}} \cdot \exp\left(-\frac{(x-ut)^2}{4Kt}\right) \tag{12-12}$

式（12-12）描述了在 $x=0, t=0$ 处一个不衰变瞬时排放的示踪物沿空间和时间的变化。模拟瞬时排放物的质量 m 和流量，可用 δ 函数来表示，且对应于时间的起始浓度见图 12-2。图中实折线下面的面积等于 m/Q，若在一半的时间内投放相同数量的物质，面积不变（实折线与虚折线的面积相等），而起始浓度增加到两倍（见图 12-2）。如果使 t 趋于零，则得到一个在 t 不等于零的任何时间下，浓度都为零的浓度分布，但其浓度分布亦等于 m/Q。将这个函数写为 $\frac{m}{Q}\delta(t)$。如果取 $t = t_0$，$x = x_0$ 处，作这个瞬时点源投放，相应的即为 $\frac{m}{Q}\delta(t-t_0)$，则该分布由下式表示：

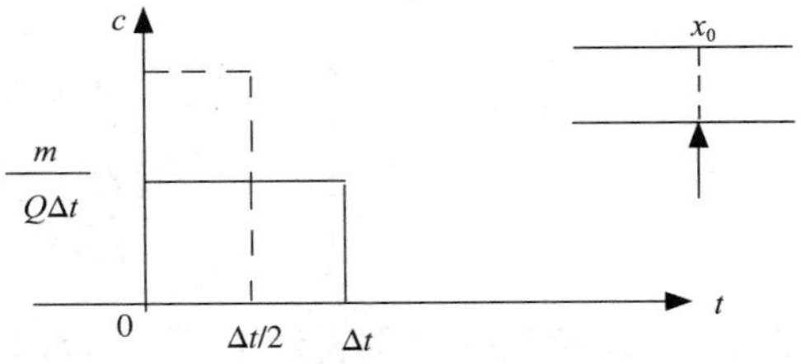

图 12-2　瞬时污染物排放分布

$$C(x,t) = \frac{m}{A\sqrt{4K\pi(t-t_0)}}\exp\left(-\frac{((x-x_0)-u(t-t_0))^2}{4kt}\right) \tag{12-13}$$

（注：δ 函数重要的特性是：$\int_a^b \delta(t-t_0)\mathrm{d}t = 1$ 及 $\int_a^b \delta(t-t_0)f(t)\mathrm{d}t = f(t_0)$ 以及 $\int_a^b \delta(u(t-t_0))$

$f(t)\mathrm{d}t = \frac{1}{u}f(t_0)$，且限定 $a \leqslant t_0 \leqslant b$；$\delta$ 函数有作为自变量单位的倒转单位）

通常在一个固定的地方（在不同的时间）来监测浓度纵剖面的数据。另一方面，飞机航测示踪试验会给出在固定时间作为空间坐标的函数的数据。必须了解这两种不同的监测 $C(x, t)$ 的方法。如果在 $x = x_0$ 处，关于时间的初始浓度分布是 $C_0(x_0, t)$，则该分布在下游的扩散可由下式计算：

$$C(x, t) = \int_{-\infty}^{\infty} C_0(x_0, t') f(x - x_0, t - t') \mathrm{d}t \tag{12-14}$$

上式是一个具有核 f 的卷积分。f 可以靠观察河流对一个 δ 函数型输入的反映来确定。设想 $C_0(x_0, t')$ 被分解成一系列 δ 函数型的输入，一个输入是每时间间隔 Δt，各自加上一个相应的质量。由于基本方程是线性的，河流对这一系列输入的反应就等于单个反应的总和。让时间 t 趋于零，则得到上述的卷积积分：

$$f(x - x_0, t - t') = \frac{u}{\sqrt{4\pi K(t - t')}} \exp\left[-\frac{((x - x_0) - u(t - t'))^2}{4K(t - t')}\right] \tag{12-15}$$

用式（12-15）可以近似地预报河流中污染物浓度的纵剖面，只是要求距离投放点在 L 长度之外，才能得到较好的结果。

$$L = \frac{1.8 b^2 u}{4 f u *}$$

式中　L——自投放点至预报区开始点的距离；

　　　b——河流宽度；

　　　f——河流深度；

　　　u——流速；$u* = \sqrt{gfS}$，其中 S 为河流坡度；$g = 9.81\mathrm{m/s}^2$。

如果在一条河流里有滞水区，如当河岸不规则时，示踪物的变化就发展得比上述一维弥散模式预报的要快。这样的河流状况，曾成功地使用过下列模式方程，这个模式方程提供了一个额外的与主流耦合的方程，该式为：

$$\begin{cases} \dfrac{\partial C_\mathrm{a}}{\partial t} + \bar{u} \dfrac{\partial C_\mathrm{a}}{\partial x} = K \dfrac{\partial^2 C_\mathrm{a}}{\partial x^2} - \dfrac{\varepsilon p}{A_\mathrm{a}}(C_\mathrm{a} - C_\mathrm{d}) \\ \dfrac{\partial C_\mathrm{d}}{\partial t} = \dfrac{\varepsilon p}{A_\mathrm{d}}(C_\mathrm{a} - C_\mathrm{d}) \end{cases} \tag{12-16}$$

式中　C_a，C_d——分别表示主流与滞水区的污染物浓度；

　　　ε——主流与滞水区之间的迁移系数；

　　　p——任一横断面里两个区域之间交界的长度。

3. 拉普拉斯变换法的简要介绍

（1）定义

对于函数 $f(t)$ 定义 $\int_0^{\infty} \mathrm{e}^{-st} f(t) \mathrm{d}t = F(s)$

当 $f(t)$ 满足：$t < 0$ 时，$f(t) = 0$；$t \geqslant 0$ 时，$f(t)$ 及 $f'(t)$ 除去有限个第一类间断点外，处处连续；且存在常数 M 及 $S_0 \geqslant 0$，使 $|f(t)| \leqslant M\mathrm{e}^{S_0 t} (0 < t < \infty)$，

则称 $F(s)$ 为 $f(t)$ 的拉普拉斯变换，记为 $F(s) = L[f(t)] = f^L(t)$；

且称 $f(t)$ 为 $F(s)$ 的反拉普拉斯变换，记为 $f(t) = L^{-1}[F(s)]$。

（2）性质

设 a、b 为常数，则有：

$L[af(t)] = aL[f(t)]$ 及 $L[af_1(t) + bf_2(t)] = aL[f_1(t)] + bL[f_2(t)]$。

（3）定理

1）$L[f(at)] = \dfrac{1}{a}F\left(\dfrac{s}{a}\right)$ $(a > 0)$；

2）$\begin{cases} L[f'(t)] = S \cdot L[f(t)] - f(0) \\ L[f''(t)] = S^2 \cdot L[f(t)] - S \cdot f(0) - f'(0) \\ \quad\cdots\cdots\cdots\cdots \\ L[f^n(t)] = S^n \cdot L[f(t)] - S^{n-1} \cdot f(0) - S^{n-2} \cdot f'(0) - \cdots - f^{n-1}(0) \end{cases}$；

3）$L[e^{-at}f(t)] = F(s + a)$；

4）$L\left[\displaystyle\int_0^t f(\tau)\mathrm{d}\tau\right] = \dfrac{F(s)}{s}$；

5）$L[f(t-a) \cdot h(t-a)] = e^{-at}F(s)$（称海维赛移位定理）式中；

$h(t) = \begin{cases} 0 & t < 0 \\ 1 & t > 0 \end{cases}$ 称海维赛单位函数；

6）卷积（褶积）$L[f_1(t) * f_2(t)] = L[f_1(t)] * L[f_2(t)]$

式中 $f_1(t) * f_2(t) = \displaystyle\int_0^t f_1(\lambda)f_2(t-\lambda)d\lambda = \int_0^t f_1(t-\lambda)f_2(\lambda)d\lambda$。

（4）查阅拉普拉斯数学表

拉氏变换及反变换（$f(t) \leftrightarrow F(s)$）可查阅拉普拉斯数学表。摘录部分内容，见表 12-1。

[例 12-2] 求：$\dfrac{\mathrm{d}x}{\mathrm{d}t} + x = t$，边界条件：$x(0) = 1$。

解算：正变换 $L\left(\dfrac{\mathrm{d}x}{\mathrm{d}t} + x = t\right)$，由定理 $L\left(\dfrac{\partial f}{\partial t}\right) = sf^L - f(0)$ 同时将边界条件插入，逐

项变换得 $L\left(\dfrac{\mathrm{d}x}{\mathrm{d}t}\right) + L(x) = L(t)$，$sx^L - x(0) + x^L = \displaystyle\int_0^\infty e^{-st}t\mathrm{d}t$，

其中 $x(0) = 1, \displaystyle\int_0^\infty e^{-st}t\mathrm{d}t = \dfrac{1}{s^2}$，则上式为

$x^L(s+1) = \dfrac{1}{s^2} + 1$，移项得，$x^L = \dfrac{1}{s^2(s+1)} + \dfrac{1}{s+1}$

其中 $\dfrac{1}{s^2(s+1)}=\dfrac{A}{s^2}+\dfrac{B}{s+1}+\dfrac{C}{s}$ 得 $\dfrac{1}{s^2(s+1)}=\dfrac{1}{s^2}+\dfrac{1}{s+1}-\dfrac{1}{s}$ ，得

反变换 $L^{-1}\left(x^L=\dfrac{1}{s^2}+\dfrac{2}{s+1}-\dfrac{1}{s}\right)$ ，查拉氏表得原方程的解为：$x(t)=t+2\mathrm{e}^{-t}-1$，解算完毕。

拉普拉斯变换表　（摘录）　　　　　　表 12-1

序号	$f(t)$	$F(s)$	$P(S>P)$
1	1	$\dfrac{1}{s}$	0
2	e^{at}	$\dfrac{1}{s-a}$	a
3	$t^n\,(n=1,2,\cdots)$	$\dfrac{n!}{s^{n-1}}$	0
4	$t^n\,\mathrm{e}^{at}\,(n=1,2,\cdots)$	$\dfrac{n!}{(s-a)^{n+1}}$	a
5	$\sin kt$	$\dfrac{k}{s^2+k^2}$	0
6	$\cos kt$	$\dfrac{s}{s^2+k^2}$	0
7	$\sqrt{t}$	$\sqrt{\pi}/(2\sqrt{s^3})$	0
8	$\dfrac{1}{\sqrt{t}}$	$\sqrt{\dfrac{\pi}{s}}$	0

12.2　迁移方程的有限差分解法

对于污染物迁移扩散基本方程的解算，采用解析解法的难度较大，可方便地采用本节介绍的有限差分解法。有限差分解法是用差分商来近似所有的求导，最后结果即方程解，污染物浓度 $C(x,t)$ 是在空间和时间上的一些点上的解。

在有限差分里，用 $\dfrac{\partial C}{\partial t}\approx\dfrac{C_i^{j+1}-C_i^j}{\Delta t}$ 来近似对时间求导；用 $\dfrac{\partial C}{\partial x}\approx\dfrac{C_i^j-C_{i-1}^j}{\Delta x}$ 来近似对空间坐标求导。时间与空间坐标被离散化为：$x_i=i\Delta x$ 及 $t_j=j\Delta x$；用格点 (x_i,t_j) 的值来描写浓度：$C(x_i,t_j)=C_i^j$。

采用有限差分法解算的迁移扩散方程，为便于与解析解对照，仍采用方程（12-1）：

$$\dfrac{\partial C}{\partial t}+u\dfrac{\partial C}{\partial x}=K\dfrac{\partial^2 C}{\partial x^2}-K_1 C$$

对空间坐标位置的微分，可取在时间 t_{j+1} 或时间 t_j 的浓度值，也可以用这两个时间的加权平均值。如果只用在时间 t_j 时的值，该体系称为是显式差分，其他体系分别称为隐式差分和混合差分。

12.2.1　显式差分体系

如上所述，对位置的微分只用时间 t_j 的值，称为显式差分。由于差分商选取不同的位置点，显式差分划分为：向前差分，向后差分及中心差分。如，

向后差分：$\dfrac{\partial C}{\partial x} \approx \dfrac{C_i^j - C_{i-1}^j}{\Delta x}$ 及 $\dfrac{\partial^2 C}{\partial x^2} \approx \dfrac{C_i - 2C_{i-1} + C_{i-2}}{\Delta x^2}$

中心差分：$\dfrac{\partial C}{\partial x} \approx \dfrac{C_{i+1}^j - C_{i-1}^j}{2\Delta x}$ 及 $\dfrac{\partial^2 C}{\partial x^2} \approx \dfrac{C_{i+1} - 2C_i + C_{i-1}}{\Delta x^2}$

现采用向后差分体系解算式（12-1），将差分商式代入式（12-1）得：

$$\frac{C_i^{j+1} - C_i^j}{\Delta t} + u\frac{C_i^j - C_{i-1}^j}{\Delta x} = K\frac{C_{i-2}^j - 2C_{i-1}^j + C_i^j}{\Delta x^2} - K_1 C_{i-1}^j \qquad (12\text{-}17)$$

整理上式，得解 C_i^j：

$$\begin{cases} C_i^{j+1} = C_{i-2}^j\left(\dfrac{\Delta t K}{\Delta x^2}\right) + C_{i-1}^j\left(\dfrac{\Delta t \cdot u}{\Delta x} - 2\dfrac{\Delta t \cdot K}{\Delta x^2} - K_1\Delta t\right) + C_i^j\left(1 - \dfrac{\Delta t \cdot u}{\Delta x} + \dfrac{\Delta t \cdot K}{\Delta x^2}\right) \\ \qquad\qquad 边界条件\, C(0,\ t_j) = f^j \\ \qquad\qquad 初始条件\, C(x_i, 0) = C_i^0 \end{cases} \qquad (12\text{-}18)$$

由上式，首先计算得 C_i^1，由 C_i^1 可算得 C_i^2，依此继续算得 C_i^n 结束。

[例 12-3] 由式（12-18）计算污染物浓度变化。

已知：$K = 2\,km^2/h$，$u = 5\,km/h$，$K_1 = 0.015\,1/h$，$\Delta t = 0.8h$，$f^1 = 10\,mg/L$，$f^2 = f^3 = \cdots = f^n = 0$（这是在 $x = 0$ 处输入 $0.8h$ 的污染物点源），分别计算当距离间隔为 $\Delta x = 6km$，$\Delta x = 8km$，$\Delta x = 1km$，距离方面计算 8 个点；时间方面计算 4 个点。计算结果见表 12-2 ～ 表 12-4。

污染物浓度值　（mg/L）　（Δx=4km)　　　　　　表 12-2

$j(\Delta t)$ ＼ $i(\Delta x)$	1	2	3	4	5	6	7	8
0	0	0	0	0	0	0	0	0
1	6.10	0.44	0	0	0	0	0	0
2	2.30	3.60	0.52	0.02	0	0	0	0
3	0.87	2.67	2.34	0.46	0.03	0.001	0	0
4	0.33	1.50	2.40	1.60	0.38	0.040	0.002	0

污染物浓度值　（mg/L）　（Δx=6km)　　　　　　表 12-3

$j(\Delta t)$ ＼ $i(\Delta x)$	1	2	3	4	5	6	7	8
0	0	0	0	0	0	0	0	0
1	8.880	1.00	0	0	0	0	0	0
2	0.890	7.10	1.7	0	0	0	0	0
3	0.090	1.40	5.9	2.00	0.25	0.01	0	0
4	0.009	0.21	1.7	4.95	2.20	0.40	0.03	0.001

污染物浓度值　（mg/L）　（Δx=1km）　表 12-4

j (Δt) ＼ i (Δx)	1	2	3	4	5	6	7	8
0	0	0	0	0	0	0	0	0
1	23.9	0.20	0	0	0	0	0	0
2	−33.4	−3.58	50.8	26.6	0	0	0	0
3	46.8	−21.80	−127.0	−1.5	1014	40.9	0	0
4	不稳定							

这个例题表明，采用有限差分法有时不能得到满意的结果，即有不稳定性问题。由表 12-4 可知污染物迁移过程中，不可能产生负值及越来越大等反常情况。

不稳定性与式（12-18）中的系数有关，即应满足 $\Delta x \geqslant 0$，$\Delta t \geqslant 0$ 且有 $u\dfrac{\Delta t}{\Delta x} \leqslant 1$，而对中心差分还应满足 $\dfrac{K \cdot \Delta t}{\Delta x^2} \leqslant \dfrac{1}{2}$。在上述例题中，当 $\Delta x = 1\text{km}$ 时，显然不满足以上条件，而产生不稳定性。有时对于实际的 Δt，Δx 值，满足稳定条件是不可能的。因此只能借助于隐式差分体系，因为该法是无条件稳定的。

12.2.2　隐式及混合差分体系

选用下列差分方程作为混合差分体系的一个例子：

$$\frac{C_i^{j+1} - C_i^j}{\Delta t} + u\frac{C_i^j - C_{i-1}^j}{\Delta x} = K\frac{C_{i+1}^{j+1} - 2C_i^{j+1} + C_{i-1}^{j+1}}{\Delta x^2} + \frac{1}{2}K_1\left(C_i^{j+1} + C_{i-1}^j\right) \quad (12\text{-}19)$$

上式可推导整理成一般形式：

$$A_i C_{i-1}^{j+1} + B_i C_i^{j+1} + D_i C_{i+1}^{j+1} = E_i \qquad i = 1, \cdots, n \qquad (12\text{-}20)$$

式中系数 A、B、C、D 是包含常数或已知的时间 t_j 的浓度值。而且该式形成一个三对角线性方程组，可借助于托马斯（Thomas）法来解。方程中 $i = 1$ 时，包含 C_0^{j+1} 是流入的边界条件。$i = n$ 时，需用流出边界条件 C_{n+1}^{j+1}，即下游边界条件，可由传递边界条件得到：

$$C_{n+1}^{j+1} = 2C_n^{j+1} - C_{n-1}^{j+1} \qquad (12\text{-}21)$$

注释：托马斯法解三对角线性方程组

$$(12\text{-}22)\quad\begin{cases} b_1 x_1 + c_1 x_2 & = d_1 \\ a_2 x_1 + b_2 x_2 + c_2 x_3 & = d_2 \\ a_3 x_2 + b_3 x_3 + c_3 x_4 & = d_3 \\ a_{n-1} x_{n-2} + b_{n-1} x_{n-1} + c_{n-1} x_n & = d_{n-1} \\ a_n x_{n-1} + b_n x_n & = d_n \end{cases}$$

上述方程的矩阵形式为：

$$\begin{vmatrix} \ddots & \ddots & 0 & 0 & 0 \\ \ddots & \ddots & \ddots & 0 & 0 \\ 0 & \ddots & \ddots & \ddots & 0 \\ 0 & 0 & \ddots & \ddots & \ddots \\ 0 & 0 & 0 & \ddots & \ddots \end{vmatrix} \cdot (x) = (d) \tag{12-23}$$

托马斯法：设 $a_1 = c_n = 0$，$\overline{c_1} = c_1/b_1$ 及 $\overline{d_1} = d_1/b_1$，

且设 $\overline{c_i} = \dfrac{c_i}{b_i - a_i \overline{c_{i-1}}}$ ， $i = 2, \cdots, n$ ，

$$\overline{d_i} = \frac{d_i - a_i \overline{d_{i-1}}}{b_i - a_i \overline{c_{i-1}}} ， i = 2, \cdots, n$$

然后，由 x_n 开始解，得 $x_n = \overline{d_n}$ ， $x_i = \overline{d_i} - \overline{c_i} \cdot x_{i+1}$ 。

12.2.3　有限差分法数值性离散问题

虽然隐式差分是无条件地稳定的，但该法亦存在数值离散的问题（在显式法中亦存在）。为了说明此问题，令 $k=0$，再考察 $\Delta x = 6\text{km}$ 时的数值算例，输入时的特征亦将散失，而在显式体系中，只有当 $u\dfrac{\Delta t}{\Delta x} = 1$ 时，才不出现数值离散。为了讨论数值离散，观察自由弥散迁移方程：

$$\frac{\partial C}{\partial t} + u\frac{\partial C}{\partial x} = 0 \tag{12-24}$$

上式的差分方程为：

$$\frac{C_i^{j+1} - C_i^j}{\Delta t} + u\frac{C_i^j - C_{i-1}^j}{\Delta x} = 0 \tag{12-25}$$

改写成：

$$C_i^{j+1} - C_{i-1}^j = \left(1 - u\frac{\Delta t}{\Delta x}\right)\left(C_i^j - C_{i-1}^j\right) \tag{12-26}$$

1. 当 $u\dfrac{\Delta t}{\Delta x} > 1$ 时

假设对所有的 j（时间格点），由 $i-1$（距离，位置格点）输入是常数，$C_{i-1}^j = a = $ 常数，则可知 $C_i^{j+1} - C_{i-1}^{j+1} = C_i^{j+1} - a$ 在每个时间步长（Δt）都会改变符号，C_i 就振荡，当 $\left|1 - u\dfrac{\Delta t}{\Delta x}\right| > 1$ 时，它还会发散。

2. 当 $u\dfrac{\Delta t}{\Delta x} < 1$ 时

在格点 (t_{j+1}, x_i) 及 (t_j, x_{i-1}) 展开 C 有：

$$C_i^{j+1} = C_i^j + \Delta t\frac{\partial C}{\partial t} + \frac{\Delta t^2}{2} \cdot \frac{\partial^2 C}{\partial t^2} + o(\Delta t^3)$$

$$C_{i-1}^j = C_i^j + \Delta x\frac{\partial C}{\partial x} + \frac{\Delta x^2}{2} \cdot \frac{\partial^2 C}{\partial x^2} + o(\Delta x^3)$$

以上两式相减得：

$\dfrac{\partial C}{\partial t} = -u \dfrac{\partial C}{\partial x}$，也就存在 $\dfrac{\partial^2 C}{\partial t^2} = u^2 \dfrac{\partial^2 C}{\partial x^2}$，就得到

$$\frac{\partial C}{\partial t} + u \frac{\partial C}{\partial x} = \delta \frac{\partial^2 C}{\partial x^2} + o(\Delta t^2, \Delta x^2)$$

式中 $\delta = u \dfrac{\Delta x - \mu \cdot \Delta t}{2}$，上式说明含有弥散系数为 δ 的方程与式（12-24）是相同的。

3. 当 $u \dfrac{\Delta t}{\Delta x} = 1$ 时才能发生正确的迁移扩散。$C_i^{j+1} = C_{i-1}^j$ 在时间 j，在式（12-24）中，有 $\dfrac{\partial C}{\partial x}$ 项是重要的，否则尽管满足 $u \dfrac{\Delta t}{\Delta x} = 1$，仍然会产生数值离散，这是因为：$C_i^{j+1} = \dfrac{1}{2}(C_i^j + C_{i-1}^{j+1})$，其中有一个 $\dfrac{1}{2}$ 的系数，C_{i-1}^j 对所有下游的间隔都有瞬时的影响。

因此，对于一条河流来说，推荐以下差分式：

$$\frac{C_i^{j+1} - C_i^j}{\Delta t} + u \frac{C_i^j - C_{i-1}^j}{\Delta x} = K \frac{C_{i+1}^{j+1} - 2C_i^{j+1} + C_{i-1}^{j+1}}{\Delta x^2} - \frac{1}{2} K_1 (C_i^{j+1} + C_{i-1}^j)$$

而对于河口，即当河流向下游平移，比弥散小的情况下，则推荐含有时间 t_j 和 t_{j+1} 平均值的对称差分体系。

对于湖泊，推荐曾被成功地使用过的，在二阶导数中，具有中心差分的显式体系。

12.3　迁移方程的有限元解法

当迁移方程中的系数与源项较复杂或方程为非线性时，解析解法无能为力；又因，有限差分法的显式有稳定性问题，而其隐式法虽然可以做到无条件地稳定，但有时出现假态（数学上）弥散。此时可便捷地采用有限元解法。有限元解法适用于解算类似式（12-27）各种形式的迁移方程。

$$L[C] = \frac{\partial C}{\partial t} + u \frac{\partial C}{\partial x} - K \frac{\partial^2 C}{\partial x^2} + K_1 C - S = 0 \tag{12-27}$$

12.3.1　有限元法的基本原理

有限元法的基本原理：当求解式（12-27）的解 $C(x, t)$ 在有限点上的值 $C_j(x, t)$（$j = 1, \cdots, n$）；而且只求得在有限点的近似值 $\widetilde{C}_j(x, t)$（$j = 1, \cdots, n$），求解时将全部定义区间分为 n 个子区间，如图 12-3 所示。

1. 首先将近似值 $\widetilde{C}_j(x, t)$（$j = 1, \cdots, n$）用插值函数表示，第 j 子区间的插值函数表示为：

$$\widetilde{C}^{(j)} = W_1^{(j)} C_j + W_2^{(j)} C_{j+1} = (W_1^{(j)}, W_2^{(j)}) \begin{pmatrix} C_j \\ C_{j+1} \end{pmatrix}, j = 1, \cdots, n-1 \tag{12-28}$$

式中 $W_1^{(j)}$，$W_2^{(j)}$ 称为插值函数的基函数，其表达式为：

$$W_1^{(j)} = \begin{cases} 1 - \dfrac{x - x_j}{x_{j+1} - x_j}, & \text{当} x_j \leqslant x \leqslant x_{j+1} \text{时} \\ 0, & \text{当} x < x_j \text{及} x > x_{j+1} \text{时} \end{cases} \qquad W_2^{(j)} = \begin{cases} \dfrac{x - x_j}{x_{j+1} - x_j}, & \text{当} x_j \leqslant x \leqslant x_{j+1} \text{时} \\ 0, & \text{当} x < x_j \text{及} x > x_{j+1} \text{时} \end{cases}$$

插值函数及基函数如图 12-4 所示。

由式（12-28）可求得近似解 $\widetilde{C}$ 在全部区间 $[x_1, x_n]$ 的表达式：

$$\widetilde{C} = \sum_{j=1}^{n-1} \widetilde{C}^{(j)} = \sum_{j=1}^{n-1} \left(W_1^{(j)}, W_2^{(j)}\right) \cdot \begin{pmatrix} C_j \\ C_{j+1} \end{pmatrix} = \sum_{j=1}^{n} \widetilde{W}_j C_j$$

式中　$\left(\widetilde{W}_j\right) = \left(W_1^{(1)}, W_1^{(2)} + W_2^{(1)}, \cdots, W_1^{(j)} + W_2^{(j-1)}, \cdots, W_2^{(n-1)}\right)$。

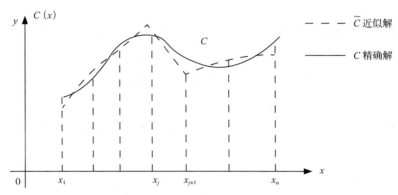

图 12-3　精确解与近似解的比较

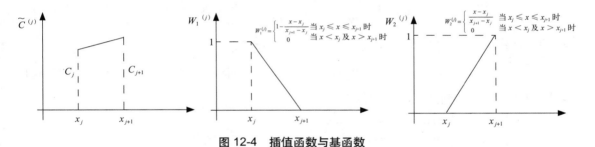

图 12-4　插值函数与基函数

2. 求节点值 C_j

由于 $\widetilde{C}$ 是近似解，将 $\widetilde{C}$ 代入方程（12-27）将会产生残差 ε，即 $L[\widetilde{C}] = \varepsilon$，从而考虑到在 C 的定义域内，确定 C_j 必须使得 ε 均匀地最小。为此，伽利金（Galerkin）提出只要取：

$$\int_{x_{11}}^{x_n} L[\widetilde{C}] \cdot \widetilde{W}_j \mathrm{d}x = 0 \qquad (j = 1, \cdots, n) \tag{12-29}$$

然后，从几个方程中解出 $C_j (j = 1, \cdots, n)$，即可达到上述要求。

解算式（12-29）时，需要插入边界条件。边界条件有两种形式，其形式及插入法如下：

（1）给出边界的函数值（称为迪里查利（Dirichlet）条件）

即给出 $C_1 = a$，$C_n = b$ 则只要解算方程（12-29）中的 $j = 2$ 至 $j = n-1$ 个方程，即可求得 C_2，$\cdots$，C_{n-1}。

（2）给出边界的导数值（称为纽曼（Neumann）条件）

即给定 $\dfrac{\partial C}{\partial x}\bigg|_{x_1} = a, \dfrac{\partial C}{\partial x}\bigg|_{x_n} = b$，则需要对方程（12-29）积分后，再插入边界条件。

以下具体说明边界条件的插入法：

将 $\widetilde{C}$ 代入式（12-29）得：$\displaystyle\int_{x_1}^{x_n}\widetilde{W}_j\left(\frac{\partial\widetilde{C}}{\partial t}+u\frac{\partial\widetilde{C}}{\partial x}-K\frac{\partial^2\widetilde{C}}{\partial x^2}+K_1\widetilde{C}-S\right)\mathrm{d}x=0$

对式中括号内第三项用分部积分法，积分后得到：

$$-\widetilde{W}_j\cdot K\frac{\partial\widetilde{C}}{\partial x}\bigg|_{x_1}^{x_n}+\int_{x_1}^{x_n}\left(\widetilde{W}_j\frac{\partial\widetilde{C}}{\partial t}+u\widetilde{W}_j\frac{\partial\widetilde{C}}{\partial x}+K\frac{\partial\widetilde{W}_j}{\partial x}\frac{\partial\widetilde{C}}{\partial x}+K_1\widetilde{W}_j\widetilde{C}-\widetilde{W}_j\cdot S\right)\mathrm{d}x=0 \qquad (12\text{-}30)$$

对于式（12-30），当给出边界条件为迪里查利条件时，只要去掉 $-\widetilde{W}_jK\frac{\partial\widetilde{C}}{\partial x}\Big|_{x_1}^{x_n}$ 项，因为

这一项只对第一个和第 n 个方程有贡献。当给出边界条件为纽曼条件时，只要将 $\frac{\partial\widetilde{C}}{\partial x}\Big|_{x_1}$ 和

$\frac{\partial\widetilde{C}}{\partial x}\Big|_{x_n}$ 的数值代入式（12-30）中。而在湖泊中，这两项的数值通常均为零，因此亦可去掉

$-\widetilde{W}_jK\frac{\partial\widetilde{C}}{\partial x}\Big|_{x_1}^{x_n}$ 项，则式（12-30）变为：

$$\int_{x_1}^{x_n}\widetilde{W}_j\frac{\partial\widetilde{C}}{\partial t}\mathrm{d}x=\int_{x_1}^{x_n}\left(-u\widetilde{W}_j\frac{\partial\widetilde{C}}{\partial x}-K\frac{\partial\widetilde{W}_j}{\partial x}\frac{\partial\widetilde{C}}{\partial x}-K_1\widetilde{W}_j\widetilde{C}\right)\mathrm{d}x+\int_{x_1}^{x_n}\widetilde{W}_j\cdot S\cdot\mathrm{d}x \qquad (12\text{-}31)$$

式（12-31）积分后便得到对于时间 t 的一个常微分方程组：

$$[P_{ij}]\cdot\{\dot{C}_j\}=[A_{ij}]\cdot\{C_j\}+\{S_j\} \qquad (12\text{-}32)$$

式中 $[P_{ij}]$ —— 对称的三对角线矩阵；

       $[A_{ij}]$ —— 非对称的三对角线矩阵；

       $\{\dot{C}_j\}$ —— 水质组分 C 对时间的导数向量；

       $\{C_j\}$ —— 水质组分向量；

       $\{S_j\}$ —— 污染源排放率向量。

解算式（12-32）可用欧拉（Euler）法或龙格-库塔（Runge-Kutta）法。在此采用了一个无条件稳定的克兰克-尼科尔森差分法（Grank-Nicolson）。可将式（12-32）写成以下差分式：

$$[P_{ij}]\frac{\{C_j\}^{K+1}-\{C_j\}^K}{\Delta t}=\frac{1}{2}[A_{ij}]\cdot(\{C_j\}^{K+1}+\{C_j\}^K+\{S_j\}$$

由此得 $[\overline{P}_{ij}]\cdot\{C_j\}^{K+1}=[\overline{A}_{ij}]\cdot\{C_j\}^K+\{\overline{S}_j\}$ (12-33)

式中 $[\overline{P}_{ij}]=[P_{ij}]+\dfrac{\Delta t}{2}[A_{ij}]$；

       $[\overline{A}_{ij}]=[P_{ij}]-\dfrac{\Delta t}{2}[A_{ij}]$； $\{\overline{S}_j\}=\Delta t\cdot\{S_j\}$。

对于式（12-32）当考虑稳态解时，可得：

$$[A_{ij}] \cdot \{C_j\} + \{S_j\} = 0 \tag{12-34}$$

式（12-33）及式（12-34）皆是代数方程组，可用高斯 - 约当法解算。则从 n 个方程中解出 $C_j(x, t)$（$j=1, \cdots, n$）的数值，即是方程（12-27）的有限元法的解。

12.3.2 有限元法的解算公式

用有限元法解算任何形式的偏微分方程均可按上述步骤及公式解算，其一般步骤归纳并叙述于 12.3.3。为便于理解有限元法，在此先介绍解算迁移方程（12-27）的贝卡 - 阿恩特(Baca-Arnett)的一组公式。其基本思路是：由已知条件可直接写出式(12-32)中矩阵 $[P_{ij}]$，$[A_{ij}]$ 及 $[S_j]$ 的元素值。然后按一定方式构造出式（12-32），选用上述解算方程组的方法，便可得到解答。

贝卡 - 阿恩特解算式：

由插值函数 $\widetilde{C}_j = W_1^{(j)}C_j + W_2^{(j)}C_{j+1}$ 可得：

$$
\left.
\begin{aligned}
\frac{\partial \widetilde{C}}{\partial t} &= (W_1, W_2)\begin{pmatrix} \dot{C}_j \\ \dot{C}_{j+1} \end{pmatrix}, \text{其中} \dot{C}_j = \left.\frac{\partial C}{\partial t}\right|_j \\
\frac{\partial \widetilde{C}}{\partial x} &= \left(-\frac{1}{\Delta x}, \frac{1}{\Delta x}\right)\begin{pmatrix} \dot{C}_j \\ \dot{C}_{j+1} \end{pmatrix} \\
\frac{\partial W_j}{\partial x} &= \left(-\frac{1}{\Delta x}, \frac{1}{\Delta x}\right)
\end{aligned}
\right\}
\tag{12-35}
$$

将式（12-35）代入式（12-29），可得第 j 个子区间式：

$$
\begin{aligned}
&\int_{x_j}^{x_{j+1}} \begin{bmatrix} W_1 W_1 & W_2 W_1 \\ W_1 W_2 & W_2 W_2 \end{bmatrix}\begin{Bmatrix} \dot{C}_j \\ \dot{C}_{j+1} \end{Bmatrix}\mathrm{d}x \\
&+ \frac{1}{\Delta x}\int_{x_j}^{x_{j+1}}\begin{bmatrix} -(u_j W_1^2 + u_{j+1}W_1 W_2)(u_j W_1^2 + u_{j+1}W_1 W_2) \\ -(u_j W_1 W_2 + u_{j+1}W_2^2)(u_j W_1 W_2 + u_{j+1}W_2^2) \end{bmatrix} \\
&\begin{Bmatrix} C_j \\ C_{j+1} \end{Bmatrix}\mathrm{d}x + \frac{K}{\Delta x^2}\int_{x_j}^{x_{j+1}}\begin{bmatrix} 1 & -1 \\ -1 & 1 \end{bmatrix}\begin{Bmatrix} C_j \\ C_{j+1} \end{Bmatrix}\mathrm{d}x + K_1\int_{x_j}^{x_{j+1}}\begin{bmatrix} W_1 W_1 & W_2 W_1 \\ W_1 W_2 & W_2 W_2 \end{bmatrix}\begin{Bmatrix} C_j \\ C_{j+1} \end{Bmatrix}\mathrm{d}x \\
&- S\int_{x_j}^{x_{j+1}}\begin{Bmatrix} W_1 \\ W_2 \end{Bmatrix}\mathrm{d}x = 0
\end{aligned}
\tag{12-36}
$$

对上式进行积分可得方程组（12-33）的第 j 单元的各元素式，即：

$$[P]^j \cdot \begin{Bmatrix} \dot{C}_j \\ \dot{C}_{j+1} \end{Bmatrix} + [A]^j \cdot \begin{Bmatrix} C_j \\ C_{j+1} \end{Bmatrix} = \{S\}^j \tag{12-37}$$

式中

$$[P]^j = \begin{bmatrix} \frac{1}{3} & \frac{1}{6} \\ \frac{1}{6} & \frac{1}{3} \end{bmatrix}; \quad \{S\}^j = \frac{1}{2}\begin{Bmatrix} S \\ S \end{Bmatrix}; \quad [A]^j = \begin{bmatrix} \left(D - \dfrac{\bar{u}}{3\Delta x} + \dfrac{K_1}{3}\right) & -\left(D - \dfrac{\bar{u}}{3\Delta x} - \dfrac{K_1}{6}\right) \\ -\left(D + \dfrac{\widetilde{u}}{3\Delta x} - \dfrac{K_1}{6}\right) & \left(D + \dfrac{\widetilde{u}}{3\Delta x} + \dfrac{K_1}{3}\right) \end{bmatrix}$$

其中　$D = \dfrac{K}{\Delta x^2}$；　$\bar{u} = \left(u_j + \dfrac{1}{2} u_{j+1} \right)$；　$\tilde{u} = \left(\dfrac{1}{2} u_j + u_{j+1} \right)$。

当把上述各式写成通式形式有：

$$[P]^j = \begin{bmatrix} P_{11}^{(j)} & P_{12}^{(j)} \\ P_{21}^{(j)} & P_{22}^{(j)} \end{bmatrix}, \qquad [A]^j = \begin{bmatrix} A_{11}^{(j)} & A_{12}^{(j)} \\ A_{21}^{(j)} & A_{22}^{(j)} \end{bmatrix}, \qquad \{S\}^j = \frac{1}{2} \begin{bmatrix} S \\ S \end{bmatrix}$$

再按式（12-32）构造方程组，得式（12-38）：

$$
\begin{bmatrix}
P_{11}^{(1)} & P_{12}^{(1)} & 0 & - & - & - & - & 0 \\
P_{21}^{(1)} & (P_{22}^{(1)} + P_{11}^{(2)}) & P_{12}^{(2)} & - & - & - & - & 0 \\
0 & P_{21}^{(2)} & (P_{22}^{(2)} + P_{11}^{(3)}) & - & - & - & - & \vdots \\
\vdots & 0 & P_{21}^{(3)} & & - & & & \\
\vdots & \vdots & 0 & & P_{12}^{(N-1)} & & & \vdots \\
\vdots & \vdots & & & (P_{21}^{(N-1)} + P_{11}^{(N)}) & P_{12}^{(N)} & & \\
0 & 0 & 0 & & & P_{21}^{(N)} & P_{22}^{(N)} &
\end{bmatrix}
\cdot
\begin{bmatrix}
\dot{C}_1 \\ \dot{C}_2 \\ \\ \vdots \\ \\ \dot{C}_{N-1} \\ \dot{C}_N
\end{bmatrix}
$$

$$
-
\begin{bmatrix}
A_{11}^{(1)} & A_{12}^{(1)} & 0 & - & - & - & - & 0 \\
A_{21}^{(1)} & (A_{22}^{(1)} + A_{11}^{(2)}) & A_{12}^{(2)} & - & - & - & - & 0 \\
0 & A_{21}^{(2)} & (A_{22}^{(2)} + A_{11}^{(3)}) & - & - & - & - & \vdots \\
\vdots & 0 & A_{21}^{(3)} & & - & & & \\
\vdots & \vdots & 0 & & A_{12}^{(N-1)} & & & \vdots \\
\vdots & \vdots & & & (A_{21}^{(N-1)} + A_{11}^{(N)}) & A_{12}^{(N)} & & \\
0 & 0 & 0 & & & A_{21}^{(N)} & A_{22}^{(N)} &
\end{bmatrix}
\cdot
\begin{bmatrix}
C_1 \\ C_2 \\ \\ \vdots \\ \\ C_{N-1} \\ C_N
\end{bmatrix}
=
\begin{bmatrix}
\dfrac{1}{2} S_1 \\ \dfrac{1}{2} S_1 + \dfrac{1}{2} S_2 \\ \vdots \\ \dfrac{1}{2} S_{N-1} + \dfrac{1}{2} S_N
\end{bmatrix}
$$

$$(12\text{-}38)$$

12.3.3　有限元法解方程简例

1. 简例

解算方程 $\dfrac{\mathrm{d}^2 \phi}{\mathrm{d} z^2} - \alpha^2 \phi = 0$，其边界条件为 $\phi(0) = \phi(1) = 1$，$\phi(2) = 7.389$（该方程的解析解为 $\phi = \mathrm{e}^{-\alpha \cdot z}$）。

2. 用有限元法解算简例

取四个有限元（即五个节点，为 $\phi(2) = \phi_5$），取 $\Delta Z = 0.5$，$\alpha = -1$。

由有限元法知原方程的近似解 $\tilde{\phi}$ 应为：$\tilde{\phi} = \displaystyle\sum_{j=1}^{n} \tilde{W}_j \phi_j$，该式展开为：

$$
\begin{aligned}
\tilde{\phi} &= W_1^{(1)} \phi_1 + W_2^{(1)} \phi_2 + W_1^{(2)} \phi_2 + W_2^{(2)} \phi_3 + W_1^{(3)} \phi_3 + W_2^{(3)} \phi_4 + W_1^{(4)} \phi_4 + W_2^{(4)} \phi_5 \\
&= W_1^{(1)} \phi_1 + (W_2^{(1)} + W_1^{(2)}) \phi_2 + (W_2^{(2)} + W_1^{(3)}) \phi_3 + (W_2^{(3)} + W_1^{(4)}) \phi_4 + W_2^{(4)} \phi_5
\end{aligned}
$$

近似解应满足伽利金条件，即应满足下式：

$$\int_0^2 \tilde{W}_j \left(\frac{\mathrm{d}^2 \tilde{\phi}}{\mathrm{d} Z^2} \right) - \alpha^2 \tilde{\phi} \, \mathrm{d} Z = 0$$

由分部积分法可得：

$$\frac{\mathrm{d}\widetilde{\phi}}{\mathrm{d}Z}\widetilde{W}_j\Big|_0^2 - \int_0^2\left(\frac{\mathrm{d}\widetilde{W}_j}{\mathrm{d}Z}\frac{\mathrm{d}\widetilde{\phi}}{\mathrm{d}Z}+\alpha^2\widetilde{\phi}\,\widetilde{W}_j\right)\mathrm{d}Z = 0$$

由边界条件略去上式中的第一项，得：

$$\int_0^2\left(\frac{\mathrm{d}\widetilde{W}_j}{\mathrm{d}Z}\frac{\mathrm{d}\widetilde{\phi}}{\mathrm{d}Z}+\alpha^2\widetilde{\phi}\,\widetilde{W}_j\right)\mathrm{d}Z = 0$$

将 $\widetilde{\phi}$ 及 $\widetilde{W}_j$（基函数）代入上式，并令 j 分别取值 1，2，3，4，5 且由于 $W_{1,2}^{(j)}$ 与 $W_{1,2}^{(K)}$ 的组合均为零，则上式变为：当 $j=1$ 时。

$$\int_0^2\left(\frac{\mathrm{d}W_1^{(1)}}{\mathrm{d}Z}\frac{\mathrm{d}W_1^{(1)}}{\mathrm{d}Z}\phi_1+\frac{\mathrm{d}W_1^{(1)}}{\mathrm{d}Z}\frac{\mathrm{d}W_2^{(1)}}{\mathrm{d}Z}\phi_2+\alpha^2W_1^{(1)}\phi_1W_1^{(1)}+\alpha^2W_1^{(1)}\phi_2W_2^{(1)}\right)\mathrm{d}Z = 0 \text{，变为}$$

$$\int_0^{0.5}\left(\frac{\mathrm{d}W_1^{(1)}}{\mathrm{d}Z}\frac{\mathrm{d}W_1^{(1)}}{\mathrm{d}Z}\phi_1+\frac{\mathrm{d}W_1^{(1)}}{\mathrm{d}Z}\frac{\mathrm{d}W_2^{(1)}}{\mathrm{d}Z}\phi_2+\alpha^2W_1^{(1)}\phi_1W_1^{(1)}+\alpha^2W_1^{(1)}\phi_2W_2^{(1)}\right)\mathrm{d}Z = 0 \text{，得}$$

$2.1667\phi_1-1.9167\phi_2$；当 $j=2$ 时

$$\int_0^{0.5}\left(\frac{\mathrm{d}W_2^{(1)}}{\mathrm{d}Z}\frac{\mathrm{d}W_1^{(1)}}{\mathrm{d}Z}\phi_1+\frac{\mathrm{d}W_2^{(1)}}{\mathrm{d}Z}\frac{\mathrm{d}W_2^{(1)}}{\mathrm{d}Z}\phi_2+\alpha^2W_2^{(1)}\phi_1W_1^{(1)}+\alpha^2W_2^{(1)}\phi_2W_2^{(1)}\right)\mathrm{d}Z +$$

$$\int_{0.5}^1\left(\frac{\mathrm{d}W_1^{(1)}}{\mathrm{d}Z}\frac{\mathrm{d}W_1^{(1)}}{\mathrm{d}Z}\phi_2+\frac{\mathrm{d}W_1^{(2)}}{\mathrm{d}Z}\frac{\mathrm{d}W_2^{(2)}}{\mathrm{d}Z}\phi_3+\alpha^2W_1^{(2)}\phi_2W_1^{(2)}+\alpha^2W_1^{(2)}\phi_3W_2^{(2)}\right)\mathrm{d}Z = 0 \text{，得}$$

$-1.9167\phi_1+2.1667\phi_2-1.9167\phi_3=0$；

当 $j=3$ 时，得 $-1.9167\phi_2+2.1667\phi_3-1.9167\phi_4$；

当 $j=4$ 时，得 $-1.9167\phi_3+2.1667\phi_4-1.9167\phi_5$；

当 $j=5$ 时，得 $-1.9167\phi_4+2.1667\phi_5=0$。

当把边界条件插入到上述方程组中（边界条件为 $\phi_1=1$ 及 $\phi_5=7.389$），则可以舍去上述方程组中第 1 及第 5 个方程，其中的 3 个方程写成矩阵形式为：

$$\begin{pmatrix} 4.334 & -1.9167 & 0 \\ -1.9167 & 4.334 & -1.9167 \\ 0 & -1.9167 & 4.334 \end{pmatrix}\begin{pmatrix}\phi_2\\\phi_3\\\phi_4\end{pmatrix}=\begin{pmatrix}1.9167\\0\\14.1625\end{pmatrix}$$

解上式得 $\phi_2=1.648$，$\phi_3=2.718$，$\phi_4=4.481$，该解答比用解析解法的平均误差小 1%。

3. 有限元法解题的一般步骤及公式

由上面简例可知，用有限元法解题，主要是写出一个有边界条件的方程组，这个方程组的系数矩阵元素的通式即为式（12-36）及式（12-35）。因此，一般用有限元法解题，只要按式（12-36）写出各元素，然后按式（12-35）去构造方程组，则可得到解。其计算步骤为：

（1）计算有限元矩阵元素

$$A_{NM}^{(j)} = \int_{Z_j}^{Z_{j+1}}L[W_N^{(j)}]W_M^{(j)}\mathrm{d}Z$$

上述简例即为 $A_{NM}^{(j)} = \int_{Z_j}^{Z_{j+1}} \left(\dfrac{dW_N^{(j)}}{dZ}\dfrac{dW_M^{(j)}}{dZ} + \alpha^2 W_N^{(j)} W_M^{(j)} \right) dZ,$

$N=1, 2, \qquad M=1, 2, \qquad j=1, \cdots, n-1,$

（2）构造有限元矩阵

由简例可知，该简例有限元矩阵可写成以下形式：

$$0 = (A_{11}^{(1)}, A_{12}^{(1)})\begin{pmatrix} \phi_1 \\ \phi_2 \end{pmatrix}$$

$$0 = (A_{21}^{(1)}, A_{22}^{(1)})\begin{pmatrix} \phi_1 \\ \phi_2 \end{pmatrix} + (A_{11}^{(2)}, A_{12}^{(2)})\begin{pmatrix} \phi_2 \\ \phi_3 \end{pmatrix}$$

$$0 = (A_{21}^{(2)}, A_{22}^{(2)})\begin{pmatrix} \phi_2 \\ \phi_3 \end{pmatrix} + (A_{11}^{(3)}, A_{12}^{(3)})\begin{pmatrix} \phi_3 \\ \phi_4 \end{pmatrix}$$

$$0 = (A_{21}^{(3)}, A_{22}^{(3)})\begin{pmatrix} \phi_3 \\ \phi_4 \end{pmatrix} + (A_{11}^{(4)}, A_{12}^{(4)})\begin{pmatrix} \phi_4 \\ \phi_5 \end{pmatrix}$$

$$0 = (A_{21}^{(4)}, A_{22}^{(4)})\begin{pmatrix} \phi_4 \\ \phi_5 \end{pmatrix}$$

$$\begin{pmatrix} 0 \\ 0 \\ 0 \\ 0 \\ 0 \end{pmatrix} = \begin{pmatrix} A_{11}^{(1)} & A_{12}^{(1)} & 0 & 0 & 0 \\ A_{21}^{(1)} & (A_{22}^{(1)}+A_{11}^{(2)}) & A_{12}^{(1)} & 0 & 0 \\ 0 & A_{21}^{(2)} & (A_{22}^{(2)}+A_{11}^{(3)}) & A_{12}^{(3)} & 0 \\ 0 & 0 & A_{21}^{(3)} & (A_{22}^{(3)}+A_{11}^{(4)}) & A_{12}^{(4)} \\ 0 & 0 & 0 & A_{21}^{(4)} & A_{22}^{(4)} \end{pmatrix}\begin{pmatrix} \phi_1 \\ \phi_2 \\ \phi_3 \\ \phi_4 \\ \phi_5 \end{pmatrix}$$

（3）插入边界条件。

（4）解线性方程组，得解。结束。

12.3.4　有限元法解河流迁移方程实例

1. 相关资料数据

已知某工厂向河流瞬时排放可降解性污染物，持续时间为 1h，排放浓度 C 如下（C_1，C_2，$\cdots$，C_n，为沿岸 n 个排放点排放浓度）：

$$C_1 = \begin{cases} 10\,\text{mg/L} & \text{当 } t = 0, 0.1, 0.2, \cdots, 0.9\text{h 时} \\ 0 & \text{当 } t \geqslant 1\text{h 时} \end{cases}$$

$C_2 = 0$，$C_3 = 0$，$\cdots$，$C_n = 0$。当 $t = 0$ 时，河水流速 $u = 5$km/h 考虑该污染物在河水中进行一级衰变反应时，其衰变速率 $K_1 = 0.015$h；考虑该污染物沿河流纵向弥散作用，其弥散系数 $K = 2.0$km^2/h；计算时取距离间隔 $\Delta x = 1.0$km，取时间间隔 $\Delta t = 0.1$h。

2. 要求

计算从排放开始 1.2h 内，从排放点开始向下游方向 8km 范围，污染物浓度随时间变化的分布状况。

3. 解算

根据已知条件及要求，污染物在河流中的迁移应满足以下迁移方程及边界条件：

$$\begin{cases} \dfrac{\partial C}{\partial t} + u\dfrac{\partial C}{\partial x} = K\dfrac{\partial^2 C}{\partial x^2} - K_1 C \\ C_1 = f(\text{即初始浓度})\text{且}C_{n+1} = 2C_n - C_{n-1} \end{cases}$$

根据式（12-37）可写出系数矩阵的第 j 单元元素值为：

$$[P]^j = \begin{bmatrix} \dfrac{1}{3} & \dfrac{1}{6} \\ \dfrac{1}{6} & \dfrac{1}{3} \end{bmatrix}; \quad \{S\}^j = \dfrac{1}{2}\begin{Bmatrix} 50 \\ 50 \end{Bmatrix}; \quad [A]^j = \begin{bmatrix} -0.4950 & 0.5025 \\ -4.4975 & 4.5050 \end{bmatrix}$$

其中源浓度 S 的计算如下：

由已知条件求源流量 $Q = \dfrac{C \cdot u}{\Delta x} = \dfrac{10 \times 5}{1}$ 得 $Q = 50\,\text{mg/(L·h)}$ ，分别由差分式的两个节点输入，则 $S = \dfrac{Q}{2} = 25\,\text{mg/(L·h)}$ ，再由式（12-38）构造整个矩阵，得下式：

$$\begin{pmatrix} 0.3333 & 0.1667 & 0 & 0 & 0 & 0 & 0 & 0 \\ 0.1667 & 0.6667 & 0.1667 & 0 & 0 & 0 & 0 & 0 \\ 0 & 0.1667 & 0.6667 & 0.1667 & 0 & 0 & 0 & 0 \\ 0 & 0 & 0.1667 & 0.6667 & 0.1667 & 0 & 0 & 0 \\ 0 & 0 & 0 & 0.1667 & 0.6667 & 0.1667 & 0 & 0 \\ 0 & 0 & 0 & 0 & 0.1667 & 0.6667 & 0.1667 & 0 \\ 0 & 0 & 0 & 0 & 0 & 0.1667 & 0.6667 & 0.1667 \\ 0 & 0 & 0 & 0 & 0 & 0 & 0.1667 & 0.3330 \end{pmatrix} \begin{pmatrix} \dot{C}_1 \\ \dot{C}_2 \\ \dot{C}_3 \\ \dot{C}_4 \\ \dot{C}_5 \\ \dot{C}_6 \\ \dot{C}_7 \\ \dot{C}_8 \end{pmatrix} + $$

$$\begin{pmatrix} -0.4950 & 0.5025 & 0 & 0 & 0 & 0 & 0 & 0 \\ -0.4075 & 4.0100 & 0.5025 & 0 & 0 & 0 & 0 & 0 \\ 0 & -4.4975 & 4.0100 & 0.5025 & 0 & 0 & 0 & 0 \\ 0 & 0 & -4.4975 & 4.0100 & 0.5025 & 0 & 0 & 0 \\ 0 & 0 & 0 & -4.4975 & 4.0100 & 0.5025 & 0 & 0 \\ 0 & 0 & 0 & 0 & -4.4975 & 4.0100 & 0.5025 & 0 \\ 0 & 0 & 0 & 0 & 0 & -4.4975 & 4.0100 & 0.5025 \\ 0 & 0 & 0 & 0 & 0 & 0 & -4.4975 & 4.5050 \end{pmatrix}$$

$$\cdot \begin{pmatrix} C_1 \\ C_2 \\ C_3 \\ C_4 \\ C_5 \\ C_6 \\ C_7 \\ C_8 \end{pmatrix} = \begin{pmatrix} 25 \\ 25 \\ 0 \\ 0 \\ 0 \\ 0 \\ 0 \\ 0 \end{pmatrix}$$ 插入边界条件后得：

$$
\begin{pmatrix}
0.6667 & 0.1667 & 0 & 0 & 0 & 0 \\
0.1667 & 0.6667 & 0.1667 & 0 & 0 & 0 \\
0 & 0.1667 & 0.6667 & 0.1667 & 0 & 0 \\
0 & 0 & 0.1667 & 0.6667 & 0.1667 & 0 \\
0 & 0 & 0 & 0.1667 & 0.6667 & 0.1667 \\
0 & 0 & 0 & 0 & 0 & 1
\end{pmatrix}
\begin{pmatrix}
\dot{C}_2 \\ \dot{C}_3 \\ \dot{C}_4 \\ \dot{C}_5 \\ \dot{C}_6 \\ \dot{C}_7
\end{pmatrix} +
$$

$$
\begin{pmatrix}
4.0100 & 0.5025 & 0 & 0 & 0 & 0 \\
-4.4975 & 4.0100 & 0.5025 & 0 & 0 & 0 \\
0 & -4.4975 & 4.0100 & 0.5025 & 0 & 0 \\
0 & 0 & -4.4975 & 4.0100 & 0.5025 & 0 \\
0 & 0 & 0 & -4.4975 & 4.0100 & 0.5025 \\
0 & 0 & 0 & 0 & -5.0000 & 5.0150
\end{pmatrix}
\begin{pmatrix}
C_2 \\ C_3 \\ C_4 \\ C_5 \\ C_6 \\ C_7
\end{pmatrix} =
\begin{pmatrix}
44.975 \\ 0 \\ 0 \\ 0 \\ 0 \\ 0
\end{pmatrix}
$$

当取 $\Delta t = 0.1$ 时，得：

$$
\begin{pmatrix}
0.8672 & 0.1918 & 0 & 0 & 0 & 0 \\
-0.0582 & 0.8672 & 0.1918 & 0 & 0 & 0 \\
0 & -0.0582 & 0.8672 & 0.1918 & 0 & 0 \\
0 & 0 & -0.0582 & 0.8672 & 0.1918 & 0 \\
0 & 0 & 0 & -0.0582 & 0.8672 & 0.1918 \\
0 & 0 & 0 & 0 & -0.2500 & 1.2508
\end{pmatrix}
\begin{pmatrix}
C_2^{n+1} \\ C_3^{n+1} \\ C_4^{n+1} \\ C_5^{n+1} \\ C_6^{n+1} \\ C_7^{n+1}
\end{pmatrix} +
$$

$$
\begin{pmatrix}
0.4662 & 0.1415 & 0 & 0 & 0 & 0 \\
0.3915 & 0.4662 & 0.1415 & 0 & 0 & 0 \\
0 & 0.3915 & 0.4662 & 0.1415 & 0 & 0 \\
0 & 0 & 0.3915 & 0.4662 & 0.1415 & 0 \\
0 & 0 & 0 & 0.3915 & 0.4662 & 0.1415 \\
0 & 0 & 0 & 0 & 0.2500 & 0.7493
\end{pmatrix}
\begin{pmatrix}
C_2^{n} \\ C_3^{n} \\ C_4^{n} \\ C_5^{n} \\ C_6^{n} \\ C_7^{n}
\end{pmatrix} =
\begin{pmatrix}
44.975 \\ 0 \\ 0 \\ 0 \\ 0 \\ 0
\end{pmatrix}
$$

得 $[\overline{P}]^{-1} =$

$$
\begin{bmatrix}
1.1365 & -0.2477 & 0.0540 & -0.0118 & 0.0025 & -0.0004 \\
0.0752 & 1.1201 & -0.2442 & 0.0532 & -0.0113 & 0.0017 \\
0.0050 & 0.0741 & 1.1204 & -0.2443 & 0.0517 & -0.0079 \\
0.0003 & 0.0049 & 0.0741 & 1.1208 & -0.2374 & 0.0364 \\
0.0000 & 0.0003 & 0.0048 & 0.0720 & 1.0891 & -0.1670 \\
0.0000 & 0.0001 & 0.0010 & 0.0144 & 0.2177 & 0.7661
\end{bmatrix}
$$

4. 计算结果

计算结果见表 12-5，本实例的解析解法计算结果列于表 12-6。

有限元法解河流迁移方程实例计算结果 表 12-5

时间 (h) \ 距离 (km) 浓度 (mg/L) 计算结果	C_1 1	C_2 2	C_3 3	C_4 4	C_5 5	C_6 6	C_7 7	C_8 8
0.0	10	0	0	0	0	0	0	0
0.1	10	5.115	0.3381	0.0224	0.0015	0.0001	0	0
0.2	10	7.346	2.908	0.353	0.034	0.003	0	0
0.3	10	8.480	5.111	1.787	0.291	0.034	0.007	0
0.4	10	9.097	6.702	3.510	1.157	0.216	0.054	—
0.5	10	9.448	7.791	5.090	2.416	0.759	0.229	—
0.6	10	9.653	8.520	6.383	3.784	1.653	0.618	—
0.7	10	9.775	9.004	7.379	5.071	2.763	1.252	—
0.8	10	9.849	9.323	8.117	6.184	3.931	2.008	0.085
0.9	10	9.894	9.533	8.652	7.096	5.048	3.040	
1.0	0	9.922	9.671	9.034	7.815	6.045	4.042	2.039
1.1	0	4.828	9.424	9.280	8.366	6.891	5.008	—
1.2	0	2.604	6.914	9.138	8.749	7.587	5.894	4.201

解析解法解河流迁移方程实例计算结果 表 12-6

时间 (h) \ 距离 (km) 浓度 (mg/L) 计算结果	C_1 1	C_2 2	C_3 3	C_4 4	C_5 5	C_6 6	C_7 7	C_8 8
0.0	10	0	0	0	0	0	0	0
0.2	10	7.52	1.89	0.19	0.01	0	0	0
0.4	10	8.91	6.12	2.81	0.79	0.13	0.01	0
0.6	10	9.59	8.28	5.92	3.24	1.28	0.36	0.07
0.8	10	9.82	9.22	7.87	5.78	3.48	1.65	0.61
1.0	10	9.91	9.62	8.91	7.57	5.68	3.64	1.93
1.2	0	3.42	7.90	9.23	8.64	7.34	5.60	3.75
1.4	0	1.05	3.75	6.86	8.45	8.29	7.14	5.54

12.4　弥散系数 K 的测定方法

1. 麦克基卫（Mcqivey）和基佛（Keefer）法

$$K = 0.115 \frac{Q}{2sb}\left(1 - \frac{F^2}{4}\right) \tag{12-39}$$

式中　Q——流量，m^3/s；

　　　　s——河底坡度；

　　　　b——河宽，m；

　　　　$F = \dfrac{u}{\sqrt{gf}}$

其中　u——平均流速，m/s；

　　　　f——河深，m；

　　　　$g=9.81m/s^2$。

2. 跟踪法

在一条河流的两个测点 x_1 和 x_2 观察示踪物云，这个示踪物云经过两个测点的平均时间是 t_1 及 t_2，两个测点间的流速是 u。跟踪法的基本概念是以示踪物云的变化速率来度量弥散系数。即 $K = \dfrac{1}{2}\dfrac{\partial \sigma_x^2}{\partial t}$，取 $u^2 = \dfrac{\sigma_x^2}{\sigma_t^2}$ 得 $K = \dfrac{1}{2}\dfrac{\partial}{\partial t}(u^2\sigma_t^2) = \dfrac{u^2}{2}\dfrac{\partial \sigma_t^2}{\partial t}$，最后得：

$$K = \frac{u^2}{2} \cdot \frac{\sigma_{t2}^2 - \sigma_{t1}^2}{t_2 - t_1} \tag{12-40}$$

式中　流速 $u = \dfrac{Q}{A}$ 可分河段取不同的值。σ_t 为示踪物云最高浓度 50% 处的两点间距离。

3. 埃尔德公式（Elder）

$$K = 5.93fp \tag{12-41}$$

式中　$p = \sqrt{gfs}$，其中 $g = 9.81m/s^2$；

　　　　f——河深度，m；

　　　　s——河底坡度。

类似的计算式，如：$K = 77nuf^{\frac{5}{6}}$ $\tag{12-42}$

式中　u——流速，m/s；

　　　　f——河深度，m；

　　　　n——曼宁粗糙度。

4. 费士法（Fischer）

费士证明了在向下游的流速中横向的变化是形成弥散的主要原因。由紊流引起的侧向扩散被抵消为微小的增量。费士公式为：

$$K = -\frac{1}{A}\int_0^b q'(Z)\mathrm{d}Z \int_0^Z \frac{1}{\varepsilon_{Z'}f(Z')}\mathrm{d}Z' \int_0^{Z'} q'(Z'')\mathrm{d}Z'' \tag{12-43}$$

上式可近似地写作：$K = -\dfrac{1}{A} \displaystyle\sum_{K=2}^{n} q'_K \Delta Z_K \left[\sum_{j=2}^{K} \dfrac{\Delta Z_j}{\varepsilon_{Z_j} f_j} \left(\sum_{i=1}^{j-1} q'_i \Delta Z_i \right) \right]$　　（12-44）

式中　　$q'(Z) = \displaystyle\int_{0}^{f(t)} [u(y,z) - \bar{u}]\mathrm{d}y$ ；

其中　　y——垂直坐标；

　　　　z—— 横坐标；

　　　　ε_z——横向紊流混合系数；

　　　　$q'_i = \dfrac{1}{2}(f_i + f_{i+1})(u_i - \bar{u})$ ；

　　　　$\varepsilon_{z_i} = 0.23 f_i u_*$ ，

其中　　$u_* = \sqrt{gsf}$ ；

　　　　$\bar{u}$—— 断面的平均流速。

为了由上式计算 K，需要给定薄片距离 Z_i，在一个薄片左侧的深度 f_i 及在一个薄片里的平均流速 u_i，并根据上式写出计算机程序，则可计算 K 值了。

5. 河口中弥散系数 K 的测定

除瞬时排放的情况外，在河流中通常可以忽略弥散作用。而在河口中，弥散作用是很重要的。确定 K 通常是把盐度作为示踪物，由

$$\frac{S}{S_0} = \mathrm{e}^{\frac{ux}{K}} \qquad\qquad (12\text{-}45)$$

下式来确定 K 值：

在河口 $x=0$ 处，向上游方向是负值。

12.5　水力学计算式

在迁移方程中常涉及有关水力学问题，特别是当流量 Q、流速 u 有变化时，就要分段计算污染物的迁移扩散。设深度为 f，河宽为 b，河流断面为 A，则有：

$$A = \frac{Q}{u}, \qquad A = f \cdot b, \qquad b = \frac{Q}{u \cdot f}$$

取 $u = \alpha Q^\beta$ 及 $f = \gamma Q^\delta$ 则：$b = \dfrac{Q}{u \cdot f} = \dfrac{Q}{\alpha Q^\beta \cdot \gamma Q^\delta} = \dfrac{1}{\alpha\gamma} Q^{(1-\beta-\delta)}$　　（12-46）

其中 α 和 γ 随河流流域的位置而改变，然而 β 及 δ 趋向一个稳定的范围，约为 $\beta=0.4$，$\delta=0.6$。由大量的实测数据 Q，A，f 及 b，再由回归计算（本书第 1、2 章）可算得 α，β，γ 及 δ。

第13章 河流污染的控制与预报

13.1 河流污染迁移预报方程

河流是饮用水水源，并用于农田灌溉。河流更是自然生态平衡的重要水源。目前，河流污染严峻，直接关系到饮用水水源污染，危害人们生命安全。因此防治河流污染，迫在眉睫。研究河流污染物问题，就是研究河流污染物的迁移转化规律。在此基础上，研究如何控制与预报河流污染。按照它的区域性特性，必须建立起河流污染迁移模型，继而建立能够表达迁移模型的迁移方程。本节列出一维的河流迁移方程，其一般形式为：

$$\frac{\partial C}{\partial t} + u_x \frac{\partial C}{\partial x} = E_x \frac{\partial^2 C}{\partial x^2} + \sum_{i=1}^{n} S_i - \sum_{j=1}^{m} r_j \tag{13-1}$$

式中　C——污染物的浓度；

　　　t——时间；

　　　x——距离；

　　　u_x——河水流速；

　　　E_x——弥散系数；

　　　S_i——污染物来源（排入）；

　　　r_j——污染物消减（沉降或衰变）。

1. 稳态平流迁移方程

当无海潮涨落的影响时，河水中污染物扩散作用远小于迁移作用，扩散可忽略不计，则式（13-1）中 $E_x \frac{\partial^2 C}{\partial x^2} = 0$，对于低流量的河流，污染状态不随时间发生明显变化，可采用稳态模型，即认为式（13-1）中 $\frac{\partial C}{\partial t} = 0$，则式（13-1）简化为稳态平流迁移方程：

$$u \frac{dC}{dx} = \sum_{i=1}^{n} S_i - \sum_{j=1}^{m} r_j \tag{13-2}$$

式（13-2）中的污染物来源及消减项对于不同的水质组分是有区别的。以下分别举例说明。

2. 有机污染物生化耗氧量 BOD_C 迁移方程

BOD_C 迁移方程如下：

$$u \frac{dL}{dx} = -K_1 L \tag{13-3}$$

式中　L——BOD_C 浓度；

　　　K_1——BOD_C 的脱氧速率。

3. 有机污染物河水中溶解氧浓度分布

溶解氧浓度分布公式如下：

$$u\frac{dC}{dx} = -K_1 L + K_2(C_s - C)$$ (13-4)

式中 C——河水中溶解氧浓度；

K_2——复氧常数；K_1 及 L 含义同前；

C_s——饱和溶解氧浓度，可按下式计算：$C_s = \dfrac{468}{31.6+T}$ 或 $C_s = 14.54 - 0.39T + 0.01T^2$

其中 T——河水温度，℃。

4. 斯垂特 - 菲利普斯模式（Streeter-Phelps）

由式（13-3）及式（13-4）联立解算河水中溶解氧的分布状态，即得到被广泛使用的斯垂特 - 菲利普斯模式（1925 年建立）：

$$\left.\begin{array}{l} \dfrac{\partial L}{\partial t} + u\dfrac{\partial L}{\partial x} = E_x\dfrac{\partial^2 L}{\partial x^2} - K_1 L_1 \\[2mm] \dfrac{\partial C}{\partial t} + u\dfrac{\partial C}{\partial x} = E_x\dfrac{\partial^2 C}{\partial x^2} - K_1 L + K_2(C_s - C) \end{array}\right\}$$ (13-5)

（1）式（13-5）的稳态解析解 1（考虑弥散项）

方程 1 $\begin{cases} K\dfrac{d^2 L}{dx^2} - u\dfrac{dL}{dx} - K_1 L = 0 \\[2mm] \text{边界条件} L(0) = L_0, \quad L(\infty) = 0 \end{cases}$

方程 1 解为式（13-6）：

$$L = L_0 \cdot e^{\frac{ux}{2K}\left(1-\sqrt{1+4K_1 K/u^2}\right)} = L_0 \cdot e^{\beta x}$$ (13-6)

将式（13-6）代入式（13-4）得：

方程 2 $\begin{cases} K\dfrac{d^2 C}{dx^2} - u\dfrac{dC}{dx} - K_2 C = K_1 L_0 e^{\beta x} - K_2 C_s \\[2mm] \text{边界条件} C(0) = C_0, \quad C(\infty) = C_s \end{cases}$

方程 2 解为式（13-7）：

$$C = C_s - (C_s - C_0) e^{\frac{ux}{2K}\left(1-\sqrt{1+4K_2 K/u^2}\right)} + \frac{K_1 L_0}{K_1 - K_2}\left(e^{\frac{ux}{2K}\left(1-\sqrt{1+4K_1 K/u^2}\right)} - e^{\frac{ux}{2K}\left(1-\sqrt{1+4K_2 K/u^2}\right)}\right)$$ (13-7)

（2）式（13-5）的稳态解析解 2（忽略弥散作用）

方程 $\begin{cases} u\dfrac{dL}{dx} + K_1 L = 0 \qquad L(0) = L_0, \quad L(\infty) = 0 \\[2mm] u\dfrac{dC}{dx} + K_2 C = -K_1 L_0 e^{\beta_1 x} + K_2 C_s \qquad C(0) = C_0, \quad C(\infty) = C_s \end{cases}$

$$\text{解}\begin{cases} L = L_0 e^{-\frac{K_1}{u}x} \\ C = C_s - (C_s - C_0)e^{-\frac{x}{u}K_2} + \dfrac{K_1 L_0}{K_1 - K_2}\left[e^{-\frac{K_1}{u}x} - e^{-\frac{K_2}{u}x} \right] \end{cases} \tag{13-8}$$

（3）用斯垂特-菲利普斯模式预报溶解氧

预报溶解氧浓度最低值 C_c 及其发生的时间 t_c 与地点 X_c，公式如下：

$$C_c = C_s - \frac{L_0}{f_c}\left\{ f_c\left[1 - (f_c - 1)\frac{C_s - C_0}{L_0} \right] \right\}^{1/(1-f_c)} \tag{13-9}$$

$$X_c = \frac{u}{K_2 - K_1}\ln\left\{ f_c\left[1 - (f_c - 1)\frac{C_s - C_0}{L_0} \right] \right\} \tag{13-10}$$

$$t_c = \frac{1}{K_1(f_c - 1)}\ln\left\{ f_c\left[1 - (f_c - 1)\frac{C_s - C_0}{L_0} \right] \right\} \tag{13-11}$$

式中　$f_c = K_2/K_1$，其他符号含义同前。

（4）河流溶解氧的预报

$$\min(C_c^{(1)}, C_c^{(2)}, C_c^{(3)}, \dots, C_c^{(n)}) \geqslant C_L \tag{13-12}$$

式中　C_L——溶解氧（河道）标准值。

5. 欧康纳（O'Connor）迁移方程

由于斯垂特-菲利普斯模式在某些方面存在不足之处，在计算过程中，用该式会出现水中溶解氧为负值。因此许多学者提出修正，如托马斯（Thomas）认为 BOD 衰变速率还应考虑到 BOD 的沉淀、絮凝、冲刷与再悬浮等因素，用 $K_3 < 0$ 或 $K_3 > 0$ 来表示。而多宾斯（Dobbins）认为 BOD 不仅来自点源，而且来自分布源与局部径流，因此在 BOD 方程中应增加一项 S_L/A 来表示这些因素。康纳认为总的 BOD 是由碳化物 BOD_C 与氮化物 BOD_N 两部分组成，即 $L = L_C + L_N$，而且认为还应考虑水中藻类光合作用会增加溶解氧，而其呼吸作用会减少溶解氧（在方程中分别用 P 及 R 表示）。底泥会消耗溶解氧用 S 表示。则康纳模式为式（13-13）：

$$\left.\begin{aligned} \frac{\partial L_C}{\partial t} + u\frac{\partial L_C}{\partial x} &= E\frac{\partial^2 L_C}{\partial x^2} - (K_1 + K_3)L_C + \frac{S_{L_C}}{A} \\ \frac{\partial L_N}{\partial t} + u\frac{\partial L_N}{\partial x} &= E\frac{\partial^2 L_N}{\partial x^2} - K_N L_N + \frac{S_{L_N}}{A} \\ \frac{\partial C}{\partial t} + u\frac{\partial C}{\partial x} &= E\frac{\partial^2 C}{\partial x^2} - K_C L_C - K_N L_N + K_2(C_s - C) + P - R - S \end{aligned}\right\} \tag{13-13}$$

式中　L_C——BOD_C 浓度；

　　　L_N——BOD_N 浓度；

　　　C——溶解氧浓度；

　　　P——光合作用增加河水中溶解氧量；

　　R——水生生物呼吸消耗氧量；

　　S——底泥消耗氧量；其他符号含义同前。对于式（13-13）需采用数值解法。

6. 列奇（Rich）河流模式

美国列奇教授（L.G.Rich）认为许多河流藻类的光合作用与呼吸作用，对于溶解氧的影响可相互抵消，因此可从式（13-13）中略去 P、R 项。且认为连同底泥耗氧项 S，以及未估计到的来源及沉降因素，概括地用一个净源与沉降项 S_R 来表示，则列奇模式方程如下：

$$
\left.
\begin{aligned}
u\frac{dL_C}{dx} &= -K_C L_C \\
u\frac{dL_N}{dx} &= -K_N L_N \\
u\frac{dC}{dx} &= -K_C L_C - K_N L_N + K_2(C_s - C) - S_R
\end{aligned}
\right\}
\tag{13-14}
$$

式（13-14）的积分解析解为：

$$
\left.
\begin{aligned}
C(x) = C_s &- \frac{K_C L_C}{K_2 - K_C}\left(e^{-K_C\frac{x}{u}} - e^{-K_2\frac{x}{u}}\right) \\
&- \frac{K_N L_N}{K_2 - K_N}\left(e^{-K_{cn}\frac{x}{u}} - e^{-K_2\frac{x}{u}}\right) \\
&- \frac{S_R}{K_2}\left(1 - e^{-K_2\frac{x}{u}}\right) - (C_s - C)e^{-K_2\frac{x}{u}}
\end{aligned}
\right\}
\tag{13-15}
$$

7. 漓江曾用模式

对于河水中有机污染较轻，即当 BOD_N 浓度较低时，式（13-14）中的 $K_N L_N$ 项可以忽略掉。漓江实测数据表明 BOD_N 的浓度只有 BOD_C 浓度的 $1\% \sim 4\%$，漓江曾用模式为：

$$
\left.
\begin{aligned}
u\frac{dL}{dx} &= -(K_1 + K_3)L \\
u\frac{dC}{dx} &= -K_1 L + K_2(C_s - C) + S_R
\end{aligned}
\right\}
\tag{13-16}
$$

式（13-16）的积分解为：

$$
\left.
\begin{aligned}
L(x) = L_0 &\cdot e^{-(K_1+K_3)\frac{x}{u}} \\
C(x) = C_s &+ \frac{K_1 L_0}{K_1 + K_3 - K_2}\left(e^{-(K_1+K_3)\frac{x}{u}} - e^{-K_2\frac{x}{u}}\right) \\
&- \frac{S_R}{K_2}\left(1 - e^{-K_2\frac{x}{u}}\right) - (C_s - C)e^{-K_2\frac{x}{u}}
\end{aligned}
\right\}
\tag{13-17}
$$

式中　L——河水中 BOD_C 浓度；mg/L；

　　　C——河水中溶解氧浓度；mg/L；

　K_1、K_3——分别为河水中 BOD_C 的脱氧速率及沉降、冲刷与再悬浮等的速率，1/d；

K_2——复氧速率，1/d；

u——河水流速，m/s；

x——距离，m；

C_s——饱和溶解氧；

L_0，C_0——初始浓度，mg/L。

式（13-17）可作为河流有机污染（当 BOD_N 浓度较低时）的控制与预报方程。

以上讨论的模式方程只限于研究河流中受到有机物污染后，河水中溶解氧的分布状态。对于某些河流，若需要考虑其他组分对水质的影响，则可以采用更完整的模式，如 QUAL-I 或 QUAL-II 模式。

13.2　河流污染预报方程的参数估计

生化需氧量 BOD 总量及其衰变系数估计软件 RM11

河流水质污染预报参数估计软件 RM12

河流污染迁移方程的解可用于河流污染的控制与预报。但在预报方程中，含有待定参数，需要由实测数据确定这些待定参数。然后才可用预报方程作控制与预报。确定待定参数，一般采用回归法。本节介绍几个典型的参数估计法。

13.2.1　生化需氧量 BOD 总量及其衰变系数的估计

1. 基本公式

设 L 表示 BOD 浓度，K_1 表示其衰变系数，则有：

$$-\frac{\mathrm{d}L}{\mathrm{d}t} = K_1 L \qquad 得 L(t) = L_0 \cdot \mathrm{e}^{-K_1 t} \tag{13-18}$$

耗氧量　　$Y(t) = L_0 - L(t) = L_0(1 - \mathrm{e}^{-K_1 t})$ (13-19)

在实验室测定水样，得到一组数据 $(t_d, Y(t); d=1, \cdots, n)$，水样实测数据如表 13-1 所示。根据这组数据，按参数估计式：$Y(t) = L_0 - L(t) = L_0(1 - \mathrm{e}^{-K_1 t})$，估计参数 L_0 及 K_1 (T)，其中 L_0 表示初始 BOD 浓度；$K_1(T) = K_1(20) \cdot \theta^{T-20}$，其中 $K_1(20)$ 表示 20℃的 K_1 值；$\theta = 1.047$。因为式（13-19）为非线性函数，需线性化。取 $K_1 = K_1' + h$，则式（13-19）转化为：$Y(t) = L_0\left(1 - \mathrm{e}^{-(K_1'+h)t}\right) = L_0(1 - \mathrm{e}^{-K_1't} \cdot \mathrm{e}^{-ht})$ 当 h 很小时，可得：

$$Y(t) = L_0\left[1 - \mathrm{e}^{-K_1't} \cdot (1 - ht)\right] = L_0(1 - \mathrm{e}^{-K_1't}) + L_0 h t \mathrm{e}^{-K_1't} \tag{13-20}$$

改写上式，取：$Y(t) = af_1 + bf_2$ (13-21)

其中 $a = L_0$；$b = L_0 h$；$f_1 = 1 - \mathrm{e}^{-K_1't}$；$f_2 = t\mathrm{e}^{-K_1't}$。用测定得到的一组数据，由最小二乘法解算上式，应使 J 达到最小，来确定 a 与 b 值，

$$J = \sum_{t=1}^{n}\left(Y(t) - T(t)监测值\right)^2 = \sum_{t=1}^{n}\left((af_1 + bf_2) - T(t)监测值\right)^2，得：$$

$$a = \frac{\sum f_2^2 \cdot \sum (f_1 \cdot Y(t)) - \sum (f_1 \cdot f_2) \cdot \sum (f_2 \cdot Y(t))}{\sum f_1^2 \cdot \sum f_2^2 - \left(\sum (f_1 \cdot f_2)\right)^2}$$

$$b = \frac{\sum f_1^2 \cdot \sum (f_2 \cdot Y(t)) - \sum (f_1 \cdot f_2) \cdot \sum (f_1 \cdot Y(t))}{\sum f_1^2 \cdot \sum f_2^2 - \left(\sum f_1 \cdot \sum f_2\right)^2}$$

(13-22)

由 a 与 b 计算得 L_0 与 h 值。即 $L_0=a$，$h=b/a$。按图 13-1 指出的步骤，用近似计算法，逐步接近真值，即如果 $h > h_0$（给定的误差限，如取 0.001），则认为结果不够精确，再赋值，取 $K_1' = K_1' + h$ 其中 K_1' 可取 $K_1(20)$，迭代重新计算 a 与 b，最后得到 L_0 与 K_1 值。

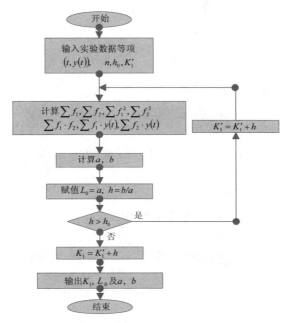

图 13-1 BOD 总量控制中的 L_0 及 K_1 估计

2. 衰变系数估计 L_0 与 K_1 计算实例

已知：水样实测数据如表 13-1 所示。

水样 BOD 实测值　　　　　　　　　　　　表 13-1

时间 t（d）	1	2	3	4	5	6	7	8	9	10
耗氧量 $y(t)$（mg/L）	50	85	107	125	138	148	155	161	167	170

求：按式（13-19）计算 L_0 与 K_1。

解算：采用软件 RM11 计算。

输入数据：输入表 13-1 中数据及 $h=0.0001$，$K_1'=0.3$，$N=10$。

计算结果：$K_1=0.2999$，$L_0=175.564$，

系数 $a = 175.4113$　　系数 $b = -0.0066839$。

3. 生化需氧量 BOD 总量及其衰变系数估计软件 RM11

（1）软件编制原理及功能

在实验室测定水样，得到一组数据 $(t_d,\ Y(t);\ d=1,\ \cdots,\ n)$，水样实测数据如表 13-1 所示（软件例题 1 输入数据）。根据这组数据，按式（13-19），估计参数 L_0 及 $K_1(T)$，设定初始 BOD 值 L_0 用于迭代计算。

$K_1(T) = K_1(20) \cdot \theta^{T-20}$，其中 $K_1(20)$ 表示 20℃的 K_1 值；$\theta = 1.047$。

（2）软件运行步骤

1）输入数据

在输入数据界面，由键盘输入数据。

共 5 项（name；N；K_1；H_0；$(t_d,\ Y(t))$）。

① name 为文件名，可输入中文或英文或数字；

②数据总数 N；

③ K_1 初始值（K_1'）；

④误差限值 H_0；

⑤监测数据（$t_d,\ Y(t)$；$d=1,\ \cdots,\ n$）。

数据有 3 种输入方式（详见软件说明）。

2）计算

在计算及结果界面，单击"RM11_ 生化需氧量 BOD 总量及其衰变系数估计"，可完成全部计算。

3）计算结果保存

单击"计算结果 存成文件"，文件可在 word 中调出。

4）计算结果打印

单击"计算结果 打印"，或打印任一界面，单击"打印窗体"，应预先开启打印机。

5）退出

单击"结束 退出"。

（3）软件界面

生化需氧量 BOD 总量及其衰变系数估计软件 RM11 界面如图 13-2 所示。

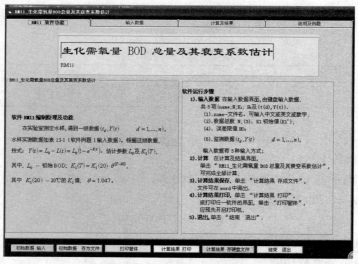

图 13-2　生化需氧量 BOD 总量及其衰变系数估计软件 RM11

（4）软件例题计算 打印结果（略）

提供1项例题，其文件名为：RM11_生化需氧量BOD总量及其衰变系数估计 例题1。

13.2.2　复氧系数 K_2 的估计

多宾斯与康纳复氧系数 K_2 公式为：$K_2 = \dfrac{24(D_1 u)^{\frac{1}{2}}}{f^{\frac{3}{2}}} 3600$ （13-23）

式中　D_1——水中氧的扩散，$D_1 = 2.039 \times 10^{-9} \text{m}^2/\text{s}$（在20℃时）；

　　　u——河水流速，m/s；

　　　f——平均水深，m。

K_2 与 K_1（衰变系数）一样受温度影响，其修正式为：$K_2(T) = K_2(20) \cdot \theta^{T-20}$

其中　$K_2(20)$ 表示20℃的 K_2 值；$\theta = 1.047$。如果以公式（13-23）得到的 K_2 不满意，则应由河流污染物监测数据按式（13-23）同其他参数一起估计。见13.3节。

O′Connor 和 Dobbins 推荐下式：$\dfrac{3.11 \times 480 \times D_1^{0.5} i^{0.25}}{f^{1.25}}$　式中 i——河床系数；其他符号含义同前。

13.2.3　河流污染预报方程的参数估计

以河流有机污染预报方程（13-23）为例，说明参数估计的一般方法。该法是根据河流污染物监测数据，由方程（13-23）或其他预报方程，同时估计出方程中的全部参数。

设一条河流选用斯垂特-菲利普斯类型的模式：

$$\left. \begin{array}{l} \dfrac{\mathrm{d}x}{\mathrm{d}t} = u; \quad u\dfrac{\mathrm{d}L}{\mathrm{d}x} = \dfrac{\mathrm{d}L}{\mathrm{d}t} = -(K_1 + K_3)L \\[2mm] u\dfrac{\mathrm{d}C}{\mathrm{d}x} = \dfrac{\mathrm{d}C}{\mathrm{d}t} = -K_1 L + K_2(C_s - C) + K_4 \end{array} \right\}$$

上式的解析解为：

$$\left. \begin{array}{l} L(x, K_1, K_3, L_0) = L_0 \cdot \mathrm{e}^{-(K_1+K_3)\frac{x}{u}} \\[2mm] C(x, K_1, K_2, K_3, K_4, C_0) = C_s + \dfrac{K_4}{K_2} - \left(C_s + \dfrac{K_4}{K_2} - C_0 \right) \\[2mm] \quad - \mathrm{e}^{-K_2\frac{x}{u}} + \dfrac{K_3 L_0}{K_1 + K_3 - K_2} \left(\mathrm{e}^{-(K_1+K_3)\frac{x}{u}} - \mathrm{e}^{-K_2\frac{x}{u}} \right) \end{array} \right\}$$ （13-24）

根据式（13-23）及实测数据确定式中参数 K_1，K_2，K_3，K_4。

1. 参数估计方法

$$\text{取} \left. \begin{array}{l} K_1(T) = \theta_1 \cdot \theta_2^{T-20} \\[1mm] K_2(T, Q) = \theta_3 \cdot Q^{\theta_4} \cdot \theta_5^{T-20} \\[1mm] K_3(Q) = \theta_6 \cdot Q^{\theta_7} \\[1mm] K_4(Q) = \theta_8 / Q \end{array} \right\}$$ （13-25）

考虑 n 个不同的稳定状态 (Q^i, T^i)，$i=1, 2, \cdots, n$，在 $x=0$ 及沿河设置的 r 个固定的监测站对每个稳定状态都测定水质的 BOD 与 DO。得到一组监测数据，其中包括一组起始条件 (L_0^i, C_0^i) $i=1, 2, \cdots, n$ 和一组水质数据 (L_j^i, C_j^i) $i=1, 2, \cdots, n$；$j=1, \cdots, r$ 以及每个监测站的距离 x_j，$j=1, \cdots, r$。

对于每个监测站 j 和每个状态 i 的模式计算值与监测值之差的平方值定义为：

$$\varepsilon_L^{ij} = (L(x_j, K_1(T^i), K_3(Q^i), L_0^i) - L_j^i)^2$$

$$\varepsilon_C^{ij} = (C(x_j, K_1(T^i), K_2(T^i, Q^i), K_3(Q^i), K_4(Q^i), L_0, C_0) - C_j^i)^2$$

每个稳态 i 的平方和为：

$$J^i = \sum_{j=1}^{r} (\lambda \varepsilon_L^{ij} + (1-\lambda)\varepsilon_C^{ij}) \tag{13-26}$$

式中 λ 为权重系数，它反映了 BOD 与 DO 监测值的可靠性。最后定义：

$$J = \sum_{i=1}^{n} J^i \tag{13-27}$$

由上式确定参数 $\theta_1, \theta_2, \cdots, \theta_8$，其条件是使 J 达到最小值。欲使 J 达到最小值，采用最速下降法。最速下降法的基本思路是沿函数 J 在某点的梯度负方向，J 值下降最快，当沿着这个方向每前进一个步长，便会得到一个新的 J 值，直到 J 达到极小值。

函数 J 梯度负方向为 $-\Delta J = -\left(\dfrac{\partial J}{\partial \theta_1}, \dfrac{\partial J}{\partial \theta_2}, \cdots, \dfrac{\partial J}{\partial \theta_8}\right)^T$

则梯度 J 的模 $= \sqrt{\sum_{j=1}^{8}\left(\dfrac{\partial J}{\partial \theta_j}\right)^2}$，$J$ 从起始值 $\begin{pmatrix} \theta_{1,0} \\ \theta_{2,0} \\ \vdots \\ \theta_{8,0} \end{pmatrix}$ 以步长 $\begin{pmatrix} \Delta\theta_1 \\ \Delta\theta_2 \\ \vdots \\ \Delta\theta_8 \end{pmatrix}$ 进行寻找，步长

$\Delta\theta_i = \dfrac{-\dfrac{\partial J}{\partial \theta_i}\rho}{\sqrt{\sum_{j=1}^{8}\left(\dfrac{\partial J}{\partial \theta_j}\right)^2}}$，其中 ρ 为步长因子。当取 $\theta_{i+1}=\theta_i+\Delta\theta_i$，且 $J(\theta_{i+1})-J(\theta_i) \leqslant \delta$（给定的任意小数）时，则认为 θ_{i+1} 即为所求。

2. 预报方程参数估计例题

[例 13-1] 某河流适用斯垂特 - 菲利普斯方程（取其稳态及忽略弥散时的情况），方程为：

$$\left.\begin{array}{l} u\dfrac{dL}{dx} = -K_1 L \\[2mm] u\dfrac{dC}{dx} = -K_1 L + K_2(C_s - C) \end{array}\right\} \tag{13-28}$$

方程解为：
$$L(x) = L_0 \cdot e^{-K_1 \frac{x}{u}}$$
$$C(x) = C_s - (C_s - C) \cdot e^{-K_2 \frac{x}{u}} + \frac{K_1 L_0}{K_1 - K_2} \cdot \left(e^{-K_1 \frac{x}{u}} - e^{-K_2 \frac{x}{u}} \right)$$

要求估计参数 K_1，K_2。例题监测数据为：$\begin{array}{l} C_s = 10\text{mg/L}, \quad L_0 = 20\text{mg/L}, \\ C_0 = C_s, \quad u = 4\text{km/h} \end{array}$ 及表 13-2。

河流溶解氧监测 表 13-2

N	1	2	3	4
x（km）	8	22	36	56
$C(x)$，DO（mg/L）	8.5	7.0	6.1	7.2

例题计算设定的初始数据共 3 项，ρ，K_{10}，K_{20}。以下对式（13-28）符号说明如下：

（1）C_s——饱和溶解氧浓度，mg/L，可按下式计算：

$$C_s = \frac{468}{31.6 + T} \quad \text{或} \quad C_s = 14.54 - 0.39T + 0.01T^2$$

式中　　T——河水温度，℃；

　　　　C_0——饱和溶解氧初始浓度，mg/L。

（2）L——河水中 BOD_C 浓度，mg/L；

　　　　C——河水中溶解氧浓度，mg/L；

L_0，C_0——初始浓度，mg/L。

（3）K_1——河水中 BOD_C 的脱氧速率，1/d；

　　　　K_2——复氧速率，1/d；初值 K_{10} K_{20}。

（4）u——河水流速，m/s。

（5）x——距离，m。

（6）ρ——步长因子，计算时可任意给定很小的初值。

（7）河流水质监测数据见表 13-2，表中 $C(x)$ 为饱和溶解氧浓度，通常表示为 DO(mg/L)。

$$J(K_1, K_2) = \sum_{x=x_1}^{x_n} \left(C_x \text{计算} - C_x \text{实测} \right)^2$$

计算得：
$$J(K_1, K_2) = \left[10 + \frac{20K_1}{K_1 - K_2}(e^{-2K_1} - e^{-2K_2}) - 8.5 \right]^2 + \left[10 + \frac{20K_1}{K_1 - K_2}(e^{-7K_1} - e^{-7K_2}) - 7 \right]^2 +$$
$$\left[10 + \frac{20K_1}{K_1 - K_2}(e^{-9K_1} - e^{-9K_2}) - 6.1 \right]^2 + \left[10 + \frac{20K_1}{K_1 - K_2}(e^{-14K_1} - e^{-14K_2}) - 7.2 \right]^2$$

调用软件 RM12 例题 1，输入相应的数据，得结果：BOD 参数 K_1=0.0558712，溶解氧参数 K_2=0.2011656。

[例 13-2] 本例题仍采用斯垂特 - 菲利普斯方程（取其稳态及忽略弥散时的特殊情况），即式（13-28）方程解仍为：

$$L(x) = L_0 \cdot e^{-K_1 \frac{x}{u}}$$
$$C(x) = C_s - (C_s - C) \cdot e^{-K_2 \frac{x}{u}} + \frac{K_1 L_0}{K_1 - K_2} \cdot \left(e^{-K_1 \frac{x}{u}} - e^{-K_2 \frac{x}{u}} \right)$$

要求估计参数 K_1，K_2。与例题 1 的区别是输入数据有变化，输入数据如表 13-3 所示。

输入数据　　　　　　　　　　　　　　表 13-3

1. 项目名称：	RM12_ 河流水质污染预报的参数估计 例题 2		
2. 数据总数	$N=4$	3. 饱和溶解氧浓度	$C_s=14.0$ mg/L
4. 饱和溶解氧初始浓度 $C_0=18.0$ mg/L		5. 河水中 BOD 初始浓度	$L_0=30.0$ mg/L
6. 河水流速	$u=6.0$ km/h	7. K_1 初始值	$K_{10}=0.001$ L/d
8. K_2 初始值	$K_{20}=0.04$ L/d	9. 步长因子初值	$R_u=0.0001$
10. 数据 x（km）	C（mg/L）详见表 13-2		

$$J(K_1, K_2) = \sum_{x=x_1}^{x_n} (C_x 计算 - C_x 实测)^2$$

计算得：
$$J K_1, K_2 = \left[14 + 4e^{-\frac{8}{6}K_2} + \frac{30K_1}{K_1 - K_2} \left(e^{-\frac{8}{6}K_1} - e^{-\frac{8}{6}K_2} \right) - 8.5 \right]^2$$
$$+ \left[14 + 4e^{-\frac{22}{6}K_2} + \frac{30K_1}{K_1 - K_2} \left(e^{-\frac{22}{6}K_1} - e^{-\frac{22}{6}K_2} \right) - 7 \right]^2$$
$$+ \left[14 + 4e^{-\frac{36}{6}K_2} + \frac{30K_1}{K_1 - K_2} \left(e^{-\frac{36}{6}K_1} - e^{-\frac{36}{6}K_2} \right) - 6.1 \right]^2$$
$$+ \left[14 + 4e^{-\frac{56}{6}K_2} + \frac{30K_1}{K_1 - K_2} \left(e^{-\frac{56}{6}K_1} - e^{-\frac{56}{6}K_2} \right) - 7.2 \right]^2$$

调用软件 RM12，输入相应的数据，得结果：BOD 参数 $K_1=0.2254754$，溶解氧参数 $K_2=0.2777232$。

3. 河流水质污染预报参数估计软件 RM12

（1）软件编制原理及功能

软件名称：RM12_ 河流水质污染预报的参数估计某河流适用斯垂特 - 菲利普斯方程，取其特殊情况，方程为：

$$u \frac{dL}{dx} = -K_1 L$$
$$u \frac{dC}{dx} = -K_1 L + K_2 (C_s - C)$$

方程解为：

$$L(x) = L_0 \cdot e^{-K_1 \frac{x}{u}}$$
$$C(x) = C_s - (C_s - C) \cdot e^{-K_2 \frac{x}{u}} + \frac{K_1 L_0}{K_1 - K_2} \cdot \left(e^{-K_1 \frac{x}{u}} - e^{-K_2 \frac{x}{u}} \right)$$

要求估计参数 K_1，K_2。

（2）软件运行步骤

1）输入数据

在输入数据界面，由键盘输入 10 项数据：

① name 为文件名，可输入中文或英文或数字；

②数据总数 N；

③饱和溶解氧浓度 C_S（mg/L）；

④溶解氧初始浓度 C_0（mg/L）；

⑤ BOD 初始浓度 L_0（mg/L）

⑥河水流速 u（km/h）；

⑦ K_1 初始值 K_{10}（1/d）；

⑧ K_2 初始值 K_{20}（1/d）；

⑨步长因子初值用 R_u 表示；

⑩数据 x（km），C（mg/L）。

数据有 3 种输入方式，详见软件输入界面。

2）计算

在计算及结果界面，单击"RM12_河流水质污染预报的参数估计"。

3）计算结果保存

单击"计算结果 存成文件"，文件可在 word 中调出。

4）计算结果打印

单击"计算结果 打印"，或打印任一界面，单击"打印窗体"。

5）退出

单击"结束 退出"。

（3）软件界面

河流水质污染预报的参数估计软件 RM12 界面如图 13-3 所示。

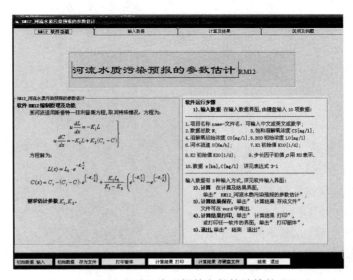

图 13-3　河流水质污染预报的参数估计软件 RM12

（4）软件例题计算

RM12 软件共 2 项例题，已录成数据文件，与软件同时提供。

其文件名为：

1）RM12_ 河流水质污染预报的参数估计例题 1；2）RM12_ 河流水质污染预报的参数估计 例题 2。

13.3　河流溶解氧的控制与预报

河流溶解氧的预报软件 RM12A

河水中缺氧是由于厌氧细菌的存在，会危害水生生物的生长。消耗水中溶解氧的过程包括：BOD 反应；硝化作用；污泥的氧化；藻类的呼吸。在耗氧过程的同时亦产生复氧，即再曝气（复氧）与光合作用。复氧的速度与氧亏成正比。氧亏是指饱和溶解氧与实际溶解氧间的差值。本节对河流溶解氧作较全面地讨论。

13.3.1　河流溶解氧模式

1. 河流中氧平衡的基本方程

采用下列氧平衡的基本方程（一维方程）：

$$\left.\begin{aligned}
\frac{\partial C}{\partial t} + u\frac{\partial C}{\partial x} &= K\frac{\partial^2 C}{\partial x^2} - K_1 L + K_2(C_s - C) + P - R - S - N \\
\frac{\partial L}{\partial t} + u\frac{\partial L}{\partial x} &= K\frac{\partial^2 L}{\partial x^2} - (K_1 + K_2)L
\end{aligned}\right\} \tag{13-29}$$

一般是忽略弥散项，即取 $K=0$；且只考虑稳态解。则方程（13-29）简化为：

$$\left.\begin{aligned}
u\frac{dC}{dx} &= -K_1 L + K_2(C_s - C) + P - R - S - N \\
u\frac{dL}{dx} &= -(K_1 + K_3)L
\end{aligned}\right\} \tag{13-30}$$

解算式（13-30）采用欧拉法，差分公式为：

$$\left.\begin{aligned}
\Delta C &= \frac{\Delta x}{u}\left[-K_1 L + K_2(C_s - C) + P - R - S - N\right] \\
L &= L_0 \cdot \exp\left(-(K_1 + K_3) \cdot \frac{\Delta x}{u}\right)
\end{aligned}\right\} \tag{13-31}$$

式中　C——水中溶解氧的浓度，mg/L；

K_1——BOD 反应速率，1/d；

K_3——BOD 迁移速率，1/d，（沉淀时 $K_3>0$，悬浮时 $K_3<0$）；

L——BOD_5 浓度，mg/L；

K_2——复氧系数，1/d；

C_s——饱和溶解氧的浓度，mg/L；

P——光合作用产生氧速率，mg/d；

R——藻类吸收耗氧率，mg/d；

S——污泥沉淀物耗氧率，mg/d；

N——硝化作用耗氧率，mg/d。

2. 解算方程（13-31）

（1）生化耗氧量 BOD 项

$$由 \frac{dL}{dt} = -K_1 L \qquad 得 L(t) = L_0 e^{-K_1 t} \tag{13-32}$$

$$对于式（13-31）采用 L(t) = L_0 e^{-(K_1+K_3)t} \tag{13-33}$$

$$Y(t) = L_0 - L(t) = L_0(1 - e^{-K_1 t}) \tag{13-34}$$

式中　$Y(t)$——生化耗氧量 BOD 浓度，mg/L；

　　　L_0——时间 $t \to \infty$ 时的 BOD 浓度，mg/L；

　　　$L(t)$——经过时间 t 后，水中剩余的溶解氧，mg/L。

水中 BOD_5 用 L 表示时：

$$L = (Q_R \cdot L_R + Q_S \cdot L_S)/Q \tag{13-35}$$

式中　Q_R，L_R——河流中原有的流量，m^3/s；与 BOD 浓度，mg/L；

　　　Q_S，L_S——污染物的流量，m^3/s；与 BOD_5 浓度，mg/L。

$$K_1(T) = K_1(20) \cdot \theta^{T-20} \tag{13-36}$$

式中　$K_1(20)$——20℃时的 BOD 反应速率，$\theta = 1.047$；

　　　　　T——水温，℃。

$$L_0 = L_5/(1.0 - \exp(-K_{11} \times 5)) \times (1.0 + 0.02 \times (T - 20))$$

其中　$L_0 = (1 - e^{-K_{L5}}) \cdot L$

$$L(t) = L_0 \exp(-K_R \cdot t) \tag{13-37}$$

其中　$K_R = K_1 + K_3$ 表示 BOD 的迁移率。

$$K_R = K_{R1} \times 1.047^{T-20} \tag{13-38}$$

式中　K_{R1}——20℃时的 K_R 值。

（2）复氧项　$K_2 \cdot (C_s - C)$

$$K_2 = K_{21} \times 1.047^{T-20} \tag{13-39}$$

式中　K_{21}——20℃时的 K_2 值。

$$K_{21} = \frac{24 \times 3600 \times (D_1 \times u)^{\frac{1}{2}}}{f^{3/2}} \tag{13-40}$$

式中　D_1——水中氧的扩散系数，在 20℃时 $D_1 = 2.039 \times 10^{-9} m^2/s$；

f——平均深度，m；

u——平均流速，m/s；取 u 的单位为 km/d 时，式（13-40）中的 u 应改为 $u/(24 \times 3.6)$。

饱和溶解氧 $C_S = 468/(31.6 + T)$ $\qquad$ (13-41)

水中溶解氧初始值 $C = \dfrac{\varphi_s \cdot Q_s + \varphi_R \cdot Q_R}{Q}$ $\qquad$ (13-42)

式中　φ_s——污染物的溶解氧浓度，mg/L；

$\quad\quad Q_s$——污染物的溶解氧流量，m³/s；

$\quad\quad \varphi_R$——混合前河水中溶解氧浓度，mg/L；

$\quad\quad Q_R$——混合前河水流量，m³/s。

（3）硝化作用耗氧项

$$N = \frac{dC}{dt} = 4.57 \times \frac{dC_{N1}}{dt} + 1.14 \times \frac{dC_{N2}}{dt} \qquad (13\text{-}43)$$

式中　$-\dfrac{dC_{N1}}{dt} = \dfrac{K_{N1} \cdot M_{N1} \cdot C_{N1}}{K_{S1} + C_{N1}}$ $\qquad$ (13-44)

$\quad\quad -\dfrac{dC_{N2}}{dt} = \dfrac{dC_{N1}}{dt} + \dfrac{K_{N2} \cdot M_{N2} \cdot C_{N2}}{K_{S2} + C_{N2}}$ $\qquad$ (13-45)

式中　K_{N1}——氨氮硝化速率常数，依赖于温度变化，取：

$$K_{N1} = K_{N1}(20) \, \theta^{T-20} \qquad (13\text{-}46)$$

其中　$\theta = 1.088$，$K_{N1}(20) = 1.47$；

$\quad\quad K_{N2}$——亚硝酸氮硝化速率常数，取：

$$K_{N2} = K_{N2}(20) \, \theta^{T-20} \qquad (13\text{-}47)$$

其中　$\theta = 1.058$，$K_{N2}(20) = 4.90$；

$\quad\quad M_{N1}$，M_{N2}——亚硝化杆菌及硝化杆菌浓度，mg/L；

$\quad\quad K_S$——氨氮硝化的半速率常数。

$$M_{N1} = M_{N1}^0 + a_{N1} \cdot (C_{N1}^0 - C_{N1}) \qquad (13\text{-}48)$$

式中　C_{N1}^0，M_{N1}^0——分别为氨氮及细菌的初始浓度，mg/L；

$\quad\quad a_{N1}$——细菌产生常数，$a_{N1} = 0.29$。

注：符号中下角标为 1 的是指氨氮，下角标为 2 的是指亚硝酸氮（下同）。

$$M_{N2} = M_{N2}^0 + a_{N2} \cdot (C_{N2}^0 - C_{N2}) + a_{N2} \cdot (C_{N1}^0 - C_{N1}) \qquad (13\text{-}49)$$

考虑到河流污染前后，以上各项浓度及其混合浓度，取以下各式：

$$C_{N1}^0 = (Q_R \cdot C_{N1R}^0 + Q_s \cdot C_{N1S}^0)/Q \qquad (13\text{-}50)$$

$$C_{N2}^0 = (Q_R \cdot C_{N2R}^0 + Q_s \cdot C_{N2S}^0)/Q \qquad (13\text{-}51)$$

$$M_{N1}^0 = (Q_R \cdot M_{N1R}^0 + Q_s \cdot M_{N1S}^0)/Q \qquad (13\text{-}52)$$

$$M_{N2}^0 = (Q_R \cdot M_{N2R}^0 + Q_s \cdot M_{N2S}^0)/Q \qquad (13\text{-}53)$$

（4）光合作用

$$P = \begin{cases} P_{\max} \cdot \sin \dfrac{\pi \cdot (t - t_{sr})}{t_{ss} - t_{sr}} & \text{当 } t_{sr} < t < t_{ss} \text{ 时} \\ 0 & \text{当 } t_{sr} > t > t_{ss} \text{ 时} \end{cases} \qquad (13\text{-}54)$$

式中　$P_{\max}$——光合作用最大产氧率，mg/d；

t_{ss}——日落时间 $\Big\}$ 取 $P_s = t_{ss} - t_{sr}$。
t_{sr}——日出时间

（5）藻类呼吸作用耗氧率

$$R = 常数（mg/d） \qquad (13\text{-}55)$$

（6）底泥沉淀物耗氧率

$$S = 常数（mg/d） \qquad (13\text{-}56)$$

3. 基本方程的解算方法

对于方程（13-31）的解算方法，是将式（13-32）~式（13-56）代入式（13-31）中，然后采用欧拉法解算的。在给定初始值及选定计算步长后，分别计算出各氧亏项，在计算各氧亏前，应先计算各项参数（式（13-32）~式（13-56））。

解算时，是逐段进行的，每增加一处污染源，就认为是新的一段开始，因此，应给定各污染源的有关初始数据。对于每段河流，要求计算出下列各项数值：

按各点位置 x 求氧亏、BOD 耗氧量、水中溶解氧浓度、复氧累积值、氨氮浓度、亚硝酸盐浓度、硝化作用累积值、光合作用产生氧累积值、藻类呼吸耗氧累积值、污泥沉淀物耗氧累积值。对每段河流，还要计算出最大氧亏值、溶解氧含量最低点的位置及其数值、时间。

根据以上各项计算要求及公式编写了计算机软件。

13.3.2　河流溶解氧预报举例

[例 13-3] 计算某河流 500km 范围内河流溶解氧数值。要求沿河流每 10km 处计算得河流溶解氧。河流氧平衡初始数据如表 13-4 所示。

河流氧平衡初始数据　　　　　　　　　　　　　　　　　表 13-4

编号	项目	数值及单位	编号	项目	数值及单位	编号	项目	数值及单位
1	N_{10R}	5mg/L	8	Q_R	300m³/s	15	a_1	0.29
					500m³/s	16	a_2	0.084
2	N_{20R}	0mg/L	9	L_R	3mg/L	17	D_1	2.039×10^{-9}m²/s
3	K_{S1}	4.5mg/L	10	φ_R	7mg/L	18	$P_{\max}$	10
4	K_{S2}	2.0mg/L	11	X_{in}	0	19	R	3
5	M_{10R}	0	12	φ_S	2mg/L	20	S	0.5
6	M_{20R}	0	13	K_{11}	0.3	21	P_S	0.5
7	K_{R1}	0.3	14	T_0	20℃	22	TIME5	5

河流各段数据　　　　　　　　　　　　表 13-5

编号	项目	数值及单位	编号	项目	数值及单位	编号	项目	数值及单位
1	N_{10S}	15mg/L	5	X_{out}	300km，500km	9	α	0.1
2	N_{20S}	5mg/L	6	Q_S	2mg/L	10	β	0.4
3	M_{10S}	0.2mg/L	7	L_S	100mg/L	11	100γ	9.6
4	M_{20S}	0.1mg/L	8	T	15℃，28℃	12	δ	0.6

计算结果：详见河流溶解氧控制与预报软件 RM12A 例题 1。

13.3.3　河流溶解氧的预报软件 RM12A

1. 软件编制原理及功能

（1）软件编制原理

氧平衡的基本方程——差分公式为：

$$\left.\begin{array}{l} \Delta C = \dfrac{\Delta x}{u}[-K_1L + K_2(C_s - C) + P - R - S - N] \\ L = L_0 \cdot \exp\left(-(K_1 + K_3) \cdot \dfrac{\Delta x}{u}\right) \end{array}\right\}$$

计算步骤见图 13-4。

（2）软件功能：本软件用于预报河流溶解氧浓度及复氧、氧亏等浓度。可分别计算出河流各段、各点的溶解氧等 10 项数据：

1）DO——河水中溶解氧，mg/L；　　2）D——氧亏，mg/L；

3）BOD——生化耗氧量，mg/L；　　4）REARN——再暴气复氧值，mg/L；

5）NITRIN——硝化作用氧亏值，mg/L；　6）SLUDGE——底泥作用氧亏值，mg/L；

7）PHOTO——光合作用复氧值，mg/L；　8）RESPIR——藻类呼吸作用氧亏值，mg/L；

9）N1X——各点处的氨氮浓度，mg/L；　10）N2X——各点处的亚硝酸氮浓度，mg/L。

将河流分为若干段（按支流或污染源分段），每段分为若干点（点间距离长度恰巧被各段整除），当已知河流起点及各段起始点有关参数后，本软件按河流划分为两段设计。本软件亦可计算划分为一段的河流。

2. 软件运行步骤

运行软件的提示：

（1）参照以下输入数据，进行认真的环境监测，整理好监测数据。

（2）对河流进行分段规划，分段的依据：每段开头有污染源流入；或有支流；或因地形地貌变化（河水流量变化，需改变 4 个水力学参数）；水温 T 变化；河段终点 X_{out} 变化。

（3）关于软件功能，河流分段的说明：

1）本软件是按 2 段设计，计算只有 1 段时的输入法：调出本软件后，输入第 1 段数据后，按提示，中止第 2 段的计算；

2）划分为 2 段时的输入法：如例 1，即第 1 段和第 2 段输入数据不同；

3）划分为 3 段时的输入法：将 3 段河流分两次计算。先计算第 1 段，然后将第 2，3 段按两段再计算。

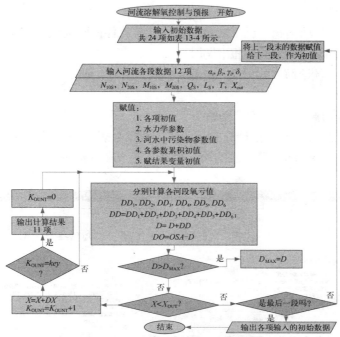

图 13-4 河流溶解氧控制与预报

软件运行步骤如下：

（1）输入数据

在输入数据界面，由键盘输入 48=22+12+2+（12）项数据，其中 22 项按表 13-4 输入，12 项按表 13-5 输入，2 项为项目名称及监测点间隔 KEY，此数值用于控制计算结果打印间隔，如 10km 或 20km，读者根据需要选取输入。在软件运行过程中，仍需要输入其中的(12)项数据类似表 13-5，但应改动，如例题 1，改变 T 及 X_{out} 两项。数据有 3 种输入方式，详见软件输入界面。输入的 36 项数据可存盘，单击"初始数据 存为文件"。

（2）计算

在计算及结果界面，单击"河流溶解氧的预报 RM12A"，在运行过程中，会提示用户是否计算第 2 段？如果计算第 2 段，则单击"确定"，将要求输入第 2 段数据。如果不计算第 2 段，则单击"取消"，将终止计算，即只算 1 段。

（3）计算结果保存

单击"计算结果 存硬盘文件"，文件可在 word 中调出。

（4）计算结果打印

单击"计算结果 打印"或打印任一界面，单击"打印窗体"。

（5）退出

单击"结束 退出"。

3．软件界面

河流溶解氧的预报软件 RM13 界面如图 13-5 所示。

4. 软件例题计算

RM12A 软件共 2 项例题，已录成数据文件，与软件同时提供。其文件名为：

（1）RM12A_ 河流溶解氧的预报 例题 1；

（2）RM12A_ 河流溶解氧的预报　例题 2 一段。

软件例题简介：

RM12A_ 河流溶解氧的预报　例题 1

本题即为河流溶解氧的预报计算实例，监测数据如表 13-4 及表 13-5 所示。分为两段，即 $0 \sim 300\text{km}, 300 \sim 500\text{km}$。第二段的输入数据与第一段不相同，只改变 T 及 X_{out} 两项数据。

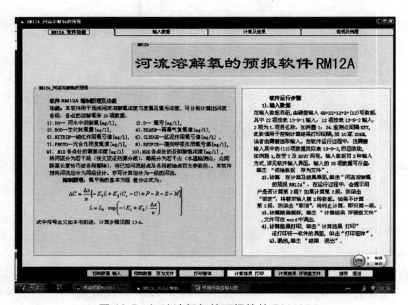

图 13-5　河流溶解氧的预报软件 RM12A

RM12A_ 河流溶解氧的预报 例题 2 一段

本题输入数据同题 1，只是按一段计算，即只计算了 $0 \sim 300\text{km}$ 河段。软件运行中，将提示用户：是否计算第 2 段？如果不计算第 2 段，需要单击"取消"，便中止计算。

5. [例 13-3] 打印结果

[例 13-3] 打印出的结果见表 13-6 ~ 表 13-9。

河流溶解氧的预报输入数据　　　　　　　　　　　表 13-6

1. 项目名称	RM12A_ 河流溶解氧的预报例题 1	
2. 河流中氨氮的初始浓度	$N10R=0$	mg/L
3. 河流中亚硝酸氮的初始浓度	$N20R=5.148519$	mg/L
4. 硝化作用	1/2 速度常数	$KS1=4.5$　mg/L
5. 亚硝化作用	1/2 速度常数	$KS2=2.0$　mg/L
6. 河流中亚硝化杆菌的初始浓度	$M10R=0.4676386$	mg/L
7. 河流中硝化杆菌的初始浓度	$M20R=0.0009898$	mg/L

续表

8. 20℃时的 BOD 反应速率	K11=0.3	1/d
9. 20℃时的 BOD 迁移速率	KR1=0.3	1/d
10. 河水中 BOD_5 的值	LR=0.028047	mg/L
11. 河水中原有溶解氧初始值	FR=-22.84422	mg/L
12. 河水流量	QR=404.0	m^3/s
13. 每段河流开始点 X 坐标	Xin=500.0	km
14. 亚硝化杆菌产生常数	A1=0.29	
15. 硝化杆菌产生常数	A2=0.084	
16. 流入污染物中溶解氧初始值	OS=2.0	mg/L
17. BOD_5 测定时的温度	T0=1.0	℃
18. 水中氧的扩散系数	D1=0.0	m^2/s
19. 光合作用的最大复氧率	PMAX=10.0	
20. 藻类吸收耗氧率	R=3.0	
21. 污泥沉淀物耗氧率	S=0.5	
22. 日照时间	PS=0.5	
23. BOD 测定的时间为 5d	TIME5=5.0	
24. 监测点间隔	$\triangle X$=20	km

第 1 河段输入数据 表 13-7

1. 污染物中氨氮的初始浓度	N10S=15	mg/L
2. 污染物中亚硝酸氮的初始浓度	N20S=5.0	mg/L
3. 污染物中亚硝化杆菌的初始浓度	M10S=0.2	mg/L
4. 污染物中硝化杆菌的初始浓度	M20S=0.10	mg/L
5. 污染物中 BOD_5 的值	LS=100.0	mg/L
6. 污染物质或支流流量	QS=2.0	m^3/s
7. 河水温度	T=15.0	℃
8. 每段河流结尾处 X 坐标	Xout=300.0	km
9. 水力学参数	ALPHA=0.1	
10. 水力学参数	BATA=0.4	
11. 水力学参数	GAMA=9.6	
12. 水力学参数	DELTA=0.6	

第 2 河段输入数据 表 13-8

1. 污染物中氨氮的初始浓度	N10S=15	mg/L
2. 污染物中亚硝酸氮的初始浓度	N20S=5.0	mg/L
3. 污染物中亚硝化杆菌的初始浓度	M10S=0.2	mg/L
4. 污染物中硝化杆菌的初始浓度	M20S=0.10	mg/L
5. 污染物中 BOD_5 的值	LS=100.0	mg/L

续表

6. 污染物质或支流流量	QS=2.0	m³/s	
7. 河水温度	T=28.0	℃	
8. 每段河流结尾处 X 坐标	Xout=500.0	km	
9. 水力学参数	ALPHA=0.1		
10. 水力学参数	BATA=0.4		
11. 水力学参数	GAMA=9.6		
12. 水力学参数	DELTA=0.6		

河流溶解氧计算结果 表 13-9

X	D	BOD	REARN	NITRIN	SLUDGE	PHOTO	RESPIR	DO	N1X	N2X
41.00	3.929	3.999	0.001	0.016	0.00	6.368	4.656	6.975	5.045	0.030
91.00	5.724	2.547	0.004	0.070	0.00	12.694	10.334	6.975	5.029	0.045
141.00	7.618	1.622	0.008	0.223	0.00	18.495	16.012	6.975	4.985	0.090
191.00	9.889	1.033	0.012	0.661	0.00	23.868	21.690	6.975	4.857	0.218
241.00	12.710	0.658	0.018	1.870	0.00	29.249	27.368	6.975	4.505	0.570
291.00	16.796	0.419	0.024	4.916	0.00	35.064	33.046	6.975	3.616	1.458
341.00	27.850	0.750	0.016	11.429	0.00	3.647	4.647	−6.099	0.094	5.054
391.00	28.808	0.331	0.041	11.753	0.00	10.014	10.313	−6.099	0.00	5.148
441.00	29.207	0.146	0.067	11.753	0.00	16.384	15.980	−6.099	0.00	5.149
491.00	29.503	0.064	0.094	11.753	0.00	22.754	21.647	−6.099	0.00	5.149

注：X 各监测点位置 KM；D 氧亏，mg/L；BOD 生化耗氧量，mg/L；
REARN 再暴气复氧值，mg/L；NITRIN 硝化作用氧亏值，mg/L；
SLUDGE 底泥作用氧亏值，mg/L；PHOTO 光合作用复氧值，mg/L；
RESPIR 藻类呼吸作用氧亏值，mg/L；N1X 各点处的氨氮浓度，mg/L；
N2X 各点处的亚硝酸氮浓度，mg/L；DO 河水中溶解氧，mg/L。

13.4　河流热污染的控制与预报

13.4.1　河流热污染的控制与预报（一）——非线性模式
河流热污染的控制与预报 1 软件 RM13

全面地研究河流水质问题，应当考虑到河流热污染问题。特别是当河流沿岸有大量废热排入时，应考虑到废热对水生生态体系的影响。尤其是对该地区的渔业生产的影响。如水温过高会使一些鱼类死亡（见表 13-10）。

一些鱼类致死温度 表 13-10

鱼类	致死温度（℃）	鱼类	致死温度（℃）
虹鳟鱼	20 ~ 24	胖头鲅鱼	28.2 ~ 33.2
鲈鱼	23 ~ 25	翻车鱼	30.7
蛙鱼	24.3	金鱼	30.8
蛙鱼苗	25	鲶鱼	31.8

一些国家排废热升高河水温度的界限，如苏联规定夏季水温允许升高 3℃，冬季水温允许升高 5℃。为了使水温不超过这些界限，也就是防止河流热污染，人们就必须定量地研究水体的各种热交换作用，掌握水体中热量迁移转化规律。探讨河流热污染控制与预报。

本节首先介绍河流水温模式，其次介绍预报方程的参数估计及其解算方法。河流水温模式区分为较为精确的非线性模式及简化的线性模式两种模式。本节介绍前一种模式，并给出河流水温实例计算。

1. 河流热污染问题的模型化

将河流热污染问题模型化，就是从河流的实际情况出发，简化掉次要因素，保留其主要因素，按照水力学及物质平衡、守衡原理，建立起水温随时间及空间变化的数学方程，以便对河流热污染的控制与预报。

河流热污染是由于排入工业废热所形成。水温变化是由于支流汇入或流出、河水与大气热交换、河水与河床热交换以及河水迁移、扩散等形成的。为了便于研究，将河流划分为若干均匀段，即认为每个均匀段内河深、河床横断面及河水流量均为常量，而且设定每个河段的点热源位于河段的起点处。

河流热污染模型如图 13-6 所示。按以上假设的河流温度模型，河流水温的迁移转化应满足下列方程：

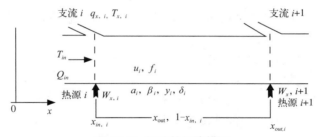

图 13-6 河流热污染模型

$$\frac{\partial T}{\partial t} + u\frac{\partial T}{\partial x} = \frac{1}{A}\frac{\partial}{\partial x}\left(K \cdot A \frac{\partial T}{\partial x}\right) + q_x(T_x - T)\cdot\frac{1}{A}$$

$$+ \frac{W_x}{A\cdot\rho\cdot C_\mathrm{p}} + \frac{\varphi_0(T,t,x)}{f\cdot\rho\cdot C_\mathrm{p}} + \frac{\varphi_\mathrm{b}(T,t,x)}{f\cdot\rho\cdot C_\mathrm{p}}$$

(13-57)

式中　T——水温，℃；

　　　t——时间，s；

　　　x——距离，m；

　　　u——河水流速，m/s；

　　　A——河床横截面，m^2；

　　　ρ——水的密度；

　　　C_p——水的比热；

　　　f——横断面平均河深，m；

　　　W_x——热源，W/m；

　　q_x，T_x——支流流量，m^3/s 及水温，℃；

K——热迁移扩散系数；

φ_0——通过水表面的热能流量，W/m^2；

φ_b——通过河底的热能流量，W/m^2。

对于式（13-57）当忽略水温扩散作用及忽略与河底的热交换，且将热源 W_x 与 q_x 项作为每个均一河段的边界条件时，则由方程（13-58）：

$$
\begin{aligned}
\frac{\mathrm{d}x}{\mathrm{d}t} &= t(xu), \\
\frac{\mathrm{d}T}{\mathrm{d}t} &= \frac{1}{\rho \cdot C_p \cdot f} \cdot \varphi_0(T, t)
\end{aligned}
\tag{13-58}
$$

在均一河段中得：

$$
\left.
\begin{aligned}
x - x_{\mathrm{in}} &= u(t - t_{\mathrm{in}}) \ \text{及} \ \frac{\mathrm{d}T}{\mathrm{d}x} = \frac{\varphi_0(T, t)}{\rho \cdot C_p \cdot f \cdot u} \\
\text{边界条件} \ T(x_{\mathrm{in}}) &= T_{\mathrm{in}} + \frac{W_x}{Q \cdot \rho \cdot C_p} + \frac{q_x}{Q}(T_x - T_{\mathrm{in}})
\end{aligned}
\right\}
\tag{13-59}
$$

式中　$Q = Q_{\mathrm{in}} + q_x$ 及 $u = \alpha Q^\beta$ 以及 $f = \gamma Q^\delta$ 各项水力学参数在每个河段内取相同的数值。流量 Q_{in} 取设计流量。

解算式（13-59）就可以得到河流水温的温度分布值。解算式（13-59）需要监测下列各项数据：

（1）热源排放量 W_x 静、动态数据；

（2）支流水温及流量 T_x，q_x；

（3）上游水温 T_{in}，及水力学参数 $Q_{\mathrm{in}, i}$；u_i，f_i，α_i，β_i，γ_i，δ_i，ρ，C_p；

（4）计算河水与大气热交换的能流量系数 $\varphi_0(T, t)$，则需要知道有关的气象数据（随时间变化的数据）：$I(t)$，$T_L(t)$，$E_L(t)$，$V(t)$，$W(t)$ 等；

（5）各监测点的水温实测值。

2. 河水与大气之间的热交换—参数估计

为了正确模拟水体温度，计算参数 $\varphi_0(T, t)$，需要研究大气与水体之间的热交换作用。全部热交换由三个重要部分组成，即辐射热流量 φ_r，蒸发热流量 φ_e 及对流热流量 φ_c，则得：

$$
\varphi_0(T, t) = \varphi_r + \varphi_e + \varphi_c
\tag{13-60}
$$

（1）辐射热流量 φ_r　$\varphi_r = I - R_1 + G - R_2 - S$ 　　　　　　　　　（13-61）

式中　I——入射的太阳短波辐射（气象台测定的数据），cal/（cm^2·h）；

R_1——I 被反射部分，约为 I 的 15%；1cal=4.184J（下同）；

G——大气辐射（长波）；

$$
G = \sigma \cdot (0.848 - 0.249 \times 10^{-0.069 E_L}) \cdot (T_L + 273)^4 \cdot (1 + 0.17 W^2)
$$

其中　$\sigma = 5.7 \times 10^8 \, \mathrm{W/(m^2 \cdot K^4)} = 1.36 \times 10^8 \, \mathrm{cal/(s \cdot m^2 \cdot K^4)}$；

E_L——水面 2m 以上的蒸汽压强（气象台测定的数据），mmHg；

T_L——空气温度（近似地取水面 2m 以上的气温，可取气象台数据），℃；

W——云率［无量纲］（0< W <1）；

R_2——G 被反射部分，约为的 3%；

S——水蒸发时的长波辐射热：$S=0.97\sigma(T+273)^4$，其中 T 是水温；σ 由前式给出。

（2）蒸发热流量 φ_e 　　$\varphi_e=(C_1+C_2\cdot V^{C_3})\cdot[E_L-E(T)]$ （13-62）

式中　V——水面以上 2m 处的风速，m/s；

E_L——水面以上 2m 处的蒸汽压，mmHg；

$E(T)$——水温 T 时的饱和蒸汽压；可任取以下两种近似式：

1）$E(T)=0.75\exp\left(54.721-\dfrac{6788.6}{T+273.16}-5.0016\cdot\ln(T+273.16)\right)$

2）$E(T)=\exp\left(-\dfrac{5411}{T+273}+21.32\right)$

其中　　　T——水温，℃；

C_1，C_2，C_3——经验常数，可采用

$C_1=0$；$C_2=11.64\text{W}/(\text{m}^2\cdot\text{mmHg})=2.73(\text{cal}/\text{s}\cdot\text{m}^2\cdot\text{mmHg})$；

$C_3=0.5$（或用线性表达式取 $C_3=1$）；1mmHg=133.322Pa（下同）。

（3）对流热流量 φ_c 　　$\varphi_c=\dfrac{1}{C_b}(C_1+C_2V^{C_3})\cdot(T-T_L)$ （13-63）

式（13-63）由鲍恩（Bowen）假设而得，即：

$\varphi_c=\varphi_e\dfrac{1}{C_b}\cdot\dfrac{T-T_L}{E(T)-E_L}$，将式（13-62）代入，便可得上式。

式中　$C_b=2.03\text{k/mmHg}$；T——水温，℃；

T_L——水面 2m 处气温。

综上所述，当已知以下六项数据：$I(t)$，$E_L(t)$，$T_L(t)$，$W(t)$，$V(t)$ 及水温 T 时，则可计算总的热流量 $\varphi_0(T,t)$，通常计算取下式：

$$
\begin{aligned}
\varphi_0(T,t)=&\,0.85I+10^{-9}(4.027-1.183\times10^{-0.069E_L})\\
&\times(T_L+273)^4(1+0.17W^2)-4.749\times10^{-9}(T+273)^4\\
&+\sqrt{V}\,[0.493(T_L-T)+E_L\\
&-\exp(-\dfrac{5411}{T+273}+21.32)]
\end{aligned}
$$
（13-64）

3. 河流热污染控制与预报方程的解算

对于式（13-59）不便于求解析解，采用数值积分法。以下列出解算的基本方法及步骤：

（1）用差商 $\dfrac{\Delta T}{\Delta X}$ 代替微分式，由欧拉法可知式（13-59）变为：

$$\Delta T=\Delta X\cdot\dfrac{\varphi_0(T,t)}{\rho\cdot C_p\cdot f\cdot u}$$
（13-65）

选择适宜的步长 ΔX，即 $\Delta X=\dfrac{X_{out}-X_{in}}{N}$，将河段划分为 N 个小段，得到相应的时间

步长为 $\Delta t = \dfrac{\Delta X}{u}$，则式（13-65）变为：

$$T(X + \Delta X) = T(X) + \Delta t \cdot \frac{\varphi_0(T, t)}{\rho \cdot C_p \cdot f} \qquad (13\text{-}66)$$

为了改进欧拉法，使其更符合实际情况，艾克（Eckel）和雷特（Renter）提出按式（13-67）解算：

$$T(X + \Delta X) = T(X) + \Delta t \cdot \frac{1}{\rho \cdot C_p \cdot f} \varphi_0 \left(t + \frac{\Delta t}{2}, T \left(X + \frac{T(X + \Delta X) - T(X)}{2} \right) \right) \qquad (13\text{-}67)$$

解算式（13-67）时，由于等号右侧含有 $T(X+\Delta X)$ 项，需要在给定初始值后，选 $T(X)$ 为 $T(X+\Delta X)$ 的初始值。在每个时间步长内（相应于在每个 ΔX 内）迭代地计算 $T(X+\Delta X)$，在不断地改善初始值的情况下，使得它逐渐地接近式（13-65）的计算结果。正确的计算应当是收敛的，即改善后的初始值与计算结果接近的程度，可以小于预先给定的精度要求 ε（$\varepsilon>0$），应满足以下的收敛准则：

$$\left| T_{\text{out}} - T(X + \Delta X) \right| < \varepsilon \qquad (13\text{-}68)$$

其中 T_{out} 为巡回初值。该值对应每个河段端点处，即取由式（13-59）中，边界条件计算得到的值 $T(X_{\text{in}})$，每个距离步长 ΔX 的初值，取上一个距离步长计算得到的 T 值。

（2）在下一个距离步长及相应的时间步长内，重复步骤（1），重复 N 次后，直到第一个河段计算完成。

（3）重复步骤（1）及（2），直到计算完所有河段为止。每当计算一个新的河段，即应输入一组新的数据：α_i，β_i，γ_i，δ_i，X_{out}，q_x，T_x，W_x。以上计算过程详见图 13-7。

4. 河流热污染计算实例（一）——非线性模式

（1）实例数据：某河流长 100km，在计算起点处及相隔 50km 处分别有支流及排放废热的点热源。要求计算出每隔 2km 处的水温分布。已知的各项数据列于表 13-11 ～ 表 13-13 中。

（2）计算：由式（13-65）编制软件 RM13 计算了本实例（详见 RM13 例题 1）。

（3）计算结果：结果列于表 13-14。

点热源的起始条件　　　　　　　　　　　　　　　　　　　　　　表 13-11

项目	入流流量 Q_{in}（m³/s）	入流水温 T_{in}（℃）	水温计算初始时间 t_0（h）	计算用于收敛判断值 ε
数值	450	16	1.0	0.001

支流及污染源排放量　　　　　　　　　　　　　　　　　　　　　　表 13-12

河段 \ 项目	X_{out} (km)	q_x (m³/s)	T_x (℃)	W_x (mcal/s)	α	β	γ	δ
第 1 河段	50	50	12	500	0.1	0.4	0.096	0.6
第 2 河段	100	80	15	800	0.1	0.4	0.096	0.6

注：计算时取 $\gamma \times 100$。

气象数据 表 13-13

T (h)	I [cal/(cm$^2\cdot$h)]	T_L (℃)	E_L (mmHg)	V (m/s)	W [一]
1	0	17.9	12.40	0.4	0
2	0	16.9	12.53	0.4	0
3	0	15.5	12.28	0.4	0
4	0	15.3	12.12	1.4	0.05
5	0	14.7	11.53	1.4	0.05
6	0.37	15.7	11.61	1.4	0.05
7	0.37	18.6	12.82	1.4	0.05
8	0.29	21.7	13.28	1.7	0.8
9	0.29	23.8	13.94	1.7	0.8
10	0.29	23.6	16.03	1.7	0.8
11	1.34	26.0	15.89	1.3	0
12	1.34	27.5	16.50	1.3	0
13	1.34	29.4	15.88	1.3	0
14	0.90	30.3	15.39	2.8	0.1
15	0.90	30.9	12.81	2.8	0.1
16	0.90	31.1	13.66	2.8	0.1
17	0.09	30.2	14.30	2.0	0.3
18	0.09	29.9	15.37	2.0	0.3
19	0	27.1	14.17	2.0	0.3
20	0	25.7	12.79	2.0	0.3
21	0	24.5	13.34	2.0	0.3
22	0	23.3	13.30	0	0
23	0	22.1	14.42	0	0
24	0	21.0	13.68	0	0

注：计算时取 6：00 为初始时间。

河流热污染实例计算结果 （RM13 例题 1） 表 13-14

距离 (km)	时间 (h)	河水温度 (℃)	距离 (km)	时间 (h)	河水温度 (℃)
	第 1 河段			第 2 河段	
0	1.00	16.60	50	42.63	18.21
2	2.67	16.60	52	44.20	18.21
4	4.33	16.61	54	45.77	18.21
6	6.00	16.64	56	47.34	18.19
8	7.66	16.68	58	48.90	18.17
10	9.33	16.73	60	50.47	18.16
12	10.99	16.77	62	52.04	18.16
14	12.66	16.81	64	53.61	18.17
16	14.32	16.86	66	55.18	18.19
18	15.99	16.87	68	56.75	18.22
20	17.65	16.87	70	58.32	18.25
22	19.32	16.87	72	59.89	18.28
24	20.98	16.87	74	61.46	18.30
26	22.65	16.85	76	63.03	18.32
28	24.31	16.84	78	64.60	18.32
30	25.98	16.84	80	66.16	18.32
32	27.64	16.84	82	67.73	18.32
34	29.31	16.86	84	69.30	18.31
36	30.97	16.90	86	70.87	18.30
38	32.64	16.94	88	72.44	18.28
40	34.30	17.00	90	74.01	18.26
42	35.97	17.04	92	75.58	18.26
44	37.63	17.09	94	77.15	18.26
46	39.30	17.11	96	78.72	18.28
48	40.96	17.13	98	80.29	18.31

5. 河流热污染的控制与预报 1 软件 RM13——非线性模式

（1）软件编制原理及功能

1）软件编制原理

在均一河段中，河流热污染迁移方程的解为：

$$\left.\begin{array}{l} x - x_{\text{in}} = u(t - t_{\text{in}}) \text{ 及 } \dfrac{\mathrm{d}T}{\mathrm{d}x} = \dfrac{\varphi_0(T, t)}{\rho \cdot C_{\text{p}} \cdot f \cdot u} \\[3mm] \text{边界条件 } T(x_{\text{in}}) = T_{\text{in}} + \dfrac{W_x}{Q \cdot \rho \cdot C_{\text{p}}} + \dfrac{q_x}{Q}(T_x - T_{\text{in}}) \end{array}\right\}$$

式中　$Q = Q_{\text{in}} + q_x$ 及 $u = \alpha Q^\beta$ 以及 $f = \gamma Q^\delta$ 各项水力学参数在每个河段内取相同的数值。

$$\varphi_0(T, t) = 0.85I + 10^{-9}(4.027 - 1.183 \times 10^{-0.069 E_{\text{L}}})(T_{\text{L}} + 273)^4$$
$$\times (1 + 0.17W^2) - 4.749 \times 10^{-9}(T + 273)^4 + \sqrt{V}[0.493(T_{\text{L}} - T)$$
$$+ E_{\text{L}} - \exp(-\frac{5411}{T + 273} + 21.32)]$$

2）软件功能

将河流分为若干段（按支流或热源分段），每段分为若干点（水温监测点，点间距离长度恰巧被各段整除），当已知河流起点及各段起点有关水温等参数后，可分别计算出河流下游各段、各点的水温（日平均水温）。本软件按将河流划分为 2 段设计。

河流热污染的控制与预报 1 计算步骤见图 13-7。

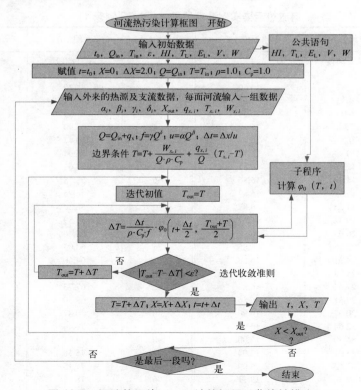

图 13-7　河流热污染（一）计算框图（非线性模式）

（2）软件运行步骤

关于河流分段的说明：

1）本软件是按 2 段设计，计算只有 1 段时的输入法：仍按 2 段输入 Xout 如例 1，但输入第 2 段数据时，应将支流及热源输入零。

2）划分为 2 段时的输入法：如例 1，例题 2 或例题 3，即第 1 段和第 2 段输入数据不同。

3）划分为 3 段时的输入法：将 3 段河流分两次计算。先计算第 1 段，然后，将第 2，3 段按两段再计算。

软件运行步骤如下：

1）输入数据

在输入数据界面，由键盘输入 18 项数据（表 13-4，表 13-12，表 13-13），在软件运行过程中，仍需要输入其中的 8 项数据（表 13-13）。数据有 3 种输入方式，详见软件输入界面。输入 18 项数据后可存盘，单击"初始数据 存为文件"。

2）计算

在计算及结果界面，单击" RM13_ 河流热污染的控制与预报 1"。

3）计算结果保存

单击"计算结果 存硬盘文件"，文件可在 word 中调出。

4）计算结果打印

单击"计算结果 打印"，或打印任一界面，单击"打印窗体"。

5）退出

单击"结束 退出"。

（3）软件界面

河流热污染的控制与预报 1 软件 RM13 界面如图 13-8 所示。

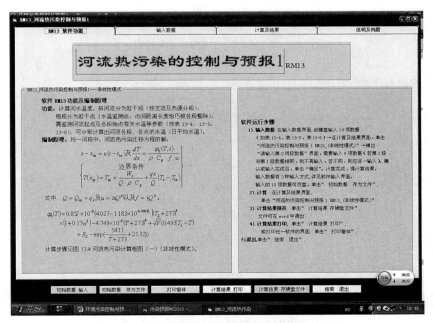

图 13-8 河流热污染的控制与预报 1 软件 RM13

（4）软件例题计算

RM13 软件共 4 项例题，已录成数据文件，与软件同时提供。其文件名为：

1）RM13_ 河流热污染的控制与预报 1　例题 1；

2）RM13_ 河流热污染的控制与预报 1　例题 2；

3）RM13_ 河流热污染的控制与预报 1　例题 3；RM13_ 河流热污染的控制与预报 1 例题 4

（5）例题计算

打印结果（略）。

13.4.2　河流热污染的控制与预报（二）——线性模式
　　　　河流热污染的控制与预报 2 软件 RM14

河流热污染控制与预报（一）的计算公式是采用按小时变化的气象数据，使得该算法更符合实际，应用更广泛，缺点是计算繁复，为了简化计算，当河段水温变化较小，如小于 5K 时（如果水温变化较大，如大于 5K 时，可将河段划分得再短些），只取日平均的气象数据（$\bar{I}, \overline{T_L}, \overline{E_L}, \bar{V}, \bar{W}$），可以近似地计算河流水温日平均分布，则可将非线性模式简化为线性模式，即本节介绍的河流热污染的控制与预报（二）—线性模式。

1. 计算公式

对于式（13-59）的 $\varphi_0(T, t)$ 若在点 T_{in} 展开，可得近似式：

$$\varphi_0(T, t) = \varphi_0(T_{in}) + \frac{\partial \varphi_0}{\partial T}\bigg|_{T_{in}} \cdot (T - T_{in}) + \cdots \tag{13-69}$$

$\because \Delta T = T - T_{in}$，则 $\dfrac{\mathrm{d}T}{\mathrm{d}t} = \dfrac{\mathrm{d}\Delta T}{\mathrm{d}t}$，取以上展开式的前两项，由式（13-59）得：

$$\frac{\mathrm{d}\Delta T}{\mathrm{d}t} = \frac{1}{\rho C_p f u}\left(\varphi_0(T_{in}) + \frac{\partial \varphi_0}{\partial T}(T_{in}) \cdot \Delta T\right) \tag{13-70}$$

上式中 $\varphi_0(T_{in})$ 及 $\dfrac{\partial \varphi_0}{\partial T}(T_{in})$ 均为常数。

当设：

$$\frac{\varphi_0(T_{in})}{\rho C_p f u} = C_1 \text{ 及 } \frac{\dfrac{\partial \varphi_0}{\partial T}(T_{in})}{\rho C_p f u} = C_2$$

则式（13-70）变为：

$$\frac{\mathrm{d}\Delta T}{\mathrm{d}t} = C_1 - C_2 \Delta T \tag{13-71}$$

上式解为：

$$\Delta T = \Delta T_0 \mathrm{e}^{-C_2 x} + \frac{C_1}{C_2}(1 - \mathrm{e}^{C_2 x}) \tag{13-72}$$

解的初始条件为：

$$\Delta T(0) = \Delta T_0 = \frac{W}{Q} + \frac{q_x}{Q}(T_{in} - T_x)$$

最后得到河流各点的水温计算式为：

$$T(x) = T_{in} + \Delta T$$

计算 $\varphi_0(T_{in})$ 时采用式（13-64），则该式简化为下式（计算 $\dfrac{\partial \varphi_0}{\partial T}(T_{in})$ 时，用差分代替微分），式中变量均取日平均值，不为时间函数：

$$\varphi_0(T,t) = 0.85I + 10^{-9}(4.027 - 1.183 \times 10^{-0.069E_L})(T_L + 273)^4$$
$$\times (1 + 0.17W^2) - 4.749 \times 10^{-9}(T + 273)^4 + \sqrt{V}\,[0.493(T_L - T)$$
$$+ E_L - \exp(-\frac{5411}{T + 273} + 21.32)]$$

河流热污染的控制与预报（二）计算步骤见图13-9。

2. 河流热污染计算实例（二）——线性模式

（1）河水监测数据见表13-15。

根据河流沿岸排放及支流位置情况，将河流划分为2段，第1段为0～150km，第2段为150～300km，全程每隔50km设一个监测点（亦是水温预报点）。两河段应分别输入监测参数，本例为简化，两段输入相同参数。第1段的水温作为第2段的初始水温，即两段水温是连续的。

河水监测数据 表13-15

1. 水的密度 $\rho=1.0$	11. 水面以上 2m 处蒸汽压强 $E_L=10.0$mmHg
2. 水的比热 $C_p=1.0$	12. 水面以上 2m 处风速 $V=2.0$m/s
3. 入流流量 $Q_{in}=450.0$m³/s	13. 云率（无量纲）$W=0.0$
4. 入流水温 $T_{in}=15.0$℃	14. 热源排放量 $W_X=500$mcal/s
5. 河流计算起点距离 $X_0=0.0$km	15. 支流水温 $T_X=12.0$℃
6. 第 1 河段终点距离 $X_1=150.0$km	16. 支流流量 $q_x=50.0$m³/s
7. 第 2 河段终点距离 $X_2=300.0$km	17. 水力学参数 $\alpha=0.1$
8. 测温点间距 $X(\Delta X)=50.0$km	18. 水力学参数 $\beta=0.4$
9. 入射的太阳短波辐射 $I=10.0$cal/m². h	19. 水力学参数 γ（$\gamma \times 100$）=9.6
10. 空气温度 $T_L=18.0$℃	20. 水力学参数 $\delta=0.6$

（2）计算

按前述计算公式进行计算。计算流程如图13-9所示。本题采用本书提供的软件 RM14 河流热污染的控制与预报2，完成计算。详见该软件例题1。

（3）计算结果

河流初始水温为15℃，每隔50km计算一次水温，结果见表13-16。

测温点水温计算结果	表 13-16
测温点 X=50.0km	T=16.058℃
测温点 X=100.0km	T=16.51346℃
测温点 X=150.0km	T=17.09292℃
测温点 X=200.0km	T=17.38319℃
测温点 X=250.0km	T=18.11224℃
测温点 X=300.0km	T=19.01977℃

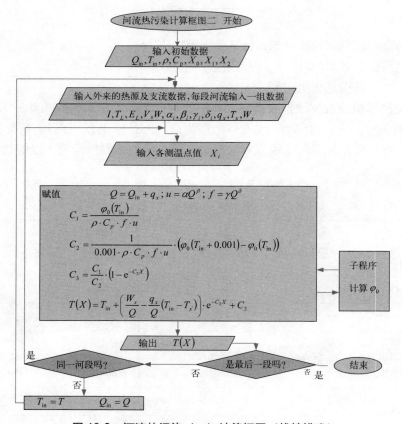

图 13-9　河流热污染（二）计算框图（线性模式）

3. 河流热污染控制与预报 2 软件 RM14——线性模式

（1）软件编制原理及功能

1）软件编制原理

在均一河段中，河流热污染迁移方程的解为：

$$\left. \begin{array}{l} x - x_{\mathrm{in}} = u(t - t_{\mathrm{in}}) \text{及} \dfrac{\mathrm{d}T}{\mathrm{d}x} = \dfrac{\varphi_0(T,t)}{\rho \cdot C_{\mathrm{p}} \cdot f \cdot u} \\[3mm] \text{边界条件 } T(x_{\mathrm{in}}) = T_{\mathrm{in}} + \dfrac{W_x}{Q \cdot \rho \cdot C_{\mathrm{p}}} + \dfrac{q_x}{Q}(T_x - T_{\mathrm{in}}) \end{array} \right\}$$

式中　$Q=Q_{in}+q_x$ 及 $u=\alpha Q^{\beta}$ 以及 $f=\gamma Q^{\delta}$ 各项水力学参数在每个河段内取相同的数值。

$$\varphi_0(T,\ t)=0.85I+10^{-9}(4.027-1.183\times10^{-0.069E_L})(T_L+273)^4$$
$$\times(1+0.17W^2)-4.749\times10^{-9}(T+273)^4+\sqrt{V}(0.493(T_L-T)$$
$$+E_L-\exp(-\frac{5411}{T+273}+21.32))$$

河流热污染的控制与预报 2 计算步骤见图 13-9。

2）软件功能

将河流分为若干段（按支流或热源分段），每段分为若干点（水温监测点，点间距离长度恰巧被各段整除），当已知河流起点及各段起点有关水温等参数后，可分别计算出河流下游各段、各点的水温（日平均水温）。本软件按将河流划分为 2 段设计。

（2）软件运行步骤

1）输入数据

在输入数据界面，由键盘输入 21 项数据；

在软件运行过程中，仍需要输入其中的 12 项数据。

数据有 3 种输入方式，详见软件输入界面。

输入的 21 项数据可存盘，

单击"初始数据　存为文件"。

2）计算

在计算及结果界面，单击" RM14_ 河流热污染的控制与预报 2"。

3）计算结果保存

单击"计算结果 存硬盘文件"，文件可在 word 中调出。

4）计算结果打印

单击"计算结果 打印"，或打印任一界面，单击"打印窗体"。

5）退出

单击"结束　退出"。

（3）软件界面

河流热污染的控制与预报 2 软件 RM14 界面如图 13-10 所示。

（4）软件例题计算

运行各项例题前显示各例题的计算结果，可知其输入数据。

RM14 软件共 3 项例题，已录成数据文件，与软件同时提供。其文件名为：

1）RM14_ 河流热污染的控制与预报 2　例题 1；

2）RM14_ 河流热污染控制与预报 2　例题 2；

3）RM14_ 河流热污染的控制与预报 2　例题 3——第 2 河段加大热源。

软件例题简介：

1）RM14_ 河流热污染的控制与预报 2　例题 1

本题即为河流热污染计算实例（二），监测数据及解算公式完全相同。输入数据是按 2 段，但因第 2 段的输入数据与第 1 段相同，实际上只有 1 段，即河流计算起终点只有 1 段，即 0 ～ 300km 为 1 段。本例题提供了当河流为 1 段时的计算方法。

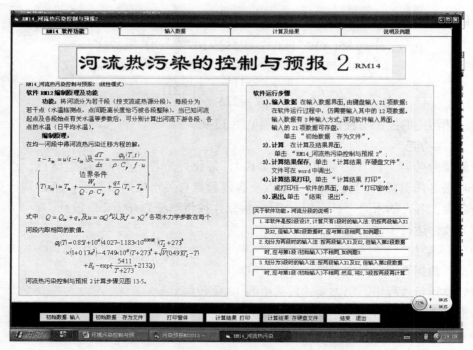

图 13-10　河流热污染的控制与预报 2 软件 RM14

2）RM14_ 河流热污染的控制与预报 2　例题 2

本题输入数据同题 1，只改变了一项数据 △ X，即 △ X=30km，计算了 10 个区段，仍按全河流只划分为 1 段（同题 1，即输入第 2 段数据与第 1 段相同），计算结果与题 1 吻合。此题证明计算结果与区段大小无关，只要求各区段 △ X 同时可被整除。

3）RM14_ 河流热污染的控制与预报 2　例题 3

本题示例当河流划分为 2 段时，数据输入法，即第 2 段与第 1 段输入不同的数据，当出现要求输入第 2 段数据的界面时，界面会自动显示第 1 段已输入的数据，应当按实际监测到的第 2 段数据输入，即应修订界面中的数据，然后再单击正确，输入界面中的数据。

顺便指出，当需要计算 3 段或者多段时，其计算方法，是重复使用本软件，每次计算 2 段或 1 段，可完成全河流的计算。即重复按例题 1 及例题 3 的算法，可完成多段河流的计算。

（5）例题计算

打印结果（略）。

第 14 章　湖泊与水库污染的控制与预报

向湖泊与水库排放大量的污染物，会造成水体生态平衡的破坏、鱼类减产、水质变坏，这将影响工农业生产和人民的身体健康。怎样有效地防治湖泊与水库的污染，充分利用湖泊与水库天然自净能力，合理地控制排放量，寻找出湖泊与水库的污染预报方法，以及正确地设计湖泊出水口位置等，都需要使排入的污染物（包括废热）与水质间建立定量关系，也就是要研究污染物在湖泊与水库中的迁移转化规律，建立合理的控制与预报模式。

湖泊与水库，特别是深湖与水库在污染问题中，有许多类似之处，因此合在一章中讨论，以下只提湖泊问题，水库类。湖泊受到污染会出现两个突出的水质问题，即富营养化及底层水质形成厌氧状态。另外，由于较深的湖泊常产生水质热分层现象，湖泊的生态平衡同水质热量变化密切相关。因此，在建立湖泊生态模式的同时，亦应建立起热平衡模式。顺便指出，由于这些模式的表达式往往较复杂，常不易获得解析解，因此给出湖泊模式解算法是必要的。

14.1　湖泊与水库模式基本方程

对于湖泊与水库中任一污染物浓度变化的规律，都应满足以下基本方程：

$$\frac{\partial C}{\partial t} + \sum_{i=1}^{3} U_i \frac{\partial C}{\partial x_i} = \sum_{i=1}^{3} U_i \frac{\partial}{\partial x_i} \left[(\varepsilon_m + \varepsilon_{1,i}) \cdot \frac{\partial C}{\partial x_i} \right] + S \tag{14-1}$$

式中　C——水质浓度（污染物浓度）；

$\quad\quad U_i$——流速；

$\quad\quad \varepsilon_m$——分子扩散系数；

$\quad\quad \varepsilon_{1,i}$——紊流扩散系数；

$\quad\quad t$——时间；

$\quad\quad x_i$——坐标（三维空间坐标，即 X，Y，Z）；

$\quad\quad S$——污染物的来源或消减项，其表达式随污染物的组分而异。

解算式（14-1）时，应预先确定该式中各项参数及相应的边界条件。然后将源项 S 代入式（14-1）中，式（14-1）的解 $C(X, Y, Z, t)$ 可用于控制与预报，若与预先给定的标准值比对，便可以评价水质。

在实际应用中，对于排放量小的情况，沿湖泊水平方向的混合作用能够不断地进行，直到混合得很均匀。因此，可以忽略水平方向水质的变化，而沿湖泊铅垂方向，由于热分层现象使水质变化较大，必须考虑其变化，据此，对式（14-1）进行简化（只保留 Z 方向变化）为：

$$\left.\begin{array}{l} \dfrac{\partial C}{\partial t} + U\dfrac{\partial C}{\partial Z} = \dfrac{1}{A}\dfrac{\partial}{\partial Z}\left(A \cdot D_\mathrm{m}\dfrac{\partial C}{\partial Z}\right) + S_{\text{来源}} - S_{\text{削减}} \\ \\ \text{边界条件：}\ \left.\dfrac{\partial C}{\partial Z}\right|_{\text{湖底}} = 0\ ;\qquad \left.\dfrac{\partial C}{\partial Z}\right|_{\text{湖面}} = 0 \end{array}\right\} \tag{14-2}$$

式中　A——湖泊横截面面积；

　　　D_m—— 污染物弥散系数，其他符号含义同前。式（14-2）解的形式为 $C(Z, t)$。

　　对于小而浅的湖泊，可以由式（14-1）导出简化的模式，即认为湖水水质各向是均匀混合的，则可认为式（14-1）中，所有的对空间导数项为零，可得模式方程为：

$$\frac{\mathrm{d}(VC)}{\mathrm{d}t} = S \tag{14-3}$$

式中　V——湖泊的体积；

　　　C——水质某一组分的浓度；

　　　S——污染物来源及消减项。

14.2　湖泊与水库生态模式

14.2.1　单一组分的生态模式

1. 沃伦 - 韦德模式

第一个最简单模式是沃伦 - 韦德（Vollen-Weider）提出的，是模拟湖泊营养物负荷（磷）与它的富营养化状态之间的关系式，在这个模式中认为湖泊内水质是完全混合的，即由前述式（14-3）导出的一个零维模式，沃伦 - 韦德模式如下：

$$\frac{\mathrm{d}P}{\mathrm{d}t} = \frac{S}{r} - K_\mathrm{s}\rho - \frac{Q_\mathrm{out}}{V}\cdot\rho \tag{14-4}$$

式中　P——磷酸盐的浓度，mg/L；

　　　S——每年流入湖泊的磷酸盐量，g/a；

　　　K_s——沉淀率，1/a；

　　　V——湖泊的体积；

　　　A——湖泊表面面积；

　　　Q_out——出流量，m³/a；

　　　t——时间，a；

磷酸盐的负荷量 L 与来源 S 有关，即：

$$L = \frac{S}{A} \tag{14-5}$$

在稳态条件下，即 $\dfrac{\mathrm{d}P}{\mathrm{d}t} = 0$，由式（14-4）可解得：

$$P = \frac{S/V}{K_\mathrm{s} + Q_\mathrm{out}/V} = \frac{L}{f\cdot K_\mathrm{s} + f/t_\mathrm{r}} \tag{14-6}$$

式中 $t_r = \dfrac{V}{Q_{out}}$ 表示湖泊的停留时间。由式(14-6)可知,当监测到污染物排入湖泊的量 S,

则可以计算出湖泊水质中磷酸盐的浓度,再同标准值作比较,就可以作出相应的评价。

2. 沃伦 - 韦德模式经验公式

沃伦 - 韦德考察了大量的湖泊后,根据实测数据,用回归法得出了一组简洁易行的经验公式。即根据湖泊的平均深度 f,推算出防止富营养化的可接受的纳污量及危险的纳污量。

(1) 磷:

$$\lg P_A = 0.6 \cdot \lg f + 1.40$$

$$\lg P_D = 0.6 \cdot \lg f + 1.70$$

式中　P_A——可接受的纳污量,g/(m². a);

　　P_D——危险的纳污量,g/(m². a)。

(2) 氮:

$$\lg N_A = 0.6 \cdot \lg f + 2.57$$

$$\lg N_D = 0.6 \cdot \lg f + 2.87$$

式中符号含义同上。

14.2.2 多组分的湖泊模式

虽然磷是形成湖泊富营养化的关键因素,但对于某些湖泊中氮、溶解氧及藻类、浮游动物等组分亦是不可忽略的因素。在美国曼多它湖等都曾成功地应用了贝卡 - 阿恩特(Baca-Arnett)湖泊模式(1977 年),该模式不仅可以模拟湖泊的水温分布状况,而且还可以对水质的 12 个组分及其相互间的作用进行模拟,这 12 个组分是:浮游植物(藻类)、浮游动物、有机磷、无机磷、有机氮、氨氮、亚硝酸氮、硝酸氮、BOD、溶解氧、总溶解固体及悬浮物。该模式叙述了各组分在湖泊中的动力学状态(详见图 14-1)。

贝卡 - 阿恩特湖泊模式,由 1 个水温模式和 12 个水质模式方程组成。

1. 水温模式

$$\frac{\partial T}{\partial t} + \frac{Q_V}{A} \cdot \frac{\partial T}{\partial Z} = D_Z \frac{\partial^2 T}{\partial Z^2} + \frac{1}{A \cdot \Delta Z}(Q_{h,i} T - Q_{h,o} T) + H \tag{14-7}$$

式中　T——水温;

　　t——时间;

　　A——湖泊面积;

　　ΔZ——水层厚度;

　　H——内部热源;

　　Q_V——铅垂方向流量;

　　Z——铅垂方向坐标(距离);

　　D_Z——弥散系数;

$Q_{h,i}$, $Q_{h,o}$——水平方向的入流量及出流量。

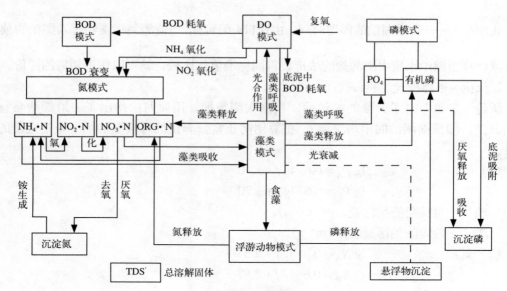

图 14-1　湖泊生态模型

2. 水质方程

$$\frac{\partial C}{\partial t}+(V-V_S)\cdot\frac{\partial C}{\partial Z}=\frac{1}{A}\cdot\frac{\partial}{\partial Z}\Big(A\cdot D_Z\cdot\frac{\partial C}{\partial Z}\Big)+S_{int}+\frac{1}{A}(q_{in}\cdot C_{in}-q_{out}\cdot C) \tag{14-8}$$

式中　C——某组分的浓度；

$\quad\quad V$——铅垂方向水流速；

$\quad\quad V_S$——沉淀速度；

$\quad\quad t$——时间；

$\quad\quad Z$——铅垂方向坐标（距离）；

$\quad\quad A$——湖泊横截面面积；

$\quad\quad D_Z$——弥散系数；

q_{in}，q_{out}——入流量及出流量；

$\quad\quad C_{in}$——由污染源排入的污染物浓度；

$\quad\quad S_{int}$——该组分在湖泊内的衰变项（去除项，不包括沉淀），12 种组分方程只是

$\quad\quad\quad\quad S_{int}=\dfrac{dC}{dt}$ 项不同。

以下分别列出 12 种组分方程。

（1）浮游植物（藻类）A

$$\frac{dA}{dt}=(G_A-D_A)\cdot A \tag{14-9}$$

式中　A——藻类物质量；

$\quad\quad G_A$——藻类比生长率；

$\quad\quad D_A$——藻类的死亡及衰减率，取 $D_A=\rho+C_g\cdot E$

其中　ρ——藻类死亡率；

　　C_g——浮游动物的比食藻率；

　　E——浮游动物生物量浓度。

（2）浮游动物 Z

$$\frac{\mathrm{d}Z}{\mathrm{d}t} = (G_Z - D_Z) \cdot Z \tag{14-10}$$

式中　Z——浮游动物物质量；

　G_Z，D_Z——浮游动物比生长率和死亡率。

浮游动物比生长率依赖于浮游植物的浓度，取：

$$G_Z = G_{Z,max} \cdot \frac{A}{K_Z + A}$$

式中　$G_{Z,max}$——浮游动物最大比生长率；

　　K_Z——半速度常数。

（3）无机磷 P_1

$$\frac{\mathrm{d}P_1}{\mathrm{d}t} = -G_P \cdot P \cdot A_{PP} + \{[I_3P_3] - I_1P_1\} + I_2P_2 \tag{14-11}$$

（4）有机磷 P_2

$$\frac{\mathrm{d}P_2}{\mathrm{d}t} = (D_P - C_g \cdot Z) \cdot P \cdot A_{PP} + R_Z \cdot Z \cdot A_{PZ} - \{I_4P_2\} - I_2P_2 \tag{14-12}$$

式中　A_{PP}，A_{PZ}——藻类产磷系数及浮游动物产磷系数；

　　I_1——底泥吸收磷的速率系数；

　　I_2——有机磷衰变速率系数；

　　I_3——沉淀态磷释放无机磷的速率系数；

　　I_4——底泥吸收有机磷的速率系数。

（5）氨氮 N_1

$$\frac{\mathrm{d}N_1}{\mathrm{d}t} = -J_1N_1 - A \cdot G_A \cdot A_{NP} \cdot \frac{N_1}{N_1 + N_3} + J_4N_4 + \{J_5N_5\} \tag{14-13}$$

（6）亚硝酸氮 N_2

$$\frac{\mathrm{d}N_2}{\mathrm{d}t} = J_1N_1 - J_2N_2 \tag{14-14}$$

（7）硝酸氮 N_3

$$\frac{\mathrm{d}N_3}{\mathrm{d}t} = J_2N_2 - A \cdot G_A \cdot A_{NP} \cdot \frac{N_3}{N_1 + N_3} - [J_3N_3] \tag{14-15}$$

（8）有机氮 N_4

$$\frac{\mathrm{d}N_4}{\mathrm{d}t} = -J_4N_4 + (P_P - C_g \cdot Z) \cdot A \cdot A_{NP} + R_Z \cdot Z \cdot A_{NZ} - \{J_6N_4\} \tag{14-16}$$

式中　N_5——底泥中的氮；

　　　J_1——氨（基）氧化速率；

　　　J_2——亚硝酸氮氧化速率；

　　　J_3——去氧速率常数；

　　　J_4——有机氮衰变速率；

　　　J_5——底泥中氮的衰变速率；

　　　J_6——底泥吸收有机氮速率；

　　A_{NP}——藻类产氮常数；

　　A_{NZ}——浮游动物产氮常数；

各式中括号 [ ] 及 { } 表示在底层厌氧条件下才起作用。

（9）BOD 衰变

$$\frac{dL_C}{dt} = -K_1 L_C \tag{14-17}$$

式中　L_C——BOD_5 的浓度；

　　　K_1——BOD 衰变速率。

（10）溶解氧 DO

$$\frac{dDO}{dt} = -K_1 L_C - a_1 J_1 N_1 - a_2 J_2 N_2 - \left\{ \frac{L_b}{\Delta Z} \right\} + K_2 \cdot (DO_S - DO) + a_3 (G_P - D_P) \cdot A \tag{14-18}$$

式中　DO_S——溶解氧饱和时的浓度；

　　　L_b——底泥吸收氧的速度；

　　　K_2——复氧系数；

a_1，a_2，a_3——化学计算常数。

（11）悬浮物 SS

$$\frac{dSS}{dt} = 0 \tag{14-19}$$

（12）总溶解固体 TD_S

$$\frac{dTD_S}{dt} = 0 \tag{14-20}$$

将以上各组分的 S_{int} 项分别代入式（14-8）中，将得到一个 13 元偏微分方程组（包括式（14-7））。将它们写成统一的形式：

$$\left.\begin{array}{l} \dfrac{\partial \phi_i}{\partial t} + V \dfrac{\partial \phi_i}{\partial Z} - D \dfrac{\partial^2 \phi_i}{\partial Z^2} + \lambda_i \phi_i - Q_i = 0 \quad (i = 1, \cdots, 13) \\[4mm] \text{边界条件：} \left. \dfrac{\partial \phi}{\partial Z} \right|_{顶} = \left. \dfrac{\partial \phi}{\partial Z} \right|_{底} = 0 \end{array}\right\} \tag{14-21}$$

以上 13 个方程是互相耦合的（联立解算），其中 λ_i 和 Q_i 都是所求变量 ϕ_i 的函数。解方程（14-21）通常采用数值解法，贝卡-阿恩特用加勒金（Galerkin）近似法解算。上式中各项参数由监测数据估计选定。

14.3 深湖与水库温度模式

对于较深的湖泊与水库，存贮的水量若超过流经它们的水量，则湖水一年四季中都会出现热分层现象。热分层状态的消失是由于整个湖泊沿铅垂方向的混合作用，我们称之为倾覆，在湖泊（水库）倾覆期间，湖泊中的底泥会在短期内污染全部水质，再者，从湖泊中排出这些质量差的水，会使下游的水质变坏。为此，知道蓄水热分层状况并对它做些研究是必要的。

利用温度模式，对于一个未建的水库即可进行预断评价。对于已经存在的湖泊或水库，则可以预报在各种气象条件下，或在改变入流量、出流量的条件下的水温状况。

14.3.1 深湖与水库中的温度变化

在深湖与水库中发生热分层现象的主要原因是水的热传导系数很低；入射到深湖中的辐射光穿透深度较短；以及在春末夏初流入物温度较水库表面的水温要高些，且这些热量是在面层内传播。因此靠近面层的水比下层的水升温更快。这层温暖的水又倾向于停留在面层，且吸收更多的热量，在水库的顶部会形成一个稳定的边界层。然而，蒸发作用总是会冷却面层的水温，这就形成了对流。在夜间对流特别厉害。在湖泊表面上的风压力将会减小，由于表面冷却将会形成中性的或不稳定的密度梯度。这样的过程促使热量在最上层自由的流动、扰动着，将这层湖水称为湖面温水层。在湖面温水层下面的一层出现了较大的温度梯度，称这层为斜温层。再往下一层是较冷的，相对地讲，该层未受到扰动，称为湖底低温层。图 14-2 表示一个水库在一年内水温变化的典型的情况。图 14-2 中在春季开始时，水温接近于等温状态，热分层现象的发展是在春季和夏季，直到冬季又返回到原来初春时的状态。如前所述，热分层状态突然消失，是由于整个水库垂直方向的混合作用，这就称为水库的倾覆。在倾覆期间，水库中的底泥会在一个短时间内污染全部水质。而在热分层情况下，低温层与大气被湖面温水层隔离了，较下层的水不可能重新获得氧，则溶解氧浓度越来越小，有可能变成厌氧而使水质变差，厌氧在还原过程中会产生毒性反应。当研究了热分层现象后，可正确地预报水库污染、可正确地设计水口位置及其解决流量等问题。

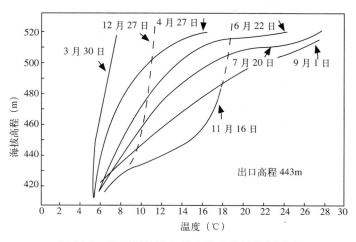

图 14-2 美国枫丹纳水库水温变化（1966 年）

14.3.2　建立湖泊温度模式的主要假定

假定只在湖泊的垂直方向存在热量梯度，因此能用一个一维模式来描述垂直方向的温度分布，这个模式是从下列方程导出的：

$$\frac{\partial T}{\partial t} + \frac{1}{A}\frac{\partial}{\partial Z}(Q_V T) = \frac{1}{A}\frac{\partial}{\partial Z}\left(AD_m\frac{\partial T}{\partial Z}\right) + \frac{q_{in}T_{in}}{A} - \frac{q_{out}T}{A} - \frac{1}{\rho \cdot C_p \cdot A} \cdot \frac{\partial(A\phi_Z)}{\partial Z} \tag{14-22}$$

式中　Q_V——铅垂方向的流量，m^3/s；

　　　A——横截面面积，m^2；

　q_{in}，q_{out}——流入流量和流出流量的分布，$m^2 \cdot s/m$；

　　　ϕ_Z——垂直方向辐射能流，m^2/s；

　　　D_m——分子扩散系数，cm^2/s。

式（14-22）等号右侧第一项假定太阳辐射热是沿着铅垂方向传播的，且假定一切太阳辐射能量都被水库岸边所截挡，并在相应于截断深度处的横截面上均匀地分布，在所有热平衡计算中，假定密度 ρ、比热 C_p 和分子扩散系数 D_m 为常数。在边界处的热交换（不论是输入还是输出）应当作为边界条件来处理。假定水库的岸边和底部是绝热的，那么，水库与外界的热交换除了输入与排放外，只有在水表面处发生。在水表面处的热交换作为表面层中全部热交换的附加项，由式（14-23）确定。

$$\frac{\beta\phi_{sn} + \phi_{an} - \phi_r - \phi_e - \phi_c}{\rho \cdot C_p \cdot \Delta Z_s} \tag{14-23}$$

式中　ΔZ_s——湖水顶层的厚度；

　　　ϕ_{sn}——入射的太阳辐射热；

　　　ϕ_{an}——入射的大气辐射热；

　　　ϕ_r——辐射热流量；

　　　ϕ_e——水表面的蒸发热；

　　　ϕ_c——水表面对流热损耗。

流入和流出的流量分布可按下式计算：

$$q_{in}^{(Z)} = b(Z) \cdot u_{in}(Z)$$
$$q_{out}^{(Z)} = b(Z) \cdot u_{out}(Z)$$

式中　b——横截面宽度，应满足下式：

$$\frac{\partial Q_v}{\partial Z} = b \cdot u_{in} - b \cdot u_{out}$$

根据以上各项假定，式（12-22）可简化为：

$$\frac{\partial T}{\partial t} + V\frac{\partial T}{\partial Z} = \frac{1}{A}\frac{\partial}{\partial Z}\left(AD_m\frac{\partial T}{\partial Z}\right) + \frac{bu_{in}(T_{in} - T)}{A} - \frac{1}{\rho \cdot C_p \cdot A} \cdot \frac{\partial(A\phi_Z)}{\partial Z} \tag{14-24}$$

式（14-24）中未包括湍流混合作用。湍流混合引起的热迁移只是在湖面温水层范围内考虑，且在此期间，温度引起的密度分布是不稳定的。为了计算湖面温水层的温度变化，可以取这个不稳定的密度梯度的平均值。能够定出一个深度，使得不稳定的密度梯度变成零。

14.3.3　深湖与水库的温度模式

1. 温度模式的基本方程

以下叙述 MIT 水库模式。该模式采用一个显式差分格式，即在时间时 t_{j+1} 时的温度分布 T_i^{j+1} 由下式求得：

$$T_i^{j+1}=T_i^j+\Delta T_i \tag{14-25}$$

式中　ΔT_i——水温变化的增量。求 ΔT_i 的差分式是从单位体积的水量和热平衡中导出的。单位体积的序号是从水库底部开始，依次向上排列的。

2. 水质平衡的计算

为了进行水质平衡的计算，取水体纵断面，见图 14-3。

（1）垂直方向的流速

在物质平衡中将会用到垂直方向的流速 V_j 及湖水表面的高程 y_s。温度分布由热量平衡计算，由下式确定 V_j（见图 14-3）：

$$V_{j+1} = \frac{1}{A_{j,j+1}}[V_j \cdot A_{j,j-1} + B_j \cdot \Delta y(u_{in,j} - u_{out,j})] \tag{14-26}$$

式中　B_j——单元体的侧面宽度，其中，对于底部有 $V_j=0$，对于顶部有 $V_{j+1}=0$。

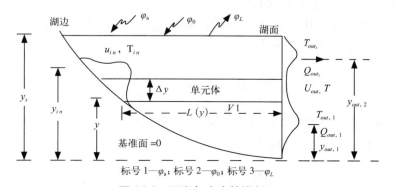

图 14-3　深湖与水库的纵断面

标号 1——φ_a；标号 2——φ_0；标号 3——φ_L

（2）表面层厚度的计算

为了满足物质平衡条件，表面层厚度 Δy_s 必须是个变量，下式是计算 Δy_s 的公式：

$$\Delta y_s \cdot B_s(u_{in,s} - u_{out,s}) = -V_s \cdot A_{s,s-1} \tag{14-27}$$

式中　Δy_s——表面层厚度；

　　　B_s——表面层的宽度；

　　　V_s——垂直方向的流速；

　　　$A_{s,s-1}$——，湖泊横截面面积；

$u_{in,s}$，　$u_{out,s}$——第 S 层横向流速。计算 Δy_s 较好的方法是用初始水面高程、总的入流量和出流量三者来计算，其特点是数据误差小。表面层厚度允许在 $0.25\,\Delta y \sim 1.25\,\Delta y$ 之间变化。当 $\Delta y_s > 1.25\,\Delta y$ 时，则按增加一层处理；当 $\Delta y_s < 0.25\,\Delta y$ 时，则表面层同下一层合并为新的表面层，用旧的表面层温度作为新的表面层温度。采用以上这些规定，是由于太薄的表面层将会导致不切实际的高温和辐射热损耗。

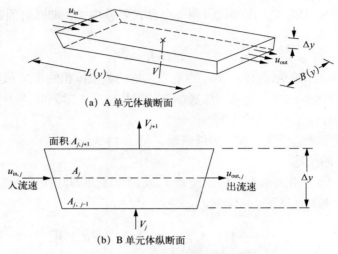

(a) A 单元体横断面

(b) B 单元体纵断面

图 14-4　深湖与水库单元体

（3）入流速 u_{in} 及出流速 u_{out} 的计算

在简单模式中，认为具有 T_{in} 温度的流入物将流到与其温度相同的一层去。而在 MIT 模式中，假定入流速 u_{in} 为正态分布：

$$u_{in}(y) = u_{in,max} \cdot \exp\left(-\frac{(y - y_{in})^2}{2\sigma_{in}^2}\right) \tag{14-28}$$

式中　σ_{in}——流速的分布方差，取决于支流入口的深度。

$u_{in,max}$ 可由物质平衡方程（14-29）计算得到：

$$Q_{in} = \int_{y_b}^{y_s} B(y) \cdot u_{in}(y)\mathrm{d}y \tag{14-29}$$

对于出流速的分布，亦类似地假定为正态分布：

$$u_{out}(y) = u_{out,max} \cdot \exp\left(-\frac{(y - y_{out})^2}{2\sigma_{out}^2}\right) \tag{14-30}$$

式中　$\sigma_{out} = \dfrac{\delta}{2} \cdot \dfrac{1}{1.96}$，其中 δ 为出流速速度场的水层厚度，该值由卡欧（Kao）等人提出，由下式估算：

$$\delta = 4.8\left(\frac{q^2}{gE}\right)^{\frac{1}{4}} \tag{14-31}$$

式中　q——单位宽度内的出流量，m²/d；

　　　E——标准化的密度梯度，1/m；

　　　g——重力加速度，$g=7.315 \times 10^{10}$m/d²；

假如有多个排（泄）水口，则应叠加它们的流速。

3. 深湖与水库水温变化的计算

深湖与水库水温变化的计算采用方程（14-25），其中水温变化的增量为 ΔT，其在湖表面、湖体内及湖底三个部位，计算上稍有差别。在湖体内及湖底计算相同，其每个单元体 j 在时间 Δt 内热增量为：

$$\Delta T = \Delta T_1 + \Delta T_2 + \Delta T_3 + \Delta T_4 \tag{14-32}$$

式中　ΔT_1——直接吸收的阳光辐射热；

　　　ΔT_2——由于分子扩散引起的水温变化；

　　　ΔT_3——由于铅垂方向的平移作用引起的水温变化；

　　　ΔT_4——由于水平方向的平移作用引起的水温变化。

$$\Delta T_1 = \frac{1}{\rho \cdot C \cdot A_j \cdot \Delta y}(\phi_{j+1,j} A_{j+1,j} - \phi_{j,j-1} A_{j,j-1})\Delta t \tag{14-33}$$

式中　$\phi(y)$——在高度 y 处传播的太阳辐射热，其计算式为：

$$\phi(y) = \phi_0(1-\beta) \cdot \exp[-\eta(y_s - y)]$$

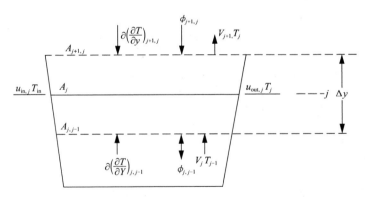

图 14-5　深湖与水库热平衡单元体

其中　y_s——水表面的高度；

　　　ϕ_0——纯入射（总入射减去反射）的阳光辐射热；

　　　β——由于表面吸收作用使 ϕ_0 的减少率（0.4 ~ 0.5）；

　　　η——消光系数（对于不同的湖泊，其在 0.1/m ~ 0.2/m 之间变化）；式中凡是有两个下角标的变量，表示该变量是在两个格点处的平均值（下同）。

$$\Delta T_2 = \frac{a}{A_j \Delta y}\left(\frac{T_{j+1} - T_j}{\Delta y} \cdot A_{j+1,j} - \frac{T_j - T_{j-1}}{\Delta y} \cdot A_{j,j-1}\right)\Delta t \tag{14-34}$$

式中　a——分子扩散系数。

$$\Delta T_3 = \begin{cases} \dfrac{1}{A_j \Delta y}(V_j T_{j-1} A_{j,j-1} - V_{j+1} T_j A_{j+1,j})\Delta t & \text{当 } V_j, V_{j+1} > 0 \text{ 时} \\[2mm] \dfrac{1}{A_j \Delta y}(V_j T_j A_{j,j-1} - V_{j+1} T_{j+1} A_{j+1,j})\Delta t & \text{当 } V_j, V_{j+1} < 0 \text{ 时} \\[2mm] \dfrac{1}{A_j \Delta y}(V_j T_{j-1} A_{j,j-1} - V_{j+1} T_{j+1} A_{j+1,j})\Delta t & \text{当 } V_j > 0, V_{j+1} < 0 \text{ 时} \\[2mm] \dfrac{1}{A_j \Delta y}(V_j T_j A_{j,j-1} - V_{j+1} T_j A_{j+1,j})\Delta t & \text{当 } V_j < 0, V_{j+1} > 0 \text{ 时} \end{cases} \tag{14-35}$$

$$\Delta T_4 = \frac{1}{A_j \Delta y}(u_{\text{in},j} T_{\text{in}} - u_{\text{out},j} T_j) B_j \cdot \Delta y \cdot \Delta t \tag{14-36}$$

计算以上各式时，由物质平衡方程可以求得所有铅垂方向的流速 V，对于水库底部元素的温度变化增量 ΔT 是用同样方法求得的。当考虑表面层的热平衡时，应先计算新的表面高度。然后用类似以上的方法求 ΔT_1，ΔT_2，ΔT_3，ΔT_4，此外还需计算表面辐射吸收项 ΔT_5 及表面热损耗项 ΔT_6。综上所述，表面层水温变化增量为：

$$\Delta T = \Delta T_1 + \Delta T_2 + \Delta T_3 + \Delta T_4 + \Delta T_5 + \Delta T_6 \tag{14-37}$$

其中　$\Delta T_1 = \dfrac{1}{\rho \cdot C \cdot S \cdot \Delta y_s}(\phi_s A_s - \phi_{s,s-1} A_{s,s-1})\Delta t$；

　　　$S = (A_s + A_{s,s-1})/2$；$\phi_s = (1-\beta)\phi_0$；

　　　$\Delta T_2 = \dfrac{a}{S \cdot \Delta y_s}\left(\dfrac{T_s - T_{s-1}}{\Delta y} \cdot A_{s,s-1}\right)\Delta t$；

　　　$\Delta T_{3,4} = \dfrac{1}{S \cdot \Delta y_s}(V_s T_{s-1} A_{s,s-1} + u_{\text{in},s} B_s \cdot \Delta y_s T_{\text{in}} - u_{\text{out},s} B_s \cdot \Delta y_s T_s)\Delta t$

　　　　　　$= \dfrac{1}{S}[u_{\text{in},s} B_s (T_{\text{in}} - T_s)]\Delta t$；

　　　$\Delta T_5 = \dfrac{1}{\rho \cdot C \cdot S \cdot \Delta y_s}\beta \cdot \phi_0 \cdot A_s \cdot \Delta t$；

　　　$\Delta T_6 = \dfrac{1}{\rho \cdot C \cdot S \cdot \Delta y_s}(\phi_L \cdot A_s) \cdot \Delta t$

式中　$\phi_L = \phi_{蒸发} + \phi_{对流} + \phi_{辐射}$，其计算方法同河流热污染的叙述。

在计算得出 T_i^{j+1} 之后，当密度梯度是正时，则允许对流混合发生，此时温度 $>4℃$，即其温度梯度是负的。且混合作用可由能量平衡得到：

$$\int_{y_{\text{mix}}}^{y_s} [T(y) - T_m] A(y)\mathrm{d}y = 0$$

式中　y_{mix}——底部混合层的海拔高程；

　　　T_m——在时间 t 时的混合水温。

在计算过程中，将从顶部水层开始，一层层地核算水温。假如下一层的水温比表面层的水温还低，则将最上面的两层水温混合在一起，然后再用混合水温同第三层比较（如此继续由上至下地比较），直到下一层水温不比上一层高为止。

以上所采用的差分格式当然有数值弥散的问题，这一点已在第 11 章讨论过。但弥散作用在此是很小的。而且在以上的计算中，已将湍流作用考虑进去了。

在以上的显式差分格式中，必须考虑稳定性问题，其稳定性的条件是：

$$D \frac{\Delta t}{(\Delta y)^2} \leqslant \frac{1}{2} \text{ 及 } V \frac{\Delta t}{\Delta y} \leqslant 1$$

计算时，首先选择水库深度变化的增量 Δy，建议将水库最少分割 20 层。则 Δt_{max} 可由以上两个条件求得。V_{max} 可按下式取值：

$$V_{max} = \frac{Q_{out}}{A_{out}}$$

式中　Q_{out}——水库出口的排放流量；

　　　A_{out}——水库出口处水平截面面积。

当 Δt_{max} 已知时，则可以作为一个合理的 Δt 进行计算（如 Δt=1d 是合理的）。

14.3.4　MIT 水库模式的应用

MIT 模式首先应用于美国枫丹纳水库，此后又应用于若干个水库与湖泊。在枫丹纳水库应用的结果一般说来是满意的。详见图 14-6，图中给出了实测值变化范围，图中虚线为预报值。

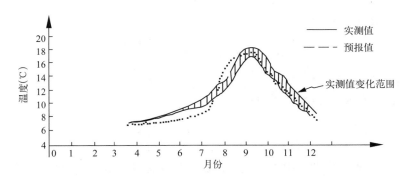

图 14-6　枫丹纳水库过水水温实测值与预报值

第15章 河口污染的控制与预报

本章介绍河口污染的控制与预报。主要研究河流入海河口，即河流入海处的水域。其水质污染问题的研究，除需考虑来自河流的平移影响外，更应注意海潮倒灌的影响，弥散在污染物迁移过程中起主导作用。研究河口污染问题对航运、建港、城市给水、农田排灌及渔业等均具有重要的意义。随着我国工、农业的飞速发展，大量污染物排入海域，预防和控制河口污染已迫在眉睫。本章提供基础理论及其相应软件。

15.1 河口污染基本方程

河口污染基本方程是关于生化需氧量 BOD 和溶解氧 DO 的两个方程。

15.1.1 生化需氧量 BOD 方程

在河口一个潮汐周期内，按质量平衡及守衡原理，可以导出一个微分 - 差分式：
水质浓度的变化率 = 平移作用 + 弥散作用 + 降解作用 + 来源与漏（消减）。(15-1)
对于上式将给出各项的数学表达式，当为 BOD 时，各式如下：
1. 水质浓度的变化率

$$水质浓度的变化 = \frac{\mathrm{d}(V_i L_i)}{\mathrm{d}t}$$

式中　V_i——第 i 段体积；

　　　L_i——第 i 段 BOD 浓度。

2. 平移作用

$$径流平移作用 = Q_{i-1,i} L_{i-1,i} - Q_{i,i+1} L_{i,i+1}$$

其中 Q 为一个潮汐周期内平均净流量。L 为两段交界处 BOD 浓度，如下式：

$$\begin{cases} L_{i-1,i} = \alpha_{i-1,i} L_{i-1} + \beta_{i-1,i} L_i \\ L_{i,i+1} = \alpha_{i,i+1} L_i + \beta_{i,i+1} L_{i+1} \end{cases}$$

其中 α 与 β 为权因子，$\alpha_{j,k} + \beta_{j,k} = 1$。可以选：$\alpha_{j,k} = \dfrac{\Delta x_k}{\Delta x_j + \Delta x_k}$

式中　Δx_k，Δx_j——分别是第 k 段与第 j 段的长度。

3. 弥散作用

潮汐的混合作用使水质发生弥散迁移，由 Fick 第一定律（Fick 第一定律：扩散质量流与浓度梯度和交换面积成正比，扩散方向与浓度梯度方向相反）可得：

$$弥散作用 = (L_{i-1} - L_i)\frac{D_{i-1,i} A_{i-1,i}}{\Delta x_{i-1,i}} + (L_{i+1} - L_i)\frac{D_{i,i+1} A_{i,i+1}}{\Delta x_{i,i+1}}$$

式中　$\overline{\Delta x_{i-1,i}} = \dfrac{\Delta x_{i-1} + \Delta x_i}{2}$；

$D_{i-1,i}$——第 $i-1$ 段与第 i 段交界处的弥散系数；

$A_{i-1,i}$——第 $i-1$ 段与第 i 段交界处的横截面面积。

4. 降解作用

$$降解作用 = -V_i K_{1,i} L_i$$

式中　$K_{1,i}$——第 i 段 BOD 降解系数。

5. 来源与漏

来源 $= W_{1,i}$，它是排入第 i 段的单位时间 BOD 排放量。最后按式（15-1）关系，可得 BOD 的平衡方程：

$$\frac{\mathrm{d}(V_i L_i)}{\mathrm{d}t} = Q_{i-1,i}(\alpha_{i-1,i} L_{i-1} + \beta_{i-1,i} L_i) - Q_{i,i+1}(\alpha_{i,i+1} L_i + \beta_{i,i+1} L_{i+1})$$
$$+ D'_{i-1,i}(L_{i-1} - L_i) + D'_{i,i+1}(L_{i+1} - L_i) - V_i K_{1,i} L_i + W_{1,i} \tag{15-2}$$

式中　$D' = \dfrac{D \cdot A}{\Delta x}$，式（15-2）是一个微分 - 差分方程。当 $i=1$ 及 $i=n$ 时，需要代入边界条件 L_0 及 L_{n+1}。其中，L_0 为上游边界入流的 BOD 浓度，L_{n+1} 为海水里的 BOD 浓度。

15.1.2　氧亏方程

氧亏 $D_c = C_s - C$，即可能达到的饱和溶解氧浓度 C_s 与实际的溶解氧浓度 C 的差值。

饱和溶解氧浓度可按下式计算：$C_s = \dfrac{468}{31.6 + T}$ 或 $C_s = 14.54 - 0.39T + 0.01T^2$

式中　T——河水温度，℃。

采用与上述导出 BOD 方程相同的方法，可得到氧亏方程：

$$\frac{\mathrm{d}(V_i D_{c,i})}{\mathrm{d}t} = Q_{i-1,i}(\alpha_{i-1,i} D_{c,i-1} + \beta_{i-1,i} D_{c,i}) - Q_{i,i+1}(\alpha_{i,i+1} D_{c,i} + \beta_{i,i+1} D_{c,i+1})$$
$$+ D'_{i-1,i}(D_{c,i-1} - D_{c,i}) + D'_{i,i+1}(D_{c,i+1} - D_{c,i}) - V_i K_{2,i} D_{c,i} + V_i K_{1,i} L_i + W_{2,i} \tag{15-3}$$

式中　$D_{c,i}$——第 i 段氧亏；

$K_{2,i}$——第 i 段的复氧系数，在河口情况下亦可用 O'Connor 和 Dobbins 推荐式（见本书第 13 章），但需要用平均净流量流速代替该式中的平均径流流速；

$W_{2,i}$——排入第 i 段的单位时间氧亏排放量。

氧亏方程的边界条件 $D_{c,0}$ 和 $D_{c,n+1}$ 分别为上游边界处和下游海水里的氧亏值。

根据方程（15-2）及方程（15-3）可建立两种用于环境管理的模式：

（1）稳态模式；（2）非稳态模式。

15.2　河口污染非稳态方程

根据方程（15-2）及方程（15-3），当只考虑 BOD_C 时，可得到河口污染非稳态方程：

$$\left.\begin{array}{l} V\dfrac{\mathrm{d}\vec{L}}{\mathrm{d}t}=-G\vec{L}+\vec{W}_1 \\[2mm] V\dfrac{\mathrm{d}\vec{D}_c}{\mathrm{d}t}=-H\vec{D}_c+F\vec{L}+\vec{W}_2 \end{array}\right\} \tag{15-4}$$

式中 $V=[V_{i,j}]$，$V_{i,i}=V_i$，当 $i\neq j$ 时，$V_{i,j}=0$。

$G=[g_{i,j}]$，矩阵元素如下：

$$g_{i,i-1}=-Q_{i-1,i}\alpha_{i-1,i}-D'_{i-1,i}$$
$$g_{i,i}=Q_{i,i+1}\alpha_{i,i+1}-Q_{i-1,i}\beta_{i-1,i}+D'_{i-1,i}+D'_{i,i+1}+V_iK_{1,i}$$
$$g_{i,i+1}=Q_{i,i+1}\beta_{i,i+1}-D'_{i,i+1}$$
$$\text{其他元素 } g_{i,j}=0$$

$H=[h_{i,j}]$，矩阵元素如下：

$$h_{i,i-1}=g_{i,i-1}$$
$$h_{i,i+1}=g_{i,i+1}$$
$$h_{i,i}=Q_{i,i+1}\alpha_{i,i+1}-Q_{i-1,i}\beta_{i-1,i}+D'_{i-1,i}+D'_{i,i+1}+V_iK_{2,i}$$
$$\text{其他元素 } h_{i,j}=0$$

当代入边界条件（其中包括 L_0 及 L_{n+1}，$D_{c,0}$ 和 $D_{c,n+1}$），并分别合并到方程右端的来源项 $W_{1,1}$，$W_{1,n}$ 及 $W_{2,1}$，$W_{2,n}$ 时可得到：

$$\vec{W}_1=[W_{1,i}],\vec{W}_2=[W_{2,i}]，\text{矩阵元素如下：}$$
$$W_{1,1}=W_{1,1}+(Q_{0,1}\alpha_{0,1}+D'_{0,1})\cdot L_0$$
$$W_{1,n}=W_{1,n}+(-Q_{n,n+1}\beta_{n,n+1}+D'_{n,n+1})\cdot L_{n+1}$$
$$W_{2,1}=W_{2,1}+(Q_{0,1}\alpha_{0,1}+D'_{0,1})\cdot D_{c,0}$$
$$W_{2,n}=W_{2,n}+(-Q_{n,n+1}\beta_{n,n+1}+D'_{n,n+1})\cdot D_{c,n+1}$$

取 $f_{i,i}=V_iK_{1,i}$，其他的 $f_{i,j}=0$，并取 $F=[f_{i,j}]$。再取 $\vec{L}=[L_i]$，$\vec{D}_c=[D_{c,i}]$ 可得方程（15-4）。该方程为一个常微分方程组，可以用龙格 - 库塔法等法求解。如果河口被划分为 N 段，则该方程组有 $2N$ 个方程。该模式方程曾成功地应用于美国东海岸特拉华河口，本书作者有幸到此河口参观考察，证实该河口污染得到了有效控制与治理。可以考虑将该模式方程应用于我国的河口污染防治工作。

15.3   河口污染一维稳态方程

15.3.1   河口污染一维稳态方程

根据方程（15-2）及方程（15-3），当取水质浓度的变化率 $=\dfrac{\mathrm{d}(V_iL_i)}{\mathrm{d}t}=0$，且只考虑水域纵向变化时，可得到河口污染一维稳态方程：

$$\left.\begin{array}{ll} \text{BOD方程为} & G\vec{L}=\vec{W}_1 \\[2mm] \text{氧亏方程为} & H\vec{D}_c=F\vec{L}+\vec{W}_2 \end{array}\right\} \tag{15-5}$$

方程（15-5）的解为：

$$
\left.
\begin{array}{ll}
\text{BOD方程为} & \vec{L} = G^{-1}\vec{W}_1 \\
\text{氧亏方程为} & \vec{D}_c = H^{-1}FG^{-1}\vec{W}_1 + H^{-1}\vec{W}_2
\end{array}
\right\}
\tag{15-6}
$$

式中　$G = \lfloor g_{i,j} \rfloor$，$H = \lfloor h_{i,j} \rfloor$，$F = \lfloor f_{i,j} \rfloor$，$\vec{L} = [L_i]$，$\vec{D}_c = [D_{c,i}]$，$\vec{W}_1 = [W_{1,i}]$，$\vec{W}_2 = [W_{2,i}]$。

以上矩阵皆为 $N \times N$ 阶，而向量 $\vec{L}$ 和 $\vec{D}_c$ 为 $1 \times N$ 阶，其中 N 表示河口划分的总段数。若已知排放量并用全部数据（包括边界条件）计算出矩阵元素之后，则可由式（15-6）计算得浓度分布 $\vec{L}$ 和 $\vec{D}_c$，$\vec{L}$ 和 $\vec{D}_c$ 是系统对输入源项 $\vec{W}_1$ 和 $\vec{W}_2$ 的响应。

之所以称逆矩阵为稳态转移矩阵，是因为逆矩阵 H^{-1} 可以表达在河口某段输入氧亏后，在其他河口段的响应值。如 $(H^{-1})_{i,j}$ 就是在第 i 段输入单位氧亏后，在第 j 段得到的氧亏响应值。类似地逆矩阵 $H^{-1}FG^{-1}$ 可以表示 BOD 输入在各段的响应值，$(H^{-1}FG^{-1})_{i,j}$ 表示在第 i 段输入单位 NOD，在第 j 段得到的氧亏响应值。方程（15-5）和方程（15-6）中的输入项 W（正值为源，负值为漏）排入河口有四种形式，计算时，应分别对其量纲进行换算：

（1）点源（kg/h）；

（2）线源 [kg/（h·m）] 乘 Δx_i；

（3）面源 [kg/（h·m²）] 乘 Δx_i 乘 b_i；

（4）体积源 [kg/（h·m³）] 乘 V_i。

以上各项中，Δx_i 是河段各段长度，m；b_i 是水面宽度，m；V_i 是第 i 段里水的体积，m³。考虑到模式方程的稳定性，权因子 $\alpha_{i,j}$ 应满足以下条件：

$$
\alpha_{i,j} > 1 - \frac{D_{i,i+1}}{\Delta x_i \cdot u_i}
$$

在方程（15-5）中，考虑了碳化合物 BOD$_C$，若要考虑 BOD$_N$，则方程（15-5）将变为：

$$
\left.
\begin{array}{l}
G\vec{L}_C = \vec{W}_{1,C} \\
J\vec{L}_N = \vec{W}_{1,N} \\
H\vec{D}_c = F_C\vec{L}_C + F_N\vec{L}_N + \vec{W}_2
\end{array}
\right\}
\tag{15-7}
$$

式中变量下标 C 表示碳化合物，变量下标 N 表示氮化合物，其他符号含义同前。此方程曾被应用于美国东海岸的特拉华河口污染治理中。在应用该模式方程时，将特拉华河口划分为 30 段，表 15-3 列出了该河口模式方程计算时，所需要的全套数据，供参考。

15.3.2　河口污染一维稳态方程例题

1. [例 15-1]

沿河口纵向划分为 $N=5$ 段，已知监测数据如表 15-1 所示。上游边界入流的 BOD 浓度 $L_0 = 0.00007\text{mg/L}$，海水里的 BOD 浓度 $L_{n+1} = 0.000005\text{mg/L}$。入海段长度 $\Delta x_{N+1} = 500\text{m}$。要求按式（15-6）计算各河口段的生化需氧量 BOD 浓度值。

计算及结果：选用本书软件计算，本书软件名称：RM19_河口生化需氧量一维稳态预报。用软件计算时，需将已知监测数据 4 项及表 15-1 输入。结果详见表 15-2 ~ 表 15-6。

监测数据						表 15-1
河口段	Δx_i 河口段长度 (m)	A_i 河段横截面面积 (m^2)	Q 潮汐周期净流量 (m^3/s)	D 弥散系数 (km^2/d)	K 为 BOD 降解系数 (1/d)	W 为 BOD 排放量 (kg/d)
0	300.0	135.0	3.985	0.3	0.00020	0.0
1	50.0	135.0	4.335	0.3	0.00025	0.105
2	100.0	135.0	4.335	0.3	0.00025	0.0
3	150.0	135.0	4.335	0.3	0.00015	0.0
4	300.0	135.0	4.335	0.3	0.00010	0.0
5	400.0	135.0	4.335	0.3	0.00010	0.0

权因子 α 及参数 D'						表 15-2
河口段	0	1	2	3	4	5
α	0.8571429	0.3333333	0.4	0.3333333	0.4285714	0.4444444
$D' = \dfrac{D \cdot A}{\Delta x}$	0.135	0.8100001	0.405	0.27	0.135	0.10125

BOD 方程矩阵 G 元素					表 15-3
$g_{i,j}$	1	2	3	4	5
1	3.508214	2.080000	0.000000	0.000000	0.000000
2	−2.255000	3.434000	2.196000	0.000000	0.000000
3	0.000000	−2.139000	2.556500	2.620000	0.000000
4	0.000000	0.000000	−1.715000	3.422857	2.342143
5	0.000000	0.000000	0.000000	−1.992857	5.085774

BOD 方程逆矩阵 G^{-1} 元素					表 15-4
$(g_{i,j})^{-1}$	1	2	3	4	5
1	0.222352	−0.097535	0.059634	−0.035995	0.016577
2	0.105741	0.164506	−0.100582	0.060711	−0.027959
3	0.062973	0.097971	0.218521	−0.131899	0.060743
4	0.024881	0.038709	0.086339	0.178268	−0.082097
5	0.009750	0.015168	0.033832	0.069854	0.164457

BOD 方程矩阵 W 元素					表 15-5
河口段	1	2	3	4	5
W_i	0.1052485	0.0	0.0	0.0	−0.00001154

生化需氧量 BOD 浓度 （mg/L） 表 15-6

1 河口段	2 河口段	3 河口段	4 河口段	5 河口段
0.02340204	0.0111294	0.00662716	0.00261964	0.00102424

2. [例 15-2]

沿河口纵向划分为 $N=8$ 段，已知监测数据如表 15-7 所示。上游边界入流的 BOD 浓度 $L_0=10$mg/L，海水里的 BOD 浓度 $L_{n+1}=1$mg/L。入海段长度 DX（$N+1$）$=6000$m。要求按式（15-6）计算各河口段的生化需氧量 BOD 浓度值。

计算及结果：选用本书软件 RM19 计算。用软件计算时，需将已知监测数据 4 项及表 15-7 输入。结果详见表 15-8。

监测数据 表 15-7

河口段	Δx_i 河口段长度（m）	A_i 河段横截面面积（m²）	Q 潮汐周期净流量（m³/s）	D 弥散系数（km²/d）	K 为 BOD 降解系数（1/d）	W 为 BOD 排放量（kg/d）
0	6000.0	605.0	85.0	10.36	0.45	0.0
1	6405.0	1469.0	86.0	10.36	0.45	44290.0
2	6100.0	1991.0	89.0	10.36	0.45	4668.0
3	6100.0	2088.0	89.0	10.36	0.45	2511.0
4	6100.0	2651.0	90.0	10.36	0.45	2259.0
5	6100.0	3172.0	91.0	10.36	0.45	2868.0
6	6100.0	3851.0	97.0	10.36	0.45	2680.0
7	3050.0	4614.0	89.0	10.36	0.45	397.0
8	3050.0	4763.0	90.0	12.94	0.45	1282.0

生化需氧量 BOD 浓度 （mg/L） 表 15-8

1 河口段	2 河口段	3 河口段	4 河口段	5 河口段	6 河口段	7 河口段	8 河口段
0.01056005	0.0008542	0.00043811	0.00031043	0.00032939	0.00025352	0.00006269	0.00019007

15.3.3 河口生化需氧量一维稳态方程软件 RM19

1. 软件编制原理及功能

（1）软件编制原理

按本书式（15-6）编制：

$$\left.\begin{array}{ll} \text{BOD方程为} & \vec{L} = G^{-1}\vec{W_1} \\ \text{氧亏方程为} & \vec{D_c} = H^{-1}FG^{-1}\vec{W_1} + H^{-1}\vec{W_2} \end{array}\right\}$$

（2）软件功能

将河口水域平面沿纵向（一维）分为若干段，按软件格式输入监测数据后，可计算出河口各段生化需氧量 BOD 浓度值。

2. 软件运行步骤

（1）输入数据

在输入数据界面，由键盘输入 4 项及 6N+1 项数据，如表 15-1 或表 15-7 所示。数据有 3 种输入方式，详见软件介绍。输入数据后，可存盘，单击"初始数据存为文件"。

（2）计算　在计算及结果界面，单击"RM19_ 河口生化需氧量一维稳态方程　计算"。

（3）计算结果保存

单击"计算结果　存硬盘文件"，文件可在 word 中调出。

（4）计算结果打印

单击"计算结果　打印"，或打印任一界面，单击"打印窗体"。

（5）退出

单击"结束　退出"。

3. 软件界面

河口生化需氧量一维稳态方程软件 RM19 界面如图 15-1 所示。

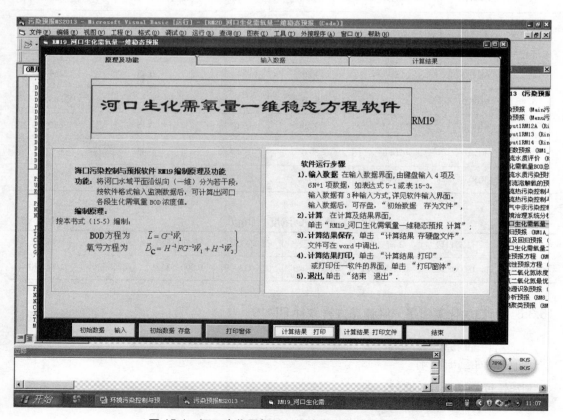

图 15-1　河口生化需氧量一维稳态方程软件 RM19

4. 软件例题计算

RM19 软件共 2 项例题，已录成数据文件，与软件同时提供。其文件名为：

（1）RM19_ 河口生化需氧量一维稳态方程　例题 1（输入数据为例题 1，表 15-1）；

（2）RM19_ 河口生化需氧量一维稳态方程　例题 2（输入数据为例题 2，表 15-7）。

15.4　河口污染二维稳态方程

15.4.1　河口污染二维稳态方程

研究河口水面两个方向污染物变化状态，在一个潮汐周期的 BOD 质量平衡，由式（15-2）可得：

$$V_K \frac{\mathrm{d}L_K}{\mathrm{d}t} = \sum_j [-Q_{K,j}(\alpha_{K,j}L_K + \beta_{K,j}L_j) + D'_{K,j}(L_j - L_K)] \\ - V_K K_{1,K} L_K + W_{1,K} \tag{15-8}$$

式中　$K=1$，$\cdots$，n；$j=j_1$，j_2，j_3，j_4；Q 的方向以离开体积元 K 的方向为正，其他符号的意义同式（15-1）。当取：

$$\frac{\mathrm{d}L_K}{\mathrm{d}t} = 0 \tag{15-9}$$

则可得 BOD 的二维稳态方程的矩阵形式：

$$G\vec{L} = \vec{W}_1 \tag{15-10}$$

式（15-10）的解为：

$$\vec{L} = G^{-1}\vec{W}_1 \tag{15-11}$$

式中　$\vec{L} = [L_i]$；$G = [g_{i,j}]$，其逆矩阵为 G^{-1}；$\vec{W}_1 = [W_{1,i}]$。则式（15-11）可写为：

$$g_{K,K} L_K + \sum_j g_{K,j} L_j = W_{i,K}$$

式中

$$g_{K,K} = \sum_j (Q_{K,j}\alpha_{K,j} + D'_{K,j}) + V_K K_{1,K}$$

$$g_{K,i} = Q_{K,j}\beta_{K,j} - D'_{K,j}$$

其中　$-Q_{j,K}\alpha_{j,K} = Q_{K,j}\beta_{K,j}$；　$-Q_{j,K}\beta_{j,K} = Q_{K,j}\alpha_{K,j}$。

对于边界上的网格点有：

$$g_{K,K} = \sum_j (Q_{K,j}\alpha_{K,j} + D'_{K,j}) + V_K K_{1,K} \begin{Bmatrix} + Q_{K,K}\alpha_{K,K} \\ + Q_{K,K}\beta_{K,K} \end{Bmatrix} + D'_{K,K}$$

上式等号右边第 1 项为网格 K 与周边网格间的移流项（j 不在边界上）；第 2 项为降解项；第 3 项为边界与网格 K 间的浓度迁移项（上面的表达式适用于流量从网格 K 流向边界，下面的表达式适用于流量从边界进入网格 K）；第 4 项为河口与河流交界处的弥散项。边界处的输入 $W_{1,K}$ 项为：

$$W_{1,K} + \left(D'_{K,K} \begin{cases} -Q_{K,K}\,\beta_{K,K} \\ -Q_{K,K}\,\alpha_{K,K} \end{cases} \right) L_0$$

式中　L_0——边界处的 BOD 浓度，是已知数据。对于相互之间不直接联系的网格 K 与 j，
　　　　则取 $g_{K,j}=0$。方程式（15-10）区别于一维方程，其方程中的 $G = \lfloor g_{i,j} \rfloor$ 总是三
　　　　对角线矩阵（见本节例题 15-3）。

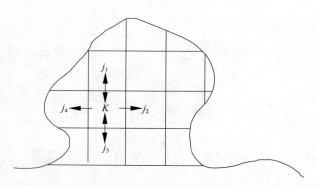

图 15-2　河口二维计算单元图

15.4.2　BOD 的二维稳态方程例题

1. [例 15-3]

沿河口纵向划分为 5 段（$i=0$，…，N，此题 $N=4$），河口横向划分为 4 段，$M=4$（图
15-2）。另输入监测数据如表 15-9 所示。包括两部分内容，第一部分是各纵向河口段（取
横向平均值）的监测数据 6 项（6×5），第二部分是方程边界条件数据：

上游边界入流的 BOD 浓度，$C(0,j)$ $j=1$，…，M，此题 $M=4$ 即 4 个横向河口段，下
游海水里的 BOD 浓度，$C(N+1,j)$ $j=1$，…，M。

要求按式（15-11）计算各河口段的生化需氧量 BOD 浓度值。

计算及结果：选用本书软件计算，本书软件名称：RM20_河口生化需氧量二维稳态方
程。用软件计算时，需将已知监测数据表 15-9 输入。结果详见表 15-10 ～表 15-15。

监测数据　　　　　　　　　　　　　　　　　　　　　　　表 15-9

河口段	Δx_i 河口段长度（m）	A_i 河段横截面面积（m²）	Q 潮汐周期净流量（m³/s）	D 弥散系数（km²/d）	K 为 BOD 降解系数（1/d）	W 为 BOD 排放量（kg/d）	上游边界 BO 浓度（mg/L）	下游海里 BOD 浓度（mg/L）
0	50.0	135.0	0.38	3.0	0.00001	0.0	—	—
1	50.0	135.0	0.38	0.3	0.00001	0.19	0.01	0.001
2	50.0	135.0	0.38	3.0	0.00002	0.0	0.01	0.001
3	50.0	135.0	0.38	3.0	0.00001	0.0	0.01	0.001
4	50.0	135.0	0.38	3.0	0.00001	0.0	0.01	0.001

权因子 α 及权因子 β　　　　　　　　　　　　　　　　表 15-10

α	1	2	3	4	β	1	2	3	4
1	0.5	0.5	0.5	0.5	1	0.5	0.5	0.5	0.5
2	0.5	0.5	0.5	0.5	2	0.5	0.5	0.5	0.5
3	0.5	0.5	0.5	0.5	3	0.5	0.5	0.5	0.5
4	0.5	0.5	0.5	0.5	4	0.5	0.5	0.5	0.5

BOD 方程矩阵 G 元素　　　　　　　　　　　　　　　　表 15-11

$g_{i,j}$	1	2	3	4	5	6	7	8	9	10
1	−3.8431	1.645	0.0	0.0	0.0	0.0	0.0	0.0	0.0	0.0
2	−0.0125	−2.1938	1.835	0.0	0.0	1.645	0.0	0.0	0.0	0.0
3	0.0	−1.835	−4.0331	1.835	0.0	0.0	1.835	0.0	0.0	0.0
4	0.0	0.0	−1.835	−1.8181	0.0	0.0	0.0	1.835	0.0	0.0
5	0.0019	0.0	0.0	−2.025	−3.8431	1.645	0.0	0.0	0.0	0.0
6	0.0	0.0019	0.0	0.0	−0.0125	−2.1938	1.835	0.0	0.0	1.645

	3	4	5	6	7	8	9	10	11
7	0.0019	0.0	0.0	−1.835	−4.0331	1.835	0.0	0.0	1.835

	4	5	6	7	8	9	10	11	12
8	0.019	0.0	0.0	−1.835	−1.8181	0.0	0.0	0.0	1.835
9	0.0	0.0019	0.0	0.0	−2.025	−3.8431	1.645	0.0	0.0
10	0.0	0.0	0.0019	0.0	0.0	−0.0125	−2.1938	1.835	0.0
11	0.0	0.0	0.0	0.0019	0.0	0.0	−1.835	−4.0331	1.835
12	0.0	0.0	0.0	0.0	0.0019	0.0	0.0	−1.835	−1.8181

	8	9	10	11	12	13	14	15	16
13	0.0	0.0019	0.0	0.0	−2.025	−.8393	1.645	0.0	0.0
14	0.0	0.0	0.0019	0.0	0.0	−0.0125	−2.19	1.835	0.0
15	0.0	0.0	0.0	0.0019	0.0	0.0	−1.835	−4.0293	1.835
16	0.0	0.0	0.0	0.0019	0.0	0.0	−1.835	−1.8143

方程逆矩阵 G^{-1}　　　　　　　　　　　　　　　　表 15-12

河段	1	2	3	4	5	6	7	8	9	10	11	12	13	14	15	16
1	−0.2597	−0.1545	−0.0482	−0.0486	0.00	0.0	0.0	0.0	0.0	0.0	0.0	0.0	0.0	0.0	0.0	0.0
2	0.0012	−0.3608	−0.1125	−0.1136	0.0	0.0	0.0	0.0	0.0	0.0	0.0	0.0	0.0	0.0	0.0	0.0
3	−0.0004	0.1125	−0.1348	−0.1361	0.0	0.0	0.0	0.0	0.0	0.0	0.0	0.0	0.0	0.0	0.0	0.0
4	0.0004	−0.1136	0.1361	−0.4127	0.0	0.0	0.0	0.0	0.0	0.0	0.0	0.0	0.0	0.0	0.0	0.0
5	0.0	0.0	0.0	0.0												
6	0.0	0.0	0.0	0.0												
7	0.0	0.0	0.0	0.0												

续表

河段	1	2	3	4	5	6	7	8	9	10	11	12	13	14	15	16
8	0.0	0.0	0.0	0.0	0.0	0.0	0.0	0.0	0.0	0.0	0.0	0.0	0.0	0.0	0.0	0.0
9	0.0	0.0	0.0	0.0	0.0	0.0	0.0	0.0	0.0	0.0	0.0	0.0	0.0	0.0	0.0	0.0
10	0.0	0.0	0.0	0.0	0.0	0.0	0.0	0.0	0.0	0.0	0.0	0.0	0.0	0.0	0.0	0.0
11	0.0	0.0	0.0	0.0	0.0	0.0	0.0	0.0	0.0	0.0	0.0	0.0	0.0	0.0	0.0	0.0
12	0.0	0.0	0.0	0.0	0.0	0.0	0.0	0.0	0.0	0.0	0.0	0.0	0.0	0.0	0.0	0.0
13	0.0	0.0	0.0	0.0	0.0	0.0	0.0	0.0	0.0	0.0	0.0	0.0	0.0	0.0	0.0	0.0
14	0.0	0.0	0.0	0.0	0.0	0.0	0.0	0.0	0.0	0.0	0.0	0.0	0.0	0.0	0.0	0.0
15	0.0	0.0	0.0	0.0	0.0	0.0	0.0	0.0	0.0	0.0	0.0	0.0	0.0	0.0	0.0	0.0
16	0.0	0.0	0.0	0.0	0.0	0.0	0.0	0.0	0.0	0.0	0.0	0.0	0.0	0.0	0.0	0.0

方程矩阵 $W1$ 元素　　　　　　　　　　　　　　　　表 15-13

1	2	3	4	5	6	7	8	9	10	11	12	13	14	15	16
0.1901	0.0	0.0	0.0018	0.0001	0.0	0.0	0.0018	0.0001	0.0	0.0	0.0018	0.0001	0.0	0.0	0.0018

生化需氧量 L_0（mg/L）　　　　　　　　　　　　　　表 15-14

1 河口段	2 河口段	3 河口段	4 河口段
−0.04946514	0.00001477	−0.0003193	−0.00068702

生化需氧量 C（mg/L）　　　　　　　　　　　　　　表 15-15

1 河口段	2 河口段	3 河口段	4 河口段
−0.04946514	0.00001477	−0.0003193	−0.00068702

2. [例 15-4]

河口污染问题研究步骤：

（1）选取研究区域并绘制草图。如果选用一维稳态方程，则监测区域以河流干道为主，即开端是河流上游，末端是海湾口岸，沿河流划分为若干段，对各段采样监测，如图 15-3 所示。如果选用二维稳态方程，则将海湾区域平面划分为若干块，对各块采样监测，如图 15-4 所示。

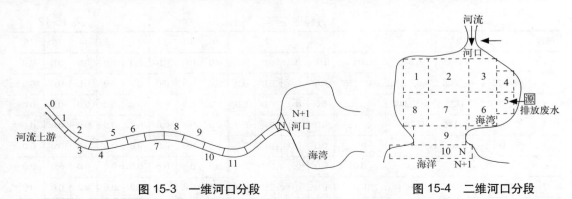

图 15-3　一维河口分段　　　　　　　　图 15-4　二维河口分段

（2）监测水质。监测水质是为了用于计算，所以应满足计算的要求。即用于河口污染预报，预报生化需氧量 BOD 及氧亏 $D_{c,i}$（换算为溶解氧），要对这两项的方程边界条件作监测（说明如下述），第二项监测项目如表 15-16 所示。用于方程边界条件的监测项目：

1）当为一维方程时：需要监测边界条件 L_0 及 L_{n+1}。其中，L_0 为上游边界入流的 BOD 浓度，L_{n+1} 为海水里的 BOD 浓度。氧亏方程的边界条件 $D_{c,0}$ 和 $D_{c,n+1}$ 分别为上游边界处和下游海水里的氧亏值。

2）当为二维方程时：需要监测上游边界入流的 BOD 浓度及氧亏值（mg/L），$C(0,j)$ $j=1,\cdots,M$，$D(0,j)$ $j=1,\cdots,M$；下游海水里的 BOD 浓度及氧亏值（mg/L），$C(N+1,j)$ $j=1,\cdots,M$，$D(N+1,j)$ $j=1,\cdots,M$。当然，如果要对其他污染物进行预报，亦应对其进行相应的监测，如氮化物、氯化物等，可参照例题 15-5。

河口污染控制与预报方程计算需要的监测数据 （美国 Delaware 河河口参数）　表 15-16

河段	河口段长度 Δx_i (m)	体积 V_i ($10^4 m^3$)	流速 u_i (m/h)	截面面积 A_i (m^2)	流量 Q_i (m^3/s)	弥散系数 D_i (km²/d)	衰变系数 $K_{1,i}$ (1/d)	复氧系数 K_2 (1/d)	BOD$_C$输入 $W_{1,C}$ (kg/d)	BOD$_N$输入 $W_{1,N}$ (kg/d)	氧亏输入 W_2 (kg/d)	饱和溶解氧 C_s
0	6000	600	457	605	85	10.36	0.45	0.23	40000	24000	7100	8.2
1	6405	687	457	1469	86	10.36	0.45	0.31	44290	55360	10108	8.2
2	6100	1033	457	1991	89	10.36	0.45	0.23	4668	6716	3910	8.2
3	6100	1035	457	2288	89	10.36	0.45	0.18	2511	4758	1877	8.2
4	6100	1509	610	2651	89	10.36	0.45	0.20	2259	2859	1224	8.2
5	6100	1804	610	3172	91	10.36	0.45	0.20	2368	2274	2177	8.2
6	6100	2145	610	3851	97	10.36	0.45	0.25	3680	4643	2286	8.2
7	3050	1290	610	4614	89	10.36	0.45	0.20	397	439	403	8.2
8	3050	1430	610	4763	90	12.94	0.45	0.19	1282	2090	963	8.2
9	3050	1512	610	5154	90	12.94	0.45	0.23	4321	5936	1020	8.2
10	3050	1651	610	5665	96	12.94	0.45	0.16	74977	42872	1020	8.2
11	3050	1787	762	6047	97	12.94	0.45	0.18	13145	12044	2612	8.2
12	3050	1858	762	6139	97	12.94	0.45	0.10	2032	2844	612	8.2
13	3050	1969	762	6763	98	12.94	0.45	0.09	38341	25161	1469	8.2
14	3050	2284	762	8214	103	12.94	0.45	0.11	71126	51990	1796	8.2
15	6100	5277	762	9116	115	12.94	0.45	0.11	48063	24183	6667	8.2
16	6100	5760	915	9758	120	12.94	0.45	0.13	80065	68236	3061	8.2
17	6100	6197	915	10549	124	12.94	0.45	0.13	41591	28082	5205	8.2
18	6100	6798	915	11749	126	12.94	0.45	0.13	15837	6398	3265	8.2
19	6100	7638	915	13284	127	12.94	0.45	0.13	38003	6140	7348	8.2
20	6100	8319	915	13990	127	12.94	0.45	0.13	198	198	7144	8.2
21	3050	4290	1067	14130	132	12.94	0.40	0.13	46080	34814	3143	8.4
22	3050	4466	1067	15153	132	12.94	0.40	0.13	64388	29	2721	8.4
23	3050	4818	1067	16447	132	12.94	0.40	0.18	747	672	5919	8.4
24	3050	5084	1067	16903	132	18.12	0.40	0.18	46	46	4989	8.4
25	3050	5249	1067	17526	132	18.12	0.40	0.28	95	95	4218	8.4
26	3050	5459	1220	18270	133	18.12	0.40	0.38	5599	4094	5443	8.4
27	3050	5828	1220	19954	133	18.12	0.40	0.35	123	273	6804	8.4
28	3050	6378	1220	21861	134	18.12	0.40	0.35	2160	1890	6804	8.4
29	6100	3819	1220	23675	135	18.12	0.40	0.35	441	441	0	8.4
30	6100	15945	1220	28596	136	18.12	0.40	0.35	419	419	0	8.4

（3）选取相应的预报方程计算。

（4）计算结果的分析。

3.[例 15-5]

在美国南海岸曾用过的二维河口方程——帕斯卡古拉（Pascagoual）二维河口方程：在该河口入海处取一个体积单元（i, j），如图 15-5 所示。用表示任一种水质浓度变量，按质量平衡及守恒原理可得：

$$V_{i,j}\frac{\mathrm{d}C_{i,j}}{\mathrm{d}t} = \alpha_{i-1,j}C_{i-1,j} + \alpha_{i,j}C_{i,j} + \alpha_{i+1,j}C_{i+1,j} + \alpha_{i,j-1}C_{i,j-1} + \alpha_{i,j+1}C_{i,j+1} + V_{i,j}\sum S_{i,j} \tag{15-12}$$

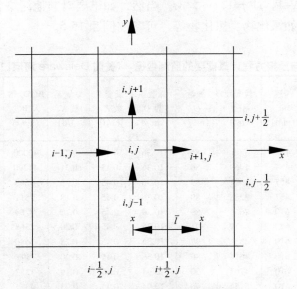

图 15-5　河口二维控制体积单元（i, j）

式中　$\alpha_{i,j} = \left(Q_{i-\frac{1}{2},j}\,\beta_{i-\frac{1}{2},j} - D'_{i-\frac{1}{2},j} \right) - \left(Q_{i+\frac{1}{2},j}\,\alpha_{i+\frac{1}{2},j} + D'_{i+\frac{1}{2},j} \right)$;

$\qquad + \left(Q_{i,j-\frac{1}{2}}\,\beta_{i,j-\frac{1}{2}} - D'_{i,j-\frac{1}{2}} \right) - \left(Q_{i,j+\frac{1}{2}}\,\alpha_{i,j+\frac{1}{2}} + D'_{i,j+\frac{1}{2}} \right)$

$\qquad \alpha_{i+1,j} = -Q_{i+\frac{1}{2},j}\,\beta_{i+\frac{1}{2},j} + D'_{i+\frac{1}{2},j}$;　$\alpha_{i-1,j} = Q_{i-\frac{1}{2},j}\,\alpha_{i-\frac{1}{2},j} + D'_{i,j+\frac{1}{2}}$;

$\qquad \alpha_{i,j-1} = Q_{i,j-\frac{1}{2}}\,\alpha_{i,j-\frac{1}{2}} + D'_{i,j-\frac{1}{2}}$;　$\alpha_{i,j+1} = -Q_{i,j+\frac{1}{2}}\,\beta_{i,j+\frac{1}{2}} + D'_{i,j+\frac{1}{2}}$;

$\qquad D' = \dfrac{D \cdot A}{\bar{l}}$;

$\qquad C_{i,j}$——任一种水质浓度；

$\qquad t$——以潮汐周期为单位的时间；

$\qquad \alpha, \beta$——加权系数，$\alpha+\beta=1$；

　　　　$\bar{l}$——两个格中心的距离（见图 15-5）；

　　　$V_{i,j}$——单元体水的体积，m^3；

　　　$A_{i,j}$——单元体横截面面积，m^2；

　　　$Q_{i,j}$——单元体一个潮汐周期平均净流量，m^3/s；

　　　$D_{i,j}$——水质的弥散系数，km^2/d；

　　其他符号含义同前。注：上述各变量的下角标为整数时，表示体积单元的中心坐标处的值，下角标为分数时，表示两个体积单元交界处的值。

式中 $\sum S_{i,j}$ 表示水质中的源和漏项，在帕斯卡古拉（Pascagoual）河口污染预测中选用了氯化物、BOD_N、BOD_C、DO（方程中取溶解氧氧亏），该项表达式如下：

$$
\left.
\begin{aligned}
\text{氯化物：} \quad & V_{i,j}\sum S_{i,j}=(W_C)_{i,j} \\
BOD_C：\quad & V_{i,j}\sum S_{i,j}=(W_{i,C})_{i,j}-(K_1L_2)_{i,j}V_{i,j} \\
BOD_N：\quad & V_{i,j}\sum S_{i,j}=(W_{i,N})_{i,j}-(K_NL_N)_{i,j}V_{i,j} \\
\text{氧亏：} \quad & V_{i,j}\sum S_{i,j}=-V_{i,j}(K_2)_{i,j}(D_C)_{i,j}+V_{i,j}(K_1)_{i,j}(L_C)_{i,j} \\
& +V_{i,j}(K_N)_{i,j}(L_N)_{i,j}-V_{i,j}P_{i,j}+V_{i,j}R_{i,j}+\frac{V_{i,j}}{f_{i,j}}(W_D)_{i,j}
\end{aligned}
\right\}
$$

式中　W_C、$W_{i,C}$、$W_{i,N}$ 及 $(W_D)_{i,j}$ 分别是 (i,j) 单元体的氯化物、BOD_N、BOD_C、溶解氧氧亏的排放量。其他符号含义同前。

　　在帕斯卡古拉（Pascagoual）河口污染预测中，用两组相互独立的观测数据对模式方程作了验证。同时，不仅用污染前的盐度数据，而且在染料示踪研究的基础上估计了弥散系数的值。

　　结果得到了下列淡水净流量和弥散系数之间的经验关系：

$$D=0.0232Q^{0.48}$$

其中 D 的单位是 km^2/d，Q 的单位是 m^3/s。通过试验和曲线拟合来计算反应系数 K_1 和 K_N，其结果为：对于整个河口 K_N=0.1 1/d；在东帕斯卡古拉河口 K_1=0.1 1/d，在西帕斯卡古拉河口 K_1=0.2 1/d。用 O′ Connor-Dobbins 公式计算出 K_2 的值。所有的系数都要根据水温的变化进行修正。

　　用以上模式方程作预测预报需要用计算值与实测值对照检验。实测值是横向测定的平均值；计算值是根据模式方程的解水质浓度 $C_{i,j}$ 或引用本书软件计算得到。

15.4.3　河口生化需氧量二维稳态方程软件 RM20

1. 软件编制原理及功能

（1）软件编制原理

按本书式（15-10）编制：

BOD 的二维稳态方程的矩阵形式：

$$G\vec{L}=\vec{W}_1$$

式（15-10）的解为：

$$\vec{L} = G^{-1} \vec{W}_1$$

（2）软件功能

将河口水域平面沿两向（二维）分为若干块，按软件格式输入监测数据后，可计算出河口各块生化需氧量 BOD 浓度值。

2. 软件运行步骤

（1）输入数据

在输入数据界面，由键盘输入 3 项及 $6N+1$ 项及 $2M$ 项数据，输入数据顺序：如例 15-3。数据输入的顺序见表 15-17：* 号为监测数据，空格为监测的 BOD 边界条件。

输入数据顺序

表 15-17

序号	Δx_i 河口段长度（m）	A_i 河段横截面面积（m²）	Q 潮汐周期净流量（m³/s）	D 弥散系数（km²/d）	K 为 BOD 降解系数（1/d）	W 为 BOD 排放量（kg/d）	顺序
1	50.0	135.0	0.38	3.0	0.00001	0.0	*
2	50.0	135.0	0.38	0.3	0.00001	0.19	*
3	50.0	135.0	0.38	3.0	0.00002	0.0	*
4	50.0	135.0	0.38	3.0	0.00001	0.0	*
5	50.0	135.0	0.38	3.0	0.00001	0.0	*
6	0.01	0.01	0.01	0.01	上游边界	BOD（mg/L）	
7	0.001	0.001	0.001	0.001	下游海里	BOD（mg/L）	

数据有 3 种输入方式，详见软件输入界面。

输入数据后，可存盘，单击"初始数据 存为文件"。

（2）计算 在计算及结果界面，单击"RM20_ 河口生化需氧量二维稳态方程 计算"。

（3）计算结果保存

单击"计算结果 存硬盘文件"。

（4）计算结果打印

单击"计算结果 打印"，或打印任一界面，单击"打印窗体"。

（5）退出

单击" 结束 退出"。

3. 软件界面

河口生化需氧量二维稳态方程软件 RM20 界面如图 15-6 所示。

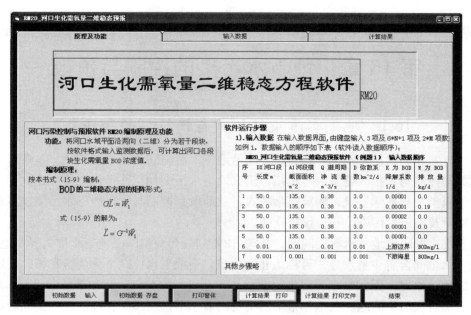

图 15-6 河口生化需氧量二维稳态方程软件 RM20

4. 软件例题计算

RM20 软件共 1 项例题，已录成数据文件，与软件同时提供。

其文件名为：

RM20_ 河口生化需氧量二维稳态方程 例题 1。

第16章 地下水污染的控制与预报

16.1 地下水污染的控制与预报目的和任务

地下水常作为饮用水水源，在我国，防治地下水污染问题已迫在眉睫。本章将研究地下水污染的控制与预报问题。内容包括，研究地下水污染物迁移转化规律，建立污染物迁移的数学模型及其数学模式，解算数学模式，从而做到控制与预报地下水污染。本章列举了应用实例及地下水污染控制与预报软件。

按三维空间研究地下水污染问题，竖向（Z）划分为两层，以地下水位为界。地表至地下水位间含有少量水分，可称为非饱和带，至地下水位以下称为饱和带。此饱和带常作为饮用水水源。饱和带水质污染问题，是本章研究的对象。饱和带横向（x, y）可按一维或二维研究污染问题。在饱和带里污染物沿着水平方向移动。地下水污染问题是区域性的，应对该区域的地面污染源作全面监测，诸如，相关的水域（河流、湖泊、水库、港湾等），工业、科研、医疗等废弃物排放，城市垃圾，农田化肥，酸雨等大气扬尘降落，排污口及渗井等都会成为地下水的污染源，如图16-1所示。

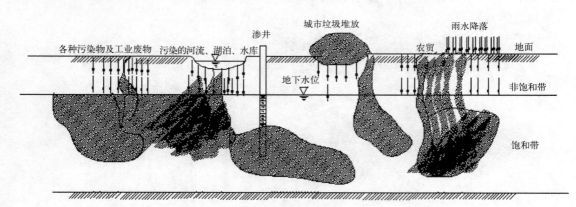

图 16-1 地下水污染源

由于地下水污染问题是区域性的，且是分布于地下不可见的，有效的研究办法是建立该区域的地下水模型及数学模式。它们的基本步骤如下：

（1）拟定地下水污染问题。确定工作内容及目标要求，包括全区域的污染源监测，监测数据的处理及分析，研究报告书内容等；

（2）选定变量，如污染物浓度；

（3）确定变量间的定量关系。按物质平衡及守恒原理，及物理学、化学、生物学规则，以及经验规律来推导污染物迁移方程；

（4）解算污染物迁移方程。选取适宜的解法，必要时，需要编写计算机软件，完成计算；

（5）选定污染物迁移方程的参数。选定参数的方法是，通过对迁移方程的计算与监测数据的比较来确定。亦需要作参数灵敏度分析；

（6）污染物迁移方程的验证。为了检验迁移方程是否具有预测能力，必须用一组独立的数据来检验它。不能用迁移方程标定时的监测数据来检验它；

（7）迁移方程的应用。可以用迁移方程来预测预报污染物在该区域的分布及其迁移转化状态。迁移方程的应用是一项迭代过程。在此过程中，可测试各项参数的灵敏度及变换污染源强度或位置等项。

16.2　地下水污染的控制与预报模型

16.2.1　区域地下水污染迁移方程

如前所述，地下水污染源来自大气、地表以及地下渗井等。类似于对地上水的研究，地下水污染物的迁移转化规律亦应满足物质平衡及守恒原理，按此原理可以得到地下水污染迁移方程。

1. 一维迁移方程

假定 $u_y=0$，且浓度 c 在 y 方向不具有梯度，则有：

$$\frac{\partial c}{\partial t}+\frac{u}{R}\frac{\partial c}{\partial x}=\frac{D_L}{R}\frac{\partial^2 c}{\partial x^2}-\lambda c \tag{16-1}$$

式中　c——污染物质溶于水中的浓度，mg/m^3；

$\quad$ t——时间，d；

$\quad$ u——孔隙速度（流速），m/d；

$\quad$ R——迟滞因子（滞后因子）；

$\quad$ x——水平坐标，m；

$\quad$ λ——衰减常数（污染物质的降解常数）[1/s]；

$\quad$ $D_L=\alpha_L u$，$u>0$　其中　α_L——纵向弥散度，m。

式（16-1）是一个二阶偏微分方程。解算式（16-1）需要初始条件和边界条件。初始条件可由初始时间 t_0 的浓度分布 $c(x, y, t_0)$ 给出。边界条件有三种类型：

第一类称为 Dirichlet 边界条件，给定边界上的浓度，此种类型的内部边界条件可以用来描述污染源。

第二类称为 Neumann 边界条件，给定垂直于边界的浓度梯度，这意味着它们给定弥散通量。在边界上的对流通量不能由第二类边界条件给定。它是边界浓度和速度交互作用的结果。对不透水的边界，水流模型必定给出零流量。因而只需给定弥散通量为零，即 $\frac{\partial c}{\partial n}=0$。

第三类称为 Cauchy 边界条件，给定边界上的总通量（即弥散通量与对流通量之和），给定浓度 c 和弥散通量 $\partial c/\partial n$ 的线性组合。因为在出流边界一般无法知道总通量，所以第三类边界条件只在入流边界有用。如果弥散通量小于对流通量，则第三类边界条件接近于第一类边界条件。一般只考虑第一类和第二类边界条件。

2. 二维迁移方程

假定浓度 c 在 Z 方向不具有梯度，即污染物在含水层深度上已经混合，并取 x 轴与稳定的流速方向一致，则有：

$$\frac{\partial c}{\partial t} + \frac{u}{R}\frac{\partial c}{\partial x} = \frac{D_L}{R}\frac{\partial^2 c}{\partial x^2} + \frac{D_T}{R}\frac{\partial^2 c}{\partial y^2} - \lambda c \tag{16-2}$$

式中　c——污染物质溶于水中的浓度，mg/m³；

　　　t——时间，d；

　　　u——孔隙速度（流速），m/d；

　　　R——迟滞因子（滞后因子）；

　　　λ——衰减常数（污染物质的降解常数），1/s；

　　　x——纵（水平）坐标，m；

　　　y——横向坐标，m；

　　　$D_L = \alpha_L u$，$u > 0$　其中　α_L——纵向弥散度，m；

　　　$D_T = \alpha_T u$，$u > 0$　其中　α_T——横向弥散度，m。

解算式（16-1）及式（16-2），可以选用解析解法，或差分解法，或有限元解法等。用这些方法解算得出式（16-1）及式（16-2）的解，便可以引用该解进行地下水污染预报。

16.2.2　迁移方程的解析解法

1. 地下水一维迁移方程的求解

求解式（16-1）$\dfrac{\partial c}{\partial t} + \dfrac{u}{R}\dfrac{\partial c}{\partial x} = \dfrac{D_L}{R}\dfrac{\partial^2 c}{\partial x^2} - \lambda c$。

假定含水层为流速不变的层流，均匀的含水层及恒定的弥散度、迟滞因子和反应速率。此外，污染物的输入必须不影响均匀的流场。分子扩散忽略不计。且假定 Y 和 Z 方向上的浓度梯度为零，在正和负的 x 轴方向上无限延伸，令含水层的厚度为 m，宽度为 w，在这种情况下，可以应用上式的一维迁移方程。

（1）一维瞬时排放解

在 $x=0$ 处，时间 $t=0$ 时瞬时投入质量为 ΔM 的污染物。这类初始条件可以用迪拉克（Dirac）函数来表示：

$$c_\delta(x,0) = \frac{\Delta M}{n_e m w R}\delta(x) \tag{16-3}$$

式中　ΔM——污染物质瞬时释放量，mg；

　　　n_e——有效孔隙度；

　　　m——饱和水流厚度，m；

　　　w——一维含水层宽度，m；

　　　R——迟滞因子系数（滞后因子）。

迪拉克（Dirac）函数定义为：

$$\delta(x) = 0 \text{时 } x \neq 0，\int_{-\infty}^{\infty}\delta(x)\mathrm{d}x = 1 \tag{16-4}$$

对 $C_\delta(x, 0)$ 正规化，以使投放时所包含的质量为 ΔM。

$$\int_{-\infty}^{\infty} wmn_e Rc_\delta(x,0)\mathrm{d}x = \Delta M \tag{16-5}$$

在存在吸附作用的情况下，为了计算溶解和被吸附的污染物质量，因子 R 是必要的。进一步要求解是有界的，即：

$$c(\pm\infty, t) = 0 \tag{16-6}$$

既满足式（16-3）又满足式（16-6）的式（16-1）的解，即众所周知的高斯函数。

一维瞬时排放解　　$c_\delta(x,t) = \dfrac{\Delta M}{2wmn_e R\sqrt{\pi\alpha_L ut/R}}\exp[-\dfrac{(x-ut/R)^2}{4\alpha_L ut/R}]\exp(-\lambda t)$ 　（16-7）

该函数是以 $x=ut/R$ 为轴的钟形分布，其宽度为 $\sqrt{2\alpha_L ut/R}$。它在 x 正方向上的移动速度是 u/R。由于宽度随时间的增加和污染物的衰减，这种分布的振幅逐渐降低。这个函数在任何时间 t 下，都满足正规化条件，即：

$$\int_{-\infty}^{\infty} wmn_e Rc_\delta(x,t)\mathrm{d}x = \Delta M \cdot \exp(-\lambda t) \tag{16-8}$$

式中 $c_\delta(x, t)$ 在 $t \to 0$ 时的极限，由式（16-3）给出。

（2）一维连续排放解

用 $t-\tau$ 代替 t，$t-\zeta$ 代替 x，就可以由式（16-8）得到在 $x=\zeta$ 和 $t-\tau$ 时投放的解。如果知道含水层对一个瞬时输入的响应，则对于任何一个在时间上和空间上分布的输入的响应，就可以作为一个卷积积分计算。这是由于迁移方程是线性方程这样一个前提。对于一个集中在 $x=0$ 点的排放，时间变化率为 $\dot{M}(t) = \mathrm{d}M/\mathrm{d}t$ 的源，其解为：

1）一维连续排放解（点源）

$$c(x,t) = \int_0^t \lim_{\Delta\tau\to 0} \frac{c_\delta(x,t-\tau)}{\Delta\tau}\mathrm{d}\tau$$

$$= \int_0^t \frac{\dot{M}(\tau)}{2wmn_e R\sqrt{\pi\alpha_L u(t-\tau)/R}}\exp[-\frac{(x-u(t-\tau)/R)^2}{4\alpha_L u(t-\tau)/R}]\cdot\exp[-\lambda(t-\tau)]\mathrm{d}\tau \tag{16-9}$$

2）一维连续排放解（线源）

对于一个单位长度上排放率为 $\mu(x, t)$ 的空间分布源，时间为 t 时的浓度分布为：

$$c(x,t) = \int_{\zeta=-\infty}^{\infty}\int_{\tau=0}^{t} \frac{\mu(\zeta,\tau)}{2bmn_e R\sqrt{\pi\alpha_L u(t-\tau)/R}}\exp[-\frac{(x-\zeta-u(t-\tau)/R)^2}{4\alpha_L u(t-\tau)/R}]$$
$$\times\exp(-\lambda(t-\tau))\mathrm{d}\tau\mathrm{d}\zeta \tag{16-10}$$

对于一些简单的函数 $\dot{M}(t)$（或 $\mu(x, t)$）这个积分可以解析计算。让我们考虑一个从 $t=0$ 开始，并具有定常排放率，$\dot{M}(t) = $ 常数的集中排放源。可以用下述公式（如，Abramowitz，Stegum，1972）对式（16-9）进行积分：

$$\int\exp(-a^2x^2-b^2/x^2)\mathrm{d}x$$
$$= \frac{\sqrt{\pi}}{4a}[\exp(2ab)erf(ax+b/x)+\exp(-2ab)erf(ax-b/x)] \tag{16-11}$$

在这个公式中，出现了误差函数。它的定义为：

$$误差函数\ erf(x) = (\frac{2}{\sqrt{\pi}})\int_0^x \exp(-\xi^2)\mathrm{d}\xi \tag{16-12}$$

3）一维连续排放解。定常排放率源：井群的连续注入及地表水体的连续注入：

$$c(x,t) = \frac{c_0}{2}\exp(\frac{x}{2\alpha_L})[\exp(\frac{-x\gamma}{2\alpha_L})erfc(\frac{x - ut\gamma/R}{2\sqrt{\alpha_L ut/R}})]$$
$$- \exp(\frac{x\gamma}{2\alpha_L})erfc(\frac{x + ut\gamma/R}{2\sqrt{\alpha_L ut/R}}) \tag{16-13}$$

式中　$c_0 = \dot{M}/(wmn_e u)$；$\gamma = \sqrt{1 + 4\lambda\alpha_L R/u}$；

补余误差函数　$erfc(\xi) = 1 - erfc(\xi)$

注：在本节软件中，使用了近似公式（Abramowitz, Stegum, 1972）计算补余误差函数：

$erfc(x) = (a_1 t + a_2 t^2 + a_3 t^3 + a_4 t^4 + a_5 t^5)\exp(-x^2) + \sum(x)$

对于 $x \geqslant 0$　式中 $t = 1/(1+px)$

系数 $p=0.3275911$，$a_1=0.254829592$，$a_2=-0.284496736$，$a_3=1.421413741$，

　　$a_4=-1.453152027$，$a_5=1.061405429$，误差$\sum(x) \leqslant 1.5\times10^{-7}$。

对于 $x<0$ 用下列恒等式计算：$erfc(-x) = 2 - erfc(x)$

假如在深度 m 和恰好包含污染物分布的宽度 w 上，对观测的浓度值取平均值，则一维方程的解就可以应用于这种现场情况。

4）一维连续排放解。对于一维解析解的另一个应用方面是柱状试验。它的边界和初始条件和前面用的稍有不同。柱状物可近似为具有如下边界条件和初始条件的半无限的含水层。

$$c(0,t) = \begin{cases} 0 & 当\ t < 0\ 时 \\ c_0 & 当\ t \geqslant 0\ 时 \end{cases} \tag{16-14}$$

对全部 t，$c(\infty, t) = 0$；当 $x>0$ 时，$c(x, 0) = 0$

它的解（Ogata，Banks，1960）不同之处是两个项目之间的符号。

$$c(x,t) = \frac{c_0}{2}\exp(\frac{x}{2a_L})[\exp(\frac{-x\gamma}{2a_L})erfc(\frac{\dot{x} - ut\gamma/R}{2\sqrt{a_L ut/R}}) + \exp(\frac{x\gamma}{2a_L})erfc(\frac{x + ut\gamma/R}{2\sqrt{a_L ut/R}})] \tag{16-15}$$

5）一维连续排放解。对大的皮克莱特（Peclet）数 P_e（>10），定义为：

$$P_e = \frac{x}{a_L} \tag{16-16}$$

由式（16-11）和式（16-14）所得的分布，都可以用下式近似计算：

$$c(x,t) = \frac{c_0}{2}\exp(\frac{x}{2a_L}(1-\gamma))erfc(\frac{\dot{x} - ut\gamma/R}{2\sqrt{a_L ut/R}}) \tag{16-17}$$

6）一维连续排放解。对于一种不被吸附（$R=1$）和无衰减（$\lambda=0$）的理想示踪剂，可以得出下式：

$$c(x,t) = \frac{c_0}{2} erfc(\frac{\dot{x} - ut}{2\sqrt{a_L ut}}) \tag{16-18}$$

2. 地下水二维迁移方程的求解

（1）二维瞬时排放解

假设含水层在 x 和 y 轴的正负方向上都无限延伸。在时间 $t=0$ 时，瞬时投放一个质量为 ΔM 的示踪剂，即在 $x=0$，$y=0$ 处集中投放。相应于上述情况的初始条件和边界条件是：

$$c_\delta(x,y,0) = \frac{\Delta M}{n_e mR} \delta(x)\delta(y) \tag{16-19}$$
$$c_\delta(\pm\infty,\pm\infty,t) = 0$$

该方程的解（及其初始分布）应满足下述正规化条件：

$$\int_{-\infty}^{\infty}\int_{-\infty}^{\infty} mn_e Rc_\delta(x,y,t)dxdy = \Delta M \exp(-\lambda t) \tag{16-20}$$

在这些条件下，二维瞬时排放解如下式（如 Csanady，1973）：

$$c_\delta(x,y,t) = \frac{\Delta M}{4\pi n_e mut\sqrt{a_L a_T}} \exp(-\frac{(x-ut/R)^2}{4a_L ut/R} - \frac{y^2}{4a_T ut/R})\exp(-\lambda t) \tag{16-21}$$

（2）二维连续排放解

用 $x-\xi$ 代替 x，$y-\eta$ 代替 y，$t-\tau$ 代替 t，可得到相应于时间 $t=\tau$ 时，在（ξ，τ）处的瞬时排放的解。对于分布的和时变的排放源，可以卷积积分求出它的解。首先考虑一个从时间 $t=0$ 开始，以恒定速率 $\dot{M}$ 连续排放源。从时间 $t=0$ 到所要求浓度分布的时间进行积分，即可求出其解（点源）：

$$c(x,y,t) = \int_0^t \lim_{\Delta t \to 0} \frac{c_\delta(x,y,t-\tau)}{\Delta\tau}d\tau = \frac{\dot{M}}{4\pi mun_e\sqrt{\alpha_L \alpha_T}}$$

$$\int_0^t \frac{1}{(t-\tau)} \exp(-\frac{(x-u(t-\tau)/R)^2}{4\alpha_L u(t-\tau)/R} - \frac{y^2}{4\alpha_T u(t-\tau)/R}) \cdot \exp(-\lambda(t-\tau))d\tau$$

$$= \frac{\dot{M}}{4\pi mun_e\sqrt{\alpha_L \alpha_T}} \exp(\frac{x}{2\alpha_L}) \tag{16-22}$$

$$\int_0^{\frac{4\alpha_L ut}{Rr^2}} \frac{1}{\xi} \exp(\frac{1}{\xi} - \frac{\xi}{4}(\frac{r}{2\alpha_T})^2(1+\frac{4\lambda\alpha_L R}{u}))d\xi$$

式中 $r^2 = x^2 + (a_L/a_T)y^2$

在半承压含水层中，由完整井水流方程的解可以知道，从这个积分可以得到汉塔升函数（Hantush，1956）。

$$w(a_1,a_2) = \int_0^{1/a_1} \frac{1}{\xi}\exp(-\frac{1}{\xi} - \frac{\xi}{4}a_2^2)d\xi = \int_{a_1}^{\infty}\frac{1}{\xi}\exp(-\xi - \frac{a_2^2}{4\xi})d\xi \tag{16-23}$$

注：上述积分的数值计算式：汉塔升函数计算采用辛普森数值积分法。在积分前作如

下变换：

$\eta'=\log\eta$，$d\eta/\eta=d\eta'$，被积函数取以下形式：

$$\exp(-\exp(\eta') - \frac{a_2^2}{4\exp(\eta')})d\eta'$$

积分区间是在 $\log a_1$ 和无穷大之间。通过这一对数积分，考虑到这样一个事实：对这个积分的主要贡献，来自靠近下边界的 η 值。这个积分在 $a_1=10$ 处被截断，因为大于 $\exp(10)$ 的 η 值，对该积分的贡献可以忽略。

将式（16-23）代入式（16-22）中，浓度分布形式为：

$$c(x,y,t) = \frac{\overline{c}_0}{4\pi\sqrt{a_L a_T}}\exp(\frac{x}{2a_L})w(\frac{r^2 R}{4a_L ut}, \frac{r\gamma}{2a_L}) \tag{16-24}$$

式中　$\overline{c}_0 = \dot{M}/(n_e mu)$；$\gamma=1+\sqrt{4a_L \lambda R/u}$。

利用拉普拉斯近似技术，汉塔升函数也可以用一个解析式近似表达（Wilson，Miller，1977），（Henry，Foree，1979）。

$$W(a_1, a_2) = \sqrt{\frac{\pi}{2a_2}}\exp(-a_2)erfc(-\frac{a_2 - 2a_1}{2\sqrt{a_1}}) \tag{16-25}$$

将这个结果代入式（16-24）中，则：

$$c(x,y,t) = \frac{\overline{c}_0}{4\sqrt{\pi a_T}}\exp(\frac{x-r\gamma}{2a_L})\frac{1}{\sqrt{r\gamma}}erfc(\frac{r-ut\gamma/R}{2\sqrt{a_L ut/R}}) \tag{16-26}$$

对 $r/(2a_L) > 1$，这个近似式给出了较好的结果（精度 10%），对 $r/(2a_L) > 10$，得到很好的结果（精度 1%）。

对较大的时间 t，污染带可达到渐近的形状，这一渐近形状，是由横向弥散迁移作用和纵向对流弥散迁移作用两者之间的平衡所确定的。渐近的污染带由式（16-27）给出：

$$\begin{aligned} c(x,y,\infty) &= \frac{\overline{c}_0}{2\pi\sqrt{a_L a_T}}\exp(\frac{x}{2a_L})K_0(\frac{r\gamma}{2a_L}) \\ &\approx \frac{\overline{c}_0}{2\sqrt{\pi a_T}}\frac{1}{\sqrt{r\gamma}}\exp(\frac{x-r\gamma}{2a_L}) \end{aligned} \tag{16-27}$$

式中 K_0 是第二类修正贝塞耳函数。在式（16-27）中第二行给出的近似式，对 $r/(2a_L) > 1$ 的情况是有效的。它相当于用式（16-26）来近似式（16-24）。

与一维情况相比较，可以定义污染带宽度 B 为：

$$B = 2\sqrt{a_T x\pi} \tag{16-28}$$

式（16-28）表明，对于大的 x 值，宽度的相对增长 $(dB/dx)/B$ 将变小。注意，式（16-22）的分布在（$x=0$，$y=0$）处是奇异的。因此，它只能在经过一段距离 r_0 后，才能应用，r_0 值取决于污染源的实际大小。非奇异分布可以用分布源来确定。像一维情况一样，用相应地点的污染物，输入强度加权，并选加式（16-21）的相应解，即可得到：

$$c(x,y,t) = \int\limits_{\xi=-\infty}^{\infty} \int\limits_{\eta=-\infty}^{\infty} \int\limits_{\tau=0}^{t} \frac{\mu(\xi,\eta,\tau)}{4\pi n_e mu\sqrt{a_L a_T}} \frac{1}{(t-\tau)}$$

$$\exp\left(-\frac{(x-\xi-u(t-\tau)/R)^2}{4a_L u(t-\tau)/R} - \frac{(y-\eta)^2}{4a_T u(t-\tau)/R}\right) \cdot \exp(-\lambda(t-\tau))\mathrm{d}\xi\mathrm{d}\eta\mathrm{d}\tau \tag{16-29}$$

μ 是单位面积上单位时间里输入的污染物。在一个边长为 a_x 和 a_y 的水平矩形面积上的连续污染源，所引起的浓度分布，可以在整个矩形域上积分得到。

利用下式：

$$\mu(x,y,t) = \dot{M}/(a_x a_y) \tag{16-30}$$

当 $t>0$ 时，对矩形中坐标为 (x, y) 的常数 $\dot{M}$ 进行空间积分，得到：

$$c(x,y,t) = \frac{\dot{M}}{4n_e mRa_x a_y} \cdot \int_0^t [erf(\frac{x-u(t-\tau)/R}{2\sqrt{a_L u(t-\tau)/R}}) - erf(\frac{x-a_x-u(t-\tau)/R}{2\sqrt{a_L u(t-\tau)/R}})]$$

$$\times [erf(\frac{y+a_y/2}{2\sqrt{a_T u(t-\tau)/R}}) - erf(\frac{y-a_y/2}{2\sqrt{a_T u(t-\tau)/R}})] \exp(-\lambda(t-\tau))\mathrm{d}\tau \tag{16-31}$$

式中积分式必须用数值方法求解。

对于从时间 $t=0$ 到 $t=t_1$ 的时间间隔，并具有固定排放率的污染源的解，可以根据上述的完全连续排放求解的方法来计算，即在一个排放率为 $+\dot{M}$ 的连续源之后，滞后时间 t_1，再给出一个排放率为 $-\dot{M}$ 的连续源。

$$c(0,t)(x,y,t) = c(x,y,t) - \theta(t-t_1)c(x,y,t-t_1) \tag{16-32}$$

式中 $\theta(t-t_1)$ 为阶梯函数。

$$\theta(t-t_1) = \begin{cases} 0 & \text{当} t < t_1 \text{时} \\ 1 & \text{当} t \geq t_1 \text{时} \end{cases} \tag{16-33}$$

在应用二维解时，必须注意，只有在已知含水层深度 m 上的平均浓度时，对任意点 (x, y) 的现场数据进行比较才是合理的。通常并非如此，污染物经过非饱和带进入含水层，并且由于横向弥散的作用，而逐渐向下传播。只有在一定距离之后，才可以认为在 Z 方向，已经混合均匀。如果要将距离排放源较近的现场数据和解析解相对照，就必须联系整个深度对量测数据进行正规化处理。污染物的竖向分布可以从不同深度分层抽水取样探查。

如果污染物的输入主要在含水层的表面，那么，污染带将处在含水层的上部边缘，并取决于竖向弥散系数 D_z 的大小，逐渐地混合到含水层的深处。取样时，非常重要的是要知道，从污染源向下游到整个含水层深度上是均匀混合的。它可以用下式估计（如 Sayre，1973）：

$$x_m = 0.5m^2 u/D_z \tag{16-34}$$

式中 D_z——竖向弥散系数，m^2/s；其他符号含义同前。

用式（16-21）计算井群示踪剂试验，一维解和径向解也可应用（如 Fried，1975）。

16.3　地下水污染的控制与预报应用

16.3.1　地下水污染的控制与预报例题

[例 16-1] 在一个含水层 $x=0$，$y=0$ 的位置上，瞬时排放 200kg 的理想示踪剂（$R=1$，$a=0$）。假定该含水层为均匀的。含水层的数据为：$M=10m$，$NE=0.1$，$AL=4.5$，$AQ=1.125$。流场流速 $u=1m/d$ 的层流。要求计算时间 $t=120d$ 的浓度场。

解算：按二维瞬时排放计算，按前述式（16-21）由计算机软件 RM17 完成。

输入数据如表 16-1 所示，计算结果如表 16-2 所示。

输入数据	表 16-1
1. 地下水污染的控制与预报	例题 1 二维瞬时排放
2. 孔隙速度（流速）	$u=1m/d$
3. 排放类型 TY（瞬时 M，连续 P）	$TY=M$
4. 计算一维（$DI=1$）或者二维（$DI=2$）	$DI=2$
5. 衰减系数	$LA=.0000011/d$
6. 饱和含水层厚度	$M=10.0m$
7. 有效孔隙度	$NE=0.1$
8. 纵向弥散系数	$AL=4.5m$
9. 横向弥散系数	$AQ=1.1m$
10. 瞬时排放量	$DM=200000.0g$
11. 连续排放源量	$MP=1000.0g/d$
12. 要求计算时间	$T=120d$
13. X 方向监测点数	$XN=5$
14. Y 方向监测点数	$YN=3$
15. 吸附作用滞后因子	$R=1$
16. 转角	$ALha=0$

计算结果　（二维瞬时排放解）　地下水污染物浓度 C（g/m³）					表 16-2
Y（m）＼X（m）	80	90	120	150	160
0	28.1	38.9	58.9	38.9	28.1
10	23.3	32.3	49.0	32.3	23.3
20	13.4	18.5	28.1	18.5	13.4

16.3.2 地下水污染的控制与预报软件 RM17

1. 软件编制原理及功能

（1）软件编制原理：按本书式（16-7），式（16-9），式（16-21），式（16-22）编制：

一维瞬时排放解：

$$c_\delta(x,t) = \frac{\Delta M}{2wmn_e R\sqrt{\pi\alpha_L ut/R}} \exp\left(-\frac{(x-ut/R)^2}{4\alpha_L ut/R}\right)\exp(-\lambda t)$$

一维连续排放解：

$$c(x,t) = \int_0^t \lim_{\Delta\tau\to 0}\frac{c_\delta(x,t-\tau)}{\Delta\tau}d\tau$$

$$= \int_0^t \frac{\dot{M}(\tau)}{2wmn_e R\sqrt{\pi\alpha_L u(t-\tau)/R}}\exp\left(-\frac{(x-u(t-\tau)/R)^2}{4\alpha_L u(t-\tau)/R}\right)\cdot\exp(-\lambda(t-\tau))d\tau$$

二维瞬时排放解：

$$c_\delta(x,y,t) = \frac{\Delta M}{4\pi n_e mut\sqrt{a_L a_T}}\exp\left(-\frac{(x-ut/R)^2}{4a_L ut/R}-\frac{y^2}{4a_T ut/R}\right)\exp(-\lambda t)$$

二维连续排放解：

$$c(x,y,t) = \int_0^t \lim_{\Delta t\to 0}\frac{c_\delta(x,y,t-\tau)}{\Delta\tau}d\tau = \frac{\dot{M}}{4\pi mun_e\sqrt{\alpha_L a_T}}$$

$$\int_0^t \frac{1}{(t-\tau)}\exp\left(-\frac{(x-u(t-\tau)/R)^2}{4\alpha_L u(t-\tau)/R}-\frac{y^2}{4\alpha_T u(t-\tau)/R}\right)\cdot\exp(-\lambda(t-\tau))d\tau$$

$$= \frac{\dot{M}}{4\pi mun_e\sqrt{\alpha_L a_T}}\exp\left(\frac{x}{2\alpha_L}\right)$$

$$\int_0^{\frac{4\alpha_L ut}{Rr^2}}\frac{1}{\xi}\exp\left(\frac{1}{\xi}-\frac{\xi}{4}\left(\frac{r}{2\alpha_T}\right)^2\left(1+\frac{4\lambda\alpha_L R}{u}\right)\right)d\xi$$

（2）软件功能：可控制与预报地下水污染物浓度迁移转化规律。可打印出 2 种排放与 2 种维数污染物浓度分布，共计 4 种状态的污染物浓度值：

1）一维污染源瞬时排放分布；

2）一维污染源连续排放分布；

3）二维污染源瞬时排放分布；

4）二维污染源连续排放分布。

2. 软件运行步骤

（1）输入数据

应输入 17 项数据。在输入数据界面，由键盘输入 16 项数据（见表 16-3）。其中，瞬时排放量及连续排放源量是必输入数据，其他可保持例题原有数据，或参照表 16-1 输入。另，参照表 16-2 输入监测点坐标值。输入方法：在输入数据界面的输入表格中输入第 17 项数据；

在表格:17.监测点坐标第一行:X（1，XN），第二行:Y（1，YN）提示下，第一行输入 X 值，第二行输入 Y 值，当输入完第一行 X 值后，要单击"输入下一行数据"钮，仍从第一格处开始，输入第二行数据，输入完成两行数据，会在下面表格中显示已输入的数据。

数据有 3 种输入方式，即：

1）调出软件时，运行例题，不需输入数据；

2）单击"初始数据 输入"，调出已有文件；

3）在输入数据界面由键盘输入新数据，步骤详见软件输入界面。

输入数据后，可将已输入的初始数据存盘，单击" 初始数据 存为文件"，写入文件名，即可完成存入硬盘。

（2）计算

软件调出后，不需要输入数据，在计算及结果界面，单击" RM17_ 地下水污染的控制与预报 计算"即可完成例题的计算。计算新题时，输入新数据后，单击计算按钮，可完成计算。

（3）计算结果保存

单击"计算结果 存硬盘文件"。

（4）计算结果打印

单击"计算结果 打印"，如打印任一界面，单击"打印窗体"。

（5）退出

单击"结束 退出"。

输入数据　　　　　　　　　　　　　　　　　　　　　　表 16-3

名称	量纲
1. 地下水污染的控制与预报	例题 1 二维瞬时排放
2. 孔隙速度（流速）	u (m/d)
3. 排放类型 TY（瞬时 M，连续 P）	TY（输入 M 或 P）
4. 计算一维（$DI=1$）或者二维（$DI=2$）	DI（输入 1 或 2）
5. 衰减系数	LA (d)
6. 饱和含水层厚度	M (m)
7. 有效孔隙度	NE (-)
8. 纵向弥散系数	AL (m)
9. 横向弥散系数	AQ (m)
10. 瞬时排放量	DM (g)
11. 连续排放源量	MP (g/d)
12. 要求计算时间	T (d)
13. X 方向监测点数	XN
14. Y 方向监测点数	YN
15. 吸附作用滞后因子	$R=1$
16. 转角	$ALha=0$

3. 软件界面

地下水污染的控制与预报软件 RM17 界面如图 16-2 和图 16-3 所示。

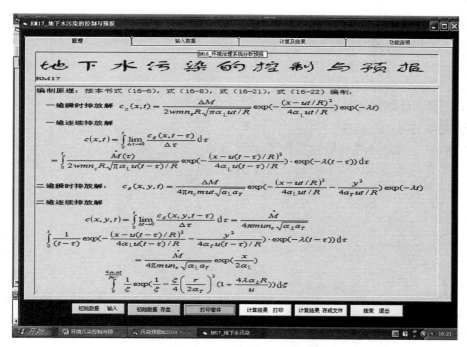

图 16-2 地下水污染控制与预报软件原理

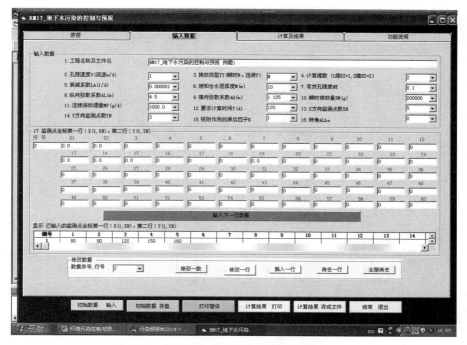

图 16-3 地下水污染控制与预报软件输入数据

4.软件例题计算

RM17 软件共 4 项例题,已录成数据文件,与软件同时提供。可单击"初始数据 输入",调出各项例题。

4 项例题分别如软件功能:

(1) 一维污染源瞬时排放分布;

(2) 一维污染源连续排放分布;

(3) 二维污染源瞬时排放分布;

(4) 二维污染源连续排放分布。

例题文件名为:

(1) RM17_ 地下水污染的控制与预报 例题 1;

(2) RM17_ 地下水污染的控制与预报 例题 2。

第 17 章　大气污染的控制与预报

本章介绍了大气污染的基础知识，然后介绍了大气汞污染防治，着重研究了雾霾污染的防治。由于大气中污染物浓度变化与气象状况密切相关，因此必须对环境气象问题作较全面地了解；再者，由于污染物在大气中会发生化学及光化学反应，对这方面的问题也应有足够的了解。本章对雾霾污染物在物理、化学及生物等方面的迁移扩散作了较详细地叙述，介绍了雾霾污染防治的地面污染源跟踪识别法，有助于根治雾霾污染。

17.1　箱型模式

17.1.1　一维箱型模式

最简单的迁移扩散大气模式是箱型模式（见图 17-1）。假设研究区域为一个箱型（箱子高为 L，长为 l，宽为 b），假定在这个箱内，大气污染物浓度是充分混合的；且假定地面污染源是沿箱型底部均一排放的面源 Q[质量 $/$（单位面积·单位时间）],污染物浓度为 C，起始条件为 $C(0) = C_0$，取平均风速为 u。则根据物质平衡条件得到：

$$\frac{\mathrm{d}C}{\mathrm{d}t} \cdot V \cdot \Delta t = u \cdot \Delta t \cdot L \cdot b \cdot C_0 - u \cdot \Delta t \cdot L \cdot b \cdot C + Q \cdot l \cdot b \cdot \Delta t [-K \cdot C \cdot L \cdot b \cdot l \cdot \Delta t] \quad (17\text{-}1)$$

式中 [ ] 项为化学反应项，式两端除 Δt，得：

$$\frac{\mathrm{d}C}{\mathrm{d}t} = \frac{u}{l}(C_0 - C) + \frac{Q}{L} - KC \quad (17\text{-}2)$$

当化学反应系数 $K = 0$ 时，得解：

$$C = C_0 + \frac{Q \cdot l}{u \cdot L}\left(1 - \mathrm{e}^{-\frac{u}{l}t}\right) \quad (17\text{-}3)$$

当 $t \to \infty$（或 t 足够大）时污染物浓度 C 就趋于稳定值：

$$C = C_0 + \frac{Q \cdot l}{u \cdot L} \quad (17\text{-}4)$$

当已知大气中初始污染物浓度 C_0 及排放源 Q 时，则可用式（17-4）来预报污染物浓度，但式（17-4）是一个精度较差的模式，只适用于估算。

用几个箱子串联可以提高其精度（见图 17-2），此时，前一个箱子的输出，作为下一个箱子的输入。

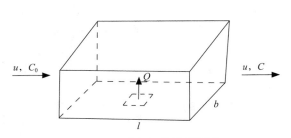

图 17-1　大气污染箱型模型

[例17-1] 已 知：某 城 市 SO_2 的 排 放量为 459000t/a，该城市区域长 l = 40km，取 空 间 高 度 L=400m，平 均 风 速 u=5m/s，初 始 污 染 物 浓 度 C_0=0，城 市 面 积 A=1500km^2。

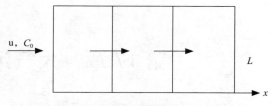

图 17-2　大气污染箱型模型的串联

求：用一维箱型模式计算大气污染物浓度。

计算：换算源强：

$$Q = \frac{459000 \times t}{a} \times \frac{1}{1500km^2} = \frac{459000 \times 10^9 mg}{365 \times 24 \times 3600s} \times \frac{1}{1500 \times 10^6 m^2} = 0.01 \text{ mg/(s} \cdot m^2)$$

得大气中 SO_2 浓度：

$$C = C_0 + \frac{Q \cdot l}{u \cdot L} = \frac{0.01 \times 40000}{5 \times 400} = 0.2 mg/m^3$$

即估算出该城市大气中 SO_2 浓度为 0.2mg/m^3。如果考虑 SO_2 变成 SO_4^{2-} 的化学反应，则可得式（17-2）的解：

$$C = C_0 + \frac{\frac{Q}{L} - KC_0}{\frac{u}{L} + K} \cdot \left[1 - \exp\left(-\left(\frac{u}{l} + K \right) \right) \cdot t \right]$$

若将 K 值代入上式，可得污染物浓度 C。

17.1.2　二维箱型模式

基于箱型模型串联概念，可以假定大气污染物是沿水平与垂直两个方向变化的，图 17-3 模拟了大气沿两个方向变化。

大气污染二维模型假定污染物浓度沿 x 方向以平移为主，沿 z 方向以弥散引起的迁移为主，则迁移方程为：

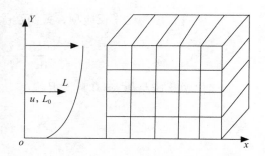

图 17-3　大气污染二维模型

$$\frac{\partial C}{\partial t} + u \frac{\partial C}{\partial x} = \frac{\partial}{\partial z} \left(K_z \frac{\partial C}{\partial z} \right) \tag{17-5}$$

式（17-5）的边界条件为：$x = 0$ 时，$C = C_0$（背景值）；

$$z = 0 时, K_z = \frac{\partial C}{\partial z} = Q(源强)；\quad z = L 时, \frac{\partial C}{\partial z} = 0 。$$

当只考虑稳态解，即 $\frac{\partial C}{\partial t} = 0$ 时，则式（17-5）变为：

$$u \frac{\partial C}{\partial x} = \frac{\partial}{\partial z} \left(K_z \frac{\partial C}{\partial z} \right) \tag{17-6}$$

式（17-6）的边界条件同上。解式（17-6）采用差分法。假设箱型划分为 4×4 个，如图 17-4 所示。在建立差分方程之前，对选用的有关数据作如下说明：

1. 风速 u

对箱型中每列箱均采用同样的风速。选用下式：

$$\frac{u}{u_r}=\left(\frac{z}{z_r}\right)^n \tag{17-7}$$

式中　z_r——参照高度，通常取 $z_r=10\text{m}$；

　　　z——实际高度；

　　　n——指数，它是稳定性与表面粗糙度的函数。对大气稳定性为中性条件和平坦表面而言 $n=0.14$。在同一城市上空，对稳定性条件，n 值就增加到 0.40，在不稳定的情况下 n 值是较小的，而在稳定的情况下 n 值是较大的。

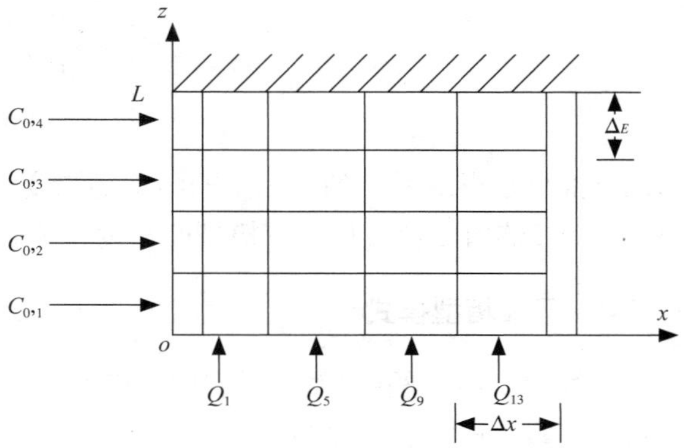

2. 扩散系数 K_z

最简单的可假定 K_z 为常数，或选用下式：

$$\frac{K_z}{K_{z,r}}=\left(\frac{z}{z_r}\right)^m \tag{17-8}$$

图 17-4　大气污染二维模型 4×4 箱阵

式中符号含义同前，其中 m 也是大气稳定性等级的函数。

第三种确定 K_z 的方法是将混合层分为两层，上层为艾克曼（Ekman）层，下层为普拉特里（Prandtl）层。在上层取 K_z 为常数，在下层采用不变的剪力定律，按普拉特里理论确定。

差分方程建立方法，是对每个箱子按质量平衡条件列式：

箱 1：$u_1\cdot\Delta Z\cdot C_{0,1}-u_1\cdot\Delta Z\cdot C_1+Q_1\Delta X-K_{z,1}\Delta X(C_1-C_2)/\Delta Z=0$ 　(17-9)

化简上式，选用 $a_i=u_i\cdot\Delta Z$；$e_i=K_{z,i}\cdot\Delta X/\Delta Z$ 可得：

箱 1：$(a_1+e_1)C_1-e_1C_2=Q_1\Delta X+a_1C_{0,1}$

可以用类似的方法写出箱2到箱4各个方程，用矩阵的形式写出第一列箱的四个方程为：

$$A_{i,j}\cdot C_j=D_i \tag{17-10}$$

式中　$A_{i,j}=\begin{bmatrix}(a_1+e_1) & -e_1 & 0 & 0\\ -e_1 & (a_2+e_1+e_2) & -e_2 & 0\\ 0 & -e_2 & (a_3+e_2+e_3) & -e_3\\ 0 & 0 & -e_3 & (a_4+e_3)\end{bmatrix}$

$$C_j = \begin{bmatrix} C_1 \\ C_2 \\ C_3 \\ C_4 \end{bmatrix} \qquad D_i = \begin{bmatrix} Q_1 \Delta X + a_1 C_{0,1} \\ a_2 C_{0,2} \\ a_3 C_{0,3} \\ a_4 C_{0,4} \end{bmatrix}$$

当计算得出矩阵 $A_{i,j}$ 的逆矩阵 $A_{i,j}^{-1}$ 之后，可得式（17-10）的解为 $C = A^{-1}D$，该解可作为第二列箱子的输入数据。计算第二列箱子的浓度，只需改变向量 D，即：

$$D = \begin{bmatrix} Q_5 \Delta X + a_1 C_1 \\ a_2 C_2 \\ a_3 C_3 \\ a_4 C_4 \end{bmatrix} \tag{17-11}$$

以此类推可求得最后一列各箱子的污染物浓度。由计算过程可知，增加箱子的数量，即减小 ΔX、ΔZ 的值，便可提高该模型的精度，为做到这一点，最好采用计算机计算。

17.1.3　三维箱型模式

三维大气污染箱型模式，可用图 17-5 表示。即将某个区域按空间划分为三向的若干个箱子。其迁移扩散方程为：

$$\frac{\partial C}{\partial t} = -\sum_{i=1}^{3} u_i \frac{\partial C}{\partial x_i} + \sum_{i=1}^{3} \frac{\partial}{\partial x_i}\left(K_i \frac{\partial C}{\partial x_i} \right) \tag{17-12}$$

式中　C——污染物浓度；

u_i——x, y, z 三个方向的风速；

K_i——相应于 x_i 方向的扩散系数。解算式（17-12）仍可采用差分法。

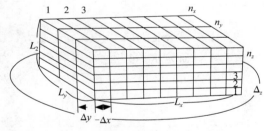

图 17-5　大气污染箱型三维模型

17.2　高斯扩散模式

17.2.1　大气污染物扩散的基本方程

研究大气污染物扩散的基本规律，取大气单元体，如图 17-6 所示。单元体内物质变化由三部分组成，即物质扩散、物质迁移、体内物质改变速率。

1. 物质扩散

在 x 方向通过截面 A 的气态物扩散速率为

N_x：$N_x = -A \dfrac{\partial(K_x \cdot C)}{\partial x}$ 　　（17-13）

式中　N_x——单位面积单位时间内质量的传递；

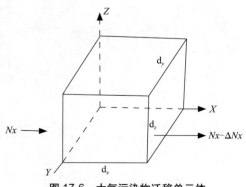

图 17-6　大气污染物迁移单元体

K_x——在 x 方向的质量扩散系数（面积／时间）；

C——单位体积内的质量浓度；

A——截面面积。

单元体内物质的变化速率为 $\left(\dfrac{\partial C}{\partial t}\right)\mathrm{d}x\mathrm{d}y\mathrm{d}z$，在 x 方向单元体两端的变化速率分别为：

$$N_x = -\mathrm{d}y\mathrm{d}z\,\frac{\partial(K_xC)}{\partial x}\; ;\; N_x + \Delta N_x = -\mathrm{d}y\mathrm{d}z\,\frac{\partial(K_xC)}{\partial x} + \frac{\partial}{\partial x}\left[\frac{\partial(K_xC)}{\partial x}\mathrm{d}y\mathrm{d}z\right]\mathrm{d}x$$

单元体的变化率为两式之差：

$$扩散速率 = [(N_x + \Delta N_x) - N_x] = \frac{\partial}{\partial x}\left[\frac{\partial(K_xC)}{\partial x}\right]\mathrm{d}x\mathrm{d}y\mathrm{d}z \tag{17-14}$$

对 y 及 z 方向也有与式（17-14）同样的方程。

2. 物质迁移

物质迁移进入速率 $= C \cdot u \cdot \mathrm{d}y \cdot \mathrm{d}z$，物质迁移排出速率 $= C \cdot u \cdot \mathrm{d}y \cdot \mathrm{d}z + \dfrac{\partial}{\partial x}(Cu\mathrm{d}y\mathrm{d}z)\mathrm{d}x$

$$迁移速率 = -\frac{\partial}{\partial x}(Cu)\mathrm{d}x\mathrm{d}y\mathrm{d}z \tag{17-15}$$

对 y 及 x 方向也有与式（17-15）同样的方程。

3. 体内物质改变速率

$$体内物质改变速率 = \frac{\partial C}{\partial t}\mathrm{d}x\mathrm{d}y\mathrm{d}z \tag{17-16}$$

叠加以上三种作用，可得单元体内物质变化率的一般方程为：

$$\frac{\partial C}{\partial t} + \sum_i u_i \frac{\partial C}{\partial x_i} = \sum_i \frac{\partial}{\partial x_i}\left(K_i \frac{\partial C}{\partial x_i}\right) \tag{17-17}$$

该式即为大气污染物扩散的基本方程。它与本书 11.2 节指出的污染物迁移扩散的基本方程（11-14）是一致的。差别只是式（17-17）缺少一个源项 S，这是因为在大气污染中将源项列入边界条件。在解算基本方程中插入边界条件（不同类型的污染源），解算式（17-17）很难得到一般解。通过下列假设简化该式：

（1）稳态解（连续排放、稳定排放）$\dfrac{\partial C}{\partial t} = 0$。

（2）认为风速 u 为常数，而且风向取 x 方向。

（3）认为污染物在 x 方向平移作用大于弥散作用，而在其他两个方向弥散作用大于平移作用，即：$\left|u\dfrac{\partial C}{\partial x}\right| \gg \left|\dfrac{\partial}{\partial x}\left(K_x\dfrac{\partial C}{\partial x}\right)\right|$；$u_y\dfrac{\partial C}{\partial y} = u_z\dfrac{\partial C}{\partial z} = 0$。

（4）假定 K_x，K_y，K_z 为常数，则基本方程（17-5）简化为：

$$u\frac{\partial C}{\partial x} = K_y\frac{\partial^2 C}{\partial y^2} + K_z\frac{\partial^2 C}{\partial z^2} \tag{17-18}$$

方程的一般解为：

$$C(x,y,z) = K \cdot x^{-1} \cdot \exp\left[-\left(\frac{y^2}{K_y} + \frac{z^2}{K_z}\right) \cdot \frac{u}{4x}\right] \tag{17-19}$$

式中 K 为随机积分常数，其值由特定的大气边界条件确定，必须满足的一个边界条件是通过污染源下风向任何垂直面中的污染物传递速率在定常状态下为常数，此常数一定等于源强 Q，假定在下风向不会有化学反应发生而使污染物减少，并且也没有被介质吸收、吸附等脱除污染物的作用，则满足：

$$Q = \iint uC\mathrm{d}y\mathrm{d}z \tag{17-20}$$

该式的积分限未给定，将按各种边界条件确定。

17.2.2　基本方程的解——高斯扩散模式

1. 瞬时点源排放的迁移模式

基本方程如下：

$$\frac{\partial C}{\partial t} + u\frac{\partial C}{\partial x} = \frac{\partial}{\partial x}\left(K_x\frac{\partial C}{\partial x}\right) + \frac{\partial}{\partial y}\left(K_y\frac{\partial C}{\partial y}\right) + \frac{\partial}{\partial z}\left(K_z\frac{\partial C}{\partial z}\right) \tag{17-21}$$

根据以下各项假定解算上式：

（1）在 $x=y=z=0$ 处有一个瞬时点源排放；

（2）假定 $t \to 0$ 时 $C \to 0$ 及 $t \to \infty$ 时 $C \to 0$；

（3）时间为零时的瞬时排放物质总量为 M，则有 $\iiint C\mathrm{d}x\mathrm{d}y\mathrm{d}z = M$；

（4）该物质只在 x 方向迁移，但在三个方向都有弥散作用，假定在三个方向污染物分布的标准偏差满足以下各式 $K_x = \dfrac{\sigma_x^2}{2t}$；$K_y = \dfrac{\sigma_y^2}{2t}$；$K_z = \dfrac{\sigma_z^2}{2t}$。

得式（17-21）的解为：

$$C(x,y,z,t) = \frac{M}{8(\pi t)^{3/2} \cdot \sqrt{K_x K_y K_z}} \exp\left[-\frac{1}{4t} \cdot \left(\frac{(x-ut)^2}{K_x} + \frac{y^2}{K_y} + \frac{z^2}{K_z}\right)\right] \tag{17-22}$$

该式即可作为地面瞬时点源预报模式。

2. 地面连续排放的点源

连续排放的点源是指污染物扩散的持续时间等于或大于污染物从排放源到监测点的迁移时间。地面连续排放点源的预报模式，根据污染物的性质分为两种。

地面连续排放点源基本迁移方程为：

$$u\frac{\partial C}{\partial x} = K_y\left(\frac{\partial^2 C}{\partial y^2}\right) + K_z\left(\frac{\partial^2 C}{\partial z^2}\right)$$

一般解为：

$$C(x,y,z) = Kx^{-1}\exp\left[-\left(\frac{y^2}{K_y} + \frac{z^2}{K_z}\right)\frac{u}{4x}\right]$$

（1）第一种点源预报模式（地面反射式）

对于式（17-18），若污染物扩散过程中，污染物不沉降到地面（或不渗透到地面，或污染物由地面反射到大气中），即符合下式：

$$Q = \int_{0}^{+\infty}\int_{-\infty}^{+\infty} u \cdot C \cdot \mathrm{d}y\mathrm{d}z \qquad (17\text{-}23)$$

将一般解代入上式，即得到地面点污染源的第一种预报模式为：

$$C(x, y, z) = \frac{Q}{2\pi x(K_y \cdot K_z)^{1/2}} \exp\left[-\left(\frac{y^2}{K_y} + \frac{z^2}{K_z}\right)\frac{u}{4x}\right] \qquad (17\text{-}24)$$

或写成：

$$C(x, y, z) = \frac{Q}{u\pi\sigma_y\sigma_z} \exp\left[-\frac{1}{2}\left(\frac{y^2}{\sigma_y^2} + \frac{z^2}{\sigma_z^2}\right)\right] \qquad (17\text{-}25)$$

（2）第二种点源预报模式（地面不反射式）

对于式（17-24），若污染物沉降到地面上或渗透到地下，不反射到大气中，即满足下式：

$$Q = \int_{-\infty}^{+\infty}\int_{-\infty}^{+\infty} u \cdot C \cdot \mathrm{d}y\mathrm{d}z \qquad (17\text{-}26)$$

则可得到地面点污染源的第二种预报模式为：

$$C(x, y, z) = \frac{Q}{4\pi x(K_y \cdot K_z)^{1/2}} \exp\left[-\left(\frac{y^2}{K_y} + \frac{z^2}{K_z}\right)\frac{u}{4x}\right] \qquad (17\text{-}27)$$

或写成：

$$C(x, y, z) = \frac{Q}{2u\pi\sigma_y\sigma_z} \exp\left[-\frac{1}{2}\left(\frac{y^2}{\sigma_y^2} + \frac{z^2}{\sigma_z^2}\right)\right] \qquad (17\text{-}28)$$

以上各式中 Q 为污染源源强（质量排放量/时间，如 t/a）。

3. 高架的连续排放的点源

（1）高架点源的预报模式

常见的烟囱等污染源可以认为是高架的连续排放的点源，如图 17-7 所示。图中 h_S 为烟囱的实际高度。由上述的地面连续排放点源的基本方程，再作三个变换，一是用 $Z-h_S$ 代替该方程中的 Z；二是考虑烟羽的抬升，用 $H=h_s=\Delta H$ 代替 h_S，其中 H 称为有效烟囱高度（见图 17-8）。关于 ΔH 的计算公式将在后边介绍；三是对于烟羽接触地面后，烟羽反射的问题，利用边界条件：$Z=0$ 时 $\dfrac{\partial C}{\partial Z}=0$，由在

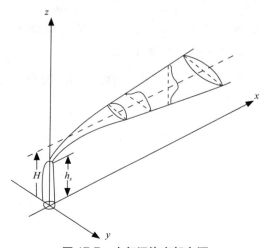

图 17-7　大气污染高架点源

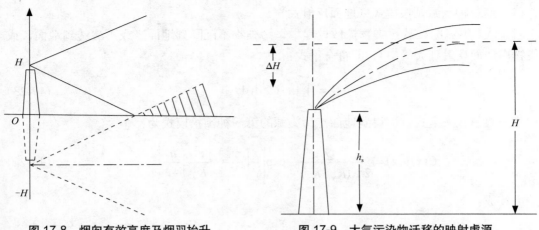

图 17-8　烟囱有效高度及烟羽抬升　　　图 17-9　大气污染物迁移的映射虚源

$x = 0$, $y = 0$, $z = -H$ 处的一个映射虚源来满足该边界条件（见图 17-9），用实源与虚源叠加，则可得高架点源的预报模式为：

$$C(x,y,z) = \frac{Q}{4\pi x \sqrt{K_y K_z}} \left[\exp\left(-\frac{u}{4x}\left(\frac{y^2}{K_y} + \frac{(Z-H)^2}{K_z}\right)\right) + \exp\left(-\frac{u}{4x}\left(\frac{y^2}{K_y} + \frac{(Z+H)^2}{K_z}\right)\right) \right] \quad (17\text{-}29)$$

将 $K_z = \dfrac{\sigma_z^2}{2t}, K_y = \dfrac{\sigma_y^2}{2t}, t = \dfrac{x}{u}$ 代入上式，得高架点源预报模式的另一形式：

$$C(x,y,z) = \frac{Q}{2\pi\sigma_y\sigma_z u} \exp\left(-\frac{1}{2}\left(\frac{y}{\sigma_y}\right)^2\right) \cdot \left[\exp\left(-\frac{1}{2}\left(\frac{Z-H}{\sigma_z}\right)^2\right) + \exp\left(-\frac{1}{2}\left(\frac{Z+H}{\sigma_z}\right)^2\right)\right] \quad (17\text{-}30)$$

事实上 K_y、K_z 不是常数，$K_y = K_y(t)$，$K_z = K_z(t)$，$t = \dfrac{x}{u}$，若描写污染物在 y 和 z 方向的分布：$K_y = \dfrac{1}{2}\dfrac{\mathrm{d}}{\mathrm{d}t}\sigma_y^2(t)$ 及 $K_z = \dfrac{1}{2}\dfrac{\mathrm{d}}{\mathrm{d}t}\sigma_z^2(t)$ 用以上这些假设，方程（17-30）仍然是基本方程的解。式中 σ_y^2 及 σ_z^2 一般不是 $\dfrac{x}{u}$ 的线性函数，表 17-1 给出了帕斯奎尔（Pasquill）及盖弗尔德（Gifford）参数。

当 $Z = 0$ 时，可得地面上的浓度分布为：

$$C(x,y,0) = \frac{Q}{\pi\mu\sigma_y(x)\cdot\sigma_z(x)} \exp\left(-\frac{y^2}{2\sigma_y^2} - \frac{H^2}{2\sigma_z^2}\right) \quad (17\text{-}31)$$

当 $y = 0$，且 $z = 0$ 时，得：

$$C(x,0,0) = \frac{Q}{\pi\mu\sigma_y(x)\cdot\sigma_z(x)} \exp\left(-\frac{H^2}{2\sigma_z^2}\right) \quad (17\text{-}32)$$

稳定性等级与σ_y、σ_z函数表　　　　　　表17-1

稳定性等级 （Turner）	σ_y(m)	σ_z(m)		
		距离 x(m)		
		$100 \sim 500$	$500 \sim 5000$	$5000 \sim 50000$
A（1）	$0.310x^{0.905}$	$0.3830x^{1.2812}$	$0.2539 \times 10^{-3}x^{2.0886}$	—
B（2）	$0.206x^{0.885}$	$0.1393x^{0.9467}$	$0.4936 \times 10^{-1}x^{1.1137}$	—
C（3）	$0.155x^{0.865}$	$0.1120x^{0.9100}$	$0.1014x^{0.9260}$	$0.1154x^{0.9109}$
D（4）	$0.120x^{0.877}$	$0.0856x^{0.8650}$	$0.2591x^{0.6869}$	$0.7368x^{0.5642}$
E（5）	$0.078x^{0.822}$	$0.0818x^{0.8155}$	$0.2527x^{0.6341}$	$1.2969x^{0.4421}$
F（6）		$0.0545x^{0.8124}$	$0.2017x^{0.6020}$	$1.5763x^{0.3606}$

计算地面最大浓度值，由 $\dfrac{\mathrm{d}}{\mathrm{d}x}(C(x,0,0))=0$ 得：

$$\frac{\sigma_{yy}}{\sigma_y}+\left(1-\frac{H^2}{\sigma_z^2}\right)\frac{\sigma_{zz}}{\sigma_z}=0 \ 其中\left(\sigma_{yy}=\frac{\mathrm{d}\sigma_y}{\mathrm{d}x}\right)$$

假设 $\dfrac{\sigma_{yy}}{\sigma_y}=\dfrac{\sigma_{zz}}{\sigma_z}$，这对中性和不稳定的情况是适合的，但不适合于稳定的情况。可以确定 x，使得 $\sigma_z(x)=\dfrac{H}{\sqrt{2}}$（对于费克（Fickian）扩散 $x=\dfrac{H^2\mu}{4K}$），得地面最大浓度为：

$$C_{\max}=\frac{2Q}{\pi\cdot\mathrm{e}\cdot u\cdot H^2}\frac{\sigma_z}{\sigma_y} \tag{17-33}$$

式中 e 为自然数，e=2.7182。

当给定地面限定污染物浓度 [C] 可得烟囱最小高度 h_S 为：

$$H=\sqrt{\frac{2Q}{\pi\cdot\mathrm{e}\cdot u\cdot[C]}\frac{\sigma_z}{\sigma_y}} \tag{17-34}$$

$$h_s=H-\Delta H$$

以上各式均用平均风速 u，即：

$$u=\frac{1}{H}u(Z_r)\int_0^H\left(\frac{Z}{Z_r}\right)^n\mathrm{d}z \tag{17-35}$$

式中符号含义同前，Z_r 为参照高度，取 Z_r=10m。

有时一个上升的逆增温构成一个上面的边界条件。此时，从点源起的一段距离后，高度为 L 的混合层的污染物分布就变得均匀了。用沿 x 轴来检验确定它，则上边界处浓度 C 变成烟羽轴线处浓度的 10%，即：

$$C(x_D,0,D)=0.1C(x_0,0,z_{烟羽轴})$$

由 $2x_D$ 起的整个厚度为 D 的混合层内污染物被均匀地混合了。

（2）高架点源烟羽抬升高度 ΔH 的确定

1）动量射流式

当起始速度 $V_s\geqslant 10\mathrm{m/s}$，$T_s-T_{air}<50℃$ 时，$\Delta H=\left(\dfrac{V_s}{u}\right)^{1.4}\cdot d_s$ （17-36）

式中　V_s——烟囱出口喷射速度；

u——风速；

T_s——烟的温度；

T_{air}——空气温度；

d_s——烟囱口直径。

2）有浮力的射流式

当烟囱气体发散量 $\geqslant 50 m^3/s$，$T_s - T_{air} \geqslant 50 ℃$ 时，$\Delta H = a \cdot \dfrac{Q_H^{1/4}}{u}$ 　　　　　　(17-37)

式中　Q_H——烟囱排放的热流量。当 Q_H 以 MW 计，ΔH 以 m 计，u 以 m/s 计时，$a = 186$。

3）考虑大气稳定情况影响的布里格斯（Briggs）式

①对于大气属于中性和不稳定的情况：

$$\Delta H = 150 \frac{F}{u^3}$$ 　　　　　　(17-38)

式中　u——风速；

F——浮升通量，

$$F = \frac{g \cdot Q_H}{\pi C_p \cdot \rho \cdot t} = 3.7 \times 10^{-5} \times Q_H。$$

②对于大气属于稳定的情况：

$$\Delta H = 2.9 \frac{F}{u \cdot s}$$ 　　　　　　(17-39)

式中　$s = \dfrac{g}{T} \dfrac{\partial Q}{\partial Z}$，其中 $\dfrac{\partial Q}{\partial Z} = \dfrac{\partial T}{\partial Z} + r_d$，$r_d$ 为绝热降温速率。

4）抬升高度 ΔH 的参考式

$$\Delta H = 7.4 \times \frac{F^{1/3} \cdot h_s^{2/3}}{u}$$ 　　　　　　(17-40)

式中　u——平均风速，m/s；

h_s——烟囱高度，m；

F——浮力通量，$F = g \cdot V \left(\dfrac{D}{2} \right)^2 \cdot \dfrac{T_s - T_a}{T_s}$，$m^4/s^3$；

其中　g——重力加速度，m/s^2；

V——烟囱出口速度，m/s；

D——烟囱出口直径，m；

T_s——烟囱出口烟气温度，K；

T_a——烟囱出口大气温度，K。

4. 无限延伸的线源

当无限延伸的线源与主风向垂直相交时，由方程：

$$u \frac{\partial C}{\partial x} = \frac{\partial}{\partial z} \left(K_z \frac{\partial C}{\partial z} \right)$$ 　　　　　　(17-41)

得线性的预报模式为：

$$C(x,z) = \frac{Q_l}{\sqrt{\pi K_z \cdot x \cdot u}} \exp\left(-\frac{u}{4x}\frac{Z^2}{K_z}\right) \qquad (17\text{-}42)$$

或：

$$C(x,0,0) = \frac{2Q_l}{\sqrt{2\pi} \cdot \sigma_z \cdot u} \qquad (17\text{-}43)$$

以上两式中 Q_l 为线源排放率，其他符号含义同前。

5. 大气污染面源模型模

拟面源有三种方法：

（1）把面源划分为许多点源；

（2）求面源污染区的迁移物的积分值；

（3）集中整个面积的排放物于该区的中心，并迎风移动一个距离 a，然后处理为一个点源。

6. 颗粒物的扩散模式

由不带反射地面上升 H 的点源式：

$$C = \frac{Q}{2\pi u \sigma_y \cdot \sigma_z} \exp\left[-\frac{1}{2}\left(\frac{y^2}{\sigma_y^2} + \frac{(Z-H)^2}{\sigma_z^2}\right)\right] \qquad (17\text{-}44)$$

将式中的 Z 用 $Z + V_s \cdot \dfrac{x}{u}$ 来代替，其中 V_s 为颗粒物沉淀速度。且假设地面为可渗透的表面，即颗粒物不反射。得颗粒物扩散方程为：

$$C(x,y,z) = \frac{Q}{2\pi \sigma_z \cdot \sigma_y \cdot u} \exp\left[-\frac{1}{2}\left(\frac{y}{\sigma_y}\right)^2\right] \cdot \exp\left(-\frac{1}{2}\frac{\left(Z - H + V_s \cdot \dfrac{x}{u}\right)^2}{\sigma_z^2}\right) \qquad (17\text{-}45)$$

对于不能假设地面会吸收所有沉淀的颗粒，则可以采用下式：

$$C(x,y,z) = \frac{Q}{2\pi \sigma_z \cdot \sigma_y \cdot u} \exp\left[-\frac{1}{2}\left(\frac{y}{\sigma_y}\right)^2\right] \cdot \left[\exp\left(-\frac{1}{2}\frac{\left(Z - H + V_s \cdot \dfrac{x}{u}\right)^2}{\sigma_z^2}\right) \right.$$
$$\left. + a \cdot \exp\left(-\frac{1}{2}\frac{\left(Z + H - V_s \cdot \dfrac{x}{u}\right)^2}{\sigma_z^2}\right)\right] \qquad (17\text{-}46)$$

式中　a——在地面被反射的颗粒物的分数，a 是小于 1 的数。

用斯托克斯（Stokes）方法可计算 V_s：

$$V_s = \frac{2(\rho_p - \rho_\infty)R^2 g}{9\mu} \tag{17-47}$$

式中　μ——空气的黏滞度，$\mu = 1.8 \times 10^{-4} g/(cm \cdot s)$；

　　　ρ_p——颗粒物粒子的密度；

　　　ρ_∞——周围空气的密度；

　　　R——颗粒物粒子的半径；

　　　g——重力加速度。

17.3　大气稳定度

大气中污染物的弥散是由地转风引起的湍流和温度剖面（或是与垂直方向的热紊流）相互作用的结果。两种影响的比率决定了综合的稳定性。用大气稳定度来描述大气稳定性，稳定度一般分为七级：

A（极端不稳定）、B（不稳定）、C（轻度不稳定）、D（中性）、E（轻度稳定）、F（稳定）、G（极端稳定）。大气稳定度是由风速等气象数据决定的。以下介绍汤纳（Turnen）弥散等级划分法及帕斯奎尔（Pasquill）分级法。

17.3.1　帕斯奎尔分级法

分级法由表 17-2 确定。

帕斯奎尔大气稳定度　　　　　　　　　　　　　　　　　　表17-2

离地面10m高处风速（m/s）	白天			夜间	
	入射太阳辐射			云量	
	强	中	弱	云覆盖≥4/8（阴天）	云覆盖≤3/8（晴天）
≤2	A	A~B	B	—	—
2~3	A~B	B	C	E	F
3~5	B	B~C	C	D	E
5~6	C	C~D	D	D	D
>6	C	D	D	D	D

表 17-2 用法：晴天：太阳辐射强，指太阳高度角大于 60°，阳光充足的夏天中午；太阳辐射中，指晴朗的天空；太阳辐射弱，指太阳高度角在 15°～35° 之间，阳光充足的秋季下午、碎云低空的夏日。

阴天：日间或夜间阴天的条件应归为 D 类。

17.3.2　汤纳弥散等级划分法

由表 17-3 ～表 17-5 可确定大气稳定度。

汤纳（Turnen）大气稳定度   表17-3

风速u(m/s)	净辐射指数NRI						
	4	3	2	1	0	–1	–2
≤0.5	A	A	B	C	D	F	G
0.5~1.5	A	B	B	C	D	F	G
1.5~2.5	A	B	C		D	E	G
2.5~3.0	B	B	C	D	D	E	F
3.0~3.5	B	B	C	D	D	D	F
3.5~4.5	B	C	C	D	D	D	E
4.5~5.0	C	C	D	D	D	D	E
5.0~5.5	C	C	D	D	D	D	D
>5.5	C	D	D	D	D	D	D

日射等级   表17-4

太阳高度角α	日射等级	太阳高度角α	日射等级
$\alpha>60^\circ$	4	$15^\circ<\alpha\leq35^\circ$	2
$35^\circ<\alpha\leq60^\circ$	3	$\leq15^\circ$	1

净辐射指数NRI 表17-5

时间	多云状态	云高（m）	NRI
日+夜	10/10	≤2000	0
夜	≤4/10	—	–2
夜	>4/10	—	–1

由表 17-3 确定大气稳定度需要确定净辐射指数 NRI，确定的方法是：

（1）由太阳高度角确定日射等级，如表 17-4 所示。

（2）当云量 < 5/10，在日间，NRI = 日射等级。

（3）当云量 ≥ 5/10，则应修正：

1）当云高≤ 2000m 时，NRI = 日射等级 –2。

2）当 5000m >云高 > 2000m 时，NRI = 日射等级 –1。

3）当云高 > 2000m，云量为 10/10 时，NRI = 日射等级 –1。

如果不符合上述三种情况中的任何一种，则应取 NRI = 日射等级，如果修正后的 NRI < 1，那么就取 NRI =1。最后根据确定的 NRI 与风速按表 17-3 确定大气稳定度。

17.4 大气汞污染预报

本节介绍天津市汉沽区大气中汞迁移扩散的研究。该项研究包括用实测数据验证数学模式的预报能力，并在此基础上，预测了污染范围，污染源合理的削减量及可能发生的污染事件，从而为该区域污染控制及污染预报方法的建立，提供了理论依据。

此项研究表明，大气中的汞主要是气态元素汞及少量氯化汞以及甲基汞（包括二甲基汞），甲基汞在空气中分解为元素汞及二甲基汞，痕量二甲基汞经天然紫外线照射，迅速分解为元素汞及甲烷、乙烷，这些气态汞及其化合物，以其高度挥发态分布在大气环境中，因此，可以认为汞在大气中的迁移不同于一般的颗粒物，而是能穿过滤膜的气态物质，它的迁移扩散虽然类似于一般的气体扩散迁移，但又有别于 SO_x 及 NO_x 等非金属气体在大气中的扩散。汞在大气中的扩散迁移特性将反映在数学模式假设项中。

17.4.1　汉沽区汞污染预报范围及原则

对天津市汉沽区 $20km \times 20km$，近地面大气中汞污染进行预报，拟探讨天津化工厂及其他排放源对该区大气汞污染产生的综合影响，力图能够根据污染源的排放量，预报出随时间和空间变化的大气汞浓度。

以下对大气中汞扩散的有关问题作进一步分析，以便建立起汞在大气中扩散的环境模型。

1. 排放源及其模拟

汉沽区大气中汞主要来自天津化工厂，既有 20m 高的烟囱，又有地面点源。经实测表明，该厂氯碱电解车间、液碱固化车间等逸出的氢气中，所带的汞是主要的地面点源，其他点源的排放量均很少，见表 17-6。

天津市汉沽区大气中汞的主要污染源（1981年）　　　　　　表17-6

污染源	平均释放浓度（mg/m^3）	年释放量（t/a）	排放形式
氢气排放管道	1.5	9.45	直接一次
氯碱电解车间	0.02	0.12	排空
汞盐泥堆	31	0.11	间接二次
吹泥区	0.3	0.01	排空

由于天津化工厂的生产情况是每日连续生产，按所考虑的污染预报范围，污染源排放的持续时间已超过了污染物到监测点的迁移时间，因此可以认为，天津化工厂是一个连续的近地面的"点"排放污染源。另外，由于蓟运河穿越汉沽区，经调研，河水中含有一定量的汞，构成了向大气中挥发汞的一个排放"线"源。

气态元素汞在迁移过程中，将附着在大气颗粒物上，而形成颗粒态汞，经大气采样证明，在总汞中有一小部分颗粒态汞（< 10%），并出现在近地面处。

2. 气象、地形等环境与汞的扩散

研究表明，汞的释放、扩散分布与主导风向、风速、气温、气压以及空气中的相对湿度有相关性，模拟汞在大气中迁移扩散不能套用 SO_x 或 NO_x 模式，必须重新建立起相应的数学模式，且将以下四方面的问题反应到模式中去：

（1）由于汞比重大，迁移过程中变为颗粒态汞后，极易沉降，而且沉降到地面上再变为挥发态汞，就属于二次污染，计入由土壤挥发到大气中，这将减少大气中汞含量；

（2）分散的点源及线源和全市区的土壤作为面源，这些将增加大气中汞含量；

（3）市区的建筑物相对于平坦开阔的农村，增加了下垫面的粗糙度，这将加速颗粒态汞的沉降，同时增强汞在大气中的扩散，这些均将减少大气中汞含量；

（4）气象条件的特殊性，海洋与大陆性气候的交替变换，增加了大气的不稳定性。这将减少大气中汞含量。历年各月平均风速见表17-7，历年各月最多风向及其频率见表17-8。

历年各月平均风速（1954～1980年） 表17-7

月份	1	2	3	4	5	6	7	8	9	10	11	12
风速（m/s）	4.3	4.5	5.1	5.6	5.5	5.1	4.4	3.9	4.0	4.1	4.1	4.1

历年各月最多风向及其频率（1956～1980年） 表17-8

月份	1	2	3	4	5	6	7	8	9	10	11	12
风向	NW	NW	SSE	SSE	SSE	SSE	SSE	SSE	S	S	NW	NW
频率	16	12	11	13	14	17	15	10	10	10	12	15

17.4.2 大气中汞扩散的数学模式

按照物质平衡原理，可得到物质在大气中三个方向扩散的迁移方程为：

$$\frac{\partial C}{\partial t} = \sum_{i=1}^{3} \frac{\partial}{\partial x_i}\left(K_i \frac{\partial C}{\partial x_i} - u_i C \right) \pm \sum_{K=1}^{N} S_K \tag{17-48}$$

式中 C——即 $C(x, y, z)$，汞在大气中的浓度，mg/m³；

t——时间，s；

u_i——风速，m/s；

S_K——"+"号为排放率，"-"号为降解率，mg/（m³·s）；

K_i——扩散系数（K_x, K_y, K_z），m²/s；

x_i——距离坐标（x, y, z），m。

根据汞在大气中状态的研究及汉沽区汞的排放源、气象条件等实际情况，按以下六条假定，对式（17-48）作进一步简化。

（1）由于该区汞污染源排放是连续、稳定的，可以认为汞是稳态扩散，即：$\partial C / \partial t = 0$。

（2）首先考虑主要污染源，且将地面排放点源取为所论问题的坐标原点，则点排放源作为解算方程（17-48）的边界条件；由汞在大气中状态的研究表明，汞在迁移过程中降解作用不明显。因此，可令式（17-48）中 $\pm \sum_{k=1}^{N} S_K = 0$。

（3）汞在迁移过程中，受风速、风向影响，为了简化，只考虑主风向的迁移，则可令式（17-48）中的 $u_y \cdot \frac{\partial C}{\partial y} = 0$；$u_z \cdot \frac{\partial C}{\partial z} = 0$。且认为在 x 方向汞的迁移作用远超过汞的扩散作用，即：

$$\left| u_x \frac{\partial C}{\partial x} \right| \gg \left| \frac{\partial}{\partial x} \left(K_z \frac{\partial C}{\partial x} \right) \right|$$

根据以上三项假定，式（17-48）变为：

$$\frac{\partial}{\partial x}(u_x C) = \frac{\partial}{\partial y}\left(K_y \frac{\partial C}{\partial y} \right) + \frac{\partial}{\partial z}\left(K_z \frac{\partial C}{\partial z} \right) \tag{17-49}$$

（4）假定风速是一个常量，即取平均风速。根据费克（Fick）扩散定律取 K_y，K_z 为常量，则式（17-49）变为：

$$u \frac{\partial C}{\partial x} = K_y \frac{\partial^2 C}{\partial y^2} + K_z \frac{\partial^2 C}{\partial z^2} \tag{17-50}$$

式（17-50）的一般解为：

$$C(x, y, z) = \frac{\theta}{x} \cdot \exp\left(-\frac{u}{4x} \left(\frac{y^2}{K_y} + \frac{z^2}{K_z} \right) \right) \tag{17-51}$$

式中 θ 值，由汞扩散的边界条件确定。应当满足的边界条件是，通过排放源的下风向任何垂直面中的汞的传递速率，在定常状态下为常数，此常数一定等于源的排放率 Q，且当假定在下风向不会有化学反应、降解等作用时，应满足：

$$Q = \iint u \cdot C(x, y, z) \mathrm{d}y \mathrm{d}z \tag{17-52}$$

（5）假定为地面点源，且部分颗粒态汞易于沉降，气态汞扩散到地面后，被土壤吸收，很少反射，且假定下垫面为非平坦地面（该区域有较多建筑物）。则得：

$$Q = \int_{-\infty}^{\infty}\int_{-\infty}^{\infty} \frac{u\theta}{x} \exp\left[-\left(\frac{y^2}{K_y} + \frac{z^2}{K_z} \right) \frac{u}{4x} \right] \mathrm{d}y \mathrm{d}z$$

得：$\theta = \dfrac{Q}{4\pi}(K_y \cdot K_z)^{\frac{1}{2}}$ \tag{17-53}

将式（17-53）代入式（17-51）得：

$$C(x, y, z) = \frac{Q}{4\pi x (K_y \cdot K_z)^{\frac{1}{2}}} \cdot \exp\left(-\frac{u}{4x}\left(\frac{y^2}{K_y} + \frac{z^2}{K_z} \right) \right) \tag{17-54}$$

（6）若汞在大气中扩散满足式（17-54），取：

$$K_z = \frac{\sigma_z^2}{2t}; K_y = \frac{\sigma_y^2}{2t} \tag{17-55}$$

将式（17-55）代入式（17-54）得汞在大气中迁移的数学模式：

$$C(x, y, z) = \frac{Q}{2\pi u \sigma_y \cdot \sigma_z} \cdot \exp\left(-\frac{1}{2}\left(\frac{y^2}{\sigma_y^2} + \frac{z^2}{\sigma_z^2} \right) \right) \tag{17-56}$$

式中　σ_y，σ_z——大气中汞扩散烟羽的标准差，该值与大气稳定度密切相关，此处采用了帕斯奎尔－盖弗尔德－汤纳方法。为了计算方便，取：

$$\sigma_y = ax^b, \quad \sigma_z = cx^d$$

以上两式中 a、b、c、d 取值由 P-G-T 图给出，鉴于查图不便，本节计算采用表 17-1，σ_y，σ_z 的量纲为 m。

为了与实测数据相对照，检验该模式的预报能力，分别计算了主源强下风向沿主轴地面汞的浓度值：

$$C(x,0,0) = \frac{Q}{2\pi \cdot u \cdot \sigma_y \cdot \sigma_z} \tag{17-57}$$

下风向，距地面 1.5m 处汞浓度值：

$$C(x,0,1.5) = \frac{Q}{2\pi \cdot u \cdot \sigma_y \cdot \sigma_z} \cdot \exp\left(-\frac{1}{2} \cdot \frac{2.25}{\sigma_z^2}\right) \tag{17-58}$$

及

$$C(x,y,1.5) = \frac{Q}{2\pi \cdot u \cdot \sigma_y \cdot \sigma_z} \cdot \exp\left(-\frac{1}{2}\left(\frac{y^2}{\sigma_y^2} + \frac{2.25}{\sigma_z^2}\right)\right) \tag{17-59}$$

17.4.3 数学模式的检验、汞污染预报

1. 计算值与实测值对照

按式（17-58）计算了以天津化工厂为排放源源点，下风向轴线上自地面 1.5m 处的汞浓度分布，与实测值相对照，见表 17-9，两者较好地吻合了。表 17-9 的数据验证了推导数学模式时，各项假定基本上是正确的，特别是颗粒态汞降落到地面后不反射的假定是重要的。另外，在确定大气稳定度时，应当考虑到地理位置、地形地貌状况，表 17-9 是按大气不稳定级得到的，大气中汞浓度分布计算值与实测值相关分析见图 17-10。计算值与实测值相关分析结果，表明二者相关性是显著的。

	大气中汞浓度分布数值比较				表17-9
序号	计算值 x (ng/m³)	实测值 y (ng/m³)	序号	计算值 x (ng/m³)	实测值 y (ng/m³)
1	68	93	15	253	270
2	95	93	16	272	386
3	120	166	17	278	278
4	138	312	18	283	290
5	143	150	19	287	191
6	154	145	20	327	372
7	157	167	21	346	472
8	168	93	22	430	379
9	180	167	23	462	408
10	185	280	24	472	—
11	203	256	25	542	406
12	204	253	26	557	568
13	216	167	27	707	696
14	235	171			

2. 汉沽区大气汞污染预测

建立上述大气汞模式后，经实测数据的检验，证明该模式具有一定的预报能力。在此基础上，试算了该区在不同汞排放量及气象条件组合下，所形成的汞污染浓度分布，其中包括：污染源排放量按每年排放 9.45t 汞到大气中，另外试算了 5.0t/a 及 15.0t/a 共三种排放量。计算了七种风速：

1.0m/s、1.7m/s、2.5m/s、3.0m/s、4.0m/s、6.0m/s 及 9.0m/s。以及 26 年全年不同风向，大气稳定度试算了三种：不稳定（B 类）、中性（D 类）及稳定（F 类）。对以上三种因素的全部组合 63 种方案，分别计算了距离污染源 50m、100m、1700m、2200m、

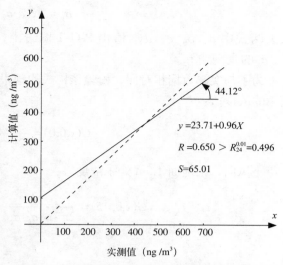

$y = 23.71 + 0.96X$

$R = 0.650 > R_{24}^{0.01} = 0.496$

$S = 65.01$

图 17-10　大气中汞浓度分布计算值与实测值相关分析

5000m、10km、50km 处大气中汞浓度值（距地面 1.5m 高度处）。通过以上计算，得到如下结果：

（1）目前的污染状况

1）汞污染事件的产生条件根据近期的排放量（见表 17-6），即按 9.45t/a 计算，平均风速为 4.0m/s，当大气中出现逆温层时，大气中稳定度达到最不利的稳定态。预测表明，此时在以天津化工厂为中心，主风向 1～5km 范围内（宽约 260m 的长条地带），大气中（距地面 1.5m 高度处）汞浓度将达到 40239～4091ng/m³，将超标 133～12 倍，造成严重污染。

2）目前全区汞污染超标范围

根据计算，可以预测出污染超标范围是以天津化工厂为中心 5～8km 范围（按标准为 300ng/m³）。这个结果与实测值是相符的。而当最不利情况发生时，即前述的污染事件产生时，到 50km 远处，大气中汞浓度可达 430ng/m³。

3）计算值与实测值比较接近，说明实测数据是可靠的；同时也说明汉沽区大气稳定度，日间多为不稳定状态，一般为中性以上状态。

（2）污染控制及排放量削减核算

要使汉沽区的居民区、市区空气不遭受汞污染（此区域暂划定为天津化工厂 1km 范围以外），天津化工厂排放到大气中的汞，应当由目前的 9.45t/a 削减到 5.0t/a （158.5ng/s）以下，此数值的核算依据是：当风速为 4.0m/s，大气稳定度为不稳定状态（相当于秋季的日间中午），此时距离天津化工厂中心 1km、高出地面 1.5m 处，大气中汞浓度值为 361ng/m³，若风速减小，或大气稳定度趋于轻度不稳定、中性状态，汞排放量应当削减到比 5.0t/a 还要低。

应当指出，当排放量削减到 5.0t/a 时，在厂区 1km² 范围内仍遭受不同程度的汞污染，此区域内仍需要采取某些环保措施。

3. 汉沽区大气汞污染预报方法的建立

若要建立起切实可行的汞污染预报方法，应按预报流程图 17-11，进一步监测并调整模式方程。

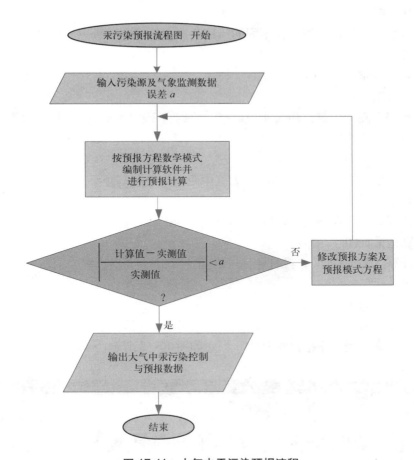

图 17-11　大气中汞污染预报流程

17.4.4　大气中汞污染控制与预报软件 RM15

1. 软件编制原理及功能

（1）软件编制原理

本软件编制，按照汞在大气中迁移的数学模式：

$$C(x,y,z) = \frac{Q}{2\pi u\sigma_y \cdot \sigma_z} \cdot \exp\left(-\frac{1}{2}\left(\frac{y^2}{\sigma_y^2} + \frac{z^2}{\sigma_z^2}\right)\right)$$

式中　σ_y, σ_z——大气中汞扩散烟羽的标准差，该值与大气稳定度密切相关，本软件计算采用表 17-1，σ_y, σ_z 的量纲为 m，并按此表选取稳定度等级；

　　　u——日平均风速，m/s；

　　　Q——污染源源强，t/a；

　$C(x,y,z)$——汞在大气中的浓度，mg/m³；其中 x——距源点水平距离，m；

　　　y——距源点垂直距离，m；z——距地面高度，m。

（2）软件功能

本软件可根据汞排放点源，在不同的风速及选定的稳定等级下，计算出 100 ~ 5000m 处的汞浓度值。

2. 软件运行步骤

（1）输入数据

在输入数据界面，由键盘输入 4 项数据。数据有 3 种输入方式，详见软件。输入数据可存盘，单击"初始数据　存为文件"。

（2）计算

在计算及结果界面，单击"RM15_ 大气中汞污染控制与预报　计算"。

（3）计算结果保存

单击"计算结果　存硬盘文件"，文件可在 word 中调出。

（4）计算结果打印

单击"计算结果　打印"，或打印任一界面，单击"打印窗体"。

（5）退出

单击"结束　退出"。

3. 软件界面

大气中汞污染控制与预报软件 RM15 界面如图 17-12 所示。

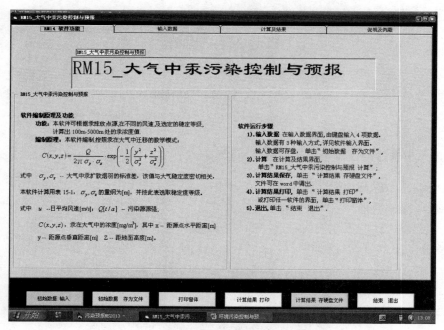

图 17-12　大气中汞污染控制与预报软件 RM15

4. 软件例题计算

（1）RM15_ 大气中汞污染控制与预报　例题 1

本题输入数据：汞排放点源 Q =9.5t/a，日平均风速 u =4.0m/s 及稳定性等级 B，计算

出 100 ~ 5000m 处的汞浓度值。因本例题数据已预先全部输入完成,软件调出后,可核
对上述输入数据,不需要再作输入,可立即进入计算界面,单击"计算",可完成此题计算。
计算结果见表 17-10 和表 17-11。

若作为练习,可改动本题的输入数据后,再单击"计算"。

(2) RM15_大气中汞污染控制与预报 例题 2

软件调出后,在输入数据界面,改动稳定度等级为 AA,其他两项数据不改动。然后,
单击"计算"。可得计算结果。本题主要用于与原版书校对 (P212)。

大气中汞浓度 (mg/m³) (100~500m)					表17-10
x	100	200	300	400	500
z =2m处汞浓度:					
y =10m	47692.2	14625.8	7049.3	4170.5	2768.5
y =12m	45143.8	14398.6	6996.5	4151.9	2760.2
y =14m	42306.9	14134.5	6934.6	4130.1	2750.5
y =16m	39254.5	13835.8	6863.9	4105.0	2739.3
y =18m	36060.4	13505.0	6784.6	4076.8	2726.8
y =20m	32797.1	13144.5	6697.0	4045.4	2712.7
z =4m处汞浓度:					
y =10m	45342.7	14428.3	7004.9	4155.3	2761.8
y =12m	42919.8	14204.1	6952.5	4136.8	2753.6
y =14m	40222.8	13943.6	6891.0	4115.0	2743.9
y =16m	37320.7	13649.0	6820.7	4090.0	2732.8
y =18m	34283.9	13322.6	6741.9	4061.9	2720.2
y =20m	31181.4	12967.0	6654.9	4030.7	2706.2
z =6m处汞浓度:					
y =10m	41681.3	14105.0	6931.7	4130.0	2750.8
y =12m	39454.0	13885.8	6879.7	4111.6	2742.6
y =14m	36974.8	13631.1	6818.9	4090.0	2733.0
y =16m	34307.0	13343.1	6749.3	4065.1	2721.9
y =18m	31515.5	13024.0	6671.4	4037.2	2709.4
y =20m	28663.5	12676.4	6585.3	4006.1	2695.5
z =8m处汞浓度:					
y =10m	37046.6	13664.5	6830.3	4094.9	2735.5
y =12m	35067.0	13452.1	6779.2	4076.7	2727.3
y =14m	32863.4	13205.4	6719.2	4055.2	2717.7
y =16m	30492.3	12926.4	6650.7	4030.6	2706.7
y =18m	28011.2	12617.3	6573.8	4002.8	2694.3
y =20m	25476.3	12280.5	6489.0	3972.1	2680.4
z =10m处汞浓度:					
y =10m	31836.8	13118.3	6702.2	4050.2	2715.9
y =12m	30135.5	12914.4	6652.0	4032.1	2707.8
y =14m	28241.8	12677.6	6593.2	4010.9	2698.3
y =16m	26204.2	12409.7	6526.0	3986.6	2687.3
y =18m	24072.0	12112.9	6450.6	3959.1	2675.0
y =20m	21893.6	11789.6	6367.3	3928.7	2661.2

大气中汞浓度（mg/m³）　（500～5000m）　　　　　　表17-11

x	500	1000	1500	2000	2500	3000	3500	4000	4500	5000
z =2m处汞浓度：										
y =10m	2768.5	687.0	303.3	169.8	108.2	74.9	54.9	41.9	33.0	26.7
y =12m	2760.2	686.4	303.2	169.7	108.2	74.9	54.9	41.9	33.0	26.7
y =14m	2750.5	685.7	303.1	169.7	108.2	74.9	54.9	41.9	33.0	26.7
y =16m	2739.3	684.9	302.9	169.6	108.2	74.9	54.9	41.9	33.0	26.7
y =18m	2726.8	684.0	302.7	169.6	108.1	74.9	54.9	41.9	33.0	26.7
y =20m	2712.7	683.0	302.5	169.5	108.1	74.9	54.9	41.9	33.0	26.7
z =4m处汞浓度：										
y =10m	2761.8	686.6	303.3	169.8	108.2	74.9	54.9	41.9	33.0	26.7
y =12m	2753.6	686.0	303.2	169.7	108.2	74.9	54.9	41.9	33.0	26.7
y =14m	2743.9	685.3	303.0	169.7	108.2	74.9	54.9	41.9	33.0	26.7
y =16m	2732.8	684.5	302.8	169.6	108.2	74.9	54.9	41.9	33.0	26.7
y =18m	2720.2	683.6	302.6	169.6	108.1	74.9	54.9	41.9	33.0	26.7
y =20m	2706.2	682.6	302.4	169.5	108.1	74.8	54.8	41.9	33.0	26.7
z =6m处汞浓度：										
y =10m	2750.8	686.0	303.2	169.7	108.2	74.9	54.9	41.9	33.0	26.7
y =12m	2742.6	685.4	303.1	169.7	108.2	74.9	54.9	41.9	33.0	26.7
y =14m	2733.0	684.7	302.9	169.6	108.2	74.9	54.9	41.9	33.0	26.7
y =16m	2721.9	684.0	302.7	169.6	108.1	74.9	54.9	41.9	33.0	26.7
y =18m	2709.4	683.1	302.5	169.5	108.1	74.9	54.9	41.9	33.0	26.7
y =20m	2695.5	682.0	302.3	169.5	108.1	74.8	54.8	41.9	33.0	26.7
z =8m处汞浓度：										
y =10m	2735.5	685.2	303.0	169.7	108.2	74.9	54.9	41.9	33.0	26.7
y =12m	2727.3	684.6	302.9	169.6	108.2	74.9	54.9	41.9	33.0	26.7
y =14m	2717.7	683.9	302.8	169.6	108.2	74.9	54.9	41.9	33.0	26.7
y =16m	2706.7	683.1	302.6	169.5	108.1	74.9	54.9	41.9	33.0	26.7
y =18m	2694.3	682.2	302.4	169.5	108.1	74.9	54.8	41.9	33.0	26.7
y =20m	2680.4	681.2	302.2	169.4	108.1	74.8	54.8	41.9	33.0	26.7
z =10m处汞浓度：										
y =10m	2715.9	684.1	302.8	169.6	108.2	74.9	54.9	41.9	33.0	26.7
y =12m	2707.8	683.6	302.7	169.6	108.2	74.9	54.9	41.9	33.0	26.7
y =14m	2698.3	682.9	302.6	169.5	108.1	74.9	54.9	41.9	33.0	26.7
y =16m	2687.3	682.1	302.4	169.5	108.1	74.9	54.9	41.9	33.0	26.7
y =18m	2675.0	681.2	302.2	169.4	108.1	74.8	54.8	41.9	33.0	26.7
y =20m	2661.2	680.2	302.0	169.4	108.1	74.8	54.8	41.9	33.0	26.7

17.5 雾霾污染的控制与预报

17.5.1 雾霾天气的形成

1. 什么是雾霾

雾：是由大量悬浮在近地面空气中微小水滴或冰晶组成的气溶胶系统，是近地面层空气中水汽凝结（或凝华）的产物。雾的存在会降低空气透明度，使能见度降低，如果目标物的水平能见度降低到1000m以内，就将悬浮在近地面空气中的水汽凝结（或凝华）物的天气现象称为雾（Fog）；而将目标物的水平能见度在1000～10000m的这种现象称为轻雾或霭（Mist）。

雾与云都是空气中水汽凝结（或凝华）的产物，雾升高离开地面就成为云，而云降低到地面或云移动到高山时就称为雾。一般雾的厚度比较小，常见的辐射雾的厚度大约从几十米到一至两百米左右。雾和云一样，与晴空区之间有明显的边界，雾滴浓度分布不均匀，而且雾滴的尺度比较大，从几微米到$100\mu m$，平均直径大约在$10～20\mu m$左右，肉眼可以看到空中飘浮的雾滴。由于液态水或冰晶组成的雾散射的光与波长关系不大，因而雾看起来呈乳白色或青白色。

霾：也称灰霾（烟霞）。空气中的灰尘、硫酸、硝酸、有机碳氢化合物等粒子（颗粒物）使大气混浊，视野模糊并导致能见度降低，当水平能见度小于10000m时，将这种非水成物组成的气溶胶系统，造成的视程障碍称为霾（Haze）或灰霾（Dust-haze）。

随着空气质量的恶化，阴霾天气现象的出现，在暖湿气流的控制下，地表的水蒸气不能上升，与空气中悬浮的大量微粒子（颗粒物）共同作用，形成"雾霾天气"。

2. 雾霾天气的形成

"雾霾天气"的形成是由两个方面因素决定的：一个是气象条件，另一个是人为因素。

（1）形成雾霾天气的气象条件包括，在暖湿气流的控制下，地表的水蒸气不能上升，空气湿度增加形成雾。在大气中，水平方向静风现象增多。城市里楼房阻挡和摩擦作用使风流经城区时明显减弱。静风现象增多，不利于大气中悬浮微粒的扩散稀释，容易在城区和近郊区周边积累；与此同时，在垂直方向上出现逆温。逆温层好比一个锅盖覆盖在城市上空，致使高空的气温比低空气温更高形成逆温现象，使得大气层低空的空气垂直运动受到限制，空气中悬浮微粒（颗粒物）难以向高空飘散而被阻滞在低空和近地面。

（2）形成雾霾天气的人为因素包括，由于工业生产废气、汽车尾气、建筑尘埃、冬季取暖排放的CO_2等污染物形成霾。

为了更深入地了解雾霾天气形成的原因，需要了解排入大气中污染物(颗粒物)的组成。

颗粒物（Particulate Matter）英文缩写为PM，而PM2.5则表示在空气中颗粒物的直径小于或等于$2.5\mu m$的固体颗粒或液滴的总称。$1\mu m=10^{-6}m$，而$2.5\mu m$相当于人体发丝直径(一般约为$70\mu m$）的1/30。由于PM2.5颗粒比较细小，肉眼是看不到的。

细小的PM2.5降低能见度的作用较更大直径的颗粒物更强，PM2.5主要成分是元素氮、有机碳化合物、硫酸盐、硝酸盐等，其他还包括钠、镁、钙、铝、铁等地壳中含量丰富的元素，也有铅、锌、镉、铜等主要源自于人类污染的重金属元素。由于PM2.5是细小颗粒物，一旦被人从呼吸道吸入，就会沉积于人的肺泡，而后溶解进入血液，造成血液中毒。还会造成呼吸系统和心血管系统的伤害，出现呼吸道刺激，咳嗽，呼吸困难，加重哮喘发作，出现心律失常，诱发心脏病等。雾霾天气对交通安全亦有危害。出现雾霾天气时，由于空气质量差，能见度低，容易出现车辆追尾相撞，影响正常交通秩序，对大家出行造成不便。雾霾天气中的颗粒物主要来源是人为排放，比如煤、汽油、柴油的燃烧，焚烧垃圾，道路粉尘，工业污染，森林火灾，花粉细菌等。其中最主要的来源，一是工业排放；二是汽车等尾气排放；三是取暖燃煤排放。以下对排放物的组成再作进一步了解：

1）工业排放有害物主要组成有：

①硫氧化物：主要为二氧化硫。一般是由于工业生产中使用了煤炭或石油作为燃料，这些燃料中含有大量的硫化物，在空气中燃烧后与氧气发生反应最终形成二氧化硫。二氧化硫排放到空气当中，遇到水后会发生化学反应，形成亚硫酸，最终就变成了酸雨，造成环境危害。

②氮氧化物：主要为二氧化氮或过氧化氮。一般产生于高温燃烧，呈红棕色气体状态，带有刺鼻气味。是工业生产中制备硫酸过程中的一种中间产物，每年都会有几百万吨的二氧化氮排放到大气中，是空气污染的一种主要污染源。

③一氧化碳：一种无色无味，却有剧毒的危险气体。工业生产中煤炭、木柴、石油等燃料的不完全燃烧都会产生一氧化碳。

④二氧化碳：产生于各种工业步骤，如完全燃烧的生产过程。是一种无色无味也无毒的温室气体，这是全球温室效应产生的主要原因。

⑤颗粒物：包括可吸入颗粒物（PM10）及可入肺颗粒物（PM2.5）。

在工业生产中，燃烧硫氧化物、氮氧化物以及煤炭都会排放出大量的颗粒物。这些颗粒物排入空气中后，能在空气中停留很长的时间，而且容易被陆空生物的呼吸行为吸入肺部，当肺部堆积的颗粒物过多时会对生物体的健康造成影响。

2）尾气排放在各种空气污染方式中，占据了非常大的比例，其组成主要有：

①碳氧化物：汽油燃烧时的产物，其中不完全燃烧时生成的一氧化碳是汽车排放最主要的成分。

②碳氢化合物：主要为各类挥发性有机化合物，包括烷类、芳烃类、烯类、卤烃类、酯类、醛类、酮类等。

③氮氧化物：汽缸点火时产生的高温使空气中的氮气与氧气在一瞬间发生反应产生了氮氧化物。最初排放时的氮氧化物通常为一氧化氮，然后与大气中的氧气发生反应形成了二氧化氮。当环境温度升高或有云雾时，二氧化氮会与空气中的水分子发生反应形成硝酸，最终变成酸雨。另外，二氧化氮与我们先前介绍的二氧化硫可以互相催化，故使得反应速率大大加快，造成更严重的酸雨现象。

④二氧化硫：燃料中的硫烃在燃烧后产生的物质。

⑤臭氧：碳氢化合物与氮氧化物在光照下会生成臭氧。这些臭氧会污染土壤和水源，造成农业上的损失。同时过量的臭氧对人体也会造成负面影响。

⑥颗粒物：燃料燃烧后形成的铅化合物、碳颗粒、油雾等。

还有一部分空气污染是自然现象所导致的，比如火山活动和森林火灾。

17.5.2 雾霾污染的防治

1. 雾霾污染严重超标

从中国环境监测总站了解到，自从 2013 年 1 月 1 日我国 74 个城市按空气质量新标准开展监测，并实时发布 PM2.5 等数据以来，我国第一批 74 个率先实现空气质量新标准监测城市中，京津冀区域城市的 80 个国家网监测点位中，半数以上出现空气质量连续超标现象。长三角区域城市的 129 个国家网监测点位约有三分之一出现空气质量连续超标现象。其他直辖市及省会城市的监测点位也有不同程度空气质量超标现象。

自 2013 年 1 月 9 日以来，全国中东部地区陷入严重的雾霾污染天气中，中央气象台将大雾蓝色预警升级至黄色预警。环保部表示，过去 24h，我国中东部受雾霾影响逐渐扩大，北京、天津、石家庄、济南等城市空气质量为六级，属严重污染；郑州、武汉、西安、合肥、南京、沈阳等空气质量为五级，属重度污染。灰霾面积约 130 万 km^2。

监测总站数据显示，颗粒物（PM2.5 和 PM10）为本周连续雾霾过程，影响空气质量最显著的主要污染物，以严重影响环境健康和环境能见度的污染物为例，上述城市部分点位的小时最大值达到 $900\mu g/m^3$，超过空气质量日均值标准（$75\mu g/m^3$）的十倍以上，并超过 AQI 日报严重污染等级（$500\mu g/m^3$）约一倍。SO_2 和 NO_2 等也达到轻度以上污染水平。

其中，近一周内受不间断雾霾过程困扰的华北、中原和华东部分城市影响最为严重，北京、天津、石家庄等城市由于低空近地面的空气污染物久积不散，主城区点位连续出现空气质量重度污染和严重污染，包括 PM2.5、PM10、SO_2、NO_2 等主要污染物徘徊在较高超标浓度水平。

根据北京市环保监测中心数据显示，2013 年自 1 月 12 日以来，北京西直门北、南三环、奥体中心等监测点 PM2.5 实时浓度突破 $900\mu g/m^3$，西直门北交通污染监测点最高达 $993\mu g/m^3$。中科院大气物理研究所研究员、博士生导师王跃思称，PM2.5 超过了 $900\mu g/m^3$，这是中国有 PM2.5 监测数据以来最高的一次，北京市环保局网站显示，昨日北京市空气质量依然为六级污染（PM2.5 数值超过 $400\mu g/m^3$），为严重污染，首要污染物为：可吸入颗粒物及细颗粒。这是北京连续三天空气质量达六级污染。于是，2013 年 1 月 13 日 10 时发布了北京气象史上首个霾橙色预警信号：预计 13 日白天平原地区将出现能见度小于 2000m 的霾，霾的厚度可达 1～3km，核心物是灰尘颗粒。

环境保护部监测中心网页有红字滚动提醒称，目前北京 PM2.5 浓度值非常高，很多地区达 $700\mu g/m^3$ 以上。截至 15 日，整体扩散条件无本质改善，目前严重污染的空气质量状况在未来三天仍将持续，建议公众尽量避免外出和强烈运动，易感人群需加强防护。

2. 雾霾污染的防治

如上所述，雾霾天气是由气象条件及人为因素共同作用而形成的。气象条件难于控制，但人为因素是可控的，可以最大限度地消除它。国内环境专家认为：防治空气污染，产业结构调整、能源结构调整是必由之路。需要采取综合手段，实现多项污染物协同减排。同时，大气污染呈现区域性特征，必须建立区域联防联控机制来应对。环境保护部环境规划院副院长、总工程师王金南表示，"我们一定要认识到 PM2.5 治理的长期性、复杂性。如果措施到位，在'十二五'末会有所降低，但是要明显改善空气质量，还有很大难度，需要很长时间"。

中国工程院院士、中国科学院生态环境研究中心原主任曲久辉认为：雾霾治理主要包括三个方面：

（1）管理是最根本的问题，目前我们国家大气污染治理还没有真正做到源头控制。源头控制的根本是管理，管理上不去，就无法实现源头控制。

国家的管理政策和法规标准要采取更强的力度。比如机动车中柴油车的污染比较严重，推行柴油车国四标准的一个瓶颈问题就是油品，由于油品质量达不到标准便导致国四标准实施延期，这对雾霾的控制是非常不利的。

燃煤为主的能源结构及城市机动车尾气的排放是产生雾霾的主要原因，当然还有工业化和城镇化大规模建设的扬尘也是引起雾霾的重要原因。

（2）大气污染是区域性的，像北京、天津、河北都是相互影响的，仅靠一个行政单元来治理是很难见到成效的，所以最近极力提出要联防联控。

（3）科学技术的支撑。一方面解决油品质量问题，一方面解决机动车尾气排放治理的问题。现在国内国四标准的柴油车尾气排放控制的治理技术已经有了，我们能够实施，现在的问题是如何把已有的技术和解决雾霾问题有机结合在一起，而不是把技术闲置。

中国应加快转变经济发展方式，同时积极倡导全民参与绿色出行。

专家针对"如何科学规划雾霾天气监测网"、"如何提高空气质量的预报预警能力"、"人工干预雾霾天气的科研与合作"、"气候承载力评估技术"、"灰霾源的解析技术"等议题，认为都需要作进一步地研讨。

17.5.3　雾霾污染的控制与预报

以上偏重于定性地研究雾霾污染的防治对策，本节则定性定量相结合地治理雾霾污染。治理雾霾污染的关键是治理地面污染源。只要有效治理了地面污染源，就可有效控制与治理雾霾天气。即问题出在天空（大气）；治理是在地面（污染源）。两者是有因果关系的，雾霾颗粒物是果，本节的方法是由果及因地污染源追踪法。即从地面污染源追踪到大气雾霾颗粒物，再追踪到地面污染源。本节提出控制与预报雾霾污染的对策及步骤。即：

（1）对雾霾污染进行全面监测；

（2）对监测样品作化学元素分析，必要时可作物化霉菌作用探讨；

（3）对化学元素数据作科学计算，进行因子分析和地面污染源识别；

（4）对地面污染源进行归类分析（进行群分析及模糊聚类分析等），在此基础上可明确雾霾污染的控制与预报对策及其防治对策。

1. 雾霾污染监测及元素分析

雾霾污染的全面监测包括气象条件与人为污染两方面，本节只讨论人为污染方面。其监测范围包括：一是对大气污染物（颗粒物）的监测；二是对地面污染源的监测。这两方面监测，均是要从监测样品中获取污染物的化学元素，然后作定量计算。

（1）对大气污染物的监测

根据本次监测目的要求，对时间、空间全方位地监测大气颗粒物，监测方法如下：

1）选定监测地点。可按城镇或某区的几个定点，在距地面高空 15m（12 ～ 20m）处取样品，提取样品方法可沿用现有监测方法。

2）确定取样时间及间隔。按监测要求确定，如每日可按昼间或夜间，日间的早、中、晚，间隔可取连续三天或一周（重度雾霾天气）。每月可按上旬、中旬、下旬，间隔可取连续一个季度或一年。

3）将监测的大气污染物样品采用中子活化仪，测定大气污染物中化学元素的浓度值，按表 17-12 填写。

4）表 17-12 的用途是，将其数值输入软件 RM7 进行计算。

大气污染物中元素浓度（ng/m³，n 个样品，每个样品得 p 种元素）数据　　　表17-12

序号	1	2	3	4	5	6	7	8	9	$p-1$	p
元素名称	铯Cs	铽Tb	钪Sc	铷Rb	铁Fe	钴Co	钠Na	铕Eu	钾K		
样品号 1	0.8	0.14	1.4	10	3.2	2.3	7.6	0.2	19		
样品号 2	1.6	0.3	2.8	18	6.2	6.2	20	0.4	32		
样品号 $n-1$											
样品号 n											

（2）对地面污染源的监测

对地面污染源监测的目的是，为大气监测提供污染源识别的依据。在时间、空间方面须与大气监测相对应，最好是同步监测。监测方法如下：

1）选定与大气相同的监测地点，如按城镇或某区的几个定点（取平均值），但需在大气监测点附近（约 1 ~ 3km 以内），同时选取多个采样点，在距污染源排放口约 1 ~ 5m 处取样品。

向大气排放污染物的所有污染源采样点如下列：

工业生产废气，汽车尾气，煤、汽油、柴油的燃烧，焚烧垃圾，城市地面扬尘，道路粉尘，建筑尘埃，冬季取暖燃煤排放，森林火灾，花粉、细菌，农田植被，土壤、水域沼泽等等。

2）确定取样时间及间隔与大气采样同步。按监测要求确定，如每日可按昼间或夜间，日间的早、中、晚，间隔可取连续三天或一周（重度雾霾天气）。每月可按上旬、中旬、下旬，间隔可取连续一个季度或一年。

3）将监测的地面污染源排放样品采用中子活化仪，测定污染物中化学元素的浓度值，将以上污染源依次填入表 17-13。

地面污染源排放物元素浓度（ng/m³，n 个污染源，每个污染源排放 p 种元素）数据　　表17-13

序号	1	2	3	4	5	6	7	8	9	$p-1$	p
元素名称	铯Cs	铽Tb	钪Sc	铷Rb	铁Fe	钴Co	钠Na	铕Eu	钾K		
污染源号（燃油）											
污染源号（燃煤）											
污染源号 $n-1$											
污染源号 n											

4）对地面污染物（颗粒物）的监测可有多方面用途，根据监测数据可进行多元回归分析或群分析等分析，在本节是用于大气污染源识别的因子分析等分析。

2. 雾霾污染的控制与预报数学模型

为便于对雾霾天气进行控制与预报，需定量研究，要找到地面污染源与雾霾颗粒物间的数量关系，即建立两者间的数学模型。

地面污染源与大气中雾霾颗粒物之间并非一一对应关系；且地面污染源并非唯一的，在时间、空间、数量等方面又都是不确定的。只知道它们之间存在因果关系。即地面污染源是形成大气中雾霾颗粒物的缘由，雾霾污染是其结果。我们可以测得结果——雾霾颗粒物。要由果及因地找到成因，即要从雾霾颗粒物弄清地面污染源。诸如，哪个地面污染源是最重要的？它造成大气雾霾污染的百分比是多少？这些问题涉及如何轻重缓急地治理污染，以及治理进度等问题。解决这个问题若采用常规的数学方法，是不可能解决的，本节将采用可满足从果及因要求的方法，即因子分析污染源识别方法，对上述问题给出较为准确的答案。污染源识别方法包括，建立地面污染源与大气中雾霾颗粒物间的定量关系，即建立两者间的数学模型，通过解算该数学模型，将地面污染源予以归类排序，可以准确地得知地面污染源及其数量分布，以及形成大气污染的比率。由此，即可建立雾霾污染的控制与预报。

地面污染源与大气中雾霾颗粒物间的数学模型，也可称为"雾霾颗粒物污染源识别"模型，当监测得大气中颗粒物 n 组样品，每组样品均化验得 p 种元素，则可建立如下关系式：

$$Z_j = a_{j,1}F_1 + a_{j,2}F_2 + \cdots + a_{j,m}F_m + c_jU_j \qquad j = 1, 2, \cdots, p \qquad (17\text{-}60)$$

式中　Z_j——标准化的实测污染物元素浓度值；

F_m——m 个公因子（如 m 个地面污染源），且与全部变量 Z_j 都相关；

U_j——第 j 个单因子，且与相应的一个变量 Z_j 相关；

$a_{j,m}$——因子负载，即公因子 F_m 在变量 Z_j 上的负载；

c_j——因子系数，它是使每个变量的方差达到 1 的补充值。

上式的矩阵形式为：
$$Z = AF + CU \qquad (17\text{-}61)$$

以上两式即为雾霾污染源因子的数学模型。该数学模型等号左边是已知量，等号右边是未知量，不便于求解，为求解，需要推导该式，将它推导成用已知量来表达未知量。

上式的解算包括：数学模型的推导与解算；数学模型的初始解；数学模型的最终因子解及因子得分，以及因子得分的分类——群分析。最后，定量与定性相结合地对最终因子解的分析解释，及对因子得分群分析的解释（参见图 17-13）。

3. 数学模型解算及结果

上述模型算式的解算可参见本书第 6 章，输入表 17-12 中的数据，采用本书软件 RM7，可完成对上式的解算。得如下结果：

（1）数学模型的初始解（初始因子矩阵）

计算前 m 个特征值所对应的单位特征向量，以此对应的特征向量为列构成矩阵 G，再取特征值的开方值，便可得初始因子矩阵 A：

$$A = G\sqrt{E} \qquad (17\text{-}62)$$

式中 E 为特征值，计算初始因子矩阵前，应先将特征值及其对应的特征向量按由大至小的顺序排列。初始因子矩阵的计算结果见表 17-14。表 17-14 中公因子方差的计算式为：

$$h_i^2 = \sum_{K=1}^{m} a_{iK}^2 \quad , \quad i = 1, \cdots, p \tag{17-63}$$

初始因子负载矩阵　　　　　　　　　　　　　　　　**表17-14**

序号	元素	因 子 负 载				公因子方差
		a_1	a_2	a_{m-1}	a_m	
1	铯 Cs					
2	铽 Tb					
3	钪 Sc					
4	铷 Rb					
5	铁 Fe					
6	钴 Co					
$p-1$						
p						

（2）数学模型的最终因子解（最终因子负载阵）

将得到的初始因子矩阵 A 施行方差极大旋转，得到旋转后的因子矩阵 B，对 B 作正规化还原，得最终因子负载 K。最终因子负载矩阵的计算结果见表 17-15。

最终因子负载矩阵　　　　　　　　　　　　　　　　**表17-15**

序号	元素	因 子 负 载				公因子方差
		a_1	a_2	a_{m-1}	a_m	
1	铯 Cs					
2	铽 Tb					
3	钪 Sc					
4	铷 Rb					
5	铁 Fe					
6	钴 Co					
$p-1$						
p						
方差						
成因率（%）						
累计成因率（%）						

（3）数学模型的因子得分（大气颗粒物元素样品因子得分）

计算公式：任一因子 F_p（$p=1$，$\cdots$，m）对 n 个变量 Z_j（$j=1$，$\cdots$，n）的线性回归方程为：

$$\hat{F}_p = \beta_{p1}Z_1 + \beta_{p2}Z_2 + \cdots + \beta_{pn}Z_n \qquad (p=1,\cdots,m) \tag{17-64}$$

式中 $\hat{F}_p$ 为因子得分，由于 Z 为标准化的原始监测数据，只需求得 β 值。按简算法计算 β 值的矩阵形式公式如下：$\hat{F} = (I+J)^{-1}B^{\mathrm{T}}(a^2)^{-1}Z$ （17-65）

式中　$a_j^2 = 1 - h_j^2$，h_j^2 为公因子方差，$(a^2)^{-1}$ 为其逆矩阵；

$a^2 = \mathrm{diag}(a_j^2)$，即为对角阵；

$J = B^{\mathrm{T}}(a^2)^{-1}B$，$B$ 为最终因子负载阵 K，B^{T} 为矩阵 K 的转置阵；

I——单位阵，$(I+J)^{-1}$ 为逆矩阵。按以上简算式计算因子得分 $\hat{F}_p$，计算结果列于表 17-16。

大气颗粒物样品在主因子上的得分　　　　表17-16

样品号	F_1	F_2	F_{m-1}	F_m
1				
2				
3				
4				
5				
6				
$n-1$				
n				

（4）因子得分的分类——群分析

将表 17-16 中数据作为起始数据，对样品进行群分析。然后，将所得结果，即群分析树形图，结合前六步的因子分析，对所论问题——大气颗粒物污染源识别作综合判断与解释。作法见参考文献 [10]。因子得分的群分析详见第 7 章 7.2 节。本实例计算采用本书计算软件 RM8。

4. 结果分析与预报

（1）雾霾污染源识别结果

根据以上的计算结果，再借助于地面污染源监测化学成分分析研究资料（即按以上"对地面污染源的监测"），便可以识别出该地区大气颗粒物污染源的种类型及其对雾霾污染的成因率。

由表 17-15 可知，按表中 a_1,a_2,a_{m-1},a_m 划分为 m 个因子，每个因子表示一类地面污染源，而在这一类污染源因子负载中，只有几个元素的相关系数最大，其余则较小。对那些有较大系数的元素，我们可以根据以下两项原则，判断它们归属哪一类。再根据每类因子的方差值，计算出它的成因（贡献）率。以下提出判断地面污染源类型的两项参照办法：

1）定量判据

按富集因子的数值来区分该元素属于天然污染源还是人为污染源。

富集因子的计算式：$EF_{地壳} = (X/Sc)_{大气} / (X/Sc)_{地壳}$

式中　$EF_{地壳}$——大气颗粒物中某元素富集因子数值；

$(X/Sc)_{大气}$——大气颗粒物中某元素 X 的浓度与元素钪 Sc 浓度比值；

$(X/Sc)_{地壳}$——地壳中相应元素 X 的浓度与元素钪 Sc 浓度比值；钪 Sc 称为参比元素。

当富集因子 $EF_{地壳} \leqslant 1$ 或接近 1 时，认为该元素来自天然污染源；当富集因子 $EF_{地壳}$ 远大于 1 时，认为该元素来自人为污染源。大气颗粒物富集因子 $EF_{地壳}$ 值，见表 17-17。

大气颗粒物化学元素富集因子$EF_{地壳}$值　　　　　　表17-17

编号	元素	$EF_{地壳}$平均值	地壳元素 (mg/L)	编号	元素	$EF_{地壳}$平均值	地壳元素 (mg/L)
1	Cs铯	2.23	2.7	14	钐Sm	1.0	6.6
2	Tb铽	1.6	1.4	15	铈Ce	1.1	75.0
3	Sc钪	1.0	14.0	16	镱Yb	0.9	3.4
4	Rb铷	0.62	120.0	17	镥Lu	0.86	0.6
5	Fe铁	0.8	35400.0	18	钡Ba	1.6	590.0
6	Co钴	2.2	12.0	19	铀U	1.6	3.5
7	Na钠	0.27	24500.0	20	钍Th	1.5	11.0
8	Eu铕	1.1	1.4	21	铬Cr	1.5	70.7
9	K钾	0.5	28200.0	22	铪Hf	2.0	3.0
10	La镧	0.94	44.0	23	钨W	18.0	1.3
11	Sb锑	334.9	0.2	24	钕Nd	3.1	30.0
12	Se硒	312.6	0.09	25	砷As	44.3	1.7
13	Ta钽	0.39	3.4	26	溴Br	18.4	2.9

2）定性判据

根据对地面污染源的监测资料，并参考国外对大气颗粒物样品研究结论，来识别地面污染源。如国外一些研究者分别指出了各类污染源排放的元素名称。以下简要介绍他们的主要结论：

日本真室哲雄等人 1978 年的报告表明，来源于工业的元素包括：Cl，W，Ag，Mn，Cd，Cr，Sb，Zn，Fe，Nf，Ni，As。来源于土壤的元素包括：Eu，Na，Yb，K，Ba，Rb，La，Ce，Lu，Si，Sm，Ti，Th，Al 等。

卡瓦泽科（Kowalczyck）对华盛顿的空气调查显示，各个污染源排放的元素如下：煤燃烧（I，As，Se），油燃烧（V，Ni），垃圾焚烧（Zn，Cd，Sb），土壤（K，Mg，Mn），煤、土壤共有（Al, Ca, Sc, Ti, Cr, Fe, La, Ce, Th），汽车（Pb, Br, Ba），海盐粒子（Na），煤、油、土壤共有（Co），海盐、汽车、尘土共有（Cl），煤、油、垃圾共有（Cu）。

3）大气颗粒物污染源识别

大气颗粒物污染源识别的目的，是按照数学模型计算结果的最终因子负载（见表 17-15）中的各个因子（按相关性最强的元素）与地面污染源对比对照来确定该因子属于哪个类型地面污染源；同时即可查找到该类型污染源的贡献率。

引用第 6 章实例 1 说明如何对比对照：

实例指出，用以上两项判据，由表 6-5 所列的 4 个因子，便可以得出该地区中，颗粒物来源的结论：因子 a_1 负载较高的有 As（0.831）、Br（0.901）、U（0.939）、Sc（0.907），这些元素不仅富集因子 $EF_{地壳}$ 值高（说明是人为污染源），而且经测定这 4 种元素都是燃煤排放的。在本例中负载值较高的还有 Se（0.880），这个元素经卡瓦泽科（Kowalczyck）对华盛顿的空气调查也是燃烧煤时排放的。另外，在本例中被证明是煤及土壤共有的元素 Sc、Fe，以及煤、油、土壤共有的元素 Co 的负载值均较高。而在这例负载值中，典型的地壳元素 K、Na、Fe、Lu、Rb 的负载值都比较低。综上所述，可以认为因子 a_1 主要是燃煤因子，且对该区域大气颗粒物的成因率高达 77.7%，这个结论与该地区的实际情况是相符的。该地区的污染源绝大多数是燃煤。

因子 a_2 只与元素 Sb 极为相关。卡瓦泽科（Kowalczyck）等人的研究表明，在国外垃圾焚烧将排放 Sb。由于该区是科研建筑密集区，科学实验中废弃物等的燃烧可考虑类似国外垃圾焚烧。因此，可以认为因子 a_2 是垃圾焚烧因子。其对该区域大气颗粒物的成因率为 5.7%。

因子 a_3 只与元素 Nd、Ba、Ta 显著相关。Nd 的富集因子高，可以肯定这是人为污染源因子。再根据华盛顿的空气调查资料，可知汽车排放元素 Ba。综上所述，可认为因子 a_3 是汽车排放因子。其对该区域大气颗粒物的成因率为 4.3%。

因子 a_4 只与元素 Lu 极为相关。Lu 是典型的地壳土壤物质，且元素 Lu 对于其他因子的相关性都很差，因此可认为因子 a_4 是地壳扬尘因子。其对该区域大气颗粒物的成因率只有 2.7%。

经过大量的计算对比，认为选取 4 个因子来描述该区域大气颗粒物污染源是恰当的。以上这 4 个因子的方差占总方差的 90.4%，即这 4 种污染源占全部污染源的 90.4%。除此之外，其他污染源的贡献率很低，约占 9.6%，暂被忽略。

在此指出，本例引用的数据尚存在两方面的不足：

①大气样品的分析不够全面。如，未测定元素 I 及 S（煤燃烧排放），Ni 及 V（燃油），Zn 及 Cd（垃圾焚烧），Pb（汽车排放）等。因此不利于因子判别；

②监测点及数据组数应有所增加。即监测数据的组数最好是 5 倍于元素数。临测点适当增加，才更具有代表性。

（2）雾霾污染源识别预报

1）预报的内容

①大气颗粒物及地面污染源监测结果，样品元素分析结果（见表 7-10 和表 7-11）；

②数学模型的因子分析结果：地面污染源类型及其构成雾霾污染的成因率；

③数学模型的因子得分群分析结果：地面污染源的分类及其治理对策。

2）预报的方法

建立雾霾污染控制与预报体系，其步骤如下：

①按本节要求，建立起大气污染与地面污染源常态监测；

②对监测数据进行元素分析；

③引用本书软件 RM7 及 RM8 进行计算与分析；

④提出对雾霾污染控制与预报的对策。以上步骤详见图 17-13 雾霾控制与预报流程。

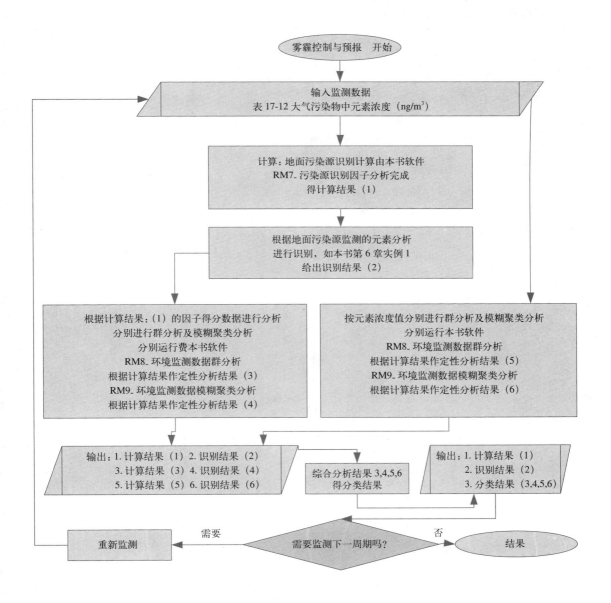

图 17-13　雾霾控制与预报流程

第3篇 环境治理系统分析

第18章　环境治理系统分析预报

18.1　环境治理系统分析方法

系统工程学被广泛地应用于各个学科，近年来，亦被应用于环境保护学科，形成了环境系统工程学。环境系统工程学的基本内容，基本方法是什么，怎样进行环境问题的系统分析，是本章要介绍的内容。

人们在研究环境问题时，起初只是对环境的局部问题进行研究，如在研究一条河流的污染问题时，初期多是着眼于治理污染源，使它达到排放标准，而很少想到排放量大小对环境的影响及怎样利用河流的自净能力，以及怎样减少整个流域的治理投资等等有关全局性的问题。这些问题都是同河流污染问题密切相关的。只有把这些问题看作是同一个体系的问题，进行全面的系统的分析，才能找到整个流域的治理方案和应花费的最少治理投资。环境系统工程学就是解决这些问题的学科。概括地讲，环境系统工程学就是将相互关联的环境问题，看作是处于同一体系（系统）中，对于这些环境问题在定量化的基础上（用数量来表示环境因素），建立起数学模型，进行数学模拟与系统分析，寻找该环境系统的最佳状态，即找到保护和改善环境的最优方案。

人类环境问题（包括大气污染、地上或地下水质污染、土壤污染、噪声、震动、恶臭、地基下沉以及自然资源和生态平衡的破坏等等），可以看作是由一系列有因果关系的子系统组成的大系统，各子系统最优化之和并不等于整个大系统的最优化。我们需要的是大系统的最优化。这就是环境系统工程学的基本观点。

运用环境系统工程学的原理，研究区域性的环境保护问题时，对涉及的环境污染综合防治的各方面问题所组成的环境大系统，可以认为是由三个子系统组成的，它们分别是：

第一子系统：以污染源为中心。涉及污染源治理，能源结构，资源开发，科技改进，人口增长，废弃物利用以及工农业发展、国民经济发展等因素。

第二子系统：以环境中污染物为中心。涉及生态平衡，环境卫生，环境容量，环境标准，以及环境中污染物迁移、转化等因素。

第三子系统：以环境污染综合防治对策为中心。涉及环境经济效益分析，工、农业等生产的最佳利润分析，污染源控制方案的制订，环境预评、预测、预报等环境管理因素。

以上三个子系统密切相关，必须对每个子系统及整个区域环境大系统进行系统分析。进行系统分析时，按照所论问题的性质，建立起相应的数学模型，采用适宜的数学方法进行解算，可得到相应的结果：即在满足环境标准、达到生态平衡的前提下，取得最佳经济效益，确定允许的防治投资，提出合理的污染源控制方案，以及环境污染综合防治定量、定性相结合的对策。

应当指出，进行系统分析时，同时要考虑众多因素，但其中常有经济因素，其结果是寻求到效果最优且投资最少的综合方案。可知，环境系统工程学的研究与应用，对于促进环保事业讲究经济效益显得尤为重要。

在对环境进行系统分析时，不仅要考虑多因素，同时要做多方案的比较，它们的计算往往是繁杂和大量的，必须借助于计算数学及计算机。这将会促进环境科学的发展。

环境系统分析法应用于各种环境领域，诸如，污染物处理系统的最优设计和最优控制；水或大气、土壤区域防治规划最优方案的选择；编制环境影响报告书；进行技术评价与对策分析；以及为环境管理提供科学依据等。在国外，应用比较广泛，例如，用于污染治理投资设计：一方面是地方政府对污染物排放有严格的法律规定，即排污要收费，超标要罚款；另一方面是企业经营者很重视成本核算，力求减少治理污染的投资。他们就是用系统分析的方法来协调双方的要求，既有效地控制了排放，又最大限度地减少了治理投资。本章将介绍一些算例。

18.2 环境治理系统分析举例

18.2.1 排污收费与企业管理的系统分析例题

1. 污水治理例题数据

某工厂规划获取最大利润的最佳方案。具体讲，就是核算该工厂单位时间内生产多少产品能使产生的污水治理投资最小，同时工厂获取的利润又是最大。核算这些问题给定的条件是：

（1）已知该工厂的每件产品售价为 10 元，每件产品生产成本是 2.7 元，假设该工厂单位时间内生产的产品为 X 件（即所需求得的量 X）；

（2）生产每件产品的同时产生出 3 单位（如 m^3）的污水，其中的一部分污水（用 Y 表示）可直接排放到河流中去；其余的污水流到本厂的一个污水处理厂去；

（3）污水处理厂处理过的污水仍流到河流中去，而这个处理厂的处理率是 85%（即折算有 15% 的污水流到河流中去）；处理厂的处理能力是每单位时间内能处理 9 个单位的污水；处理厂的处理成本是每单位污水 0.5 元；

（4）地方政府环保法规定：

1）排污收费标准：排放每个单位污水，收费 1.75 元；

2）排放量标准：单位时间内排放的污水，不应大于 2.25 个污水单位。

2. 例题的解算

综合以上各项条件，可以画出上述问题的系统分析图，如图 18-1 所示。

解算：设 Z 表示单位时间内工厂获取的最大利润，则按给定的各项条件，可列出以下一组方程式：

最大利润 Z = 产品售出所得金额 - 生产成本 - 污水处理费 - 排污收费

$$Z = 10X - 2.7X - 0.5(3X - Y) - 1.75[Y + 0.15(3X - Y)]$$

化简后得：$Z = 5X - Y$

在满足下列条件下，求得 Z 的最大值：

条件 C1：处理厂的能力为 $3X - Y \leqslant 9$；

条件 C2：排入河流的量是受限制的，即

$Y + 0.15 (3X-Y) \leqslant 2.25$，化简后得

$0.45X + 0.85Y \leqslant 2.25$；

条件 C3：进入处理厂的流量不会是负的，即

$3X-Y \geqslant 0$，或 $Y-3X \leqslant 0$；

条件 C4：产品件数 $X \geqslant 0$；

条件 C5：每件产品产生污水的一部分 $Y \geqslant 0$。

将以上各方程式归纳如下：

目标函数 $Z = 5X-Y$ 达到最大值

$$\text{约束条件} \begin{cases} 3X - Y \leqslant 9 \\ 0.45X + 0.85Y \leqslant 2.25 \\ Y - 3X \leqslant 0 \\ X \geqslant 0 ; \ Y \geqslant 0 \end{cases}$$

解算以上一组不等式，可用图解法（见后），亦可用数解法——数学中的线性规划单纯型算法，本书编制了软件 RM16。解算结果：$Z = 15.6$，且 $X = 3.3$，$Y = 0.9$。

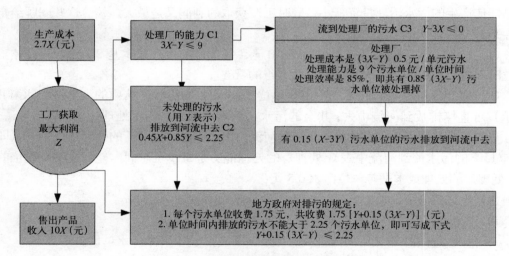

图 18-1　排污收费与企业管理的系统分析

按解算结果，得到的最佳方案是：在单位时间内，工厂应生产 3.3 件产品；可获取最大利润为 15.6 元；排放到河水中的污水为 2.25 个单位。其投资分配情况是，售出产品回收资金 33 元，其中成本费 8.91 元；污水处理及排放费 8.49 元；利润 15.6 元。

3. 例题解算的图解法

上例的条件 C1 至 C5 可看作直角坐标系中的一个半平面。如图 18-2 所示，按每个条件为一个直线方程，这些直线围成的部分，即为全部条件约束的子集合，也就是说，Z 值必须从图中阴影部分中选择。

其次是作 $Z = 5X-Y$ 的等值平行线，$Z = 0$ 时，即 $5X-Y = 0$ 时为第一条线，其等值线如图 18-3 中的虚线所示，结果位于多边形的右上角处，在 Z 值最大的虚线上。

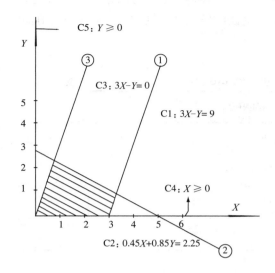

图 18-2　线性规划问题的子集合

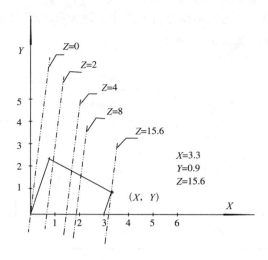

图 18-3　线性规划问题的目标函数解

4. 例题解算的数解法——单纯型算法

解算以上例题可采用数解法——线性规划的单纯型算法。该法的具体说明可详见参考文献 [11]，或其他数学手册。本例题解算由本书所编软件 RM16 完成。按该软件操作如下：输入数据：$M=2$，$N=5$，$P=1$；A (i, j)，$i=1$，$\cdots$，$N+1$，$j=1$，$\cdots$，$M+2$

$$
A(i, j) = \begin{cases}
5 & -1 \\
3 & -1 & 1 & 9 \\
0.45 & 0.85 & 1 & 2.25 \\
-3 & 1 & 1 & 0 \\
1 & 0 & -1 & 0 \\
0 & 1 & -1 & 0
\end{cases}
$$

得计算结果：$Z=15.6$，$X=3.3$，$Y=0.9$

18.2.2　大气污染防治的系统分析例题

1. 例题数据

某钢铁厂欲知怎样综合运用三种废气治理方法，以便能以最小的治理投资，达到地方政府规定的污染物逐年排放削减量标准。给定的资料与条件：

该钢铁厂有两个污染源，高炉及平炉，这两个污染源皆可用三种方法来减少污染物的排放，这三种方法是：(1) 增加烟囱高度；(2) 烟囱内使用过滤器；(3) 使用高级燃料。此三种方法能够最大限度地减少污染物的排放，如表 18-1 所示。对于每一种方法都可以不同程度地采用。如某一种方法被全部采用（用到最大量 100%），所需要的总费用如表 18-2 所示。为简化起见，假定某一种方法只用最大量的百分之几，则其费用只等于表 18-2

所示费用的百分之几。且其减少的排放物，亦相当于表 18-1 中总量的百分之几。根据区域大气污染系统分析的结果，地方环保部门规定该钢铁厂排放到大气中污染物的逐年削减量，如表 18-3 所示。

各种治理方法的污染物减少量度（10^6g/a）　　　　表18-1

治理方法	增加烟囱高度		烟囱内使用过滤器		使用高级燃料	
污染源	高炉	平炉	高炉	平炉	高炉	平炉
颗粒物	12	94	25	20	17	13
二氧化硫	35	42	18	31	56	49
碳氢化物	37	53	28	24	29	20

各种治理方法的总费用(10^4元/a)　　　　表18-2

治理方法	高炉	平炉
增加烟囱高度	8	10
烟囱内使用过滤器	7	6
使用高级燃料	11	9

污染物排放的逐年削减量（10^4g/a）　　　　表18-3

污染物	逐年削减量
颗粒物	60
二氧化硫	150
碳氢化物	125

2. 例题解算

设治理投资用 Z 表示，X_{ij} 表示某个污染源采用某种方法的百分率，其中 i 表示治理方法，即 i=1，2，3；j 表示高炉与平炉，即 j =1，2。则按所给条件应满足：

使治理投资 Z →最小

颗粒物减少量 $\geqslant$ 60

二氧化硫减少量 $\geqslant$ 150

碳氢化物减少量 $\geqslant$ 125，其表达式为：

$Z = 8X_{11} + 10X_{12} + 7X_{21} + 6X_{22} + 11X_{31} + 9X_{32}$ 满足下列约束条件，使 Z 取得最小值

$$12X_{11} + 9X_{12} + 25X_{21} + 20X_{22} + 17X_{31} + 13X_{32} \geqslant 60$$
$$35X_{11} + 42X_{12} + 18X_{21} + 31X_{22} + 56X_{31} + 49X_{32} \geqslant 150$$
$$37X_{11} + 53X_{12} + 28X_{21} + 24X_{22} + 29X_{31} + 20X_{32} \geqslant 125$$
$$0 \leqslant X_{11}, X_{12}, X_{21}, X_{22}, X_{31}, X_{32} \leqslant 1$$

对于上式采用线性规划单纯型解法，得计算结果如下：

每年总投资 $Z=32.155$ 万元，污染源采用某种方法的百分率为：

$X_{11} = 1.00$, $X_{12} = 0.623$, $X_{21} = 0.343$,

$X_{22} = 1.00$, $X_{31} = 0.048$, $X_{32} = 1.00$。按此计算结果，

高炉应采取的措施为：

（1）增加烟囱高度达最大量，X_{11}=100%；

（2）烟囱内使用过滤器的比率达 X_{21}=34.3%；

（3）X_{31}=4.8% 的燃料更换为高级燃料。

平炉应采取的措施为：

（1）增加烟囱高度的比率为 X_{12}=62.3%；

（2）烟囱内全部安装过滤器 X_{22}=100%；

（3）全部使用高级燃料 X_{32}=100%。

每年总投资为 32.155 万元，较未进行系统分析的年投资 51 万元（即取 $X_{11}=X_{12}=X_{21}=X_{22}=X_{31}=X_{32}$=100%），节约投资约 19 万元，即节约近 37%。

18.3 河流污染防治规划系统分析

18.3.1 河流污染防治规划系统分析方法

1. 问题的提出

河流自身有消化污染物的能力，但河流自净能力是有限度的，也就是说，每条河流环境容量是有限度的，即只允许向河流排入一定量的污染物。当河流沿岸有数个污水处理厂，数个排污口，分别位于不同的地址，若要求整个流域的水质均能达到河道标准；同时要求整个流域的污水处理投资最低。在满足以上诸条件下，各排污口污染物排放量应当是多少？每个污水处理厂的污水治理率应当是多少？以上问题包括三个要素：

（1）满足环境污染的河道水质标准；（2）提出污水处理厂的适宜治理率；（3）治理总投资要求最低。对这些问题要综合考虑，进行系统分析。

2. 河流污染防治规划系统分析方法

首先考虑污染物排放到河流中会迁移扩散，同是会进行物理、化学、生物转化。选定适宜的数学模式对它们进行定量计算，计算结果应小于河道水质标准，以此来推算合理的排污量。而排污量与治理投资密切相关，各工厂的治理成本不同，它们又分别位于不同的位置。考虑到这些实际情况，只计算整个流域的治理投资使其达到最少，而对各个污水处理厂，只计算它们的污染物治理率，从而计算出相应的排放率。在此，只假定各排放口均

排放有机污染物。以下为便于系统分析说明问题，将一条河流沿岸有几个污水处理厂等情况示于图 18-4。

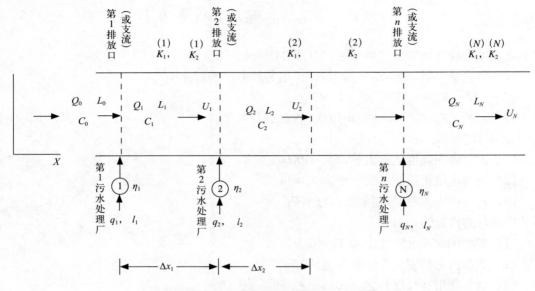

图 18-4　河流污染防治规划系统分析图

注：图中 C、C_0、C_1、C_2、C_N——河流中的溶解氧；氧亏 $D = C_S - C$，其中 C_S 为饱和溶解氧浓度；q_1、q_2、q_N——污水流量；l_1、l_2、l_N——未处理的污水排放物 BOD_5；Q_0、Q_1、Q_2、Q_N——污水流量；L_0、L_1、L_2、L_N——河流中 BOD_5；η_1、η_2、η_N——污水处理厂的效率（处理掉的 BOD_5 的百分率）；K_1——BOD 衰减速率；K_2——复氧速率；U——流速；Δx——排放点距离。

3. 水质规划系统分析的一般公式

（1）河流污染防治规划系统分析问题

已知：河流沿岸有 n 个污水处理厂分别向河中排污，未处理前排污浓度 BOD_5 为 l（mg/L），污水流量为 g（m^3/s）；污水处理厂位置及间距亦为已知。

河流水质情况：河流起点处河水流量 Q_0；河水流速 u。河流起点处其他数据：l_0（BOD_5）；饱和溶解氧 C_S；溶解氧 C_0。河道水质标准：BOD 标准值 S_L；DO 标准值 S_D。污水处理费：每个污水处理厂处理全部污水的全部费用 P_i。

求解：各污水处理厂最佳处理率 η 及最优总投资。

（2）解算

采用线性规划单纯型法及用此法研制的软件 RM16 解算。

由已知条件列出方程：

目标函数：处理费用 Z 应为最小。

约束条件：河水中 BOD_5 小于标准值，即 $L_i \leqslant S_L$；

河水中氧亏小于标准值，即 $D_i \leqslant S_D$；

处理率应满足界线值，即 $0 \leqslant \eta_i \leqslant \eta_{si}$。　　　　　　　　　　　　　　　　(18-1)

当选定河流中有机污染物迁移扩散模式如下式时，可推导出上列方程组（18-1）的一般公式。选用模式如下：

$$\begin{cases} L = L_0 \cdot \exp\left(-\frac{K_1}{u} \cdot x\right) \\ C = C_0 - (C_s - C_0) \cdot \exp\left(-\frac{K_2}{u} \cdot x\right) + \frac{K_1 \cdot L_0}{K_1 - K_2} \cdot \left(\exp\left(-\frac{K_1}{u} \cdot x\right) - \exp\left(-\frac{K_2}{u} \cdot x\right)\right) \end{cases}$$

（3）一般式

1）目标函数（费用函数 Z 表示废水处理总费用）。

$$Z = \sum_{i=1}^{n} P_i^g \eta_i^g \quad （当处理率与费用成线性关系时）$$

$$Z = \sum_{i=1}^{n} \cdot \sum_{j=1}^{r} P_i^{(j)} \cdot \eta_i^{(j)} \quad （当处理率与费用成非线性关系时）$$

式中　η_i——第 i 个污水处理厂的处理率；

　　　$\eta_i^{(j)}$——第 i 个污水处理厂的第 j 段的处理率；

　　　p_i——第 i 个污水处理厂处理全部污水的总费用；

　　　$p_i^{(j)}$——第 i 个污水处理厂的第 j 段的处理费用。

2）约束条件

①处理率应满足式（18-2）的要求。

$$\left.\begin{array}{ll} 0 \leqslant \eta_i \leqslant \eta_s & 当为线性费用函数时 \\ 0 \leqslant \sum_{j=1}^{r} \eta_i^{(j)} \leqslant \eta_s & 当为非线性费用函数时 \end{array}\right\} \tag{18-2}$$

② BOD 应满足式（18-3）的要求。

$$\sum_{j=1}^{i} (A_{ij} \cdot \eta_j) \geqslant B_i, \qquad i = 1, \cdots, n \tag{18-3}$$

上式的来源及式中符号的含义：

$$A_{ij} = l_j \cdot q_j \prod_{K=j}^{i-1} a_K$$

$$B_i = \sum_{j=1}^{i} A_{ij} + \frac{Q_0}{Q_i} \cdot L_0 \prod_{j=1}^{i-1} a_j - S_{L,i}$$

其中河道中任一点 BOD 应满足：

$$L_i = \frac{Q_{i-1}}{Q_i} \cdot L_{i-1} \cdot a_{i-1} + \frac{q_i}{Q_i} \cdot l_i(1 - \eta_i) \leqslant S_{L,i} \qquad i = 1, \cdots, n$$

$$a_i = \exp\left(-K_1^{(i)} \frac{\Delta x_i}{u_i}\right) \qquad i = 1, \cdots, n$$

且有 $a_0=1$ 及 $Q_i=Q_{i-1}+q_i$

得 $L_i = \dfrac{Q_0}{Q_i} \cdot L_0 \prod\limits_{j=1}^{i-1} a_j + \dfrac{1}{Q_i} \cdot \sum\limits_{j=1}^{i} [l_j(1-\eta_j)q_j \cdot \prod\limits_{K=j}^{i-1} a_K] \leqslant S_{L,i}$

式中　　$\prod\limits_{K=j}^{i-1} a_K = 1$　　　　$j > i-1$

③河水中溶解氧氧亏应满足式（18-4）的要求。

$$\sum_{j=1}^{i-1}(E_{ij} \cdot \eta_j) \geqslant F_i, \qquad i=1,\cdots,n \tag{18-4}$$

其中　　$E_{ij} = l_j \cdot q_j \cdot \sum\limits_{K=j}^{i-1}\left(\dfrac{1}{Q_K}\prod\limits_{m=j}^{K-1} a_m \cdot b_K \cdot \prod\limits_{m=K+1}^{i-1} d_m\right)$

$$F_i = \sum_{j=1}^{i-1} E_{ij} + D_1 \cdot \prod_{j=1}^{i-1} d_j + \sum_{j=1}^{i-1}\left(\dfrac{Q_0}{Q_j} L_0 \cdot b_j \cdot \prod_{K=1}^{j-1} a_K \cdot \prod_{m=j+1}^{i-1} d_m\right) - S_{D,i}$$

河道中任一点的氧亏应满足：

$$D_{i+1} = b_i L_i + d_i D_i \leqslant S_{D,i+1}, \qquad i=1,\cdots,n-1$$
$$D_1 = D_0$$

其中　$\begin{aligned} b_i &= \dfrac{K_1^{(i)}}{K_2^{(i)}-K_1^{(i)}} \cdot \left(\exp\left(-K_1^{(i)}\dfrac{\Delta x_i}{u_i}\right) - \exp\left(-K_2^{(i)}\dfrac{\Delta x_i}{u_i}\right)\right) \\ d_i &= \exp\left(-K_2^{(i)}\dfrac{\Delta x_i}{u_i}\right) \end{aligned}$

且 $D_i = \sum\limits_{j=1}^{i-1}\left(L_j b_j \prod\limits_{m=j+1}^{i-1} d_m\right) + D_1 \prod\limits_{j=1}^{i-1} d_j \leqslant S_{D,i}$　　　　$i=2,\cdots,n$

将 L_i 代入上式，可得：

$$D_i = \sum_{j=1}^{i-1}\left\{\left[\dfrac{Q_0}{Q_j}L_0 \prod_{K=1}^{j-1} a_K + \dfrac{1}{Q_j}\sum_{K=1}^{j}\left(l_K \cdot(1-\eta_K) \cdot q_K \cdot \prod_{m=K}^{j-1} a_m\right)\right] \cdot b_j \prod_{m=j+1}^{i-1} d_m\right\} + D_1 \prod_{j=1}^{i-1} d_j \leqslant S_{D,i}$$

当取用 $\sum\limits_{j=1}^{i-1}\left(a_j \sum\limits_{K=1}^{j}\beta_K\right) = \sum\limits_{j=1}^{i-1}\left(\beta_j \sum\limits_{K=j}^{i-1} a_K\right)$ 时，可得：

$$D_i = \sum_{j=1}^{i-1}\left[\dfrac{Q_0 \cdot L_0 \cdot b_j}{Q_j} \cdot \prod_{K=1}^{j-1} a_K \prod_{m=j+1}^{i-1} d_m + l_j(1-\eta_j)q_j \cdot \sum_{K=j}^{i-1}\left(\dfrac{1}{Q_K}\prod_{m=j}^{K-1} a_m \cdot b_K \prod_{m=K+1}^{i-1} d_m\right)\right] + D_1 \prod_{j=1}^{i-1} d_j \leqslant S_{D,i}$$

式中　C——河水中溶解氧的浓度，mg/L；

u——河水流速，km/h；

D——氧亏值，$D=C_S-C$，其中 C_S 为饱和溶解氧浓度，mg/L；

l——未经处理的 BOD_5 浓度，mg/L；

g——废水流量，m^3/s；

L——河水中 BOD_5 的混合浓度，mg/L；L_0 为起点处的浓度；

Q——河水的流量，m^3/s；Q_0 为起点处的流量；

η_i——第 i 个污水处理厂的处理率，%；η_s 为规定值；

K_1——BOD 衰变率 1/h；$K_1^{(i)}$ 为第 i 段的值；

K_2——复氧率 1/h；$K_2^{(i)}$ 为第 i 段的值；

Δx_i——第 i 段河流长度；

$S_{L,i}$——第 i 段河道 BOD 标准值，mg/L；

$S_{D,i}$——第 i 段河道氧亏标准值，mg/L。

将有关的监测数据代入式（18-2）～式（18-4）后，解算以上一组关系式（此为典型的线性规划问题），得到的 Z 值，即为最低的治理费用，得到的 η_i 值即为各污水处理厂的最优处理率。

18.3.2 河流污染防治规划举例

1. 水质规划例 1——治理率 η 与费用为线性关系

已知：某河流沿岸的污水全部排放到两个污水处理厂。两厂相距 20km，在第 2 个污水处理厂下游 20km 处设置监测站一处。两个污水处理厂及监测站处的河流水质均采用相同的 BOD 与 DO 标准值。当采用下列数据时，要求解算得各污水处理厂适宜的处理率 η（处理掉的 BOD 百分数）及最佳的处理投资。详见图 18-5。采用的数据为：

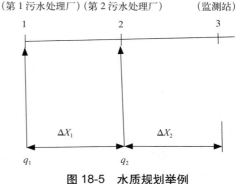

图 18-5　水质规划举例

BOD 标准值 $S_L=5$mg/L；DO 标准值 $S_D=3$mg/L；$K_1^{(1)}=K_1^{(2)}=0.2$/d；$K_2^{(1)}=K_2^{(2)}$ 0.3/d；$L_0=2$mg/L；$Q_0=20m^3/s$；$q_1=0.5m^3/s$；$q_2=1.0m^3/s$；$\Delta x_1=\Delta x_2=20$km；$u_1=u_2=10$km/d；$D_0=D_1=1$mg/L；排放口的 $l_1=200$mg/L；$l_2=150$mg/L；治理费用率 $P_1=10$；$P_2=15$；治理率要求低于 $\eta_s=0.8$。

计算：

由已知数据可推算得下列数据：

由 $Q=Q_0+q$ 得 $Q_1=20.5m^3/s$ 及 $Q_2=21.5m^3/s$

由 $a_i=\exp\left(-\dfrac{\Delta x_i}{u_i}K_1^{(i)}\right)$　得 $a_1=a_2=0.670$

由 $b_i=\dfrac{K_1^{(i)}}{K_2^{(i)}-K_1^{(i)}}\cdot\left(\exp\left(-\dfrac{\Delta x_i}{u_i}K_1^{(i)}\right)-\exp\left(-\dfrac{\Delta x_i}{u_i}K_2^{(i)}\right)\right)$　得 $b_1=b_2=0.242$

由 $d_i = \exp\left(-\dfrac{\Delta x_i}{u_i} K_2^{(i)}\right)$ 得 $d_1 = d_2 = 0.549$

将以上导出数据代入式（18-2）～式（18-4）或直接由结点平衡关系，亦可得下列一组方程：

BOD 条件：结点1：$L_1 Q_1 = L_0 Q_0 + q_1 l_1 (1 - \eta_1)$ 得

$$L_1 = L_0 \frac{Q_0}{Q_1} + \frac{q_1}{Q_1} l_1 (1 - \eta_1) \leqslant S_L$$

结点2：　$L_2 Q_2 = L_1 Q_1 + q_2 l_2 (1 - \eta_2)$ 得

$$L_2 = L_0 a_1 \frac{Q_0}{Q_2} + \frac{q_1}{Q_2} l_1 (1 - \eta_1) a_1 + \frac{q_2}{Q_2} l_2 (1 - \eta_2) \leqslant S_L$$

由于在结点 3 没有污水排放，而 BOD 在两个排放口之间是一个递减函数，故不需要用第 3 个 BOD 约束条件。

氧亏条件：

结点1：$b_1 \left(\dfrac{Q_0}{Q_1} L_0 + \dfrac{q_1}{Q_1} l_1 (1 - \eta_1) \right) + d_1 D_1 \leqslant S_D$

结点2：$b_2 \left(\dfrac{Q_0}{Q_2} L_0 a_1 + \dfrac{q_1}{Q_2} l_1 (1 - \eta_1) a_1 + \dfrac{q_2}{Q_2} l_2 (1 - \eta_2) \right)$

$$+ d_2 b_1 \left(\frac{Q_0}{Q_1} L_0 + \frac{q_1}{Q_1} l_1 (1 - \eta_1) \right) + d_2 d_1 D_1 \leqslant S_D$$

（在结点 1　$D_1 = D_0$，因此对 η_1, η_2 的解无影响）将导出数据代入以上各式，可得：

成本函数　$Z = P_1 \eta_1 + P_2 \eta_2 = 10\eta_1 + 15\eta_2$ 取得最小。

约束条件

(1) η_1 　　　　　　　　　　　　　　$\geqslant 0.375$

(2) $3.116\eta_1 + 6.977\eta_2$ 　　　　　　$\geqslant 6.34$

(3) $1.372\eta_1 + 1.688\eta_2$ 　　　　　　$\geqslant 0.91$

(4) η_1 　　　　　　　　　　　　　　$\geqslant 0.80$

(5) η_2 　　　　　　　　　　　　　　$\geqslant 0.80$

得最后一组方程：

$$\left.\begin{array}{r}\eta_1 + y_1 = 0.80 \\ \eta_2 + y_2 = 0.80 \\ \eta_1 - y_3 = 0.375 \\ 3.116\eta_1 + 6.977\eta_2 - y_4 = 6.34 \\ 1.372\eta_1 + 1.688\eta_2 - y_5 = 0.91 \end{array}\right\} \tag{18-5}$$

$$\widetilde{Z} = -Z = -10\eta_1 - 15\eta_2 \to \max$$

解式（18-5）采用本书软件 RM16，得结果：

$\eta_1 = 0.375$，$\eta_2 = 0.741$ 及 $Z = 14.87$。

即第 1 污水处理厂的治理率为 37.5%；第 2 污水处理厂的治理率为 74.1%；最优治理投资为 14.87 万元。

2. 水质规划例 2——治理率 η 与费用为非线性关系

已知：本例与例 1 的基本数据均相同，区别是本例取用治理率为非线性成本函数。以下列出采用的数据：某河流沿岸的污水全部排放到两个污水处理厂。两厂相距 20km，在第 2 个污水处理厂下游 20km 处设置监测站一处。每个污水处理厂的处理成本与处理率数值见表 18-4。污染源排放量及河道水质标准等数据详见表 18-5。

要求解算得各污水处理厂适宜的处理率 η 及最佳的处理投资。

污水处理成本与处理率表 表18-4

范围	第1污水处理厂		第2污水处理厂	
	成本（万元）	处理率$\eta \times 100\%$	成本（万元）	处理率$\eta \times 100\%$
1	10	$0 < \eta_{11} < 0.30$	25	$0 < \eta_{21} < 0.30$
2	15	$0 < \eta_{12} < 0.30$	30	$0 < \eta_{22} < 0.30$
3	30	$0 < \eta_{13} < 0.30$	50	$0 < \eta_{23} < 0.30$

注：规定每个污水处理厂的处理率为 $\eta_1 = \sum \eta_{i1} < 0.95$，　$\eta_2 = \sum \eta_{i2} < 0.95$。

初始数据 表18-5

河流起点处河道数据	污水处理厂排放或监测点			
	项目	第1排放口	第2排放口	第3排放口(监测)
	BOD标准值	$S_{L,1}=5\text{mg/L}$	$S_{L,2}=5\text{mg/L}$	$S_{L,3}=5\text{mg/L}$
	氧亏标准值	$S_{D,1}=3\text{mg/L}$	$S_{D,2}=3\text{mg/L}$	$S_{D,3}=3\text{mg/L}$
BOD：$L_0=2\text{mg/L}$ 河水流量$Q_0=20\text{m}^3/\text{s}$ 饱和溶解氧$C_s=9\text{mg/L}$ 溶解氧初始值 $C_0=8\text{mg/L}$ 河水中溶解氧允许最小值 $C_{\min}=6\text{mg/L}$	BOD衰变率	$K_1^{(1)}=0.2/\text{d}$	$K_1^{(2)}=0.2/\text{d}$	—
	复氧系数	$K_2^{(1)}=0.3/\text{d}$	$K_2^{(2)}=0.3/\text{d}$	—
	未处理污水的BOD	$L_1=200\text{mg/L}$	$L_2=150\text{mg/L}$	0
	河水流量	$q_1=0.5\text{m}^3/\text{s}$	$q_2=1.0\text{m}^3/\text{s}$	0
	河段长度	$\Delta X_1=20\text{km}$	$\Delta X_2=20\text{km}$	0
	流速	$u_1=10\text{km/d}$	$u_2=10\text{km/d}$	0

解算：由表 18-4 数据可知污水处理成本与处理率间为非线性关系，则可用分段线性式近似表示：$\eta_{i1} = 0 \sim 0.30$；　$\eta_{i2} = 0.30 \sim 0.70$；　$\eta_{i3} = 0.70 \sim 0.95$；

且有
$$\begin{cases} \eta_1 = \eta_{11} + \eta_{12} + \eta_{13} \leqslant 0.95 \\ \eta_2 = \eta_{21} + \eta_{22} + \eta_{23} \leqslant 0.95 \end{cases}$$

由表 18-5 可计算得下列各项数值：

$Q_1 = Q_0 + q_1 = 20.5\text{m}^3/\text{s}$；　　$Q_2 = Q_1 + q_2 = 21.5\text{m}^3/\text{s}$；

$D_0 = C_s - C_0 = D_1 = 1.0\text{mg/L}$；

$a_1 = a_2 = 0.670$；　　$b_1 = b_2 = 0.242$；　　$d_1 = d_2 = 0.549$

将以上数据代入式（18-2）～式（18-4）得：

成本函数 $Z = 10\eta_{11} + 15\eta_{12} + 30\eta_{13} + 25\eta_{21} + 30\eta_{22} + 50\eta_{23}$ 取得最小。

约束条件：
$$\begin{cases} \eta_{11} + \eta_{12} + \eta_{13} \geqslant 0.375 \\ 3.116\eta_{11} + 3.116\eta_{12} + 3.116\eta_{13} + 6.977\eta_{21} + 6.977\eta_{22} + 6.977\eta_{23} \geqslant 6.34 \\ \eta_{11} \leqslant 0.3, \quad \eta_{12} \leqslant 0.4, \quad \eta_{13} \leqslant 0.25 \\ \eta_{21} \leqslant 0.3, \quad \eta_{22} \leqslant 0.4, \quad \eta_{23} \leqslant 0.25 \end{cases}$$

对于以上方程组采用线性规划单纯型算法解算，即用本书软件 RM16 计算，得结果：

治理率 $\eta_1 = \eta_{11} + \eta_{12} + \eta_{13} = 0.3 + 0.167 + 0 = 0.467$

治理率 $\eta_2 = \eta_{21} + \eta_{22} + \eta_{23} = 0.3 + 0.4 + 0 = 0.7$

投资 $Z = 25.006$ 万元。

可得水质规划为：第 1 污水处理厂应将流入该厂的污水处理掉 46.7%；第 2 污水处理厂应将流入该厂的污水处理掉 70.0%；全部治理费用为 25.006 万元。

18.4　河口污染防治规划系统分析

在河流入海处，即河口区域，建造许多工厂，会造成河口水质污染。需要统一规划、综合治理，全面安排各厂矿的排污，确定治理投资，以便满足河道水质要求。在进行河口污染防治规划系统分析之前，应先对该流域作全面监测，包括对河流水质的监测、对污染源（包括支流）的监测，以及对治理费用的调查分析。监测数据不仅要考虑到可以用于污染现状评价，而且可以用于建立该河流的环境数学模式，以及用于制订治理规划三个方面。监测数据应包括水文地貌、河流水质、水温及污染源等。并对监测数据整理分析，对河口地区提出分期、分河段的河道水质标准。

18.4.1　河口数学模式

本节介绍的河口数学模式是在美国东海岸特拉华河口使用过的模式（作者曾多次参访该区域，所见环境状态优美，客观情况验证了该模式的应用）。该模式是一个关于 BOD_C（碳型生化需氧量）、BOD_N（氮型生化需氧量）及 DO（溶解氧）的一组方程。特拉华河流溶解氧分区标准及方案如图 18-6 所示。

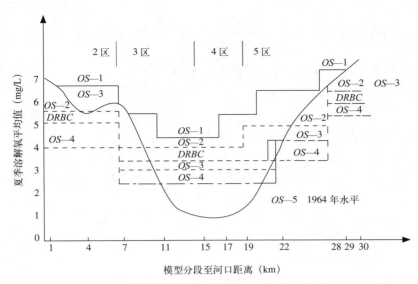

图 18-6 特拉华河流溶解氧分区标准及方案

1. 基本方程的建立

将特拉华河流域分为 30 段,每段约长 2 ~ 3km,对于每一段可看作是完全混合的河段,在第 i 段中,在 Δt 时间间隔内物质变化率为:

物质改变率 = 流入物质 + 流出物质 + 向下游扩散的物质 − 污染物衰变率 + 污染源的排放率将以上各项用数学式表示为:

$$
\frac{\Delta(V_i L_i)}{\Delta t} = Q_{i-1,i} \cdot L_{i-1,i} - Q_{i,i+1} \cdot L_{i,i+1} + \frac{(L_{i-1} - L_i) \cdot D_{i-1,i} \cdot A_{i-1,i}}{\Delta x} + \\
\frac{(L_{i+1} - L_i) \cdot D_{i,i+1} \cdot A_{i,i+1}}{\Delta x} - V_i L_i K_{1,i} + W_{1,i}
\tag{18-6}
$$

式中　　V_i——第 i 段的容积;

L_i——第 i 段内污染物 BOD 的浓度;

$Q_{i-1,i}$——从 i-1 河段流入 i 河段的河水流量;

$Q_{i,i+1}$——从 i 河段流入 i+1 河段的河水流量;

$L_{i-1,i}$——从 i-1 河段流入 i 河段水流中的 BOD 浓度;

$L_{i,i+1}$——从 i 河段流入 i+1 河段水流中的 BOD 浓度;

$D_{i-1,i}$——从 i-1 河段至 i 河段的弥散系数;

$D_{i,i+1}$——从 i 河段至 i+1 河段的弥散系数;

$A_{i-1,i}$, $A_{i,i+1}$——i-1 河段和 i 河段及 i 河段和 i+1 河段间节点的截面积;

$K_{1,i}$——第 i 段的耗氧速率;

$W_{1,i}$——第 i 段内从侧面排放口排入的 BOD 总量。

一般来说,两段交界处的数值为:

$$L_{i,i+1} = a \cdot L_{i+1} + (1-a) \cdot L_i$$

其中 a 为加权系数，且有 $a = \dfrac{\Delta x_{i+1}}{\Delta x_i + \Delta x_{i+1}}$，前式往往具有复杂的关系，在相邻段长度、截面相近的情况下，取 $a = \dfrac{1}{2}$，则有 $L_{i,i+1} = \dfrac{1}{2}(L_{i+1} + L_i)$，且 $L_{i-1,i}$ 亦有相似的关系式 $L_{i-1,i} = \dfrac{1}{2}(L_{i-1} + L_i)$。

将以上两个关系式代入式（18-5），并取 $\Delta t \to 0$ 得：

$$\begin{aligned}
\frac{\mathrm{d}(V_i L_i)}{\mathrm{d}t} = {} & \frac{Q_{i-1,i}}{2}(L_{i-1} + L_i) - \frac{Q_{i+1,i}}{2}(L_{i+1} + L_i) + D'_{i-1,i} \cdot (L_{i-1} - L_i) \\
& + D'_{i,i+1} \cdot (L_{i+1} - L_i) - V_i \cdot L_i \cdot K_{1,i} + W_{1,i}
\end{aligned} \tag{18-7}$$

式中　$D'_{i-1,i} = \dfrac{D_{i-1,i} \cdot A_{i-1,i}}{\Delta x}$，　$D'_{i,i+1} = \dfrac{D_{i,i+1} \cdot A_{i,i+1}}{\Delta x}$。

2. 河口稳态模式方程

式（18-7）为对时间微分、对空间差分的微分差分方程，如果要控制的是最差的条件，即最苛刻的条件，此时取 $\dfrac{\mathrm{d}(V_i L_i)}{\mathrm{d}t} = 0$，这就是稳态条件，经整理即得代数方程：

$$\begin{aligned}
0 = {} & L_{i-1}\left(\frac{Q_{i-1,i}}{2} + D'_{i-1,i}\right) + L_i\left(\frac{Q_{i-1,i}}{2} - \frac{Q_{i,i+1}}{2} - D'_{i-1,i} - D'_{i,i+1} - V_i \cdot K_{1,i}\right) \\
& + L_{i+1} \cdot \left(-\frac{Q_{i,i+1}}{2} + D'_{i,i+1}\right) + W_{1,i}
\end{aligned} \tag{18-8}$$

式中三项和 BOD 浓度有关，一项和排放物 W 有关。如果把河流分为 n 段，每段按物质平衡得出一个方程式，n 段即有 n 个方程式。

同样，可以列出氧亏的方程（氧亏是饱和溶解氧减去水中溶解氧）为：

$$\begin{aligned}
& \frac{Q_{i-1,i}}{2}(C_{i-1} + C_i) - \frac{Q_{i,i+1}}{2}(C_{i+1} + C_i) + D'_{i-1,i}(C_{i-1} - C_i) + D'_{i,i+1} \\
& \cdot (C_{i+1} - C_i) + V_i \cdot L_i \cdot K_{1,i} - V_i C_i \cdot K_{2,i} + W_{2,i} = 0
\end{aligned} \tag{18-9}$$

式中　C_i, C_{i-1}, C_{i+1} ——分别为第 $i, i-1, i+1$ 段的氧亏值；

$\quad\quad\quad K_{2,i}$ ——第 i 段的复氧系数；

$\quad\quad\quad W_{2,i}$ ——排放到第 i 段的氧亏损量。

BOD 要消耗氧，造成氧亏的增加，因而式（18-9）第 5 项与式（18-8）中相应项符号不同，第 6 项取负值，因为复氧效应会减少氧亏。

将整个河系各河段分别列出 BOD 浓度方程及氧亏方程，若有 n 个河段，则共有 $2n$ 个方程，其中 BOD 方程组为：

$$
\left.
\begin{array}{llll}
L_0 g_{01} + & L_1 g_{11} + & L_2 g_{12} & & = W_{1,1} \\
& L_1 g_{21} + & L_2 g_{22} + & L_3 g_{23} & = W_{1,2} \\
& \cdots\cdots & \cdots\cdots & \cdots\cdots & \\
& & \cdots\cdots & \cdots\cdots & \cdots\cdots \\
& & \cdots\cdots & \cdots\cdots & \cdots\cdots \\
& & L_{n-1} g_{n,n-1} + & L_n g_{n,n} + & L_{n+1} g_{n,n+1} = W_{1,n}
\end{array}
\right\}
\qquad (18\text{-}10)
$$

式中　L_0，L_{n+1}——需预先知道的边界条件；

$\qquad L_0$——由河流发源处流入的水中 BOD 浓度，

$\qquad L_{n+1}$——河流末端处 BOD 浓度。

L_{n+1} 可由几种方法来决定，例如可以取海水中 BOD 浓度为 L_{n+1}，亦可认为下游入海处浓度梯度甚小，即 $L_{n+1}=L_n$ 即用外差法来确定 L_{n+1}，认为下游入海处，浓度梯度为常数，可得：

$$
L_{n+1} = 2L_n - L_{n-1}
$$

$$
g_{i-1,i} = \frac{Q_{i-1,i}}{2} + D'_{i-1,i}
$$

当令　$g_{i,i} = \frac{Q_{i+1,i}}{2} - \frac{Q_{i,i+1}}{2} - D'_{i-1,i} - D'_{i,i+1} - V_i K_{1,i}$

$$
g_{i,i+1} = -\frac{Q_{i,i+1}}{2} + D'_{i,i+1}
$$

并将式（18-10）中第 1 式及第 n 式改写成如下形式：

$$
L_1 g_{11} + L_2 g_{12} = W_{1,1} - L_0 g_{01} = W'_{1,1}
$$

$$
L_{n-1} g_{n,n-1} + L_n g_{n,n} = W_{1,n} - L_{n+1} g_{n,n+1} = W'_{1,n}
$$

则方程（18-10）可以改写成如下矩阵形式：

$$
\begin{bmatrix}
g_{11} & g_{12} & 0 & 0 & \cdots & 0 \\
g_{21} & g_{22} & g_{23} & \cdots & \cdots & 0 \\
0 & g_{32} & g_{33} & g_{34} & \cdots & 0 \\
0 & 0 & \cdots & \cdots & \cdots & 0 \\
\vdots & \vdots & \cdots & \cdots & \cdots & \vdots \\
\vdots & \vdots & \cdots & \cdots & g_{n,n-1} & g_{n,n}
\end{bmatrix}
\begin{bmatrix}
L_1 \\ L_2 \\ L_3 \\ \vdots \\ \vdots \\ L_n
\end{bmatrix}
=
\begin{bmatrix}
W'_{1,1} \\ W'_{1,2} \\ W'_{1,3} \\ \vdots \\ \vdots \\ W'_{1,n}
\end{bmatrix}
\qquad (18\text{-}11)
$$

式（18-11）中第 1 行和第 n 行等号左边系数矩阵中仅 2 项，其余各行为 3 项。

同理写出氧亏方程为：

$$
\begin{bmatrix}
h_{11} & h_{12} & 0 & 0 & \cdots & 0 \\
h_{21} & h_{22} & h_{23} & \cdots & \cdots & 0 \\
0 & h_{32} & h_{33} & h_{34} & \cdots & 0 \\
0 & 0 & \cdots & \cdots & \cdots & 0 \\
\vdots & \vdots & \cdots & \cdots & \cdots & \vdots \\
\vdots & \vdots & \cdots & \cdots & h_{n,n-1} & h_{n,n}
\end{bmatrix}
\begin{bmatrix}
C_1 \\ C_2 \\ C_3 \\ \vdots \\ \vdots \\ C_n
\end{bmatrix}
=
\begin{bmatrix}
W'_{2,1} \\ W'_{2,2} \\ W'_{2,3} \\ \vdots \\ \vdots \\ W'_{2,n}
\end{bmatrix}
+
\begin{bmatrix}
V_1 K_{11} L_1 \\ V_2 K_{12} L_2 \\ V_3 K_{13} L_3 \\ \vdots \\ \vdots \\ V_n K_{1n} L_n
\end{bmatrix}
\qquad (18\text{-}12)
$$

其中 h 与 g 有相似的关系式，只是 g 中 K_1 的值在 h 中以 K_2 代之，由此得矩阵的向量表示式为（$\vec{C}, \vec{L}, \vec{W}_1, \vec{W}_2$ 为向量，G, H, F 为矩阵，其中 F 为对角线矩阵）：

$$\left.\begin{array}{r} G\vec{L} = \vec{W}_1 \\ H\vec{C} = F\vec{L} + \vec{W}_2 \end{array}\right\} \tag{18-13}$$

式（18-13）的解为：

$$\left.\begin{array}{r} \vec{L} = G^{-1} \cdot \vec{W}_1 \\ \vec{C} = H^{-1}FG^{-1} \cdot \vec{W}_1 + H^{-1}\vec{W}_2 \end{array}\right\} \tag{18-14}$$

式中　G^{-1}, H^{-1}——分别 G, H 为的逆矩阵。若要进行污染预报与控制，由该式可知道排放量 W_1，W_2 和水质 L, C 间的关系。

式中 G^{-1} 第 i 行第 j 列元素，即 $(G^{-1})_{i,j}$ 指在第 j 段排放 BOD 变化一个单位时，在第 i 段的 BOD 浓度 L 的变化值。第 j 段排放的 BOD 影响了所有各段，这是因为污染物既向上扩散，又向下扩散，这是河口的特点。类似地，由逆矩阵 $H^{-1}FG^{-1}$ 可以表达由于 BOD 的输入而在各段的响应值：即 $(H^{-1}FG^{-1})_{i,j}$ 是一个单位的 BOD 输入到 i 段在 j 段氧亏的响应值。除了 BOD_C 耗氧外，氨氮等硝化作用亦耗氧，则有下式（当取 L_N 为 BOD_N 的浓度时）：

$$\left.\begin{array}{r} J\vec{L}_N = \vec{W}_{1,N} \\ G\vec{L}_C = \vec{W}_{1,C} \\ H\vec{C} = F_C\vec{L}_C + F_N\vec{L}_N + \vec{W}_2 \end{array}\right\} \tag{18-15}$$

解算（18-15）需以下各项数据：

$$\Delta X; V; U; A; Q; D; K_1; K_2; K_N; W_{1,C}; W_2; D_0; D_{n+1}; L_{C_0}; L_{C_{n+1}}; L_{N_0}; L_{N_{n+1}}$$

以上各项数据的意义及单位（量纲）如下：

　D_0——边界条件，上游径流来的水中氧亏浓度，mg/L；

D_{n+1}——边界条件，下游出口水体中氧亏浓度，mg/L；

　L_{C_0}——边界条件，上游径流来的水中 BOD_C 浓度，mg/L；

$L_{C_{n+1}}$——边界条件，下游出口水体中的 BOD_C 浓度，mg/L；

　L_{N_0}——边界条件，上游径流来的 BOD_N 浓度，mg/L；

$L_{N_{n+1}}$——边界条件，下游出口水体的 BOD_N 浓度，mg/L。

3. 数学模式的参数估计及水质预测

K_1, K_2, K_N 的确定，可用试探法，在实验室中确定的 K_1 值和水系河道中的 K_1 值有差别，实验室中测定的值小些，可以此值为基准，挑选一个合适的 K_1 值，按式 $L = G^{-1} \cdot W$ 得到一组 L 的计算值，称为 $L_{计算}$，在水系中测定的 L 值称为 $L_{实测}$，此时取：

$$J(K_1) = \sum_{i=1}^{n}(L_{计算} - L_{实测})^2 \tag{18-16}$$

当 $J(K_1)$ 取极小值时，K_1 即为所选定的值。

$L_{实测}$ 值应有两套数据，把选定的 K_1 值代入数学模式中和第二套数据校核，以考验这套参数及数学模式的预报能力。溶解氧实测值和模式计算值的比较如图 18-7 所示。

以相似的方法确定 K_2，K_N 值。

排放口排放 BOD 时，在某些情况下，q_{in} 可以忽略，但当支流流量大时，q_{in} 就不可忽略。

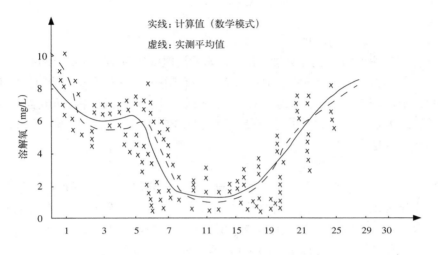

图 18-7　溶解氧实测值和模式计算值的比较

4. 河口非稳态模式方程

非稳态模式用于描写潮汐过程，方程如下：

$$\frac{\partial C}{\partial t} + u\frac{\partial C}{\partial x} = \frac{1}{A}\frac{\partial}{\partial x}\left(D'A\frac{\partial C}{\partial x}\right) + S \tag{18-17}$$

式中 $u = u(t, x)$，D' 亦较稳态模式小得多。

类似于式（18-17）可得河口非稳态模式方程。当只考虑河水中 BOD_C 及 DO 时，可得以下方程组：

$$\left.\begin{aligned} V\frac{\mathrm{d}\vec{L}}{\mathrm{d}t} &= -G\vec{L} + \vec{W}_1 \\ V\frac{\mathrm{d}\vec{C}}{\mathrm{d}t} &= -H\vec{C} + F\vec{L} + \vec{W}_2 \end{aligned}\right\} \tag{18-18}$$

式中 $V = [V_{ij}]$ 且有 $V_{ii} = V_i$ 及 $V_{ij} = 0$ 当 $i \neq j$

该式为微分差分方程组。由于是常微分方程组可选用龙格 - 库塔法（Ruge-Kutta）解算，特拉华河口已采用过式（18-17）。

18.4.2　治理规划的制订

数学模式表示了污染源排放量同河道水质之间的关系。利用数学模式可以知道每个河段污染物（BOD）排放量减少使其他河段溶解氧的增加是多少，因此，利用数学模式就可以使河道中每一段的溶解氧都能增加到满足既定的标准，计算出应减少的排放量；同时计算出选取哪一种方案可使得治理费用为最少。

1. 三种管理办法

特拉华河流管理委员会考虑了三种管理办法，对五种方案分别计算了治理费用。三种管理办法是：

（1）最优化设计。使得治理总费用最小。

（2）均匀治理。规定每个污水处理厂治理污水的治理率相同，避免各污水处理厂间的争吵。由数学模式可算出在满足河道标准的前提下，各厂应有同一治理率，但总的治理费用不是最低。

（3）分段治理。整个河流划分为五个区段。由数学模式计算出各段河流合理的排放量。特拉华河流管理委员会最后选择的是分段治理及 DRBC 方案（见表 18-6 和图 18-8），各段的排放量的减少率见表 18-7。

2. 三种管理办法的数学模式

特拉华河流管理委员会将稳态的溶解氧模式应用于环境管理。一个可行的最优化方法是在给定的水质要求下，达到的治理成本费用最小。对于溶解氧项意味着：河口中的溶解氧要达到一个特定的数值时，在整个水域范围内花费最少的情况下，各个污染源减少的污染物的程度应当是怎样的？在特拉华河口只考虑 BOD_C 及如何减少 BOD_C 的排放量。

假定一个河口的溶解氧实际值的纵断面和在预定条件下沿着这个河口溶解氧目标值的纵断面，如图 18-9 所示。在图中，表示在有限段 $j, j+1, \cdots, j+m$ 处溶解氧浓度实际值低于目标值，相应为 $\Delta C_j, \Delta C_{j+1}, \cdots, \Delta C_{j+m}$。由以前讨论过的稳态模式可知，氧亏的减少是由于 BOD 排放量的减少，为简单起见，假定每一段最多只有一个排放源。考虑响应矩阵 $C^{-1}=H^{-1}FG^{-1}$，由此可根据输入的 BOD 值而计算出唯一的响应氧亏；反之，如果需要在第 i 段减少氧亏 ΔC_i（不考虑其他段溶解氧的减少），则可以由减少第 j 段的排放量 f_j 来做到，且当 $j=1, \cdots, m$ 时排放量的减少 f_i 的组合满足下列条件：

特拉华河分段治理要求　　　　　　　　　　　表18-6

河道区段	1	2	3	4	5
治理要求(%)	—	88	86	89	88

特拉华河治理费用比较　（单位：10^6元/a）　　　表18-7

目标方案	费用最小	均匀治理	分段治理
OS-1	665	695	695
OS-2	402	509	493
DRBC(采用方案)	357	439	(403)
OS-3	291	383	326
OS-4	238	349	256
OS-5	140	140	140

$$\sum_{j=1}^{n} C_{i,j}^{-1} \cdot f_j = \Delta C_i \tag{18-19}$$

假定由污水处理所减少的排放量并不改变生物学作用，当然这只是一种近似方法，正如我们所知道的，污水流过后，由于硝化作用，将形成氧亏。这些特点尽管已经被列入到模式中去了，但在河口中排放量减少的作用，还必须重复地计算。f_j 是第 j 段能够改变的 BOD 数值，f_j 变化在 0 至 BOD 最大值（用 U_j 表示）之间。

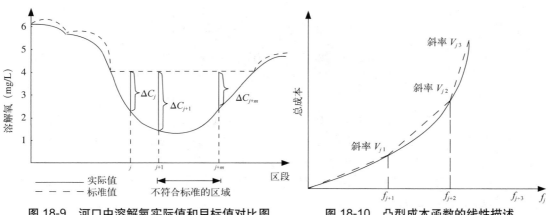

图 18-9　河口中溶解氧实际值和目标值对比图　　　图 18-10　凸型成本函数的线性描述

（1）治理成本的最优化——f_i 的最优选择法

该法可以选择到整个河口 f_i 的最优组合。以下列出其线性规划问题方程式。其成本函数是 f_i 的凸型函数，如图 18-10 所示。这个凸型函数可以分解成 2～3 个线性段。

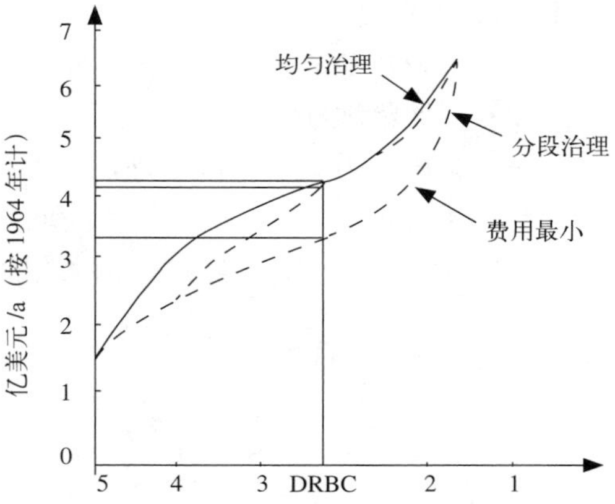

成本函数为：

图 18-8　特拉华河不同目标方案的费用曲线

$$Z = \sum_j \sum_i V_{ji} \cdot f_{ji} \quad \text{其中} \sum_{i=1}^{3} f_{ji} = f_j$$

$$Z \to \min$$

约束条件为：

$$\left. \begin{array}{l} \sum C_{1j}^{-1} \cdot f_j \geqslant \Delta C_1 \\ \vdots \\ \sum C_{mj}^{-1} \cdot f_j \geqslant \Delta C_m \\ 0 \leqslant f_j \leqslant u_j \ \text{其中} \sum u_{ji} = u_j \end{array} \right\} \tag{18-20}$$

式中 u_{ji} 是河流第 j 段最大可能减少的排放量，它是通过调节成本函数第 i 段来实现的。解算以上线性规划问题，就能得到最经济实效的方案；同时使得溶解氧达到要求。

（2）等标治理法

此法要求每个排放源，从其未处理过的 BOD 减少同样百分率 S 的排放量。假定第 j 段某排放源治理水平已达到 $P_j = 1 - \dfrac{u_j}{W_{1,j}}$，式中 $W_{1,j}$ 表示未处理的 BOD 总排放量，u_j 为处理后的排放量，则按照等标排放的要求，尚需处理的量 f_j 为：

$$\left.\begin{array}{ll} \text{当}\,P_j \leqslant S\,\text{时} & f_j = \dfrac{u_j}{1-P_j}(S - P_j) \\[2mm] \qquad\ \text{即} & f_j = W_{1,j} \cdot (S - P_j) \\[2mm] \text{当}\,P_j > S\,\text{时} & f_j = 0 \end{array}\right\} \tag{18-21}$$

等标治理率 S 的计算：为了使河口中各处的溶解氧均能满足要求，怎样确定 S 呢？解算这个问题的一个简易方法是：先假定一个 S 值，则对于所有的排放源可由式（18-21）计算出 f_j，然后可由 $C_{i,j}^{-1}$ 计算出溶解氧亏的减少，$\Delta C_i = C_{i,j}^{-1} \cdot f_j$ 即是否满足溶解氧的要求。迭代这个过程，最后可得到 S。其计算过程如图 18-11 所示（图中假定初始的 S 及污水未处理前的实际氧亏 ΔC_i^0）。

值得注意的是，在计算 S 的过程中，并没有考虑到成本函数。因此，计算出的总成本要比任一个用最优化方法求得的成本都高，等标治理法虽然简化了管理，但在经济上并不是最合理的。

随着工业排放的增加，S 值也必须增加，否则污染程度加剧，会超过溶解氧标准值。

（3）分区治理法

一个折中的方案是分区治理法，即按污染源来分区（如按地理位置分区或按排放污染物的类型来分区），而且对于每个区域分别规定不同的等标治理率 S。在特拉华河采用了这种类型的模式。而且在特拉华河采用时，是同成本函数联系在一起的。

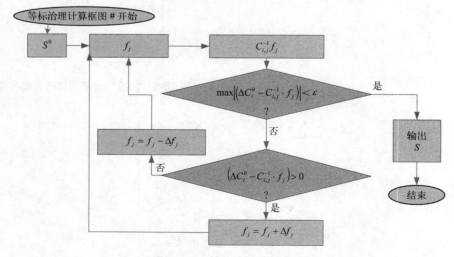

图 18-11　等标治理计算框图

18.5 环境治理系统分析预报软件 RM16

18.5.1 软件编制原理及功能

（1）软件编制原理

本软件按照线性规划的单纯型算法编制，该法的具体说明详见本书。

（2）软件功能：本软件可解算环境保护系统分析时，建立的方程组，如下列形式：

$$\begin{cases} 目标函数 \to 求极大值或极小值 \\ 约束条件：一组不等式（大于，或小于，或等于号） \end{cases}$$

18.5.2 软件运行步骤

（1）输入数据

用键盘在输入数据界面输入 5 项数据。其中：

1）输入变量 name，M，N，P 四项数据：

name 为算题名称或文件名；M 为变量个数；N 为约束条件（方程）个数；

P 为目标函数符号，当求目标函数为最小时 $P=-1$，当求目标函数为最大时 $P=1$。

2）输入第五项数据，即输入方程组，将方程组表示为 $A(I, J)$，其中，目标函数为 $A(I, J)$，$J=1，\cdots，M$，为第一行，此位置不容更改，软件按此顺序读入数据；约束条件为 $A(I, J)$，$I=2，3，\cdots，N+1$；$J=1，2，\cdots，M+2$。约束条件的不等号输入规则，即矩阵 A 中第 $M+1$ 列，由 -1，0 或 $+1$ 组成：若约束条件是"≤"号，则为 1，若约束条件是"≥"号，则为 -1，若约束条件是"="号，则为 0。

数据输入有 3 种方式，详见输入界面。输入数据可存盘，单击"初始数据存为文件"。

（2）计算

在计算及结果界面，单击"RM16_环境保护系统分析计算"。

（3）计算结果打印

单击"计算结果 打印"，或打印任一界面，单击"打印窗体"。本软件计算结果有三种可能：当有最优解时，显示或打印目标函数值及各变量值；当无唯一解时，显示或打印"无唯一解"，此时，应调整方程 $A(I, J)$；当无解时，显示或打印"无解"，此时，应调整方程 $A(I, J)$。

（4）计算结果保存

单击"计算结果 存硬盘文件"，文件可在 word 中调出。

（5）退出

单击"结束 退出"。

18.5.3 软件界面

环境治理系统分析预报软件 RM16 界面如图 18-12 所示。

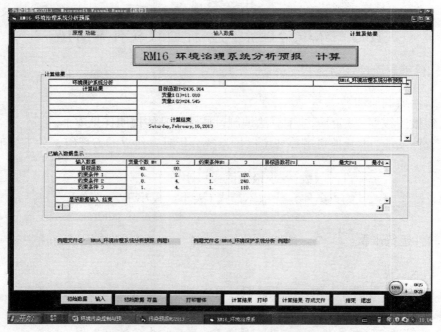

图 18-12　环境治理系统分析预报软件 RM16

18.5.4　软件例题计算

RM16 软件共 3 项例题，已录成数据文件，与软件同时提供。其文件名为：

（1）RM16_ 环境治理系统分析预报　例题 1；

（2）RM16_ 环境保护系统分析　例题 2。

例题 1 计算，打印结果：

输入数据
表18-8

1.工程名称及文件名　　　Name=RM16_环境保护系统分析 例题1

2.变量个数 M（1，…，$M+2$）　　$M=2$

3.约束条件（方程）个数 N（i=1，…，$N+1$）$N=3$

4.目标函数符号 P（最小$P=-1$，最大$P=1$）$P=1$

5.系统分析方程组 A（I，J）$I=1$，…，$N+1$，　$J=1$，2，…，$M+2$，　其中，

目标函数 A（I，J）$J=1$，…，M，　　约束条件矩阵 A（I，J）$I=2$，…，$N+1$，　$J=1$，$M+2$

目标函数	40.0		80.0		
约束条件　1	6	2	1	120
约束条件　2	8	4	1	240
约束条件　3	1	4	1	110

计算结果：目标函数解 Y=2436.364；　　　　约束条件解 X（1）=11.8182；　　　　约束条件解 X（2）=24.5455。

第 19 章　大气温室效应系统分析预报

19.1　大气温室效应系统分析

本章介绍大气温室效应系统分析预报。大气温室效应是研究大气气温变化的因果问题，研究的方法是系统分析法。

若大气中没有二氧化碳等温室效应气体，则地球将是冷的世界，然而温室气体在大气中的浓度增大，又将带来难以估量的后果，气候变暖及大气成分的变化，对人类世界环境及生态系统将产生明显的影响。因此温室效应问题受到人们的极大关注。我国科学工作者对此作了开创性的研究，并引入了系统分析的方法，获得了满意的成果，积累了丰富的资料，择其要提供给读者阅读。

温室气体与气候变化相关性研究表明，温室气体影响着大气温度变化；而影响温室气体变化的因素是整体自然环境，为便于研究，将自然环境划分为四个自然圈：大气圈、土壤地层圈、生物圈、水域圈；温室气体主要包括大气中的二氧化碳（CO_2）、甲烷（CH_4）、氮化物（N_2O，NH_3，NO，NO_2）、氟氯碳 CFC_8 等，这些气体主要涉及元素碳及氮，以下将温室气体变化统称为碳、氮元素变化，即影响这些气体变化的因素是碳及氮在大气圈、土壤地层圈、生物圈、水域圈循环的结果，它涉及人类活动对自然界的污染，如燃煤、燃油、燃烧生物物质以及工、农业生产等因素。

研究大气温室气体变化，即是研究大气温室气体的现状（数量），演变至未来（数量）的变化过程。简言之，需要研究在自然界大系统中，即在以上的四个自然圈中，自然界中物质经过物理的，化学的及生物作用对大气层微量气体浓度变化产生的影响，大气层中元素碳、氮在数量上的变化过程。因此需要建立起自然界碳、氮循环动态模式，运行该模式，可预报到碳、氮未来的库存量，最终可得到大气温室效应的影响。

对整体自然界建立起碳、氮循环动态模式将在本章 19.2 节讨论，模式的解算方法将在 19.3 节讨论，预报到大气中碳、氮未来的库存量，对大气温室效应的影响，将在本章 19.4 节讨论。

19.2　大气温室效应动态模式

19.2.1　碳、氮元素生态模型的建立

根据碳、氮元素在自然界循环的定性研究，建立起碳、氮元素动态模型，该模型为建立碳、氮元素动态生态模型提供了依据。

建立碳、氮元素动态生态模型遵循的三项原则：

1. 符合物质平衡及守恒原理

自然界中的碳、氮元素总量随着时间的推移，既不增加也不减少，只是以不同形式相

互转化或转移。模型的建立，必须反映自然界这一客观规律，严格遵循此项物质平衡及守恒原理。模型需考虑中国与境外间大气和水域中碳、氮元素的迁移，满足全球物质平衡及守恒。

2. 动态模型

上述原则是就自然界整体而言，即所论元素总量不变。但自然界中各圈元素总量是随时间而变化的。如果用 C_i, N_i ($i=1$, 2, 3, 4) 表示各圈中碳、氮元素的总量（i 表示各自然圈，1——大气圈、2——生物圈、3——土壤地层圈、4——水域圈），则它们是时间的函数，即应表示为 $C_i(t)$ 及 $N_i(t)$。各自然圈中碳、氮元素总量不仅随时间变化，而且其变化是相互制约、相互依存的，即耦合地变化着。用表达式概括上述特性，则应表示为：$C_i(t,C_1,C_2,C_3,C_4)$ 及 $N_i(t,N_1,N_2,N_3,N_4)$，因此，所建立的模型是碳、氮元素在自然界循环动态的、生态的追赶模型。

3. 生态环境模型

该模型是为了研究怎样保护人类生存环境。在建立该模型时，应考虑到人口增长，工、农业发展，环境污染等对生态环境平衡的影响。由该模型建立的模式，可控制与预报相关因素的变化。

根据以上三项原则，并按照碳、氮元素的自然循环变化，保留其主要特征，忽略其次要问题，最后，建立起碳、氮元素在自然界中动态生态追赶循环模型（见图 19-1 及图 19-2）。

19.2.2 碳、氮元素生态模式

根据碳、氮元素在自然界中动态生态追赶循环模型，建立碳、氮元素生态模式：

$$N_i(t) = F_i[t, N_1(t), \cdots, N_j(t)] \quad i=1, 2, 3, 4 \quad j=1, 2, 3, 4 \quad (19-1)$$

$$C_i(t) = F_i[t, C_1(t), \cdots, C_j(t)] \quad i=1, 2, 3, 4 \quad j=1, 2, 3, 4 \quad (19-2)$$

式中 i 及 j 分别表示各自然圈，1——大气圈、2——生物圈、3——土壤地层圈、4——水域圈。$N_i(t)$ 及 $C_i(t)$ 分别表示自然界中随时间变化的总氮及总碳元素的库存量（Tg），若按 $N_i(t)$ 及 $C_i(t)$ 库存量的流通率（Tg/a），则式（19-1）及式（19-2）变为下式：

$$\frac{\mathrm{d}N_i(t)}{\mathrm{d}t} = f_i[t, N_1(t), \cdots, N_j(t)] \quad i=1,2,3,4, \quad j=1,2,3,4 \quad (19-3)$$

$$\frac{\mathrm{d}C_i(t)}{\mathrm{d}t} = f_i[t, C_1(t), \ldots, C_j(t)] \quad i=1,2,3,4, \quad j=1,2,3,4 \quad (19-4)$$

若将式（19-3）及式（19-4）等号右侧按 $N_i(t)$ 及 $C_i(t)$ 库存量在自然界各圈的流通率（Tg/a）分别列出（参见图 19-1 及图 19-2），则式（19-3）及式（19-4）变为下式（以下数学模式表达式只列出总氮 $N_i(t)$，同理另有总碳 $C_i(t)$ 的四个方程式）：

$$\frac{\mathrm{d}N_1(t)}{\mathrm{d}t} = F_{ha} + F_{La1} + F_{ba} + F_{La2} + F_{La3} + F_{aa1} + F_{ba2} + F_{ba3} + F_{ba4} + F_{aiu}$$
$$- F_{aLh} - F_{aL1} - F_{abh} - F_{aou} \quad (19-5)$$

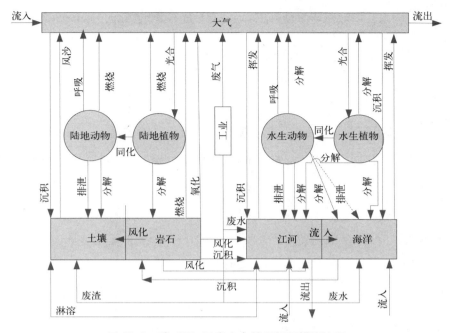

图 19-1　碳（C）元素在自然界循环模型流程

$$\frac{\mathrm{d}N_2(t)}{\mathrm{d}t} = F_{ab1} + F_{Lb1} + F_{biu} - F_{ba1} - F_{ba2} - F_{ba3} - F_{ba4} - F_{bL1} \\ - F_{bL2} - F_{bh1} - F_{bou} \tag{19-6}$$

$$\frac{\mathrm{d}N_3(t)}{\mathrm{d}t} = K_{ab} \times F_{abh} + F_{aL10} + F_{LL1} + F_{bL1} + F_{bL2} + F_{LL2} + F_{aL20} + F_{Liu} \\ - F_{Lb1} - F_{La1} - F_{Lh1} - F_{Lh2} - F_{La2} - F_{La3} - F_{Lou} \tag{19-7}$$

$$\frac{\mathrm{d}N_4(t)}{\mathrm{d}t} = F_{ah1} + F_{Lh2} + F_{Lh1} + F_{ah2} + F_{ah1} + F_{hh1} + F_{hiu} \\ - F_{hout} - F_{ha} - F_{hh2} - F_{hou} \tag{19-8}$$

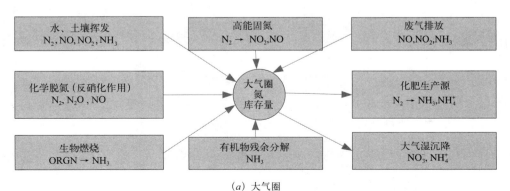

(a) 大气圈

图 19-2　氮（N）元素在自然界循环模型流程（1）

式中　$\dfrac{\mathrm{d}N_1(t)}{\mathrm{d}t}$——大气圈总氮 $N_1(t)$ 或总碳 $C_1(t)$ 库存量的流通率，(Tg/a)；

$\dfrac{\mathrm{d}N_2(t)}{\mathrm{d}t}$——生物圈总氮 $N_2(t)$ 或总碳 $C_2(t)$ 库存量的流通率，(Tg/a)；

$\dfrac{\mathrm{d}N_3(t)}{\mathrm{d}t}$——土壤地层圈总氮 $N_3(t)$ 或总碳 $C_3(t)$ 库存量的流通率，(Tg/a)；

$\dfrac{\mathrm{d}N_4(t)}{\mathrm{d}t}$——水域圈总氮 $N_4(t)$ 或总碳 $C_4(t)$ 库存量的流通率，(Tg/a)；

在方程等号右侧列出了 51 项参数，扣除参数输入与输出相同项，共 36 项参数。大气输入：

F_{ha}—— 水域挥发至大气，(Tg/a)；

$$F_{\mathrm{ha}} = A_1 \times N_4, \quad A_1 = F_{\mathrm{ha}} / N_4 \tag{19-9}$$

F_{ha1}——已施用的化肥挥发至大气，Tg/a；

$$F_{\mathrm{La1}} = A_2 \times N_2 \times N_3, \quad A_2 = F_{\mathrm{La1}} / (N_2 \times N_3) \tag{19-10}$$

F_{la2}——农田碳、氮挥发至大气，Tg/a；

$$F_{\mathrm{La2}} = A_{13} \times N_2 \times N_3, \quad A_{13} = F_{\mathrm{La2}} / (N_2 \times N_3) \tag{19-11}$$

F_{la3}—— 燃煤、油、气等废气排放，Tg/a；

$$F_{\mathrm{La3}} = A_4 \times N_2 \times N_3, \quad A_4 = F_{\mathrm{La3}} / (N_2 \times N_3) \tag{19-12}$$

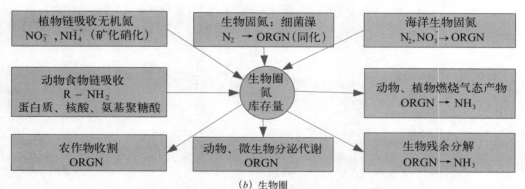

(b) 生物圈

图 19-2　氮（N）元素在自然界循环模型流程（2）

F_{ba1}——生物物质燃烧释放至大气，Tg/a；

$$F_{\mathrm{ba1}} = A_3 \times N_2, \quad A_3 = F_{\mathrm{ba1}} / N_2 \tag{19-13}$$

F_{ba2}——森林地区释放氨至大气，Tg/a；

$$F_{\mathrm{ba2}} = A_{11} \times N_2, \quad A_{11} = F_{\mathrm{ba2}} / N_2 \tag{19-14}$$

F_{ba3}——动物释放氨至大气，Tg/a；

$$F_{ba3} = A_{12} \times N_2, \quad A_{12} = F_{ba3} / N_2 \qquad (19\text{-}15)$$

F_{ba4}——人体排泄释放至大气，Tg/a；

$$F_{ba4} = B_6 \times N_2, \quad B_6 = F_{ba4} / N_2 \qquad (19\text{-}16)$$

F_{aa1}——合成氨生产释放氨，Tg/a；

$$F_{aa1} = A_{10} \times N_1 \times N_2, \quad A_{10} = F_{aa1} /(N_1 \times N_2) \qquad (19\text{-}17)$$

F_{aiu}——生活，工业排放，垃圾燃烧，二次污染，Tg/a；

$$F_{aiu} = A_8 \times N_1 \times N_2, \quad A_8 = F_{aiu} /(N_1 \times N_2) \qquad (19\text{-}18)$$

大气输出：

F_{aLh}——大气干、湿沉降（高能固氮）至地面及水域，Tg/a；

$$F_{aLh} = F_{aL10} + F_{ah2} = A_5 \times N_1, \quad A_5 = F_{aLh} / N_1 \qquad (19\text{-}19)$$

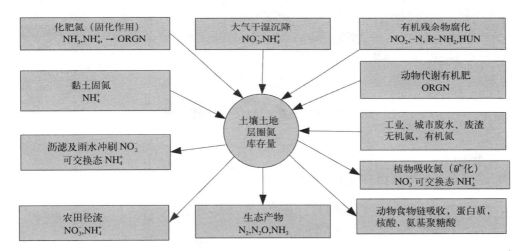

（c）土壤地层圈

图 19-2 氮（N）元素在自然界循环模型流程（3）

F_{aL1}——化肥及合成氨生产源（人工固氮），Tg/a；

$$F_{aL1} = A_6 \times N_1 \times N_2, \quad A_6 = F_{aL1} /(N_1 \times N_2) \qquad (19\text{-}20)$$

F_{abh}——生物固氮（生物圈及水域圈），Tg/a；

$$F_{abh} = A_7 \times N_2 \times N_3 \times N_4 = F_{ah1} + F_{ab1}, \quad A_7 = F_{abh} /(N_2 \times N_3 \times N_4) \qquad (19\text{-}21)$$

F_{aou}——大气对流，光化学反应作用及输出至土、水、生物圈等尚未预见项，Tg/a；

$$F_{aou} = A_9 \times N_1, \quad A_9 = F_{aou} / N_1 \qquad (19\text{-}22)$$

生物圈输入：

F_{ab1}——陆地生物固氮或植物光合作用，Tg/a；

$$F_{ab1} = (A_7 - D_1) \times N_2 \times N_3 \times N_4 ,$$
$$A_7 = F_{abh} / (N_2 \times N_3 \times N_4) , \tag{19-23}$$
$$D_1 = F_{ah1} / (N_2 \times N_3 \times N_4)$$

F_{Lb1}——植物从土壤中吸收碳、氮，Tg/a；

$$F_{Lbl} = B_1 \times N_2 \times N_3, \quad B_1 = F_{Lbl} / (N_2 \times N_3) \tag{19-24}$$

F_{biu}——海洋生物吸收或动物及人食用水产品等其他未预见项，Tg/a；

$$F_{biu} = B_2 \times N_2, \quad B_2 = F_{biu} / N_2 \tag{19-25}$$

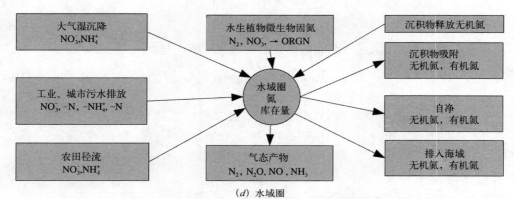

图 19-2　氮（N）元素在自然界循环模型流程（4）

生物圈输出：

F_{bL1}——动物及人体排泄至土壤，Tg/a；

$$F_{bL1} = B_3 \times N_2, \quad B_3 = F_{bL1} / N_2 \tag{19-26}$$

F_{bL2}——生物残余归还至土壤，Tg/a；

$$F_{bL2} = B_4 \times N_2, \quad B_4 = F_{bL2} / N_2 \tag{19-27}$$

F_{bh1}——工业、生活污染物排入水域，Tg/a；

$$F_{bh1} = B_5 \times N_2, \quad B_5 = F_{bh1} / N_2 \tag{19-28}$$

F_{bou}——生物体降解作用，Tg/a；

$$F_{bou} = B_7 \times N_2, \quad B_7 = F_{bou} / N_2 \tag{19-29}$$

土壤输入：

生物固氮转入土壤 $F_{ab1} = K_{ab} \times F_{abh} = K_{ab} \times A_7 \times N_2 \times N_3 \times N_4$，式中 K_{ab}=0.3

F_{aL10}——大气干、湿沉降至土壤圈，Tg/a；

$$F_{aL10} = F_{aLh} - F_{ah2} = (A_5 - D_2) \times N_1 \tag{19-30}$$

F_{LL1}——残留在土壤中的有机肥或氮肥（土壤富集作用），Tg/a；

$$F_{LL1} = C_1 \times N_3, \quad C_1 = F_{LL1} / N_3 \tag{19-31}$$

F_{LL2}——黏土固氮，沉积碳酸盐，土壤富集作用，Tg/a；

$$F_{LL2} = C_2 \times N_3, \ C_2 = F_{LL2} / N_3 \qquad (19\text{-}32)$$

F_{aL20}——氮肥和有机肥施用量，Tg/a；

$$F_{aL20} = C_3 \times N_3, \ C_3 = F_{aL20} / N_3 \qquad (19\text{-}33)$$

F_{Liu}——工业、生活、废渣排入土壤，农田灌溉，石化燃料输入地层等尚未预见项，Tg/a；

$$F_{Liu} = C_6 \times N_2, \ C_6 = F_{Liu} / N_2 \qquad (19\text{-}34)$$

土壤输出：

F_{Lh1}——碳、氮渗透至地下水，Tg/a；

$$F_{Lhl} = C_4 \times N_3, \ C_4 = F_{Lhl} / N_3 \qquad (19\text{-}35)$$

F_{Lh2}——径流损失入水域，Tg/a；

$$F_{Lh2} = C_5 \times N_3, \ C_5 = F_{Lh2} / N_3 \qquad (19\text{-}36)$$

F_{Lou}——地层圈输出未预见项，Tg/a；

$$F_{Lou} = C_7 \times N_2, \ C_7 = F_{Lou} / N_2 \qquad (19\text{-}37)$$

水域输入：

F_{ah1}——水生生物固氮作用，Tg/a；

$$F_{ah1} = D_1 \times N_2 \times N_3 \times N_4, \ D_1 = F_{ah1} / (N_2 \times N_3 \times N_4) \qquad (19\text{-}38)$$

F_{ah2}——大气干、湿沉降入水域，Tg/a；

$$F_{ah2} = D_2 \times N_1, \ D_2 = F_{ah2} / N_1 \qquad (19\text{-}39)$$

F_{hh1}——水域沉积物释放（富集作用），Tg/a；

$$F_{hh1} = D_4 \times N_4, \ D_4 = F_{hh1} / N_4 \qquad (19\text{-}40)$$

F_{hiu}——自然界中氮元素输入水域其他未预见项，Tg/a；

$$F_{hiu} = D_3 \times N_1 \times N_2 \times N_3, \ D_3 = F_{hiu} / (N_1 \times N_2 \times N_3) \qquad (19\text{-}41)$$

水域输出：

F_{hout}——水力迁移排入外海域，Tg/a；

$$F_{hout} = D_5 \times N_4, \ D_5 = F_{hout} / N_4 \qquad (19\text{-}42)$$

F_{hh2}——淋溶作用（降解），Tg/a；

$$F_{hh2} = D_6 \times N_4, \ D_6 = F_{hh2} / N_4 \qquad (19\text{-}43)$$

F_{hou}——水域输出未预见项，Tg/a；

$$F_{hou} = D_7 \times N_1 \times N_2 \times N_3, \ D_7 = F_{hou} / (N_1 \times N_2 \times N_3) \qquad (19\text{-}44)$$

式中　$N_i (i=1, \cdots, 4)$——各圈总氮（碳）的库存量；

　　F——各圈之间的流通率，其计算方法详见参考文献 [31]；

　　$A_i (i=1, \cdots, 13)$，$B_j (j=1, \cdots, 7)$，$C_k (k=1, \cdots, 7)$，$D_m (m=1, \cdots, 7)$ 为模式方程参数。

19.3　大气温室效应动态模式解算

19.3.1　模式的基本解法

大气温室效应动态模式，式（19-5）～式（19-8）是典型的一维常微分方程组。采用数值解法，龙格－库塔法。对该常微分方程组进行解算，得到该方程组的解，即得到碳、氮循环数学模式的解，即该区域的碳、氮库存量。解算流程详见图 19-3。

在解算上述温室效应动态模式，式（19-5）～式（19-8）微分方程组时，需要做 3 件事：

（1）核算出解方程组所需要的初始条件，即需要核算起始年该区域总氮（总碳）的库存量；

（2）估算出方程组等式右端的各项参数，称为参数估计；

（3）对温室效应动态模式验证。

19.3.2　温室效应动态模式验证

模式的验证工作，是指在用该模式进行控制与预报前，验证该模式是否有足够的稳定性、敏感性以及模式计算值与实测值对比等问题。本项数学模式经验证，已经得到了满意的结果，认为该模式是可行的。

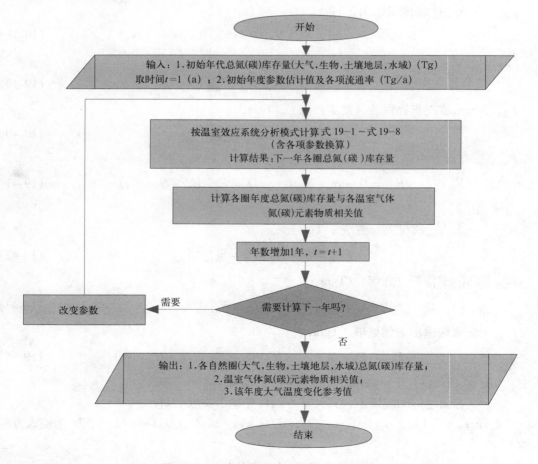

图 19-3　温室效应系统分析模式计算流程

1. 模式的稳定性

模式的稳定性是指模式在预报计算过程中是否收敛的问题，即不是发散的。具体说，氮、碳在循环过程中，应是非负值、非无穷大值。

本项模式方程经验证是稳定的。按如下 3 项确保了方程的稳定性：

（1）模式方程在建立过程中，严格遵守模型建立的三项原则，这就在原理上确保了数学模式的稳定性；

（2）在解算模式方程时，曾试算了不同的数学方法，作了比较，选定了确保模式方程稳定性的精确法（龙格 - 库塔法）；

（3）经过试算 10a、30a、50a 氮、碳在自然界中循环的数值变化，结果均证明模式方程是稳定的、收敛的（40a 的计算结果详见参考文献 [31]）。

2. 模式的敏感性

敏感性分析是指当改变模式方程中的参数后，模式方程仍然是稳定的，而且通过改变模式中的各项参数，可以确定哪些参数对计算结果影响最大，更加明确全部参数的"敏感性"。本模式所作的敏感性分析，证明方程是稳定的。通过敏感性分析得到如下结论：

（1）在不同的模式方程中，选定了含有参数较少的本模式方程。

（2）在参数估计中探讨了以下问题：

1）模式方程的初始条件，即正确估计各自然圈的库存量，考虑到区域间、中国与全球间的相关性；

2）模式方程的边界条件，即正确估计本区域与外区域间物质交换的问题，达到平衡；

3）正确反映模型中源、汇（自净与富集作用），考虑到不可预见问题；

4）适当选择参数估计的数学方法，本模式主要选用了回归分析法；

5）在计算流通率时，参数是随时间变化的，即变量是时间的函数，如人体含氮量（Tg/a）；又如，考虑从某一时刻开始，此后任一时刻，植物吸收的化肥总量（总氮量）S_n 按下式计算：

$$S_n = V_0 \cdot (1 + a\%)^{n-1} \cdot 40\% + V_0 \cdot (1 + a\%)^{n-2} \cdot 15\% + V_0 \cdot (1 + a\%)^{n-3} \cdot 1.5\%$$

式中　n——第 n 年；

S_n——第 n 年植物吸收化肥总氮量；

V_0——第一年使用化肥的总量（总氮量）；

a——每年使用化肥的增长率。

本模式敏感性分析还作了如下计算，假定中国化肥产量减半，或化肥产量增加一倍时，氮（碳）循环情况及其各项数值的变化量。

3. 模式的计算值与实测值的对照比较

略，详见参考文献 [31]。对照比较结果是满意的。

19.3.3　模式方程的参数估计

模式方程的参数估计分别按自然界被划分的四个自然圈进行。在方程中列出了 51 项参数，扣除各圈输入与输出相同项，需要估计的参数共 36 项，每项参数都与各圈氮（碳）

元素相联系，例如大气圈中，F_{ha}（水域挥发至大气）的参数估计式为：

$$F_{ha} = A_1 \times N_4, A_1 = F_{ha} / N_4$$

其余 35 项参数估计式可详见式（19-9）～式（19-44），式中

$N_i(i=1, \cdots, 4)$ 表示各圈总氮（碳）的库存量；

F 表示各圈之间的流通率，其计算方法详见参考文献 [31]；

$A_i(i=1, \cdots, 13)$，$B_j(j=1, \cdots, 7)$，$C_k(k=1, \cdots, 7)$，$D_m(m=1, \cdots, 7)$ 为模式方程参数，应予以估计，将其估计值代入方程组，进行模式计算。

1. 中国环境中碳、氮元素的流通率估算结果

中国环境中碳、氮元素的流通率估算结果列于表 19-1 和表 19-2 中。

中国环境中碳（C）元素流通率（1986年）　　　　　　　　　　　　　　　　表19-1

流通率(Tg/a)		流通率(Tg/a)	
F_{ha}	0.35	F_{bL2}	94.44
F_{La1}	4.92	F_{bh1}	3.16
F_{La2}	12.90	F_{bou}	99.65
F_{La3}	578.3	F_{aL10}	143.81
F_{ba1}	219.4	F_{LL1}	6.99
F_{ba2}	1.147	F_{LL2}	1.25
F_{ba3}	5.03	F_{aL20}	0.02
F_{ba4}	96.8	F_{Liu}	332.1
F_{aa1}	25.10	F_{Lh1}	10.09
F_{aiu}	143.1	F_{Lh2}	31.5
F_{aLh}	145.3	F_{Lou}	283.3
F_{aL1}	11.17	F_{ah1}	0.18
F_{abh}	918.0	F_{ah2}	1.46
F_{aou}	1.0	F_{hh1}	2.0
F_{ab1}	601.0	F_{hiu}	14.68
F_{Lb1}	11.54	F_{hout}	4.36
F_{biu}	477.38	F_{hh2}	10.09
F_{bL1}	11.2	F_{hou}	13.39

中国环境中氮(N)元素流通率（1986年）　　　　　　　　　　　　　　　　表19-2

流通率(Tg/a)		流通率(Tg/a)	
F_{La}	0.012	F_{aL2}	2.744
F_{La1}	0.5175	F_{bh1}	11.31
F_{La2}	0.1387	F_{bou}	8.662
F_{La3}	0.6246	F_{aL10}	15.275
F_{ba1}	0.043	F_{LL1}	0.699
F_{ba2}	0.0854	F_{LL2}	2.58
F_{ba3}	5.088	F_{aL20}	3.331
F_{ba4}	1.374	F_{Liu}	0.002
F_{aa1}	0.1658	F_{Lh1}	0.72
F_{aiu}	28.631	F_{Lh2}	4.85
F_{aLh}	15.43	F_{Lou}	3.364
F_{aL1}	4.03	F_{ah1}	0.065
F_{abh}	16.86	F_{ah2}	0.155

续表

流通率(Tg/a)		流通率(Tg/a)	
F_{aou}	0.002	F_{hh1}	0.216
F_{ab1}	16.70	F_{hiu}	0.28
F_{Lb1}	19.03	F_{hout}	0.23
F_{biu}	9.34	F_{hh2}	0.721
F_{bL1}	5.01	F_{hou}	6.541

2. 中国与全球环境中碳、氮元素库存量比较

中国与全球环境中碳、氮元素库存量比较见表19-3。

中国与全球环境中碳、氮元素库存量比较（1986年）　　　　表19-3

自然圈			全球(10^5Tg)		中国(Tg)	
			C	N	C	N
土壤地层圈		岩石的表层		10000		
		岩石的覆盖物		1620000	28589	1751(2m以上地层)
		土壤有机物	25～30	2.2	106	7.7
		黏土固定NH_4		0.2		4.8
土壤地层圈	储藏量	煤				
		石油	100		587000	
		沉积物		600000		
大气圈			7.0	38600	1.32×10^4	7.25×10^7（未考虑扩散与对流）
水域圈		新鲜水体有机碳	2.5		77	3.7
		海洋中有机碳	5～8			
		海洋可溶性碳酸盐、碳酸氢盐	38.4			
生物圈		生物总含量		2.8～6.5	2422	53
		土壤生物	4.8		657	15
		年光合量(C)	0.02～0.028		599	
		耕地土壤	0.4			

19.4　大气温室效应控制与预报结果讨论

大气温室效应控制与预报结果讨论内容包括两个部分，分述如下：

1. 大气温室效应控制与预报结果

按上述大气温室效应系统分析模式预报了中国的大气温室效应，包括中国排放温室气体总量的预测及其对全球温室效应的贡献；参考文献 [31] 还列举了温室气体的增加对气温的可能影响。如，从 1980 年到 1988 年，年平均温度上升约 0.5℃，并给出了从 1980 年至 2100 年，大气温室气体浓度增加反映到地球表面温度变化图。表明了温室气体直接影响着地球表面温度变化。

2. 大气温室效应控制与预报结果讨论

自然界物质的存在均处于相互依存并相互影响情况下，按此自然规律，对大气温室效应作系统分析，建立温室气体随时间变化，且互相耦合的动态追赶模式，得到了符合客观实际的初步结果：

（1）该模式基本上能够描述碳、氮元素在自然界的循环规律，以及在循环过程中产生的各种形态气体对大气"温室效应"的贡献。

（2）该模式可以预报环境生态未来变化趋势及界面间流通率的变化，对人类生存环境的控制和调节，提供了较符合实际的理论根据。

（3）对不同源估算出中国陆地生态产生的 CO_2，CH_4，N_2O，CFC_S 总量，以及对全球大气温室效应的贡献。

（4）根据碳、氮元素相互作用及其形态转化，提出减少温室气体的措施如下：

1）合理利用能源，采取有效的节能措施；

2）扩大植被覆盖面积，植树造林，有效地调整草原利用；

3）控制人口增长；

4）逐步用新能源替代化石燃料等有效措施。

附录

附录 Ⅰ 计算机软件索引

附录 Ⅱ 相关系数检验表

$N-2$ \ α	0.05	0.01	$N-2$ \ α	0.05	0.01	$N-2$ \ α	0.05	0.01
1	0.997	1.000	15	0.482	0.606	29	0.355	0.456
2	0.950	0.990	16	0.468	0.590	30	0.349	0.449
3	0.878	0.959	17	0.456	0.575	35	0.325	0.418
4	0.811	0.917	18	0.444	0.561	40	0.304	0.393
5	0.754	0.874	19	0.433	0.549	45	0.288	0.372
6	0.707	0.834	20	0.423	0.537	50	0.273	0.354
7	0.666	0.798	21	0.413	0.526	60	0.250	0.325
8	0.632	0.765	22	0.404	0.515	70	0.232	0.302
9	0.602	0.735	23	0.396	0.505	80	0.217	0.283
10	0.576	0.708	24	0.388	0.496	90	0.205	0.267
11	0.553	0.684	25	0.381	0.487	100	0.195	0.254
12	0.532	0.661	26	0.374	0.478	200	0.138	0.181
13	0.514	0.641	27	0.367	0.470			
14	0.497	0.623	28	0.361	0.463			

注：本表摘自中国科学院数学所编"回归分析法"。本表为第2章引用，表中α为置信度，N为数据组数。

附录Ⅲ　F分布表　　　（α =0.01）

f_1 \ f_2	1	2	3	4	5	6	8	12	24	∞
1	4052	4999	5403	5625	5764	5859	5982	6106	6234	6366
2	98.50	99.00	99.17	99.25	99.30	99.33	99.37	99.42	99.46	99.50
3	34.12	30.82	29.46	28.71	28.24	27.91	27.49	27.05	26.60	26.12
4	21.20	18.00	16.69	15.98	15.52	15.21	14.80	14.37	13.93	13.46
5	16.26	13.27	12.06	11.39	10.97	10.67	10.29	9.89	9.47	9.02
6	13.74	10.92	9.78	9.15	8.75	8.47	8.10	7.72	7.31	6.81
7	12.25	9.55	8.45	7.85	7.46	7.19	6.84	6.47	6.07	5.65
8	11.26	8.65	7.59	7.01	6.63	6.37	6.03	5.67	5.28	4.80
9	10.56	8.02	6.99	6.42	6.06	5.80	5.47	5.11	4.73	4.38
10	10.04	7.56	6.55	5.99	5.64	5.39	5.06	4.71	4.33	3.91
11	9.65	7.20	6.22	5.67	5.32	5.07	4.74	4.40	4.02	3.60
12	9.33	6.93	5.95	5.41	5.06	4.82	4.50	4.16	3.78	3.36
13	9.07	6.70	5.74	5.20	4.86	4.62	4.30	3.96	3.49	3.16
14	8.86	6.51	5.56	5.03	4.69	4.46	4.14	3.80	3.33	3.00
15	8.68	6.36	5.42	4.89	4.56	4.32	4.00	3.67	3.29	2.87
16	8.53	6.23	5.29	4.77	4.44	4.20	3.89	3.55	3.18	2.75
17	8.40	6.11	5.18	4.67	4.34	4.10	3.79	3.45	3.08	2.65
18	8.28	6.01	5.09	4.58	4.25	4.01	3.71	3.37	3.00	2.57
19	8.18	5.93	5.01	4.50	4.17	3.94	3.63	3.30	2.92	2.49
20	8.10	5.85	4.94	4.43	4.10	3.87	3.56	3.23	2.80	2.42
21	8.02	5.78	4.87	4.37	4.04	3.81	3.51	3.17	2.80	2.36
22	7.94	5.72	4.82	4.31	3.99	3.76	3.45	3.12	2.75	2.31
23	7.88	5.66	4.76	4.26	3.94	3.71	3.41	3.07	2.70	2.26
24	7.82	5.61	4.72	4.22	3.90	3.67	3.36	3.03	2.66	2.21
25	7.77	5.57	4.68	4.18	3.86	3.63	3.32	2.99	2.62	2.17
26	7.72	5.53	4.64	4.14	3.82	3.59	3.29	2.96	2.58	2.13
27	7.68	5.49	4.60	4.11	3.78	3.56	3.26	2.93	2.55	2.10
28	7.64	5.45	4.57	4.07	3.75	3.53	3.23	2.90	2.52	2.06
29	7.60	5.42	4.54	4.04	3.73	3.50	3.20	2.87	2.49	2.03
30	7.56	5.39	4.51	4.02	3.70	3.47	3.17	2.84	2.47	2.01
40	7.31	5.18	4.31	3.83	3.51	3.29	2.99	2.66	2.29	1.80
60	7.08	4.98	4.13	3.65	3.34	3.12	2.82	2.50	2.12	1.60
120	6.85	4.79	3.95	3.48	3.17	2.96	2.66	2.34	1.95	1.38
∞	6.64	4.60	3.78	3.32	3.02	2.80	2.51	2.18	1.79	1.00

附录Ⅳ　计算机软件服务信息

环境污染控制与预报软件

软件首页

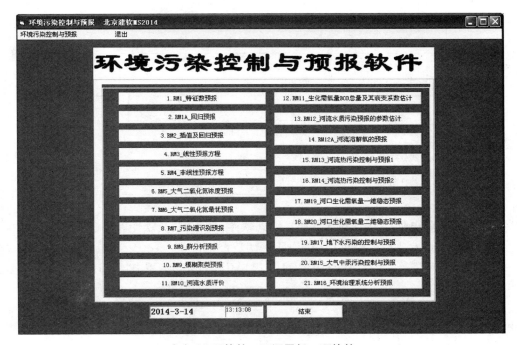

全套 21 项软件，可调用任一项软件

一）关于书后附盘安装运行：

1. 适用于计算机系统：

Microsoft Windows XP—Professional--Service Pack 3（SP3）-- 中文版本 2002，内存 32 位。

2. 安装：盘上共有三个文件。第一步：双击 Setup.exe. 显示：复制文件；单击确定；第二步：单击大方块钮；继续；安装成功。

3. 运行：在计算机首页界面：开始—程序—环境污染控制预报软件 MS2014—MS2014（单击），可调出环境污染控制预报软件，在 21 项软件界面中，选取需要运行的某项软件，在输入数据界面输入数据……

二）关于本书及软件咨询

阅读本书时，或在使用软件时有什么疑问，可向作者咨询，请将问题电邮给作者。

作者张孟威　Email：ZMWKDEMENG@YAHOO.COM 当上述 Email 不能正常运行时，请用下述备用 Email 张艳：YZHANG1972@HOTMAIL.COM

三）关于购买软件

环境污染控制与预报软件是按照本书的基本理论研制而成，每项软件的功能、编制原理，以及运行方法，见各章说明。全套软件共 21 项，详见附录 I 计算机软件索引表。购买步骤共 5 项：

1. 如果您对购买软件没有疑问，则可直接汇款，否则，可咨询作者 Email ZMWKDEMENG@YAHOO.COM

2. 汇款信息：

开户银行：北京银行双秀支行　　行号：313100000474
户名：张孟威　　卡/账号：6214680004070064
汇款金额：每套3450元（定价）（每套　叁千 肆百 伍拾元整）

3. 汇款后，请 Email 电告作者，写明以下四项：

1. 软件接收单位全名或个人名（将按此名称开发票，即，发票抬头）
2. 软件接收地址及邮编，收件人姓名，电话及Email
3. 汇款金额(大写)　　万　千　百　拾　元 整（小写）￥
4. 汇款日期　　汇款单位名称或 个人名

4. 收到汇款和电邮后，将寄（电邮）给您软件、发货票及软件保修证书。

5. 收到软件及发票后，Email 反馈说明一切是否正常。

备用 Email 张艳：YZHANG1972@HOTMAIL.COM　备用电话：010-82843733 张艳

参考文献

[1] 中国环境科学研究院.地表水环境质量标准 GB 3838-2002[S].北京：中国环境科学出版社，2002.

[2] 地址矿产部地质环境管理司.地下水质量标准 GB/T 14848-1993[S].北京：中国标准出版社，1993.

[3] 冯士雍.回归分析法 [M].北京：科学出版社，1974.

[4] 南京大学数学系计算数学专业.概率统计基础和概率统计方法 [M].北京：科学出版社，1979.

[5] 范鸣玉，张莹.最优化技术基础 [M].北京：清华大学出版社，1982.

[6] 中国科学院数学研究所统计组.常用数理统计方法 [M].北京：科学出版社，1973.

[7] 张孟威.微型计算机在环境保护中的应用 [J].环境保护，1984.

[8] 周华章.工业技术应用数理统计学 [M].北京：人民教育出版社，1964.

[9] 中国科学院计算中心概率统计组.概率统计计算 [M].北京：科学出版社，1979.

[10] 张孟威.北京中关村地区大气颗粒物污染源的识别 [J].系统工程理论与实践，1985（4）.

[11] 张孟威.计算机在环境保护中的应用，环境保护杂志社，1985.

[12] 陈宗良，张孟威，徐振全等.北京大气颗粒有机物的污染水平及其源的识别 [J].环境科学学报，1985(1).

[13] Harman H.H.Modern Factor Analysis[M].2nd Edition.Chicago：University of Chicago Press，1967.

[14] 申葆诚，张孟威.环境系统工程学在河流治理规划中的应用——国外河流污染治理经验 [J].环境科学与管理，1981（1）.

[15] 张孟威.环境系统工程学的应用 [J].环境保护，1981（3）.

[16] 康德梦，庞叔薇.西南酸雨地区土壤中铝溶出规律的探讨 [J].环境科学学报，1987（2）.

[17] 康德梦，林玉环，贾省芬等.腐殖酸结合汞甲基化作用的探讨 [J].环境化学，1985，4（4）.

[18] 张孟威.污染物迁移方程的有限元解法初探 [J].中国环境科学，1982（2）.

[19] 张孟威，余国泰，庞叔薇.天津汉沽区大气汞污染预报方法的探讨 [J].环境科学，1986（1）.

[20] 张孟威.湖泊与水库污染评价模式初探 [C]//《海洋湖沼环境污染学术讨论会论文集》编辑组.海洋湖沼环境污染学术讨论会论文集.北京：科学出版社，1984.

[21] 林玉环，康德梦，刘静宜.蓟运河下游底质中汞的迁移变化 [J].环境科学，1984（4）.

[22] 庞叔薇，张孟威等.Forecasting Atmospheric Mercury Pollution Around A Chlor-Alkali Plant[C].国际城市大气污染会议，香港，1985.

[23] 康德梦.An Investigation on Leaching Pattern of Soil Aluminium in Acid Rain Area of South –western China[C].环境中的重金属国际会议论文集，美国新奥尔兰，987.

[24] 张孟威，康德梦.Identification of Pollution Sources of Total Suspended Air Particulates Over the Zhong guancun Area of Beijing, China[C].环境中的重金属国际会议论文集，美国新奥尔兰，1987.

[25] Hopke，P.K.，Gladney，E.S.，Gordon，G.E.，et al. The use of multivariate analysis to identify sources of selected elements in the Boston urban aerosol[J]. Atmospheric Environment，1976，10（11）.

[26] Yoshio TSUJINO. Photochemical Reactivity Order of Atmospheric Hydrocarbons Estimated by Factor Analysis Environmental Pollution Control Center. Osaka Prefectural Goverment；1-3-62 Nakamichi,

Higashinari-ku, Osaka，537，JAPAN.

[27] 陈宗良，张孟威，徐振全等 . 北京大气颗粒物及其苯溶物污染源的贡献 [J]. 环境化学，1985，4（2）.

[28] 杨国治 . 天津地区土壤环境中若干元素的群分析 [J]. 环境科学学报，1983（3）.

[29] 汪培庄 . 模糊集合论及其应用 [M]. 上海：上海科学技术出版社，1983.

[30] 冯德益 . 模糊数学方法与应用 [M]. 北京：地震出版社，1983.

[31] 康德孟，张孟威，陈利顶 . 中国环境中碳、氮元素变化与大气温室效应的系统分析 [M]// 叶笃正，陈泮勤 . 中国的全球变化预研究第二部分：分报告 . 北京：地震出版社，1992.

[32] 金士博，张孟威 . 内梅罗污染指数公式与漓江水质评价 [J]. 环境科学，1980（2）.

[33] Rinaldi，S.，Soncini-Sessa，R. Modeling and Control of River Quality[M]. New York：Mcgraw-Hill College，1978.

[34] Bennett，R.J.，Chorley，R.J.Environmental Systems Philosophy，Analysis and Control[M]. Princeton：Princeton University Press，1978.

[35] Thatcher，M.L.，M.L.，Harlenan，D.R.F. A Mathematical Model for the Prediction of Unsteady Salinity Intrusion in Estuaries[R].Technical Report No.144，Ralph M.Parsons Laboratory for Water Resources and Hydrodynamics，Dept.of Civil Engineering，MIT，1972.

[36] Huber，W.C.，Harlenan D.R.F. Laboratory and Analytical Studies of Thermal Stratification of Reservoirs[R]. Technical Report No.112，Hydrodynamics Laboratory，Mass.Inst. of Technology，Cambridge，Mass.1968.

[37] Rich，L. Environmental Systems Engineering[M].New York：McGraw-Hill College，1973.

[38] Delaware River Basin Commission，Delaware Estuary and Bay Water Quality Sampling and Mathematical Modeling Project[R]. New Jersey：Trenton，1970.

[39] Zitta，V.L.，Shindala，A.，Corey，M.W. A Two Dinemsional Mathematical Modil for Water Quality Planning in Estuaries[J]. Water Resources Research，1977，13（1）.

[40] Thomann，R.V. Systems Analysis and Water Quality Management[M]. New York：Environmental Research and Applications Inc.，1971.

[41] Abramowitz，M.，Stegun，I.A.Handbook of Mathematical Functions：With Formulas，Graphs，and Mathematical Tables[M].New York：Dover Publications Inc.，1965.